VESUVIUS

EDUCATION, SECURITY AND PROSPERITY

Educazione, Sicurezza e Prosperità

VESUVIUS

EDUCATION, SECURITY AND PROSPERITY

Educazione, Sicurezza e Prosperità

Edited by

Flavio Dobran
Professor of Engineering and Earth Sciences
GVES, Napels, Italy
Hofstra University, New York, USA

ELSEVIER

Amsterdam – Boston – Heidelberg – London – New York – Oxford
Paris – San Diego – San Francisco – Singapore – Sydney – Tokyo

Elsevier
Radarweg 29, PO Box 211, 1000 AE Amsterdam, The Netherlands
The Boulevard, Langford Lane, Kidlington, Oxford OX5 1GB, UK

First edition 2006

Library of Congress Cataloging-in-Publication Data
A catalog record for this book is available from the Library of Congress

British Library Cataloguing in Publication Data
A catalogue record for this book is available from the British Library

ISBN-13: 978-0-444-52104-0
ISBN-10: 0-444-52104-6

Printed and bound in The Netherlands

06 07 08 09 10 10 9 8 7 6 5 4 3 2 1

To

Annamaria
&
Vesuvians aware of the future
who with their instruments
are opening new prospects
and building civilization

More effective prevention strategies would save not only tens of billions of dollars, but save tens of thousands of lives. Funds currently spent on intervention and relief could be devoted to enhancing equitable and sustainable development instead, which would further reduce the risk for war and disaster. Building a culture of prevention is not easy. While the costs of prevention have to be paid in the present, its benefits lie in a distant future. Moreover, the benefits are not tangible; they are the disasters that did NOT happen.

– UN Secretary General Kofi Annan (1999)

CONTENTS

Chapter 2

Education: Cognitive Tools and Teaching Vesuvius
F. Dobran

Chapter 3

Social and Economic Reality of Vesuvius Area
V. Di Donna

Chapter 4

Geophysical Precursors at Vesuvius from Historical and Archeological Sources
A. Marturano

Chapter 5

Ballistics Shower During Plinian Scenario at Vesuvius
V. De Novellis and G. Luongo

Chapter 6

Shear-Wave Velocity Models and Seismic Sources in Campanian Volcanic Areas: Vesuvius and Phlegraean Fields
M. Guidarelli, A. Zille, A. Saraò, M. Natale, C. Nunziata and G.F. Panza

Chapter 7

Global Volcanic Simulation: Physical Modeling, Numerics, and Computer Implementation

F. Dobran and J.I. Ramos

PREFACE

Vesuvius is today surrounded by a densely populated area. Within a radius of 10 km of the crater live about one million people and within this distance and 50 km live another two million people, with the city of Naples being situated between Vesuvius on the east and the Phlegraean Fields on the west. In the last 20 000 years, this volcano has produced many plinian and smaller scale eruptions, and is most famous for its eruption in 79 A.D. when it buried the Greco-Roman towns of Pompeii and Herculaneum. Its 1631 subplinian eruption was even more devastating for the surrounding territory and for the first time made an important imprint on the Europeans during the Age of Reason or Enlightenment in the seventeenth and eighteenth centuries. Following this eruption, Vesuvius remained active until 1944 with its many strombolian and lava flow eruptions. Since 1944, the presence of smoke has disappeared and the surrounding territory began to be veiled in asphalt and concrete, with the smoke remaining a postcard memory and the eruptions a distant foreboding.

Vesuvius sleeps today and only some faint fumaroles within the crater and low-level seismic activity below its cone suggest that this mountain of fire is preparing for another of its colossal eruptions that could affect hundreds of thousands, if not millions, of people. Computer simulations predict that there is a high probability of a subplinian or plinian eruption occurring in the twenty-first century. For five centuries or more before the eruptions of 79 A.D. and 1631, the volcano remained quiescent and the people became complacent as the memory of past eruptions was gradually forgotten. A similar situation can occur again. Indeed, according to *Osservatorio Vesuviano* in Naples and its parent institution *Istituto Nazionale di Geofisica e Vulcanologia* in Rome '*Tutto è sotto controllo*' ('everything is under control'), thanks, so they claim, to the instruments that monitor the volcano and an evacuation plan that will allow everybody to escape on time during an emergency. This is, of course, an illusion due to the difficulty of separating tectonic from volcanic events, rapid rise of magma when the premonitory signals become clear that the volcano is erupting, and gross unreliability of the evacuation plan which to date has produced little peace of mind to many Vesuvians and no social and cultural progress that would emancipate hundreds of thousands of people from their difficult predicament. Meanwhile, the population around the volcano is becoming more complacent and many are convinced that Vesuvius will not erupt again. While it would be erroneous to promote a policy of eminent danger when this danger does not exist, it is equally erroneous to promote a policy of inaction, especially since we know that it is only a matter of time before Vesuvius wakes up.

A decade ago an interdisciplinary project called VESUVIUS 2000 was proposed for the Vesuvius area. Unlike evacuation plans which tend to manage emergencies, this initiative aims at preparing the territory around Vesuvius to confront volcanic emergencies with minimum socio-economic and cultural consequences. What Vesuvians need is not so much a plan that tells them where to run in the event of an eruption, but the creation of an environment that offers security from future eruptions. VESUVIUS 2000 aims at achieving this objective while, at the same time, reducing the current state of social decay that is associated with limited economic opportunities. The danger from the volcano can be taken to advantage for producing a whole new secure and prosperous habitat for the people surrounding Vesuvius. The current evacuation plan has produced an unprecedented damage to the Vesuvius area, and, as long as it is being used as an instrument that only benefits special groups, there will be no prosperity for Vesuvians and these people will have to depend on their St. San Gennaro for protection. Since 1995, many Vesuvians have been educated on different risk management plans for the territory, but neither Italy nor the European Union has taken the Vesuvius problem seriously. Since Vesuvius is 'under control' why bother to produce a safer and more prosperous habitat for Vesuvians?

A forum on VESUVIUS 2000, held on 2 and 3 September 2004 in Villa Campolieto in Ercolano, near the ruins of Herculaneum, provided an impetus to complete this book. The forum was attended by over one hundred local and foreign scientists, educators, students, and some authorities and lay people from the Vesuvius area. Its principal organizers, besides myself and members of my organization GVES, were Giuseppe Luongo, Giuliano Panza, and Bernadette de Vanssay from the Universities of Naples, Trieste, and Paris V, respectively. The first day of the forum involved technical sessions and the second one excursions to the ruins of Pompeii and Villa Augustus on the opposite side of the Monte Somma relief. The presentations at the forum were multidisciplinary and dealt with the structure of the volcanic system, modeling of eruption processes, education, socio-economic conditions, and civil protection. The excursions to Pompeii and Villa Augustus clearly demonstrated our fragility and weakness when confronting nature and our complacency with danger.

This book should be useful to professionals and nonprofessionals alike, and, especially, to the populations of the Vesuvius area and other places around the world that face similar problems. It should also prove useful to those who want to familiarize themselves with the geographical, social, and cultural settings of the area, as well as to those who wish to know about the current understanding of the substructure of the volcanic system, the objectives of global volcanic simulation, and difficulties involved in managing risk in densely populated areas. The book should also be useful to educators, who teach primary, intermediate, and secondary school children and students about their environment, and volcanoes in particular.

Because of the multidisciplinary issues considered here, students, professionals, lay public, and civil protection managers should find in this volume sufficient information for further study, elaboration of topics, or adaption to their particular situations. The objectives of VESUVIUS 2000 need to be diffused to an audience beyond the Vesuvius area, for critical evaluation and comparison with analogous initiatives. We cannot embark on a serious path of risk mitigation in a densely populated area unless we fully understand the history, culture, and socio-economic conditions of the area and are willing to scrutinize every detail of our intended actions and fully expose our projects to constructive criticism. A mitigation and risk management plan which is hidden from the public, and its architects refuse to discuss it publicly and away from professional audience, does not serve any useful purpose, especially for those living in the close proximity of Vesuvius.

The book is divided into seven chapters, with each chapter providing a summary in both English and Italian. Following this preface, the book provides an extended summary of VESUVIUS 2000 in Italian. The Appendix of Chapter 2 is in Italian and provides a global perspective of the territory as seen by a group of intermediate students of the Vesuvius area. The Appendix of Chapter 3 is the Italian version of this chapter. The color versions of black and white figures of in Chapter 2 are collected at the end of the book, and the extensive Notes in Chapters 1 and 2 elaborate on the historical, cultural, and scientific aspects of the area and beyond.

Chapter 1 presents the difficulties associated with the management of volcanic risk in the Vesuvius area and the principal objectives of VESUVIUS 2000 which aim at transforming the area into a secure and prosperous region. The topics in this chapter deal with Vesuvius consciousness, security culture barriers, habits of mind that prevent the Vesuvians from judging different risk reduction strategies, the grand challenge associated with the protection of people and territory from the volcano, and VESUVIUS 2000 objectives and methodologies. VESUVIUS 2000 is divided into three interrelated topics: Physical environment, which deals with the development of Global Volcanic Simulator and its use for assessing the effects of different eruption scenarios; population, which addresses the social, economic, and educational issues of the people; and territory, which deals with the area infrastructures, urban planning, and civil protection.

Education of children and adults so that they become Vesuvius-conscious citizens is discussed in Chapter 2. Different age groups of students imagine things differently, and it is the aim of education to take advantage of those tools which produce the greatest developments in children. This chapter thus addresses the cognitive tools available to us and how these tools can be used to educate the primary, intermediate, and secondary school children about Vesuvius. We, therefore, discuss educational ideas, kinds of understanding, educational methods, and teaching methodologies. Educating adults about Vesuvius is also important, especially in decreasing their technological illiteracy, because this is preventing many from seeing how the modern technology can liberate them from their difficult predicament. As examples, we discuss several educational efforts in the Vesuvius area, including those from schools, nonprofit and professional organizations, lay public, and others.

The social and economic reality of the Vesuvius area is addressed in Chapter 3. Eighteen communities of more than 500 000 people border the crater of the volcano and, during the last decade, some 30 000 people have left the area for better opportunities and lower risk elsewhere. The educational level of most people living near the volcano is low and, officially, only one-fifth of the population works. Their main economic activities are services, scattered agriculture, and some manufacturing. This kind of environment breeds crime and offers few bright prospects for future generations.

Chapter 4 presents geophysical precursors of Vesuvius from historical and archeological sources. The eruption of Vesuvius in 79 A.D. was preceded by a large magnitude earthquake in 62 A.D. that caused an extensive damage. This and several other events thereafter suggest that the towns surrounding the volcano experienced significant problems before this famous eruption. The eruption of 1631 was also preceded by seismic activity for several hours, and perhaps for a longer time. The last significant earthquake occurred in 1999 and the recent seismicity has been maintained below the magnitude 4 on the Richter scale.

The characteristics of ballistic debris emitted from Vesuvius during the eruption of 79 A.D. are discussed in Chapter 5. This debris, with block sizes of up to 1 m, is common in the deposits of this eruption and reached distances in excess of 10 km from the crater. Modeling of the ballistic shower is, however, in its infancy and not reliable enough to be used today as a tool for the hazard assessment associated with this kind of material being ejected from the volcano.

Our current understanding of the substructure of Vesuvius and that of the nearby Phlegraean Fields is presented in Chapter 6. This understanding comes from the natural seismicity of the volcano and seismic tomography experiments that have been conducted in the 1990s. At that time, I was one of the promoters of such experiments for collecting data that could be used for the validation of Global Volcanic Simulator. Since then, many such studies have been made and their results suggest that both the Vesuvian and Phlegraean areas have low seismic wave velocity layers at a depth of about 10 km and that, therefore, there is no evidence of magma in the superficial regions of the volcano. According to these works, the volcanic conduit is currently sealed and magma resides in a diffused crustal magma reservoir which is fed by a regional one within the uppermost mantle.

Global Volcanic Simulator is the key tool for both ascertaining the effects of different eruption scenarios on the territory surrounding the volcano and producing a new habitat for Vesuvians where they can live safely from future eruptions. In Chapter 7, we discuss physical modeling, numerical, and computer implementation issues related to the development of such a simulator. We have already developed several useful models for simulating magma chamber dynamics and magma ascent in volcanic conduits, and are currently developing a nonequilibrium multiphase and multicomponent atmospheric dispersion model and its associated computer code. This model accounts for two-way turbulence coupling between the gaseous and particulate phases, condensation and evaporation of volatiles, aggregation and fragmentation of pyroclasts, and chemical reactions among the components of different phases. Our objective is to resolve the effects of pyroclastic flows on small and large structures located on the territory surrounding the volcano, determine the fallout characteristics of tephra and ballistic blocks, and ascertain the consequences of plinian plumes transporting the volcanic debris high into the stratosphere during and after an eruption. A practical global simulator must be able to simulate different eruption scenarios and determine their effects on the people and infrastructures, with and without engineering measures aimed at protecting the area surrounding the volcano.

During the last decade, we have only made a modest progress in achieving the objectives of VESUVIUS 2000, because of a politicized evacuation plan that distances independent initiatives and stifles collaboration on this volcano. We have made, however, a significant effort in promoting education and collaboration, and managed to involve many schoolteachers and their students on different topics associated with Vesuvius. Regretfully, the people's representatives in Italy are using the flawed evacuation plan as an instrument for discharging their own responsibility, while the institutions of higher learning and research centers are not sufficiently responsive to help design a safe and prosperous habitat for Vesuvians. We need to get rid of negative habits of mind and force ourselves beyond our personal interests and traditions, and thus attempt to construct a higher level of civilization. VESUVIUS 2000 proposes a technologically-grounded approach to territorial risk management which is dramatically different from other plans. As a consequence, it needs time to bear fruit to the people whose ancestors are the founders of Western Civilization.

Flavio Dobran
January 2006

ACKNOWLEDGMENTS

Many individuals helped to make this book possible. I especially value the support from ordinary people and schoolteachers of the Vesuvius area, because many of them have shown more pragmatism than many of the so-called experts when it comes to managing volcanic risk. For many years, I have enjoyed working on the territory with Giuseppe Luongo. He has been an important supporter of interdisciplinary collaboration and has helped with many seminars. Giuliano F. Panza has also provided a crucial help in this endeavor and measures up to the highest standards of Italian academicians.

The development of a volcanic simulator requires vision, extraordinary experience, and dedication, and I am fortunate to have Juan I. Ramos working with me on this project. My associates of the Vesuvius area, Ida Mascolo, Gelsomina Sorrentino, Tullio Pucci, Annamaria Imperatrice, Arturo Montrone, Anna Ibello, Antonio Longobardi, and Gennaro di Donna, best understand its environment and its people. Without them, it would have been difficult to work on the territory. This book is dedicated to them and others like them who are making a truly civil progress in the Vesuvius area.

I am grateful to Giuliano F. Panza, Lionel Wilson, Mariano Garcia Fernandez, Juan I. Ramos, Giuseppe Luongo, Elena Cubelis, Luis F. Romero Gómez, and Mariangela Guidarelli for reviewing some of the technical material of the book. The objectives of VESUVIUS 2000 in Chapter 1 were scrutinized by lay public, schoolteachers and students, and professionals through more than 150 seminars given in the Vesuvius area since 1994. My associates reviewed some parts of Chapter 2 on education. Antonio Vallario is acknowledged for supporting the work presented in Chapter 3. The Laboratory of Seismology of *Osservatorio Vesuviano* and particularly E. Del Pezzo and P. Ricciolino are acknowledged for providing the waveforms of Vesuvian and Phlegraean Fields seismicities for the analysis presented in Chapter 6. Luis F. Romero Gómes is thanked for his contribution on computer implementation in Chapter 7.

During the preparation of the book I benefited from the help received from Ida Mascolo, Gennaro di Donna and Annamaria Imperatrice. For permissions to publish school works, I am grateful to *Istituto Tecnico Commerciale Luigi Sturzo* of Castellammare di Stabia, *Squola Media Statale Rocco Scotellaro* of Ercolano, *Scuola Media Statale Orazio Comes* of Portici, *Istituto Comprensivo Statale Franscesco d'Assisi* of Torre del Greco, and *Scuola Materna IV Circolo* of Portici. Additional material on education was provided by Tullio Pucci, Arturo Montrone, Francesco Langella, Gennaro Di Donna, Annamaria Scorza, Annamaria Imperatrice, Gianfranco Gambardella, Elvira Maddaluno, Giuseppe Sbarra, Annamaria Trotta, and Leonardo Limocia. For permissions to publish their works, special thanks are due to Gianfranco Gambardella for his clock art preceding Chapter 2, Paolo Schettino for his two poems in Chapter 2, *Istituto Geografico Militare Italiano* for the aerial photograph of the Vesuvius area, and ARC Science Simulations,

Smithsonian Institution, and UNAVCO for the two images of the world and Italy preceding Chapter 1. Lastly, I am also grateful to Friso Veenstra of Elsevier and to the production Team of Macmillan India Limited for bringing this book to the attention of readers worldwide.

Flavio Dobran

Introduzione a VESUVIUS 2000

1. L'INCANTO CHE ATTRAE

In questo luogo con tre milioni di anime ammassate in una giungla di asfalto e di calcestruzzo, il mare aperto si estende oltre le Colonne di Ercole, dorati e affascinanti tramonti e isole incantevoli nascondono i segreti delle Sirene, baratri abissali covano sotto la cenere e, di tanto in tanto, aprono le loro mandibole di fuoco sguinzagliando la loro ira sui figli di questo paradiso terreno. Essendo tal luogo incuneato tra il bello e l'orrendo produce un'univoca qualità di questa terra, che la gente da tempo immemorabile ha rifiutato di lasciare; è qui che si innalza il Monte Vesuvio, simbolo di fertilità della terra e di continuità della vita. Le guide turistiche nel riportare le solite cose su come il Vesuvio abbia ucciso migliaia di persone nelle città romane di Pompei ed Ercolano nel 79 d.C. e di come ora dorma tranquillo dal 1944, non osano citare che questa montagna di fuoco si sta preparando per un'altra colossale eruzione, capace di uccidere decine di migliaia di persone in pochi minuti. Quando il tappo di questa montagna cederà, una nuvola di roccia fusa, cenere e gas sarà scagliata alta nel cielo; là il materiale vulcanico sarà sostenuto dal calore proveniente dal ruggente cratere e trasformerà il giorno nella notte, finché collasserà e si abbatterà lungo le pendici del vulcano a una velocità di almeno 200 chilometri all'ora. A tale velocità, una nube alla temperatura di 500° centigradi raggiungerà la città di Torre del Greco, abitata da circa 100.000 persone, in 200 secondi e il mare in meno di cinque minuti. La vicina Ercolano a sud-ovest e Torre Annunziata a sud-est saranno inghiottite nello stesso tempo, e i Napoletani di nuovo imploreranno San Gennaro perché salvi la città con un altro dei suoi miracoli.

Di fronte a questa spaventosa prospettiva, un gruppo multidisciplinare di scienziati di diverse città europee ha chiesto nel 1995 all'Unione Europea di appoggiare un progetto chiamato VESUVIUS 2000. Il principale obiettivo di questa iniziativa è quello di determinare aree sicure intorno al vulcano dove la gente possa vivere in sicurezza e prosperità. Il Simulatore Vulcanico Globale è lo strumento necessario per produrre questo nuovo ambiente, perché solo attraverso esso si è in grado di definire le distanze sicure dal vulcano e dove la maggior parte delle persone che abita all'ombra del Vesuvio dovrebbe vivere in sicurezza dalle diverse fenomenologie eruttive. Su proposta dei geologi, invece, il governo italiano operò la scelta di un piano di evacuazione secondo il quale 600.000 persone che circondano il vulcano possono essere evacuate diverse settimane prima dell'eruzione, stabilendosi nelle diverse regioni d'Italia. Molti sono invece scettici su un attendibile avviso dell'eruzione del Vesuvio con diverse settimane di anticipo. Questo perché le nostre esperienze su vulcani simili ci insegnano che tali avvertimenti si verificano soltanto uno o due giorni prima che il magma cominci a risalire rapidamente verso la superficie e che in così poco tempo è impossibile concepire un piano di evacuazione per centinaia di migliaia di persone.

La decisione di far evacuare è normalmente basata sull'indicazione degli scienziati che tengono sotto costante osservazione strumentale il vulcano e che temono di sbagliare nella previsione di un'eruzione. Dopo l'eruzione del Monte St. Helens (USA) nel 1980, gli scienziati dichiararono che '*le previsioni devono essere precise: ripetere previsioni inesatte incoraggia la sfiducia popolare e può essere più dannoso del non fare previsioni*'. Ci si può legittimamente chiedere, allora, quali siano le possibilità di fuga delle centinaia di migliaia di persone dalle zone immediatamente esposte al rischio di un'eruzione del Vesuvio, nell'impossibilità di avvertirle diversi giorni prima. L'eruzione del Pinatubo nel 1991 fu predetta poco prima e circa 50.000 persone furono evacuate in tempo. Nel 1997, invece, il vulcano centro—americano Montserrat eruttò senza alcun preavviso e uccise 19 persone, in un'area poco densamente abitata.

In assenza di adeguate infrastrutture, evacuare, nell'area vesuviana in uno o due giorni, centinaia di migliaia di persone, in un ammissibile stato di panico, è disperatamente ottimistico. Solo coloro che non possono vedere oltre la più semplice strategia di sfuggire al pericolo e che sono tecnicamente e culturalmente poco avveduti, credono nelle premesse di un piano di evacuazione del Vesuvio. C'è chi critica le diverse deficienze di questo piano: deficienze scientifiche in quanto le eruzioni non possono essere previste in maniera affidabile con settimane o mesi d'anticipo; deficienze sociali perché la popolazione non è educata circa i pro e i contro del piano; deficienze culturali in quanto un massiccio dislocamento della popolazione vesuviana in province italiane distanti distruggerebbe la cultura locale, spalancando le porte agli speculatori; deficienze di natura ingegneristica e manageriale a causa dell'impraticabilità di costruire e mantenere massicce infrastrutture di evacuazione in un'area densamente popolata e per l'assenza di sanità sociale ed ecologica. Anche gli amministratori della Regione Campania hanno recentemente abbandonato le inattendibili proposte del piano di evacuazione, progettando e optando per alcuni obiettivi di VESUVIUS 2000, al fine di ridurre lo scetticismo della gente che, negli ultimi dieci anni, è divenuta consapevole degli errori inerenti al piano di evacuazione politicizzato dalla componente dominante dei geologi italiani. Nel momento in cui la gente viene a conoscenza delle premesse di VESUVIUS 2000, si ribella contro la prospettiva di abbandono delle sue case e delle sue radici.

VESUVIUS 2000 si propone che le popolazioni intorno al vulcano acquisiscano la consapevolezza dell'ambiente in cui vivono e partecipino alla soluzione di questa difficile situazione, lavorando con ingegneri, architetti, urbanisti, economisti, ambientalisti, ed educatori per la realizzazione di un territorio sicuro e prospero per se stesse e per i loro discendenti. Il raggiungimento di questa meta richiede l'educazione della gente sulle conseguenze dell'inazione e sui meriti delle diverse strategie che puntano alla riduzione del rischio, superando abitudini e barriere mentali in tutti i livelli sociali. Solo tramite adeguate, prudenti ed incisive modalità il rischio Vesuvio potrebbe avere una ricaduta positiva sia sull'aspetto sociale che su quello ambientale, neutralizzando gli effetti disastrosi di una bomba ad orologeria capace di annullare, in pochi minuti, centinaia di anni di esperienze umane.

2. NUOVO AMBIENTE PER I VESUVIANI

2.1. Le scelte

Il Vesuvio è oggi circondato da una folla di umanità e la sua presenza si manifesta quando, di notte, la sua sagoma scura si staglia in un circondario densamente contrassegnato da punti di luce. Questi punti di abitazioni circondano la Baia di Napoli e si sporgono sull'intera Piana Campana fin dove l'occhio arriva a distinguerli. Quella che un tempo fu una terra in grado di offrire cibo, acqua e servizi basilari alla propria comunità di abitanti, è oggi un luogo caratterizzato dall'insicurezza e da limitate prospettive di benessere. La città di Napoli, nonostante la forte pressione demografica e la limitatezza di servizi sociali ed infrastrutture, rappresenta la maggior fonte di opportunità e costringe numerose persone a essere confinate nella sua estesa periferia, ove costoro devono confrontarsi con desolanti situazioni di illegalità e pericolose montagne di rifiuti. Lo spazio intorno al vulcano si sta riempendo in fretta e non potrebbero più esserci spazi per accogliere i Vesuviani e tenere il territorio sotto controllo. Le ingiustizie in materia di salute e sicurezza scalzano la sostenibilità o la capacità di soddisfare i bisogni della gente senza rischiare di compromettere la capacità delle future generazioni a soddisfare quelli per loro. La 'vivibilità' di esseri umani intorno al Vesuvio dipende, quindi, dalle disposizioni demografiche ed economiche, dalle istituzioni politiche, dall'uso della disponibile tecnologia per produrre prodotti da consumare e servizi sociali, dalla volontà della gente di tollerare un certo tipo di ambiente fisico, dai valori morali e così via. Tutto ciò dipende dalla cultura e le scelte prese oggi per il territorio potrebbero generare un pesante fardello per le prossime generazioni. Secondo il programma per lo sviluppo delle Nazioni Unite la qualità della vita richiede la 'creazione di un ambiente dove ognuno sviluppa secondo la sua potenzialità e vive un'esistenza libera e creativa secondo i propri bisogni ed interessi'. La disponibilità dei soli beni di consumo e di un adeguato livello di servizi pubblici non è, da sola, sufficiente ad assicurare questa vita.

2.2. La grande sfida

Un ambiente sicuro e prospero per i Vesuviani non può prescindere dall'utilizzo della moderna tecnologia o dalla presenza di artigiani, inventori, disegnatori, ingegneri, scienziati, macchine e conoscenze che si sono accumulate nel corso della storia. La tecnologia moderna offre mezzi creativi per controllare il mondo costruito dagli esseri umani, così come per i greci Prometeo simbolizzò la creatività dell'uomo per sottrarre il fuoco alle divinità. Leonardo da Vinci è riconosciuto come un architetto-ingegnere di canali e macchine automatiche, mentre Faust di

Goethe trovò il suo adempimento terrestre tramite la creazione di una nuova terra ricavata da suoli paludosi. Anche nella Genesi, gli uomini fuori dal Giardino dell'Eden si sono impegnati nella costruzione di un ambiente capace di ospitarli e soddisfare le proprie esigenze. Gli esseri umani hanno spesso trasformato gli ecosistemi non coltivati in ambienti fisici coltivati e costruiti ed in questo processo hanno spesso alterato la natura anche a prezzo di grossi impatti ambientali che provocano indesiderabili conseguenze di degrado dell'ambiente e di diminuzione della qualità della vita.

Per i Vesuviani questa premessa significa che gli scienziati, gli ingegneri, gli architetti, gli economisti, gli ambientalisti, gli educatori e il settore pubblico devono tutti collaborare per disegnare e costruire un ambiente sicuro e prospero per se stessi – un ambiente dove la tecnologia è utilizzata per rispondere alle esigenze di protezione da una possibile attività vulcanica e per il perseguimento di un livello di vita sempre più alto. Questo è un compito non facile, visto che i problemi sociali e politici impediscono uno sviluppo civile del territorio. Un approccio limitato alla sola tecnologia (per esempio la costruzione di appropriate vie di fuga dal Vesuvio) conduce solo ad un 'aggiustamento tecnologico' il quale permette di soddisfare solamente le esigenze di gruppi speciali e del loro entourage. Un habitat eco-tecnologico ha invece un grande valore culturale, perchè non solo costituisce una testimonianza della creatività umana, ma perché rappresenta anche un modello per altri di come può essere affrontata la quotidiana lotta per vivere in un armonioso rapporto con la natura. L'Italia – sotto questo aspetto – è un superbo esempio di modelli di tale natura e il fatto che ai Vesuviani venga negato il proprio spazio nella storia, costituisce un vero e proprio crimine, perpetrato in non lieve misura da inetti architetti responsabili del piano di evacuazione e dai loro 'compari' in ambienti scientifici e non.

In Italia gli strumenti democratici permettono ai cittadini, agli scienziati, agli ingegneri, agli architetti e alle altre categorie professionali, di formare il futuro per i Vesuviani. I rappresentanti pubblici hanno una straordinaria opportunità di ricavare consensi popolari trasformando il rischio di future eruzioni in più alti livelli di vita e maggiori benefici per tutti. Lo stile dei vulcanologi che gestiscono il rischio e la politicizzazione dei loro interessi personali impediscono ad altri professionisti di svolgere il loro compito. Il pubblico deve essere consapevole di questo e imparare come la ingegneria, la pianificazione urbana, ed i processi gestionali possono essere utilizzati per creare una nuova metropoli vesuviana con moderni servizi e in armonia con l'ambiente. Gli educatori, dal canto loro, hanno la responsabilità di creare una nuova generazione di cittadini in grado di capire quali domande fare e quale tecnologia poter utilizzare per produrre un'armoniosa coabitazione all'ombra del vulcano.

Il nuovo ambiente per i Vesuviani dovrebbe includere la partecipazione delle comunità; produrre posti di lavoro, case e strutture sanitarie; progettare un forte senso per le antiche radici e di orgoglio della propria storia; essere auto-adattabile ed efficiente nella gestione delle risorse; minimizzare lo sfruttamento delle risorse geografiche e naturali; avere un pubblico che si senta sicuro nei vari scenari eruttivi; e soprattutto questo ambiente deve essere gestibile. I materiali, la energia, e le informazioni sono alcuni tra i parametri essenziali ingegneristici che interagiscono con la componente biologica (umana, vegetale, animale), le macchine (attendibilità, precisione, automazione) e le componenti organizzative sociali della città, ed un approccio che minimizza l'uso di materiali e di energia potrebbe essere più accettabile di altri metodi. Le sfide ingegneristiche per la produzione di un nuovo ambiente sicuro e capace di salvaguardare l'incolumità dei Vesuviani non solo dovrebbero produrre effetti benefici di limitazione dei danni causati dall'eruzione vera e propria, ma anche minimizzare gli effetti negativi della città (scarichi, rifiuti, emissioni nocive) sull'ambiente. Nell'attrezzarsi per la grande sfida occorre che gli ingegneri decidano come gli stringenti requisiti ambientali limitino le opzioni tecniche in alcuni settori economici ed aumentino le opzioni in altri settori, si adottino metodi alternativi per lo smaltimento dei rifiuti, il calore ricavato dai rifiuti sia utilizzato, i livelli della energia elettrica ed i sistemi di comunicazione forniscano servizi attendibili, si salvaguardi il territorio dalla potenza distruttiva del Vesuvio, ecc. Una città che enfatizzi l'impegno civile, la giustizia sociale, la protezione dell'ecosistema, la diversità economica e che, al tempo stesso, sia governabile in modo efficiente e manageriale rappresenta una grande sfida per i progettisti ed una grande attrazione per i potenziali investitori. Questa sfida è necessaria se vogliamo conservare la continuità della vita e preservare il risultato di oltre 2.000 anni di attività umane nell'area vesuviana. VESUVIUS 2000 propone di produrre linee guida per questa sfida.

3. VESUVIUS 2000

Le catastrofi future nell'area vesuviana possono essere prevenute solo tramite la costruzione di un ambiente sicuro per la popolazione. Questo ambiente non può essere prodotto con piani di evacuazione i quali, per definizione, sono disegnati solo per gestire le emergenze, ma tramite le campagne di informazione ed educazione della popolazione sul rischio vulcanico ed incentivi economici indirizzati alla creazione di un ambiente sicuro, prospero ed ecologicamente solido. In un ambiente socialmente sostenibile, le popolazioni sono consapevoli del pericolo, ma sono anche disposte a tollerare un rischio sopportabile se sono convinte che il pericolo, pure esistente, si può gestire. Una popolazione consapevole del rischio non è istruita su come marciare sotto la direzione di qualcuno, ma è consapevole di quali azioni deve intraprendere nella emergenza. Nella situazione ideale il territorio sottoposto al rischio dovrebbe autogestirsi e si dovrebbe instaurare un grande rapporto di fiducia tra la pubblica amministrazione ed i cittadini. Tutte queste qualità sono assenti nell'area vesuviana ed una strategia di fuga dal vulcano non può produrle perchè questa non è stata programmata per tale scopo. Una strategia che dà solo l'illusione della sicurezza attraverso i suoi promotori che si limitano a diffondere la notizia che tutto è tenuto 'sotto controllo', quando, in realtà, il pubblico e le categorie professionali sono tenuti all'oscuro su cosa esattamente è sotto controllo, non è pianificata per produrre sicurezza per la popolazione ma per controllarla allo scopo di ricavare benefici politici ed economici da essa.

VESUVIUS 2000 punta nella direzione opposta. Il suo obiettivo principale è dimostrare che una sicura coabitazione della popolazione con il vulcano è possibile e che questa coabitazione produrrà benefici socio-economici, scientifici e culturali senza produrre effetti negativi sull'ambiente. VESUVIUS 2000 non mira alla organizzazione di una fuga massiccia dal vulcano in ipotesi di emergenza, ma alla preparazione della popolazione e del territorio a confrontarsi con l'emergenza, minimizzando le perdite culturali e socio-economiche. Ovviamente, per ottenere un tale risultato occorre lavorare con anni e decenni di anticipo rispetto al verificarsi dell'evento eruttivo.

Il pericolo delle future eruzioni non può essere eliminato, ma i loro effetti sul territorio (livello del rischio) potranno essere controllati tramite la riorganizzazione dell'ambiente dove la gente vive e lavora. Diverse aree intorno al vulcano sono esposte ai pericoli di terremoti, pericoli vulcanici (flussi di lava e piroclasti e colate di fango) e pericoli idrogeologici, e tutti questi dovrebbero entrare nella quantificazione del rischio totale (Quantitative Risk Assessment – QRA). QRA dovrebbe includere tutte le conoscence sul vulcano, la popolazione e le strutture e infrastrutture intorno al Vesuvio, ed elabolarle utilizzando il Teorema di Bayes allo scopo di raggiungere le necessarie decisioni. Diversi attori sul territorio dovrebbero diventare consapevoli del perchè è necessario collaborare per prendere decisioni ottimali e perchè queste decisioni non possono essere basate sulle inattendibili previsioni delle eruzioni, sulla deportazione della popolazione e sulla distruzione della sua cultura. Si devono affrontare ed eliminare le abitudini negative dei Vesuviani, e salvaguardare, valorizzandole, quelle positive. Senza affrontare queste abitudini sarà impossibile cambiare il corrente paradigma di rassegnazione seguito da parte di molti. L'obiettivo di VESUVIUS 2000 è quello di collocare l'intera popolazione nella cella 1 della 'Matrice del Rischio' (vedi Figura 1.2 in capitolo 1). In questo stato le persone, non solo, sono consapevoli del pericolo, ma anche delle opportunità che consentono di ridurre il pericolo. Molti Vesuviani sono consapevoli del pericolo perchè il Vesuvio è stato attivo fino a tempi recenti, ma non hanno consapevolezza delle opportunità, o non comprendono come utilizzare il pericolo per produrre le condizioni di opportunità. Questo è quanto prevede VESUVIUS 2000, ma molti Vesuviani si trincerano dietro dannose abitudini mentali che li accecano nel superamento di questo paradosso dell'incommensurabilità. È stupefacente come questo paradosso raggiunge i livelli più alti di esperti e di governi nazionali ed europei.

VESUVIUS 2000 intende produrre linee guida per trasformare le aree esposte al rischio Vesuvio in aree sicure e popolate da prospere comunità. Questo si può realizzare attraverso progetti interdisciplinari in cui ci sia un lavoro sinergico di ingegneri, ambientalisti, geologi, esperti di computer, pianificatori urbani, sociologi, economisti, storici, educatori, volontari della Protezione Civile e la popolazione. Tale sinergica multidisciplinarietà deve integrare i singoli risultati scientifici e ingegneristici e produrre orientamenti e raccomandazioni per le istituzioni e le comunità locali, per il governo nazionale e dell'Unione Europea, per gli studiosi nazionali e stranieri e per gli imprenditori (vedi Figura 1.3 in capitolo 1). Gli obiettivi principali di VESUVIUS 2000 sono:

1. Definizione del sistema vulcanico del Vesuvio e, particolarmente, delle eruzioni passate con lo scopo di sviluppare precisi modelli del vulcano con

la capacità di valutare diversi scenari eruttivi e le loro conseguenze sul territorio. Per tale scopo è necessario sviluppare modelli matematici e fisici del rifornimento del magma nella camera magmatica, ascesa del magma lungo i condotti e l'interazione con le rocce circostanti, la stabilità del cono vulcanico, la distribuzione dei piroclasti in atmosfera e delle correnti piroclastiche lungo i pendii vesuviani e nelle zone circostanti. Tali modelli integrati nel Simulatore Vulcanico Globale vanno validati attraverso l'analisi delle passate eruzioni prima di essere impiegati nella formulazione di probabili scenari futuri.

2. Accertamento della vulnerabilità della popolazione, delle abitazioni, degli insediamenti industriali e culturali, delle telecomunicazioni e dei sistemi infrastrutturali dell'area, allo scopo di stabilire il rapporto costo–beneficio e le probabilità di danno. Tale accertamento va fatto anche attraverso l'analisi delle conseguenze sanitarie derivanti dall'impatto dei materiali vulcanici sulla popolazione e da quelle pericolose di origine antropica (interramento di rifiuti pericolosi, rifiuti chimici e biologici, depositi di munizioni). La preparazione di piani urbani finalizzati all'ottenimento di un ambiente sicuro e prospero per le aree intorno al Vesuvio deve essere necessariamente preceduta da un accertamento delle conseguenze socio-economiche di collocazione della popolazione. Un serio progetto di mitigazione del rischio non può prevedere il trasferimento di persone dietro la promessa di incentivi economici, senza fare prima uno studio esauriente delle conseguenze di una tale azione.

3. Sviluppo di una metodologia per l'educazione della popolazione che promuova la coscienza del Vesuvio in una sorta di auto-regolazione del territorio con lo scopo di stabilire nuove abitudini che contribuiscano alla creazione della cultura della sicurezza. In mancanza di tale educazione non è possibile formare cittadini socialmente consapevoli del domani che collaborino a costruire un ambiente eco-tecnologico che è una caratteristica peculiare di un alto standard di qualità della vita.

L'obiettivo finale di VESUVIUS 2000 non è solo quello di fornire una determinazione quantitativa del rischio, delle possibili perdite di vite umane, di risorse economiche ed ambientali a causa di diversi scenari eruttivi, ma, soprattutto, quello di minimizzare tali perdite. Solo una collaborazione interdisciplinare tra gli esperti e il pubblico può portare a un simile risultato, che si sostanzia nella protezione del territorio e in una più equa distribuzione delle risorse. Per questo fine è necessario produrre:

(a) Linee guida sociologiche per prevedere possibili comportamenti della popolazione causati dalla paura dei gruppi familiari di perdere le proprie vite e proprietà prima, durante e dopo le eruzioni.
(b) Linee guida relative all'impatto economico e territoriale derivante dalla sistemazione della popolazione in certe zone, prima e dopo l'evento eruttivo e la pianificazione urbana.
(c) Linee guida relative all'impatto ambientale derivante dalla caduta del materiale eruttivo e dell'abbattimento di quello antropico.

(d) Metodologie educative intese a mantenere, nella popolazione, sempre alto il livello di consapevolezza del rischio.
(e) Corsi di orientamento alla mitigazione del rischio vulcanico per amministratori locali e nazionali, educatori, urbanisti, ingegneri e volontari della Protezione Civile.
(f) Rapporti e materiale informativo indirizzati ai problemi di natura multidisciplinare che interessano il territorio ed alle procedure necessarie per l'integrazione dei sistemi e la loro ottimizzazione.

La consapevolezza delle popolazioni circa il loro ambiente e il loro coinvolgimento fin dall'inizio sui vari aspetti del progetto, produrrà nuove opportunità e con esse una più alta qualità della vita.

VESUVIUS 2000 è diviso in tre principali ed interrelate aree interdisciplinari: ambiente fisico, la popolazione e il territorio. L'ambiente fisico comporta problemi di quantificazione degli scenari futuri dell'eruzione e del loro impatto sul territorio e delle conseguenze sull'ambiente locale e quello globale. La popolazione comporta problemi diretti alla valutazione delle conseguenze sulle persone e sulle loro proprietà, e su come eliminare le abitudini mentali negative e produrne di nuove che 'vedono' il vulcano non come una minaccia, ma un bene 'utile', in grado di produrre sicurezza e prosperità nel territorio. Il territorio, infine, comporta problemi legati alle comunità vesuviane, ai volontari della Protezione Civile, e ai rappresentanti nazionali e locali.

Flavio Dobran
Gennaio 2006

Colour Plate Section

Plate 1. (Fig. 2.2). Top: Ruins of Herculaneum in the foreground and modern city of Ercolano and Vesuvius in the background. Bottom: View of Vesuvius (to the left) and Monte Somma relief (to the right) from the forum of the ruins of Pompeii.

Plate 2. (Fig. 2.3). Drawings of Vesuvius and its environment produced by the pre-school children of Scuola Materna L. Bertelli in Portici. From students' exhibition at Museo Nazionale Ferroviario di Pietrarsa, 16 December 1996, Portici.

Plate 3. (Fig. 2.4). A sampling of educational projects on Vesuvius produced by the students of the intermediate school Orazio Comes in Portici. The projects include volcanic risk, composition and products of Vesuvius, flora, fauna, and park of Vesuvius, Grand Tour travelers, and Vesuvian villas and other cultural patrimonies. From top left in clockwise direction: Students' school exhibition, June 1996; exhibition at Museo Nazionale Ferroviario di Pietrarsa, 16 December 1997, Portici; exhibition at S.M.S. Don Milani, 16 December 1999, Portici; Grand Tour travelers, December 2004; Vesuvius seen from the port of Portici (Granatello); stone memorial in portici[119] erected in 1632 following the subplinian eruption in 1631; class 2E with the teacher Annamaria Imperatrice on the right, December 2004; students from Comes and Don Milani, exhibition at Museo Nazionale Ferroviario di Pietrarsa, 16 December 1998, Portici.

Plate 4. (Fig. 2.5). A sampling of educational projects on Vesuvius produced by the intermediate school students of Istituto Comprensivo Statale Francesco d'Assisi of Torre del Greco. From top left in clockwise direction: Earth's internal structure, 1995; Pliny the Younger letters, 1996; eruptions of Vesuvius, 1997; lava flow of 1794 destroying Torre del Greco, 1998; teacher Gelsomina Sorrentino (center) with her students, 2005; students and teachers associated with the special student project discussed in the text.

Plate 5. (Fig. 2.7). Sample of students' activities at Rocco Scotellaro, 1995–1998. From top left in clockwise direction: Construction of a model of Vesuvius and magic cube, aided by the teachers Elvira Maddaluno (center) and Gianfranco Gambardella (top right); music group playing the songs 'VESUVIUS 2000' and '2000 Vesuvians on a train'.

Plate 6 (Fig. 2.10a). Moments from the educational activities on the territory promoted through GVES. From top left in clockwise direction: Flavio Dobran with Arianna Montrone at Granatello of Portici with the boat Giobe in the background, 24 August 1995; VESUVIUS 2000 exhibition at Villa Campolieto, 16 December 1995; teachers Linda Rosi from S.M.S. Diego Colamarino, Torre del Greco, and Anna Ibello from S.M.S. Don Milani, Portici, with their students presenting works on Vesuvius, 31 October 1997; primary, intermediate, and secondary school students participating at the exhibition held at Museo Nazionale Ferroviario di Pietrarsa, 16 December 1997, Portici; Flavio Dobran with students and teachers of Liceo Plinio Seniore of Castellamare di Stabia on Vesuvius, 3 November 1997.

Plate 6 (*continued*) (Fig. 2.10b). Moments from the educational activities on the territory promoted through GVES. From top left in clockwise direction: Flavio Dobran with Alan Alda from Scientific American Froniers, filming on Vesuvius, August 2004; with Giuseppe Luongo, with Vesuvius in the background, c. 1997; with Anna Ibello and Annnamaria Trotta at an exibition at San Sebastian al Vesuvio, 17 May 1998; with Giorgio Formicola above the crater of Vesuvius, 25 June 1998; with Pina, Luigi, and Massimo D'Anniello in Boscotrecase, 5 May 1999; with organizers of the 1998 student exibition at Museo Nazionale Ferroviario di Pietrarsa.

Plate 6 (*continued*) (Fig. 2.10c). Moments from the educational activities on the territory promoted through GVES. From top left in clockwise direction: Flavio Dobran with Associazione FIDAPA members, Gragnano, 9 January 2003; with students and teachers of Liceo Scientifico Don Milani, Gragnano, 7 January 2003; receiving an award from the secondary school Liceo Clasico de Bottis, Torre del Greco, 22 January 2004; with students and teachers of secondary school Istituto Tecnico Commerciale P. Levi, Portici, 21 January 2004; students and teachers of secondary school Luigi Sturzo, Castellammare di Stabia, 2004.

Plate 6 (*continued*) (Fig. 2.10d). Moments from the educational activities on the territory promoted through GVES. From top left in clockwise direction: VESUVIUS 2000 forum 2004, Villa Campolieto, 2-3 September 2004; Valerio di Donna lecturing; Ida Mascolo, Flavio Dobran, Gelsomina Sorrentino, Antonio Nisida, Arturo Montrone, Leandro Limoccia, Pietro Sarnacchiaro; forum participants in front of the Marine gate at Pompeii, with Tulio Pucci wearing a white hat; forum participants; in the group picture some individuals in the front row are Gennaro di Donna, Vincenzo de'Novellis, Giuseppe Luongo, Concetina Nunziata, and Annamaria Scorza; Annamaria Imperatrice and Flavio Dobran at the forum of Pompeii, with Vesuvius and forum participants in the backgroud.

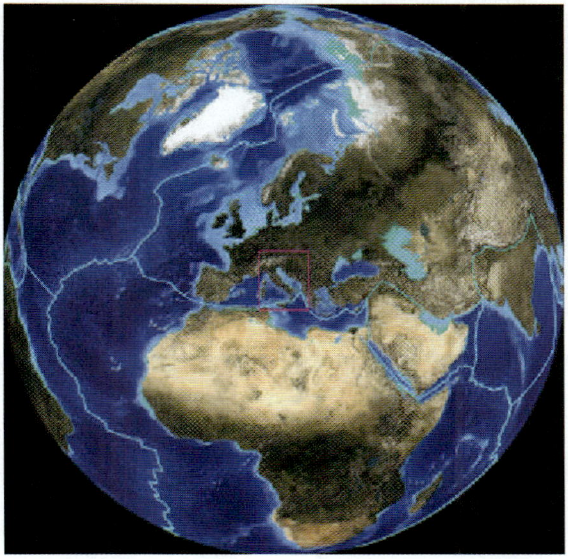

VESUVIUS

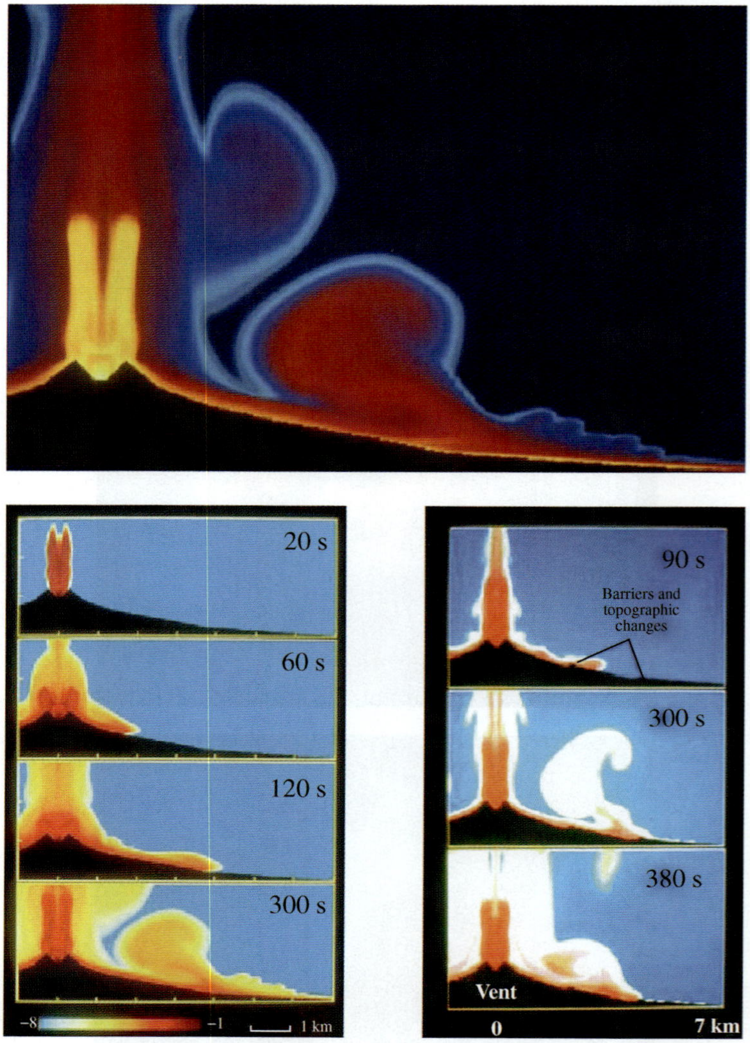

It takes about 5 minutes for a pyroclastic flow of Vesuvius to reach the sea (top and bottom left). With engineering intervention measures the flow can be stopped before it arrives to the sea (bottom right). From F. Dobran (Global Volcanic Simulator).

Ci vogliono circa 5 minuti per un flusso piroclastico per arrivare dal Vesuvio al mare (alto, sotto a sinistra). Con opere ingegneristiche il flusso si potrà fermare prima che arrivi al mare (sotto a destra). Da F. Dobran (Simulatore Vulcanico Globale).

Vesuvius
F. Dobran (Editor)

Chapter 1

VESUVIUS 2000
Toward Security and Prosperity Under the Shadow of Vesuvius

F. Dobran

Hell of the living ... is that what is already here ... There are two ways to escape suffering it. The first is easy for many: Accept the inferno and become such a part of it that you can no longer see it. The second is risky and demands constant vigilance and apprehension: Seek and learn to recognize who and what, in the midst of the inferno, are not inferno, then make them endure, give them space.[1]

L'inferno dei viventi ... è quello che è già qui ... Due modi ci sono per non soffrirne. Il primo riesce facile a molti: accettare l'inferno e diventarne parte fino al punto di non vederlo più. Il secondo è rischioso ed esige attenzione e apprendimento continui: cercare e saper riconoscere chi e cosa, in mezzo all'inferno, non è inferno, e farlo durare, e dargli spazio.[1]

—Italo Calvino (1986)

ABSTRACT

VESUVIUS 2000 is an interdisciplinary project aimed at producing guidelines for mitigating the effects of future eruptions of Vesuvius without evacuating hundreds of thousands of people on a short notice and in a probable state of panic. Instead of waiting passively for a future eruption, VESUVIUS 2000 requires that engineers, architects, urban planners, economists, environmentalists, educators, and the public collaborate in producing a new environment where the modern technology is used to respond to the need of the people of being protected from the volcano, allowed to safeguard their culture and livelihoods, and permitted to prosper to the maximum of their potential. The new Vesuvian habitat should be built on such qualities as knowledge, ways of thinking and acting, and capabilities of a technologically literate society, because these qualities stimulate innovation, promote capabilities, and recognize that the society shapes technology as technology shapes society. Such an environment cannot be produced with negative habits of mind which pollute imagination, discourage pursuits of worthy enterprises, and stifle collaboration among the experts and with the public. The Vesuvius area is notorious for such habits and its people need to recognize and deal with them, before the volcano reclaims its territory.

Global Volcanic Simulator is the key tool for producing this new habitat, because it can ascertain safe distances from the volcano where most of the people under the shadow of Vesuvius should live and be protected from different types of eruptions. Through physico–mathematical models the simulator models all relevant volcanic processes, prior to and during an eruption, and thus serves as a tool for quantifying the effects of eruption products on the people and their surrounding. Such a simulator is under development and its preliminary results have already demonstrated its potential utility.

The achievement of VESUVIUS 2000 objectives is a messy undertaking, because of personal, political, economic, and other factors operating on the territory and beyond. A key tool for confronting such problems is education on all levels of the society, and if seriously implemented enough people should be able to overcome the incommensurability barrier that does not allow them to see how the volcano can be used as an asset rather than a liability for solving the very problem that it creates. As non-technologists, the Vesuvius evacuation plan architects have not only managed to politicize an unreliable policy for the territory, but also crippled a serious research and collaboration which could have produced today a serious plan and huge resources for the transformation of territory into a new age of security and prosperity. Evacuation plans do not produce civilization, but VESUVIUS 2000 does, because it accounts for the potential of human development.

RIASSUNTO

VESUVIUS 2000 mira alla protezione della popolazione e del territorio da future eruzioni del Vesuvio, senza che, a seguito di un breve preavviso, sia necessaria l'evacuazione di centinaia di migliaia di persone, molte delle quali probabilmente in preda al panico. Invece che aspettare passivamente una futura eruzione, VESUVIUS 2000 richiede che ingegneri, architetti, urbanisti, economisti, ambientalisti, educatori, e la stessa popolazione, collaborino insieme per produrre un nuovo ambiente, dove, dando massimo vigore alle potenzialità di ogni singolo individuo, la tecnologia moderna venga utilizzata dai cittadini per proteggersi dal vulcano e salvaguardare il territorio. Il nuovo ambiente, che necessita alla popolazione dell'area vesuviana, dovrebbe essere basato sulla conoscenza e sulle modalità di pensiero e d'azione che caratterizzano una società tecnologicamente istruita. Solo tali qualità stimolano innovazione e promuovono capacità, riconoscendo che la società e la tecnologia si formano insieme. Tale ambiente non può scaturire dal pensiero negativo che inficia l'immaginazione, scoraggia il perseguimento degli obiettivi quali lo sviluppo di opere utili, e soffoca la collaborazione tra gli esperti e la popolazione. Nell'area vesuviana queste abitudini sono diffuse, mentre i cittadini dovrebbero riconoscere i problemi ed affrontarli, prima che il vulcano si riappropri del loro territorio.

Il Simulatore Vulcanico Globale è lo strumento necessario per produrre questo nuovo ambiente, perché attraverso di esso si è in grado di definire le distanze sicure dal vulcano dove la maggior parte delle persone che abita all'ombra del Vesuvio dovrebbe vivere in sicurezza dalle diverse fenomenologie eruttive. Attraverso algoritmi fisico–matematici, il Simulatore modella i processi vulcanici prima e durante un'eruzione, determinando gli effetti prodotti dall'evento vulcanico sul territorio e sulle persone. Il prototipo di tale strumento è in fase di ulteriore sviluppo e i primi risultati hanno già dimostrato la sua potenziale utilità.

Il conseguimento degli obiettivi di VESUVIUS 2000 è un'ardua impresa, a causa di fattori personali, politici, economici e di altri elementi che operano sul territorio e al di là di questo. Uno strumento chiave per contrastare tali problemi è l'educazione in tutti gli strati sociali. L'educazione, se ben utilizzata, dovrebbe essere capace di superare le barriere culturali che vedono nel vulcano un carico di responsabilità derivanti dai problemi che crea, e non come una risorsa benefica. La mancata applicazione della tecnologia da parte degli architetti e dei sostenitori del piano di evacuazione dal Vesuvio, non solo ha fornito una politica inadeguata al territorio, ma ha anche danneggiato una seria ricerca e una collaborazione che, oggi, avrebbe potuto produrre un valido piano, con enormi risorse per la trasformazione di un territorio, portandolo in una nuova era all'insegna della sicurezza e della prosperità. I piani di evacuazione non producono la civilizzazione: VESUVIUS 2000 lo fa perché tiene conto delle potenzialità dello sviluppo umano.

Un'eruzione di grande energia del Vesuvio può causare la distruzione del territorio in alcuni minuti a seguito del collasso di una colonna eruttiva. Decine di migliaia di vite umane possono perire, e innumerevoli abitazioni, infrastrutture e patrimoni culturali possono andare perduti. Oggi abbiamo mezzi tecnologici e strutture amministrative capaci di lavorare per ridurre significativamente l'impatto di una eruzione vulcanica del Vesuvio e, quindi, i mezzi per evitare un disastro umano e socio-economico che diverrebbe un serio problema non solo per la nazione, ma anche per l'Unione Europea. Chiaramente, i responsabili nelle istituzioni locali, nazionali ed europee non possono permettere che tale catastrofe accada.

VESUVIUS 2000 non arreca danni né alla comunità scientifica, né alla collettività. Esso tiene conto delle incertezze derivanti dalla previsione delle eruzioni, salvaguarda gli elementi positivi delle strutture sociali, previene l'azione di speculatori che approfittano dell'emergenza, e ha lo scopo di rendere alta la qualità della vita attraverso un efficiente utilizzo della tecnologia moderna. VESUVIUS 2000 richiede di superare le difficoltà dovute alle barriere culturali, scientifiche e sociali, consapevole che è un'illusione aspettarsi soluzioni rapide.

Abitudini radicate subiscono lenti processi di trasformazione e soltanto le nuove generazioni, che crescono con nuove idee, possono essere capaci di trasformare gli obiettivi di VESUVIUS 2000 in un nuovo paradigma per i Vesuviani. Un'attività vulcanica del Vesuvio innescherebbe un'accelerazione di questo processo, ma oggi la popolazione è afflitta da troppe cattive abitudini che vanno sradicate dalla società. Fin quando esistono la corsa al potere, l'ignoranza del rischio vulcanico, il conformismo, il codice del silenzio e il clientelismo, profondamente radicati in tutti i livelli della società (locale, provinciale, regionale e nazionale), le barriere mentali sono talmente grandi che non fanno vedere il pericolo che rappresenta il Vesuvio e le straordinarie opportunità di riorganizzazione del territorio, capaci di realizzare un ambiente molto più sicuro e prospero per i Vesuviani. Gli amministratori locali, nazionali e dell'Unione Europea si comportano come se non capissero quanto il Vesuvio abbia aiutato a costruire la civiltà occidentale, e perché è necessario salvaguardare quest'area e i suoi tesori. Al vulcano occorrono pochi minuti per distruggere centinaia di anni di lavoro umano e seppellire l'unicità di queste esperienze. Se ciò non si è capito alle soglie del terzo millennio, non dovremmo sorprenderci delle serie conseguenze dovute all'immobilismo.

Ogni secondo, centinaia di chilogrammi di magma si accumulano sotto il Monte Vesuvio e la popolazione sui suoi pendii potrebbe già essere considerata condannata. Potrebbe non esserci più tempo per costruire ambienti prosperi, né la possibilità di scappare verso terre promesse. Come negli ideali di Platone, nei quali la diretta conoscenza del reale, del vero, del buono e del bello non è mai raggiungibile, ma lo sono soltanto i benefici promessi, lo stesso destino potrebbe attendere VESUVIUS 2000. Ma finché le scuole dell'area vesuviana continueranno ad insegnare gli ideali di Platone, sono fiducioso che sia possibile formare una consapevolezza dell'urgente bisogno di affrontare la difficile situazione delle genti vesuviane. Rendersi conto di questo è un importante inizio e potrebbe essere sufficiente per rivendicare la nozione di civiltà di Voltaire.

1.1. HOSTAGES OF VESUVIUS

In this place with 3 million souls honeycombed in a jungle of asphalt and concrete the open sea stretches beyond the Pillars of Hercules,[2] golden and mesmerizing sunsets and enchanting islands hide the secrets of the sirens, and smoldering chasms from time to time open their fiery jaws and unleash their anger upon the children of this worldly paradise. Being wedged between the beautiful and the terrible produces a unique quality of this land where its peoples from time immemorial have refused to leave it, because here stands Mt. Vesuvius as a symbol of fertility of the land and continuity of life. While the tourist guides trot out the standard stuff how Vesuvius killed thousands in the Roman towns of Pompeii and Herculaneum in 79 A.D., and how the volcano has been sleeping peacefully since 1944,[3] they tend to avoid mentioning that this mountain of fire is now preparing for another colossal eruption, capable of killing tens of thousands in a matter of minutes. When the plug of this mountain gives way, a cloud of molten rock, ash, and gas will be blasted high into the sky; there it will be held aloft by the heat of the roaring volcano and for hours transform day into night, until it collapses and swoops along the ground at upwards of 100 miles per hour. At that speed, the 500 degree Celsius cloud will reach the town of Torre del Greco with a population of about 100 000 in 200 s and arrive to the sea in less than 5 min. The nearby Ercolano (modern Herculaneum) to the southwest and Torre Annunziata to the southeast will be engulfed in around the same time, and the Neapolitans will again implore San Gennaro for another of its miracles to save the city from their most spectacular backdrop.[4]

Faced with this appalling prospect, a multidisciplinary group of scientists from several European countries requested in 1995 from the European Union a support of a project called VESUVIUS 2000,[5] with its principle objective being to determine safe areas around the volcano where people can live in security and prosperity. Based on the recommendation of geologists the Italian government supported, instead, an evacuation plan[6] according to which 600 000 people surrounding the volcano can all be evacuated in several weeks before the eruption and resettled all over Italy. Not surprisingly, many became deeply skeptical whether Vesuvius will give a reliable warning of several weeks before it explodes. This is because our experiences with similar volcanoes teach us that such a warning occurs only 1 or 2 days before magma begins to rise rapidly toward the surface and that in this time frame it is not possible to evacuate hundreds of thousands people. The decision to evacuate is normally based on the recommendations from scientists who monitor the volcano with instruments and who fear issuing an evacuation alarm without objective data. After the eruption of Mt. St. Helens in 1980 the scientists declared that the 'predictions must be accurate: Repeated inaccurate predictions encourage popular distrust and may be more harmful than no predictions at all'.[7] One must, therefore, legitimately ask: What are the chances of evacuating hundreds of thousands of people from the immediate danger zone of Vesuvius if the eruption cannot be predicted more than several days in advance? The eruption of Pinatubo in 1991 was predicted in this time frame and about 50 000 people were barely evacuated on time, while the Central American volcano Montserrat erupted in 1997 without warnings and killed 19 people.[8] Evacuating hundreds of thousands of people from the Vesuvius area in 1 or 2 days, and in a probable state of panic and absence of adequate infrastructures, is hopelessly optimistic.

Only those who cannot see beyond the simplest strategy of running away from danger, and who are technically and culturally shortsighted, believe in the premises of Vesuvius Evacuation Plan, while those who do point out to too many of its deficiencies: Scientific because eruptions cannot be predicted reliably weeks or months in advance, social because the public has not been educated about the pros and cons of the plan, cultural since a massive displacement of population away from the area and to distant Italian provinces would destroy the local culture and open the way to speculators, and engineering and managerial because of the non-practicality of constructing and maintaining massive evacuation infrastructures in an area that is densely populated and lacking social and ecological soundness. Even the administrators of the regional government (Regione Campania) have recently abandoned the unreliable claims of the evacuation plan and opted for some of the objectives of VESUVIUS 2000[9] in order to reduce the skepticism of the public which over the past decade has become more and more aware of the inherent fallacies of the evacuation plan. As the people become acquainted with the premises of VESUVIUS 2000 they rebel against abandoning their homes and livelihoods.

VESUVIUS 2000 requires that the people around the volcano become conscious of their environment and that they participate in the solution of their difficult predicament by working toward the establishment of a secure and prosperous environment for themselves and their offspring. To achieve this goal requires educating the public on the consequences of inactions and merits of different strategies aimed at risk reduction, or overcoming many socially and culturally inhibitive habits of mind and mental barriers on all levels of the society. Only through adequate, prudent, and incisive modalities can the risk from Vesuvius dissolve gradually and decisively a socially decaying and environmentally degrading urban life that is veiled in asphalt and concrete, and hiding a time bomb which in a matter of minutes can wipe out hundreds of years of human experiences.

1.2. THE VESUVIUS AREA

The Vesuvius area[10] (Fig. 1.1) was first populated in the pre-historic time, but it is only with the colonization of Greeks in the eighth century B.C. that it began thriving commercially and in the later half of the twentieth century that it developed into one of the most populated and abused areas in the world. Under Greeks and then Romans the area enjoyed a relative autonomy because of its special recognition as a part of the confederation. The eruption of Vesuvius in 79 A.D. buried much of the territory under several meters of pyroclastic material and it took several centuries before the area began thriving again. With the fall of the Roman Empire in the fifth century and with it the slave method of production, the Vesuvius area peasants passed under the domination of feudal landowners where they had more incentives to produce. The feudal regime signified, however, another limited development of the area, and for many centuries the Byzantine, Norman, Angevin, Aragonese, and Spanish feudal barons controlled the territory and maintained the population at subsidence levels. With the passage of time and proximity of the area to the sea, the coastal cities of Torre del Greco, Resina (Ercolano), and Portici began developing independent income from fishing and coral manufacturing, and in 1699 bought themselves out from feudal barons and declared the territory a Free University (*Libera Università*). The new proprietors were now merchants, professionals, and military officers who contracted the land to the peasants.

On the eve of *coup d'état* by Napoleon in 1799 and French entrance into Naples, the Neapolitan Jacobins declared the city a republic. But the republican ideals could only reach a minority of the population, as the majority of people remained under monarchic and Catholic influence and were largely ignorant of the ideals of the Enlightenment which produced the Age of Revolutions in Western Europe. With the fall of Napoleon and return of Bourbons to power in 1815, the Vesuvius area came once more under the domination of a monarchic regime and prospered considerably. The Bourbons were fully aware of the consequences of eruptions and

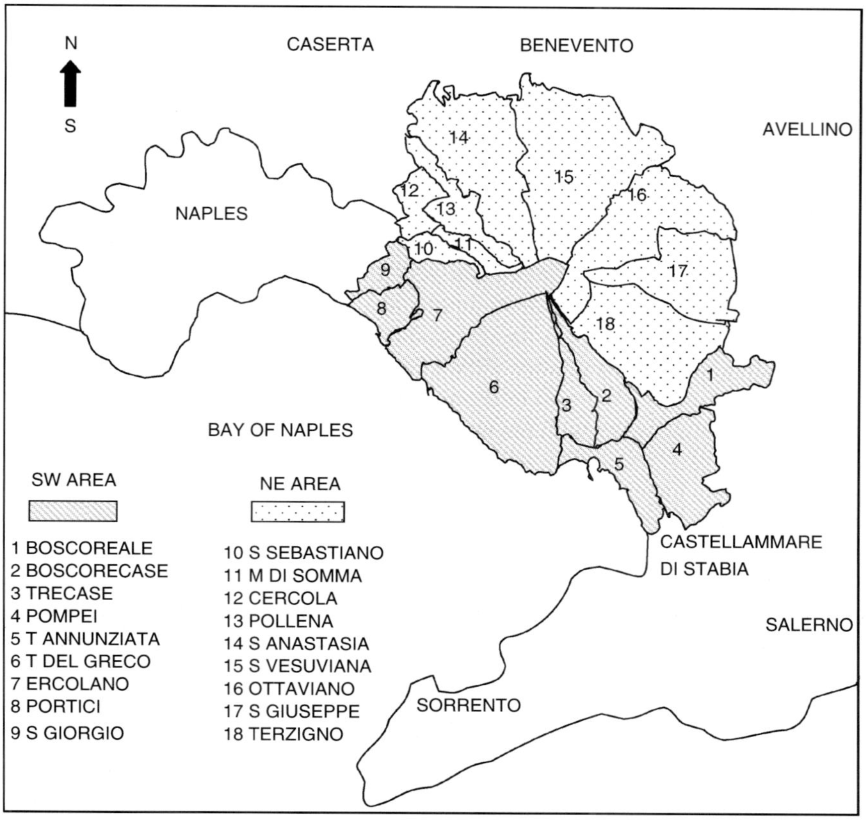

Fig. 1.1. The Vesuvius area includes 18 municipalities which surround the volcano. They are all situated within 10 km radius of the crater.

inundations, and maintained forests and an efficient system of channels to regulate floods and mudflows after heavy rains and eruptions. They cleared water and mudflow beds each year before the rainy season, both on the slopes of Vesuvius and neighboring mountains. In the twentieth century these structures were transformed into housing complexes and roads. The forests have been cleared to accommodate the demographic pressure of Naples, and the volcanic soil has become susceptible to mudflows and the towns exposed to new dangers.

In 1860 Garibaldi defeated the Kingdom of the Two Sicilies and annexed the territory to the newly born Italian State. With the Liberals in power, the industry and agriculture developed in the north while the south (*Mezzogiorno*) was practically excluded. The new Italian ruling class practiced the politics of patronage to buy votes from southern landowners that had no interest in relinquishing the control of their Latifundias and bypassing a real army of intermediaries who profited from the illiterate and ignorant peasants. When during the second half of the twentieth century Naples could not absorb the demographic pressure many Neapolitans settled into the neighboring S. Georgio a Cremano and Portici and created their own Little Paris (*piccolo Parigi*) away from Naples' Via Toledo, Via Chiaia, and Mergellina. The municipal and hazardous waste has also found its way into the Vesuvius area. First the local organized crime (*camora*) digs the tuff and pozzuolana and sells it to the construction market, and when the caves stop producing fill them with tons of refuse, often toxic and imported from the north. The rubbish and toxic products are then covered with earth and the 'new land' sold for constructing more abusive buildings. It has been estimated that just from this business alone the Neapolitan *camora* earns some 10 billion euros a year.[11] This and other construction practices have been very profitable, and neither many businessmen nor politicians wish to become involved in other, less profitable, affairs which would protect the public from the eruptions of Vesuvius.

Italy is divided into 20 regions which comprise a territory of about 300 000 km^2. Its total population is about 60 million, with Lombardia and Campania having the largest number of people and highest population densities of about 400 people/km^2. Campania occupies about 5% of the national territory and is bounded by Lazio, Abruzzo, Molise, Puglia, and Basilicata. It has about 6 million people, with Naples being the capital and the third largest city in the country of little over 1 million people.[12] The name Campania derives etymologically from Capua, but its vulgar interpretation comes from the 'region of camps' or an area around the river plain of Volturno. The Apennine region of Matese on the north and mountainous areas on the south bounded by the Gulf of Policastro were integrated into Campania only after the Italy's unification in 1860s.

About one-third of Campania is covered by mountains and the largest of its five provinces (Avellino, Benevento, Caserta, Naples, Salerno) is Naples. From 1951 to 1989, Campania's population grew about 30%, while that of the province of Naples by about 50% and City of Naples by 16%. After 1981 the population of Campania remained, however, relatively stable. Based on the resent census, over half of the people live in the province of Naples. The Vesuvius area is comprised of 18 municipalities[13] with a current population of about 550 000 (Fig. 1.1). The most significant population increase took place after World War II, between 1951 and 1981, when some towns like Portici, Somma Vesuviana, and San Giorgio a Cremano doubled and tripled in the number of people. The average population increase of the area during this period is about 200%. Some towns like Pollena Trocchia, Somma Vesuviana, and Terzigno have recently exhibited some rise in inhabitants, while the towns near the cost like Portici and Torre Annunziata lost a modest number of people, principally because of poor employment opportunities, danger from living too close to the volcano, and decrease of fertility rate. Large population densities of Portici and San Giorgio a Cremano of about 15 000 people/km^2 also reflect some of the smallest areas of these towns on the territory (about 4 km^2). On the other hand, Torre del Greco is the largest town in the area with about 100 000 people and 3000 people/km^2. There are about 600 000 people living within the 7 km radius of the volcano, along the path of eruption products of Vesuvius.

Over 40% of active population is in commerce and about 30% in construction and manufacturing. Agricultural, public service, educational, and other employment sectors comprise about 8% each. There are many small landowners on the territory who are still using traditional methods of cultivation on a very rich volcanic soil that is also often abused from the use of chemicals. Compared to a century ago, the population living around Vesuvius has in effect been transformed from an agriculturally based to commerce-, construction-, manufacturing-, and services-based society where there are still too many people involved in illegitimate businesses (*camora*). About one-third of the people have primary, one-fourth intermediate, and one-fifth secondary school diploma, and as many as 5% are illiterate and 17% illiterate without diplomas. About 3% of the people have college education. Although the national illiteracy level fell dramatically from 40% in 1914 to the current level of only few percent in the Vesuvius area, this level is still too high in comparison with the Northern European countries where it is less than 1%. These data do not reflect the education of population pertaining to the volcanic risk and neither are these data available from any official census bureaus or surveys.

In 1995 my colleagues and I began collecting such data as part of the VESUVIUS 2000 project.[14] We processed about 3000 questionnaires from children and adults between the ages of 8 and 85 years. When asked the question 'What is Vesuvius?', the majority of adults correctly responded that it is an active volcano. When asked the question 'What is inside Vesuvius?' people responded imprecisely that it is lava instead of magma. The majority of adults climbed only rarely the volcano, but most know that the last eruption occurred in 1944. The majority also responded correctly that the last eruption destroyed San Sebastiano al Vesuvio and many have relatives with experiences of the last eruption. A significant number of adults erred, however, in responding that Ercolano and Pompeii were destroyed during this time. When the volcano begins showing signs of activity people will be afraid of gas, earthquakes, and, what is very significant, other people. When asked whether an eruption can occur in hours, days, weeks, years, or suddenly, most adults demonstrate poor knowledge about the behavior of Vesuvius before it erupts. Our survey also shows that the population will not know how to behave during an eruption, since the public does not know whether to leave immediately, wait for instructions, or look for family members. People prefer to leave in the direction opposite to the direction of eruption clouds. About 50% of the adults prefer to leave the area by using their own transportation systems, while the remaining wish to leave on foot or utilize public transportation means.

An important consequence of these results is that whatever type of eruption occurs, Naples may be affected the hardest, either from people, if the eruption is directed toward the east, or from the eruption, if this is directed toward the west. People fear that the transportation systems will block city streets and prevent exodus. Most adults are convinced that Civil Protection (*Protezione Civile*), and then schools, town halls, and prefecture, should be responsible for keeping the public informed about the risk, although they do not concur that these institutions are keeping them currently sufficiently informed. In fact, about 80% of the population is uninformed but wishes to be informed preventively by television or through public meetings. Our survey also shows that the people of the Vesuvius area have little confidence in authorities to protect them and do not wish to leave the territory because of the volcano, but prefer instead that a better future be created where they live.

The survey responses from school children of the Vesuvius area are similar to those of the adults. Most primary school children have never been on top of Vesuvius, whereas the older children have rarely made such trips. Most children also erroneously believe that Ercolano and Pompeii were damaged by the last eruption, which implies a superficial volcanic risk education in Vesuvius area schools. Whereas the primary school children do not know in which direction to leave in the event of an eruption, those from intermediate and secondary schools prefer to escape to Naples or in the direction opposite to the eruption clouds. The children are also much less skeptical than the adults regarding the ability of police to maintain order during an eruption and of being sufficiently informed about the hazard. As adults, they also prefer to live on the territory where a better future should be provided for them.

Our survey of school children and adults from the Vesuvius area suggests that the volcanic risk-reduction guidelines for this territory should be developed with great care in order to: (1) respect the population's wishes to remain in the area or vicinity during and after eruptions, (2) account for friends and family members before leaving their homes, (3) have effective police and reliable transportation systems for maintaining order and reducing traffic jams, (4) inform the public about the risk, (5) involve the public from the beginning in the development of risk-reduction guidelines and urban plans, and (6) create a much better environment for the people where they live. This is a demanding and complex list which requires an extensive reorganization of the territory and creation of economic incentives, rather than waiting for an emergency and then trying to evacuate the people far away from the territory as promoted by Vesuvius Evacuation Plan. Large majority of school children and adults believe in education and prevention and are willing to contribute toward the creation of a better place for their future. The results from our survey are consistent with the objectives of VESUVIUS 2000 and contradict those of the evacuation plan. This is because this plan does not call upon for the creation of an effective Vesuvius consciousness, reorganization of the territory to confront future eruptions with minimum socio-economic and cultural damage, preservation of culture and growth of citizens, or for the creation of a modern sustainable environment.

1.3. VESUVIUS CONSCIOUSNESS

The Vesuvians can be characterized by a scarce or even distorted consciousness. This is diffused not only among the young, but also among the adults. Vesuvius and people on its slopes sleep and by sleeping they forget. And even those who remember forget to tell others why something occurred that transformed the memory into an obscure foreboding. The eruption of Vesuvius in 1631 brought the attention of Europe to a magical place where the scientific and philosophic mystery of creation opened a horizon for the first time visible to the human eye and changed the perspective of the landscape and territory for collective and artistic imagination. From this time on, Naples was not anymore reproduced with the sea in the background, but 'from the sea' with Vesuvius in the background. This scenic picture has been changing only in colors and looks, and integrating its actors, the Vesuvians, who from always have interpreted the difficult and dramatic intervening between the man and volcano in the search for a possible cohabitation. From the gleam of the colors of *guaches* Vesuvius began forming the architectonic conception of the villas during the 1700s, with volcano on one side and sea on the other. A long process of transformation that began with the technology of the machine age and railroad in 1850s sharply cut accesses to the sea from the villas and thus modified the territory and banished Vesuvius into the background, always more remote and less readable, all the way to an 'illustrated postcard' since 'Vesuvius smoked'.[15]

The eruption of 1944 was the last visible signal of life of the volcano for the Vesuvius area population. After the eruption, its famous 'smoke' continued for a certain time to mark the presence of volcano even if in a form always less 'reassuring', because that smoke was not hurting anybody and appeared or was interpreted like a sign of return toward a possible peaceful coexistence. But today, where is Vesuvius? A series of events, and above all beginning with 1950s and 1960s when Italy ushered into the consumption age, when the technology permeated and defined modern culture, have profoundly transformed the territory and with it the consciousness of Vesuvians. Massive building speculation and absurd urbanization without regard for the environment has during these years, and especially in the towns near the sea, uplifted a sort of a 'curtain' of cement with the volcano hardly visible and, what is worse, not anymore fruitful. The once sustainable environment produced from the fertile soil of volcanic material has been transformed into a human-built world of degrading social and cultural services, and brought man and nature one step closer onto the collision course.

This collision must be avoided through a new Vesuvius consciousness that cannot be founded on fear, nor identified as an 'emergency culture' as promoted by architects of the evacuation plan, because, by definition, an emergency is that which menaces the culture, history, life, traditions, and aspirations of peoples. It is necessary to establish with the volcano an educational, cultural, and environmental relationship that deteriorated in the course of time until it has been fully distorted at the present time. The notion of danger and risk must be completely renovated with contents and significance, for a volcanic activity occurring in an area where there is nothing to protect has a risk of zero, since the risk does not only consist of volcanic activity but also of the wrong choices of men. If one cannot intervene on the internal dynamics of the volcano, one can certainly intervene on the external one, because with respect to this dynamics we are to some extent its actors. All of this depends, however, on what role the Vesuvians want to play: That of protagonists of their future or that of a mass of appearances moving to the commands of the directors.[16]

Vesuvius offers formidable opportunities to integrate science, engineering, art, literature, urban-planning, economics, sociology, psychology, and politics into a socially sustainable community that emphasizes civic engagement, social justice, environmental soundness, and economic diversity. These are no quick fixes or ad hoc solutions, for to achieve their goals requires working toward a true overturn of Vesuvian value: From a threatened background to a relational background, from fear to respect, from a degrading to a prosperous future. The educators have the responsibility to produce Vesuvius-conscious citizens of tomorrow, while the engineers must tackle the grand challenge in designing future urban centers with their patterns of supply and use of energy, materials, products, information, and services. This holistic view of interactions between natural and human systems can be no more and no less than the enlightened state of which all mankind is capable: That what Voltaire[17] called 'civilization'. For Voltaire, this must be a pursuit of human spirit (*l'esprit humain*) where the 'reasons and human industry will continue to make further progress', where 'great men [are] all of those who have excelled in creating what is useful or agreeable', where 'great men come first and heroes last', because 'great men have prepared pure and lasting pleasures for men yet to be born'. Like *Encyclopèdie* of *philosophes*, tackling the Vesuvius problem cannot involve a point of view, but the whole of knowledge. And like *Encyclopèdie* that could not be burned by priests as ordered by Pope Clement XII, so too the defective educational policies and flawed territorial development plans cannot be forced upon the Vesuvians for this would negate them the possibility of being conscious citizens. Unfortunately, too many Vesuvians are pessimistic about their future and like Calvino's Khan see little hope of getting out of their ever closing-in inferno.

1.4. SECURITY CULTURE BARRIERS

According to an Italian Civil Protection law of 1987 the mayor of each town is directly responsible for the security of citizens. Each town is required to prepare an emergency plan, establish an area to house its citizens (2.5 hectares for each 500 people) in the event of earthquakes or other calamities, provide the area with the necessary sanitation and infrastructures, and inform the Civil Protection of the needed number of temporary shelters. The population of each town must also be informed about the risk and know how to confront it. Each citizen should know what to do and where to report in the event of an emergency. The Italian Republic has this and many other good laws, but they are poorly enforced. Even a simple civil case can drag itself for years in the courts and the leaders of institutions are too often not compelled to act responsibly. When a tragedy strikes people blame each other, survivals are compensated, and the tragedy soon forgotten. This is what happened after the 1998 Campanian mudslides that killed over a hundred people. The regional government was responsible for implementing prevention measures on the territory, but complained that it never received the necessary resources from Rome. When the tragedy occurred the regional administrator was given a higher title (Commissary for the Emergency) but few resources to carry out the post-disaster reconstruction. The Regional Council missed a golden opportunity to obtain large concessions from Rome and was subsequently voted out of power and replaced by no better administrators. This and many other stories like this have made the territory what it is today: A socio-economic and political quagmire where much is based on appearances and too little on substance.

Too many leaders of political and cultural institutions go through the daily life by building alliances and nurturing and spreading 'cultures' that are detrimental to the public. And as long as the volcano is tranquil, who cares? Vesuvius does not 'smoke' and 'everything is under control', continually assure the public both *Protezione Civile* and *Osservatorio Vesuviano*, without specifying what is under control. The spread of this kind of information with an obvious goal to prevent creating Vesuvius-conscious citizens can only be acceptable to those who strive to conserve power or an egalitarian view that the public needs to follow the experts without questions. This type of 'culture' is especially rooted in those institutions which should be the first to get rid of this disease. Many Italian research centers and universities should have been very active in debating publicly both VESUVIUS 2000 and Vesuvius Evacuation Plan, but ignored this debate altogether and have remained passive toward the entire problem. The faculty and students of University of Naples Federico II have also remained passive, in spite of several attempts to provoke critical discussions.[18] The former director of *Osservatorio Vesuviano* is still promoting the evacuation plan to those who do not have the knowledge or courage to confront her, while its present director is showing no signs of collaborating with those who remain critical of this plan.[19]

In *Mezzogiorno* the population rarely moves to prevent disasters, but tends to wait for calamities and state reconstruction aids that too often wind up in the hands of organized crime. This is what occurred after the Campanian earthquakes of 1980 where it is estimated that two-thirds of the aid was dispersed in this manner.[20] During numerous seminars on the territory I am often asked: When will Vesuvius erupt? And when I answer that it is not possible to determine the precise date and that a massive evacuation is not reliable the people agree, but not to the extent that they are willing to take actions that would force their representatives to consider the Vesuvius problem an election issue. As a matter of fact, I have never heard any politician addressing this problem during elections and most, if not all of them, shy away from the problem. Most Vesuvians are not yet mature enough to demand from their representatives concrete actions on the territory.

Conformity (*conformismo*) is another widely diffused 'culture' of the Vesuvius area, with its origins dating back to Liberal Italy. I have met countless schoolteachers and public administrators who belong to the conformismo and often wondered whether they are really brainwashed conformists or acting as such for the purpose of obtaining concessions and promotions from the system. It is extremely difficult to work with these individuals, for they promise to collaborate but do not and in many instances act as informers and clients that protect status quo. Conformists are afraid and appear educated, and correctly behave at the table, but when constrained to act demonstrate that below their golden face masks lie heads full of straw. Getting ahead in Italy and in the patronage society of *Mezzogiorno*, in particular, is, however, very much easier through conformity of political affiliations than by utilizing one's professional skills.

The patronage (*clientelesimo*) 'culture' of *Mezzogiorno* is greatly responsible for difficult economic problems of the south and prevents the accomplishment of many worthy projects. It is very difficult to do anything on the territory unless one employs intermediaries or clients that must gain from one's need. Responding to calls for proposals for obtaining contracts does not work, for these proposals are seldom if ever considered unless promoted by the clients. These clients are building contractors, lawyers, and doctors who are council members in local municipal governments and who provide wining or client votes to their parties. But even with their help it is very difficult to obtain any support for serious projects on Vesuvius. The volcano is tranquil and why bother perturbing the status quo. Why bother supporting serious educational and research projects when receiving kickbacks from building speculations and illegal dumps of municipal solid waste and hazardous materials are much more profitable? For these 'gentlemen' even speaking about Vesuvius is 'risky' and making any decision in this regard is considered outside of their jurisdiction. After all, aren't *Protezione Civile* and *Osservatorio Vesuviano* doing something about it? Why should a provincial or regional office set up with the task of promoting education get involved with educating people that may become 'dangerous'? Why should the Italian private and public sectors, with some of the worst records of scientific expenditures among the Western European states,[21] invest in Vesuvians when they comprise only 1% of Italian population?

Many statements from the staff of *Osservatorio Vesuviano* are often used by the local administrators and news media in an irresponsible manner.[22] And since a politicized group of scientists is controlling this and other institutions responsible for monitoring Italian volcanoes,[23] there is no guarantee that its resources are properly used or that it responsibly protects the people around the volcanoes. This group's competence is attested by the spread of its 'emergency culture' in the Vesuvius area, and a reason that some area administrators are catering to this group is that they apparently need a protection in the event of an eruption. This arrangement of convenience does not cherish the values and responsibilities of the public service. Its members do not understand basic engineering concepts of systems, constraints, and tradeoffs; they do not understand how technology shapes human history and people shape technology; they do not understand that technology reflects the values and culture of society; nor do they know how to seek solutions to complex problems that require the support of interdisciplinary projects such as VESUVIUS 2000. Chasing people away from Vesuvius is apparently the only strategy that is understood by these barons of Middle Ages, a strategy that Vesuvians have perfected without any help from the outsiders. Making progress under these conditions is difficult and the Vesuvians have little chance of being rescued in the foreseeable future from their difficult predicament.

The Italian mass media, and television in particular, have shown little capacity to debate the Vesuvius problem. *La Stampa* from Turin and *Il Giornale del Sud, Roma, Metropolis, Napoli Più*, and *Il Giornale di Napoli* from Naples have published critical reviews on different risk-mitigation projects for the territory, while the Neapolitan newspaper *Il Mattino* and RAI television stations have been very cautious in reporting anything that would criticize the evacuation plan of Prime Minister Romano Prodi. The television stations owned by *Il Cavaliere* (Silvio Berlusconi) have also been uncommonly quiet as if the Vesuvius problem does not exist or should only be addressed by his opposition. The international scientific journals and newspapers such as *Nature*, *The Times*, *The European*, *Newsweek*, *Stars and Stripes*, and *Sunday Telegraph*, and the radio and television stations *British Broadcasting Company*, *American Broadcasting Corporation*, *Societè Radio Canada*, *Granada Television Station*, *Discovery Channel*, and *The New York Times Television* have demonstrated considerable investigative capacity.[24] While reporting from international mass media has been more serious, the local mass media have been more restrained in their 'domestic affair', as if Vesuvius is too close to home and not as mysterious as the tales of epic poems, while for foreigners in faraway lands Vesuvius is such a mysterious place where the man and nature helped to build the Western Civilization.

There are thus many security culture barriers in the Vesuvius area and not all of them have perverted intentions. We have seen that even the most informed and leading members of general public are not very anxious to take actions that could bring about a greater Vesuvius consciousness. The scientists who are monitoring the volcano with instruments are also contributing to the risk, because the local and national politicians are providing them with resources to look after their own interests. In this mutually benefiting contract, the politicians are freed from social and political responsibilities in the case of an eruption while the scientists gain by receiving lucrative contracts and privileged positions within the state institutions. By acting in this manner both parties apparently believe that the risk of loosing their privileges are minimized. They believe that this arrangement of convenience will allow them to keep the precarious situation under control; that they will be able to cope with socio-economic and political consequences, and find excuses in the event of a catastrophe. The general public evaluates the risk and possibilities for averting it differently, however, because of different interests and little ability to evaluate the tools used by scientists and politicians.

1.5. HABITS OF MIND, INCOMMENSURABILITY, AND PARADIGMS

1.5.1. Habits of mind

The Vesuvius area issues are therefore complex, for the conflicts about power and responsibility and who governs whom and for what ends the public policies are being used involve conflicts beyond the risk. The majority of these conflicts on the territory are associated with politics, and with who is going to be given and denied power, and for what ends. Under these circumstances the technical issues surrounding the reliability of different territorial projects tend to loose their relevance and many efforts to communicate expert guidance about technical details prove futile. This explains why, in spite of the logical criticisms that Vesuvius Evacuation Plan is flawed, its architects have remained relatively immune to the critics. 'In a society where great social issues are reduced to who has and has not power, where income and power are not justified by market economics, and where governing the territory is enforced by an egalitarian elite that favors the allocation of resources seen from the perspective of those peculiarly qualified to comprehend what is worthwhile for everybody else, its activities are intrinsically perverse and many leaders of its institutions are intrinsically evil'.[25] Such a society can breed both the right wing and left wing egalitarians exhibiting conspiratorial tendency, with the brainwashing media playing a central role in the conspiracy. This normally produces conflicts on the territory because of the loss of trust by the public in institutions that seek to assure it that the danger is under control. The experts from those institutions who are responsible for the well-being of the people can be wrong, of course, and yet the people ordinarily accept the experts' premises without questioning their validity. Experts have entrenched judgments that usually associate risk quantitatively, while lay judgments are open to much larger number of factors, such as catastrophic potential, understanding, uncertainty, personal controllability, effects on children and elderly, effects on future generation, trust in institutions, mass media attention, equity, benefits, reversibility of effects, personal stake, natural or human origin, etc.[26] Ideology, trust by the public, and rivalries between experts all have something to do with the difficulty of addressing the problem and they are not mutually incompatible. And an individual can be drawn to either one, depending on 'unconscious cueing of habits of mind'.

Habits of mind are associated with entrenched responses that occur without conscious attention, and even if noticed are difficult to change. They are driven by the patterns in the brain: The neural embodiment of patterns that command muscles to specific actions.[27] Sometimes these patterns can be mentally visualized and the motion rehearsed and corrected before taking actions. As we learn more we are normally able to control better this process and then act 'rationally'. Things we know could be partitioned into instincts, habits, and judgments. Habits are built from instincts, while judgment induces an ability to consider more than one alternative. No one is born programmed to specific behavior, no matter whether Asiatic or Western European. Learning a language, for example, involves knowing how to produce elaborate muscular operations that allow the utterance of specific sounds, and once such a habit is entrenched (learned) it is very difficult to eradicate it. Acquiring habits requires practicing, and once acquired we easily fail to notice when they are activated.

Although habits of mind cannot be easily observed their consequences are things that can be seen. An individual or group can be made to respond to various contexts and thus his or its habits of mind discovered. As we have seen, both the local, national, and European Union administrators, as well as many scientists and other professionals, do not readily respond to direct solicitations for actions in the Vesuvius area, but prefer instead to remain behind the controversies. This habit of mind is just one of the detrimental 'cultures' which is widely spread in the modern society and can produce a belief or habit that a massive escape from Vesuvius is really possible even on a short notice of 1 or 2 days. This could become a habit of mind and prevent the public from considering and taking alternative actions.

Everyone prefers to take minimal efforts to change, and in a society polluted with negative habits of mind (we called them 'cultures') it is very difficult to change them.

1.5.2. Incommensurability

An individual is an expert because he possesses peculiar habits of his profession, and in many situations his personal habits serve him well. On occasions, however, one becomes aware that something has gone wrong and that a new habit has to be adopted. This may involve realizing, for example, that some information or premises behind Vesuvius Evacuation Plan are flawed, that the standard tools of volcanologists who drafted this plan are inadequate when dealing with volcanic risk in densely populated areas, that some readjustment or radical change is needed. To some this anomalous evidence may be minor or an annoyance, while to others very serious or incommensurable that requires challenging the entrenched habits of mind. In principle, the entrenched habits can be challenged if there is evidence and argument that yield intuitions that conflict with those prompted by the habits. But a habit that is difficult to notice by an individual will also be difficult to challenge. This is especially relevant for a community which shares habits, for these become invisible to the members of the community. It is difficult to notice habits that everyone takes for granted and we should therefore not marvel why it is so difficult to produce a Vesuvius-conscious public in the presence of so many negative attitudes and mentalities.

Habits of mind are intimately tied to communication. The more we communicate within a restricted group the more we tend to adopt or develop habits of the group or community. These communities could be social, cultural, scientific, organized crime, political, and so on. Within each community incompatible habits of mind block communication, evoke resentment, and produce frustration of those who attempt to change the community's habits of mind.[28] When a new discovery arises from the changes of habits of mind of the discoverer this can easily prompt incredulity, confusion, and even revulsion if the community has not yet tuned its habits of mind to those of the discoverer. If the new experience of the discoverer can be readily shared with others, the experience becomes contagious and unproblematic. Most often, however, conflicts arise because individuals with the same information as the discoverer are blind to the discovery. The discoverer can become frustrated and the society may alienate him. This is especially true for radical discoveries because their consequences are striking. An individual with radical ideas usually wants to persuade others to see things his way, but his method of seeing things is ordinarily incommensurable with seeing the same by the others.[29]

A scientist does not ordinarily produce anything from which to live directly and is dependent on the existence of state institutions or private sponsors to support his science. And when the social considerations (religion, politics, economy) enter into scientific initiatives it is not unusual that they are deliberately hindered, as we have already encountered the situation with VESUVIUS 2000. This initiative has strong scientific, socio-economic, and cultural aspects because it aims at producing an organized and safe territory, but both the Italian and European Union administrators appear to be afraid of 'increasing their risk' by supporting such a revolutionary project. Entrenched habits of mind often prevent the realization of very useful social projects.

1.5.3. Paradigms

Shared habits of mind, shared beliefs, or paradigms are essential constituents which tie together a community and can change when there is a paradigm shift[29] or a special change in habits of mind within the community. Paradigms are ordinarily found in textbooks because they are widely accepted as the norms of communities. The notion of 'paradigm shift' should be understood as having a sharp boundary between the normal and revolutionary shifts, for even a 'normal' discovery can upset some established or previously held habits of mind. The vast majority of discoveries are, however, 'trivial' and they are simply acknowledged as 'Jones found such and such'. In situations when the discoveries are not trivial the Kuhnian incommensurability becomes well-defined, as we will see shortly when we look into some of the scientific revolutions of the past.

A new idea always involves a conflict with some existing habits of mind. To be persuasive the idea must 'look right' and 'be believable'; its positive tenets must override its negative characteristics. To be persuasive the results from an idea must look right and its reasons look convincing. If both the results and reasons are wrong the idea is wrong. But an idea may provide results that look right but its reasons are not convincing, or its results are wrong but its reasons are convincing. In these situations a state of paradox is reached. If the reasons look convincing or not but the results are uncertain the idea becomes doubtful, whereas when both the results and reasons are uncertain the idea becomes uncertain. A belief/disbelief in the idea is generated when the reasons for its validity are uncertain and its results look right/wrong, respectively. This rather complicated belief matrix of cognitive states available also defines knowledge (results look right and reasons look convincing) and contrary knowledge (results look wrong and reasons are not convincing), and can be used to examine different risk-mitigation strategies.

To many a massive escape (evacuation) from Vesuvius 'looks right' because they are unaware of the better alternative VESUVIUS 2000. According to the belief matrix, a project is either right, believable, paradoxical, doubtful, uncertain, not believable, or wrong, depending whether one believes that its premises and consequences are convincing. Since these premises and consequences depend on complex social and scientific issues which most people cannot evaluate, Vesuvius Evacuation Plan and VESUVIUS 2000 are interpreted depending on the individual's habits of mind or degree of risk education. If the same people were familiar with the latter project they would judge the idea of massive escape differently, because there would be other cueing patterns that would contribute to the decision-making processes. The validity of a massive escape strategy from Vesuvius thus depends not only on the capacity of its promoters to legitimize it by indoctrinating the population, but also on the capacity of VESUVIUS 2000 supporters to use their strategy to challenge the validity of massive escape.

In some extreme situations a new idea may be seen absurd or even perverse. Yet at some later time it is accepted and the same people who once rejected it are puzzled why such an idea was seen as making no sense initially. In our situation the case in point is the recent initiative of Regione Campania[9] which is closer in spirit (but not in seriousness) of achieving some goals of VESUVIUS 2000 than following the strategy of evacuation plan. The same individuals who have been promoting the evacuation plan appear to be now convinced that it is wrong! This is a strong case of incommensurability or a case of the Kuhnian barrier.[29] A barrier is a habit of mind that is both highly robust and critical for the emergence of a new idea. In the case of Ptolemaic to Copernican transition there are two candidates for the barrier: One is that the Earth wonders through space and another the nested-spheres structure of the world.[30]

Although Copernicus established himself almost immediately as the modern Ptolemy, it took about 50 years before anything substantial was done with the new view; until the new generation was brought up with the idea, in spite of Columbus' voyage in 1492 which predates Copernicus' publication of the heliocentric system in 1543. Like the biblical 40 years in the desert it took people to free enough of older habits of mind for the contagion to reach a new social norm. Similar situation also occurred four centuries later in the case of Darwinian theory of evolution. In 1859 Darwin made the claims that new species evolve from the existing species, and that natural selection can account for this process. The first barrier was easily overcome because the notion that species can be transformed appeared repeatedly for over 2000 years. But the natural selection barrier that drives the evolution was difficult to accept, as still is for many even today.[31]

A century later the plate tectonics provided the explanation of the 'mystery of mysteries'. During the first half of the twentieth century Wegener's theory of continental drift[32] was rejected by the experts because he could not provide the mechanism for the movement of continents, even though the alternative and accepted habits of mind of 'land bridges' between the continents provided no better explanation. New evidence for drifting continents began appearing from oceanographers after World War II, but it was not until mid-1960s when new compelling magnetic anomalies in oceans were found that vindicated the predictions of drifting continents theory. After this there came a very rapid collapse of opposition, because a much wider community than the geologists could follow the arguments that the 'result looked good' and 'reasons looked convincing'.

Radical discoveries such as these are marked with strong confrontations with the entrenched habits of mind (the system) and caused Max Planck to declare: 'An important scientific innovation rarely makes its way by gradually winning over and converting its opponents. What does happen is that its opponents gradually die out and that the growing generation is familiarized with the idea from the beginning'.[33]

As we pointed out on several occasions, Vesuvius Evacuation Plan is flawed from the scientific, engineering, environmental, social, and cultural perspectives, and yet it tends to be accepted by many volcanologists, local, national and European Union leaders, as well as by many people in the Vesuvius area. This is not because all of these people are stupid or even bigoted, but because they are blind to the argument of the critics of this plan. This blindness is defined by Kuhn[29] as incommensurability and to resolve its puzzle requires the creation of a greater Vesuvius consciousness, or what we have been discussing above, carefully tending to the habits of mind of the people exposed to the danger from the volcano. The force of habits of mind can be startling. We have seen that neither the Copernican, Darwinian, nor Wegenerian (just to name a few) discoveries were readily accepted by the educated or lay public. If one believes that good arguments are necessarily convincing, one assumes that one's perceptions are always reliable insights about the true nature of the world. There is nothing guaranteeing that this is so and when we are confronted with novel, blurred, unfamiliar, or difficult situations our intuition can be vulnerable to illusion. Expert and lay cognitions are different, because each draws from different repertoires of available patterns that are grown from different experiences. It is easier to cue a default or known pattern than a rival one that we still need to insert into our repertoire of patterns. Habits of mind can produce cognitive illusion judgments and can give rise to good and bad consequences. But since we are not born with these judgments, we can also eradicate them.

The 'acceptance' of Vesuvius Evacuation Plan is, in my view, a situation of severe case of blindness or incommensurability on the part of many and to a large extent is being maintained by an inadequate challenge from the alternative VESUVIUS 2000. To respond to the challenge requires seeing the challenge or alternative, seeing a cognitively effective rival intuition to challenge an intuition, because the mere logic by itself of pointing out the deficiencies of a massive escape from Vesuvius has not proven to be very efficient. Negative habits of mind of Vesuvians contribute significantly to the difficulty in producing a paradigm shift: From viewing Vesuvius as a menace to seeing it as an asset.

1.6. RISK, RISK MATRIX, AND RISK COMMUNICATION

1.6.1. Risk

On several occasions we have used the word 'risk' without precisely defining the concept. We noticed that experts and lay public use the word differently and that we can talk about risk to people from eruptions, risk education, political risk, environmental risk, etc. When asking 'What is risk?' one can ask three questions[34]: What can happen?, How likely is that to happen?, If it does happen, what are the consequences? In objective terms, risk is a 'measure' and as such involves all possible scenarios, S_i, likelihood of each scenario, L_i, and consequences of the ith scenario X_i; i.e.

$$R = \{S_i, L_i, X_i\}_c$$

where 'c' stands for complete to emphasize that we need to know all possible (or at least the most important) scenarios. The consequences are damages to people, property, environment, wild life, etc., and in general can be expressed by probability curves[35] $P_i(X_i)$. The likelihood can be expressed in terms of probability of frequency $P_i(f_i)$ when a repetitive situation exists, but we are uncertain about what that frequency is. The risk scenarios S_i can take various forms, depending on our definition or knowledge of the initiating event. One can have one or more end states from one or more initiating events by following the appropriate decisions along the 'scenario tree'. We could find all initiation events and draw the outgoing tree from each, or we could identify the end states of interest and draw the incoming trees to each.[36] The end result of risk analysis is to determine risk maps that delineate the levels or contours of different risk categories, because different people have different risk perceptions or interests.

In the determination of risk categories one should also include protection of the territory from different eruption events or scenarios (lava flows, ash fall, mudflows, pyroclastic flows). Since it is not possible to displace all Vesuvians from the slopes of the volcano, some engineering protection measures will be necessary for those who remain. These can include reinforced roofs and walls of houses to withstand ash and pyroclastic flow loadings, channels to divert *lahars* and pyroclastic flows away from populated areas, reinforced structures to protect some ancient ruins of Pompeii and Herculaneum, basic services infrastructures, and so on. If a new habitat is to be built for Vesuvians, this habitat must be better and safer than it is today and should be built only after an extensive risk analysis or feasibility study as intended by VESUVIUS 2000. A key tool in this analysis is Global Volcanic Simulator, or a physico–mathematical–computer model of the entire volcanic complex. The simulator serves to determine the likelihood of different eruption scenarios and their consequences on the territory, with and without protection measures to defend some people and properties from the volcano.

1.6.2. Risk matrix

Besides the experts' interpretation of objective or probabilistic risk there is also a visceral or subjective risk that expresses a certain discomfort or vigilance that is not readily quantifiable. A lay person is normally concerned with many dimensions of risk, while an expert is more focused on such things as fatalities. But there is no risk if there is nothing to gain from taking some risk. And to prevent or reduce the risk we must incur the cost of taking precautions. Our natural or Darwinian tendency is to economize or adapt to the situations at hand, a tendency which is somehow entrenched in our habits of mind as species. This tendency to economize as species can be expressed in terms of opportunities that are available to accept risk and the danger that is averted by taking precautions. Instead of utilizing cognitive illusions of 'results look right/wrong' and 'reasons look convincing/not convincing' discussed earlier, it is easier to utilize a simpler 'risk matrix' where one dimension expresses danger and the other opportunity.[37]

In the risk matrix shown in Fig. 1.2 the costs of precautions are indicated on the horizontal axis (yes and no opportunities), whereas the danger of doing without these precautions on the vertical axis. Often, the costs of avoiding one risk include the costs of accepting some other risk. An individual may not be sensitive to all risks

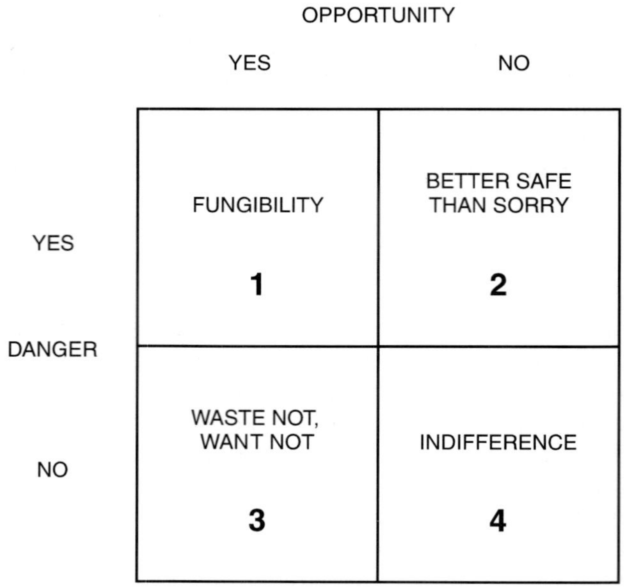

Fig. 1.2. Risk matrix showing the relationship between the danger and costs of precautions or opportunities to avert the danger. Low danger and lack of opportunities produce indifference. High danger and availability of opportunities produce a state of action on the part of those who are exposed to the risk.

and costs in a situation, but when this occurs some sort of global risk averaging must take place in order to minimize risky decisions. In cell 1 of the figure an individual is aware of the danger and there is an opportunity or incentive of taking precautions against the risk. In this situation of fungibility a risk is considered seriously and there is a strong chance that the individual will do something about it (protest, collaborate, invest). On the other extreme in cell 4 the danger and opportunity are perceived as being low and an individual behaves indifferently. When in other cells one is either convinced about the danger but not of the opportunity (cell 2), or convinced about the opportunity but not of the danger (cell 3). A person ordinarily moves from cell 4 to cell 2 and if there is no opportunity slips backs to indifference of cell 4. This is the average behavior of Vesuvians, because even after some of them are educated about the potential danger from Vesuvius they are not provided with opportunities that address this danger. Few individuals remain in cell 2 and even fewer in cell 3. Most of the people in the Vesuvius area act therefore indifferently, and even if a minority is concerned about future eruptions by being in cell 2 it adapts to the social choices of the majority. The territorial administrators apparently prefer to keep it that way to eliminate risky political choices that would be associated with a risk-conscious population. The governing elite thus see the risk matrix differently: They perceive that governing is more effective when keeping the people less informed about the danger and the possibilities how to avert it.

An evacuation plan tends to move the population only into cell 2 where there is the perception of danger but few opportunities to address it until an eruption becomes eminent or after it is practically over. But when this occurs it will be too late for many to take advantage of opportunities (post-eruption reconstruction aid). Providing a risk opportunity only after a disaster does not contribute toward a social progress, and Vesuvius Evacuation Plan does not produce the necessary condition of fungibility that is required for a serious risk reduction. VESUVIUS 2000 has the goal of bringing the population into cell 1 and keep it there.

1.6.3. Risk communication

Any actions in the Vesuvius area aimed at risk reduction can be perceived as either producing intended or unintended consequences, and to a large extent depend on whether these actions create or strip opportunities. The administrators of the territory apparently decided that any change of status quo will hurt them politically or economically, while the lay people are under an illusion, or became fatalists because of poor risk education, that the volcano will remain tranquil for a long time and will be able to escape when the time comes. And when such a message of false security arrives from an expert or experts, the public tends to accept too often the experts' judgments without questions.[38] To reduce the risk from future eruptions requires a shift in the current fatalism paradigm. And because of the complexity of social and environmental issues with little understood dynamic, the simplest suggestion to follow to reduce the risk should be that of the great Greek physician and father of medicine, Hippocrates of Cos.[39]

Hippocrates suggested to the physicians to 'do no harm' to their patients. This precautionary principle is appropriate when dealing with complex systems, such as with a human body or those that include interacting social, cultural, and environmental issues. The 'do no harm' principle is already built into the risk matrix for it 'seeks to build a measure … of fungibility deeply into the *process* of risk assessment and risk management in a way that appeals to everyday intuitions about fairness'.[40] If we are going to take the trouble to do something for Vesuvians, that something ought to produce more positive than negative consequences. Although this risk management proposal is modest, its consequences are far-reaching, as we will illustrate with Vesuvius Evacuation Plan. First of all, this plan produces harm to the volcanologists because it promotes bad science (eruption prediction at least 3 weeks in advance when there is no science to substantiate this premise). It also produces harm to the engineering and management professions because it promotes the evacuation of hundreds of thousands of people in a week in the absence of adequate infrastructures (evacuation of masses on short notice is impossible when the territory shakes and railways and roads become inoperable). The plan is also harmful to the public because it was not involved in producing it (it is antidemocratic) and its consequences are the destruction of culture and speculation of territory (a massive evacuation from the Vesuvius area will leave the territory wide open to looting and influx of new people who will take the possessions of those who left). Worse of all, this plan projects an illusion that 'everything is under control' when it is not and thus harms the trust between its promoters (*Protezione Civile, Istituto Nazionale di Geofisica e Vulcanologia, Osservatorio Vesuviano*) and the public. By being harmful in so many different ways it is incredible that such a plan was proposed in the first place and that it is still being supported in some circles. But as we noted above, even harmful projects for some can serve their purpose for others. VESUVIUS 2000 is a far better solution than the simple-minded and harmful massive evacuation plan for it strives to produce a new socially and environmentally acceptable habitat for Vesuvians.

1.7. FUTURE HABITAT FOR VESUVIANS

1.7.1. The choices

Vesuvius is today surrounded by a sea of humanity and at night its presence is given away by the blackness that is surrounded by densely distributed dots of light. These dots of human dwellings surround the Bay of Naples and extend over the Campanian Plain as far as the eyes can see. What was once a sustainable land producing the basic services of food, water, and shelter for its inhabitants is today strained by insecurity and limited prosperity. Naples, with its own demographic and service pressures, represents the best source of opportunities and banishes many into suburbs to be confronted with the risk from eruptions and an environment that has been polluted from illegal waste and hazardous material dumps. The space surrounding the volcano is filling up fast and there may be no more land where to relocate the Vesuvians or time to bring the territory under control. Inequities in the form of health and security undermine the sustainability or the ability to meet the needs of people without compromising the ability of future generations to meet theirs.[41] The carrying capacity of humans around Vesuvius depends, therefore, on the demographic and economic arrangements, political institutions, use of available technology to produce consumer products and social services, peoples' willingness to tolerate a certain physical environment, moral values, etc. In other words, it is culture-dependent and the choices that are made today for the territory could place a heavy burden on future generations. The United Nations Development Program says that the quality life has to do with 'creating an environment in which people can develop their full potential and lead productive, creative lives in accord with their needs and interests'.[42] The goods alone cannot deliver this life once the basic needs and adequate social services to the people are provided.

1.7.2. The grand challenge

A safe and prosperous environment for Vesuvians cannot be created without modern technology or in the absence of craftsmen, inventors, designers, engineers, scientists, machines, and knowledge gained during the last several thousand years. The technology offers creative means to control the human-built world,[43] just as for the Greeks Prometheus symbolized creativity in stealing fire from the Gods. Leonardo da Vinci is remembered as an architect-engineer of canals and automated machines, while Goethe's Faust finds earthly fulfillment by creating new land for humans from drained wetlands. And even in Genesis, humans were engaged in creating outside of Garden of Eden a living and working place. Humans have been transforming the uncultivated physical environments into cultivated and human-built ones, and in the process have been reshaping nature and in many instances causing undesirable consequences of environmental degradation and loss of quality of life.

What does this mean for Vesuvians? It means that the engineers, architects, urban planners, economists, environmentalists, educators, and the public must collaborate as they design and build a secure and prosperous habitat for Vesuvians – a habitat where the technology is used to respond to public's need of being protected from the volcano and being allowed to pursue high quality of life. This is a messy undertaking, because of the problems laden with political, economic, social, and esthetic values. An approach that is limited to technology only (building escape routes from Vesuvius, for instance) can amount to no more than a 'technological fix' that satisfies exigencies of special interest groups and their cronies. But an ecotechnological habitat will be value laden, for it will not only serve as a towering symbol of man's creative ingenuity, but also a model for others to follow in their quest to live in harmony with nature. Italy is a superb example of such models and that the Vesuvians are being denied their proper place in history is a crime, in no small measure perpetrated by inept architects of the evacuation plan and their cronies in scientific and non-scientific establishments.

In Italy the democratic instruments are at hand enabling citizens, engineers, scientists, sociologists, economists, and other professionals to help shape the world of Vesuvians. The national, provincial, and local governments, as well as numerous local interest groups, have a unique opportunity of taking the advantage of high risk from eruptions and transforming this risk into public benefits. The volcanologists' style of confronting the volcanic risk from their perspective only and politicizing their personal interests[44] slows down other professions from carrying out their job. The public needs to know this and learn how engineering, urban-planning, and managerial processes can be used in creating a whole new metropolis with modern services and in harmony with the environment. The educators, on the other hand, need to produce a whole new generation of individuals who know what questions to ask and what kind of technology can be used to produce a harmonious cohabitation under the shadow of the volcano.

The new environment that needs to be produced for Vesuvians should include community participation; provide jobs, housing, and health; project a sense of belonging and pride; be self-adapting and efficient in providing and managing services; minimize geographic and resource footprints; have the public feel secure from different eruption scenarios; and above all be manageable. The materials, energy, and information are some of the essential engineering parameters which interact with biological (humans, plants, animals), machine (reliability, precision, automation), and social organization components of a city, and an approach that minimizes the use of materials and energy may be most acceptable. The engineering challenges of producing a safe and prosperous habitat for Vesuvians should not only limit the external effects on the city (eruptions), but also minimize the effects of the city (its wastes and noxious emissions) on its surroundings. In tackling the grand challenge the engineers must address how the stringent environmental and safety requirements limit technical options in certain economic sectors and increase options in other sectors, what are the alternative methods of waste disposal and levels of recycling, can waste heat be captured, what levels of power and communication will provide reliable service, how to protect some parts of the territory from the destructive power of Vesuvius, etc. A city that emphasizes civic engagement, social justice, environmental soundness, economic diversity, and that is governable and manageable is a grand challenge for designers and investors alike.[45] Such a challenge is necessity if we want to maintain the continuity of life and preserve over 2000 years of human activity in the Vesuvius area. VESUVIUS 2000 addresses such a challenge.

1.8. VESUVIUS 2000

1.8.1. Overview

Future catastrophes in the Vesuvius area can be prevented only if a secure environment can be created for people living around the volcano. This cannot be produced by evacuation plans which by definition are designed only for managing emergencies, but by information campaigns aimed at educating the public about the risk and provision of economic incentives aimed at producing a safe, prosperous, and ecologically viable environment. In a socially sustainable environment[46] people are aware of the danger and are willing to tolerate a minimal risk because they are convinced that the hazard will not hurt them. A risk-conscious population is not told what to do or how to march under the command of a director, but knows which actions it must take in the event of an emergency. In the ideal situation the territory at risk should autoregulate itself and there should be a great deal of trust between the public and its administrators. All of these characteristics are lacking in the Vesuvius area and an escape-from-Vesuvius strategy cannot create them because this was not designed for this purpose. A strategy that only provides an illusion of safety and its proponents keep sending messages that ‘everything is under control’, while the public and independent professionals are being kept in the dark what exactly is under control, was not designed to produce security for the population but to control it for the purpose of extracting political and economic benefits from it.

VESUVIUS 2000 works in the opposite direction. Its basic premise is that a secure cohabitation of people with the volcano is possible and that this arrangement can produce socio-economic, scientific, and cultural benefits, without producing adverse effects on the environment. As such, VESUVIUS 2000 does not aim at a massive escape from the volcano in the event of an emergency, but at preparing the people and territory to confront the emergency with minimum cultural and socio-economic losses. Due to many detrimental habits of mind in the Vesuvius area, this preparation should commence years or even decades in advance of a volcanic emergency.

The hazards from future eruptions of Vesuvius cannot be eliminated, but their effects on the territory, or the level of risk, can be controlled by reorganizing the environment where people live and work. Different areas around the volcano are exposed to different earthquake, volcanic (lava, pyroclasts, mudflows), and hydrogeologic hazards, all of which must prominently enter into quantitative risk assessment (QRA). QRA must take into account the whole body of evidence items (volcano, people, dwellings) and process them through Bayes theorem[36] for the purpose of determining 'evidence-based' QRA and subsequently utilize this information to produce the necessary decisions. Different actors on the territory should become aware why it is necessary to work together to produce optimal decisions and why these decisions cannot be based on unreliable predictions of eruptions, deportation of population, and destruction of its culture. One needs to carefully tend to the habits of mind of Vesuvians to safeguard their positive habits and eliminate, or at least reduce, their negative ones. Without such care it is impossible to produce a change of the current paradigm of resignation on the part of many. VESUVIUS 2000 aims to address these and other issues and its purpose is to bring the population into cell 1 of the risk matrix (Fig. 1.2). In this state the people are fully aware not only of the danger, but also of the opportunities to avert the danger. Many people are aware of the first because the volcano has been active until recently, but they are not aware of the second, or they do not see how to take advantage of the first to produce conditions for the second. This is what VESUVIUS 2000 is all about, but the entrenched habits of too many people living around the volcano prevent them from seeing how to overcome this incommensurability paradox. It is amazing how this paradox reaches the highest levels of experts and leaders of national and European Union governments.

1.8.2. Principal objectives

VESUVIUS 2000 intends to produce guidelines for transforming high-risk areas around Vesuvius into safe and prosperous communities. This can be accomplished through interdisciplinary projects involving engineers, environmentalists, geologists, computer scientists, historians, urban planners, sociologists, economists, educators, civil protection volunteers, and the public. Such a multidisciplinary group of experts and lay public must work together synergistically, whereby the research and development results from separate groups are integrated into concrete recommendations or guidelines for use by local communities and institutions, national and European Union governments, and domestic and foreign scholars and entrepreneurs (Fig. 1.3). The central objectives of VESUVIUS 2000 are:

1. Definition of the volcanic system of Vesuvius, and past eruptions in particular, for the purpose of developing accurate models of the volcano that are capable of assessing future eruption scenarios and their consequences on the surrounding territory. For this purpose, it is necessary to develop physical and mathematical models of magma supply and pressure buildup in magma

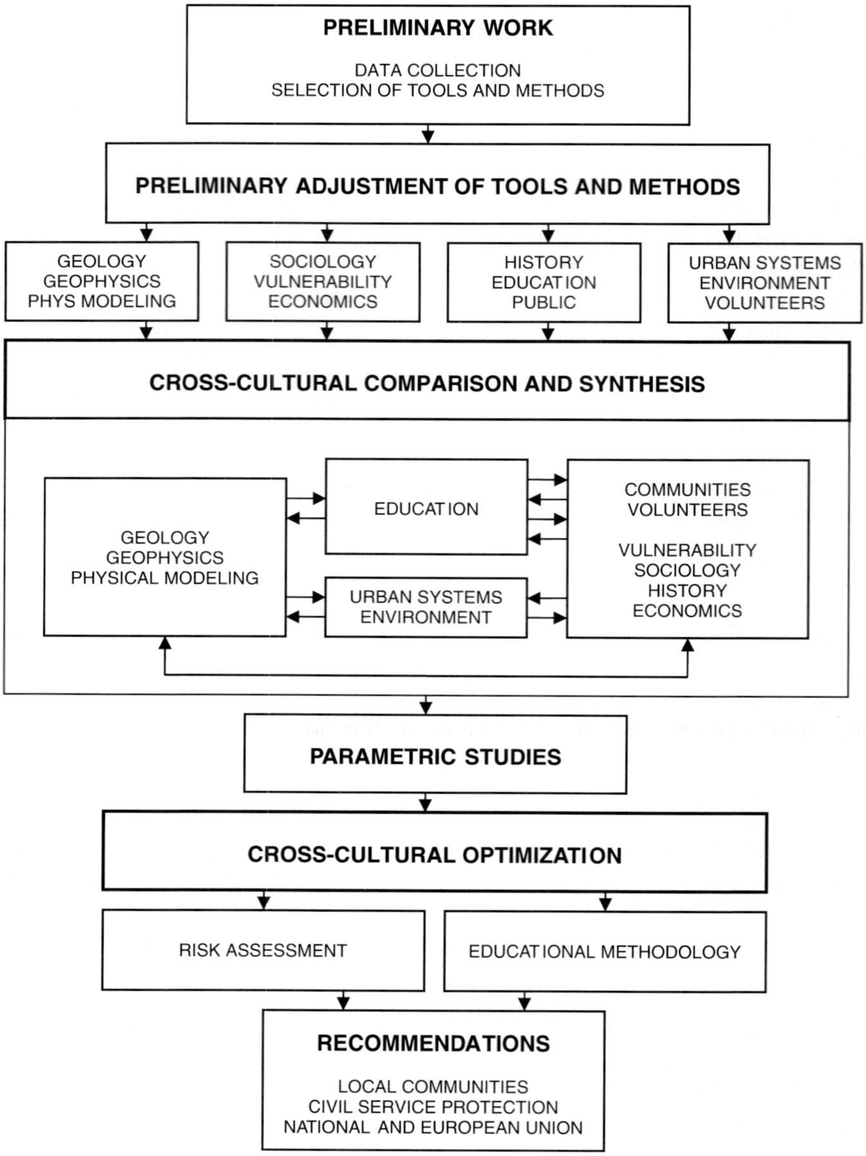

Fig. 1.3. Interdisciplinary integration of knowledge from experts and public on VESUVIUS 2000.

chamber, magma ascent along conduit(s) and its interaction with the surroundings, stability of the volcanic cone, and distribution of pyroclastic material in the atmosphere and along the slopes of the volcano. These models must be validated[47] with past eruptions before they can be employed to determine the most likely eruption scenarios.

2. Assessment of consequences or vulnerability of population, dwellings, and key industrial, cultural, telecommunication, and infrastructure systems in the Vesuvius area and vicinity for the purpose of establishing cost, benefit, and damage probabilities. This assessment includes medical consequences on the public from the interaction with volcanic products and hazardous materials produced from anthropogenic activities (municipal solid and hazardous waste landfills, chemical products factories, ammunition storage facilities). An assessment of socio-economic and other consequences is necessary before the preparation of urban plans which are aimed at building a safe and prosperous habitat for people around the volcano. One should not provide economic incentives for relocating people or promote development before carrying out an exhaustive feasibility study of the consequences of such actions.[9,16]

3. Development of an educational methodology that promotes Vesuvius consciousness and autoregulation of the territory, for the purpose of establishing new habits of mind that are conducive for the creation of security culture. Without such an education it is not possible to produce socially conscious citizens of tomorrow who must collaborate in building an ecotechnological environment that is characteristic of high standard of living.

The ultimate objective of VESUVIUS 2000 is not only to produce a QRA, or expected human, material, socio-economic, environmental, and cultural losses in the Vesuvius area from future eruptions of the volcano, but also to produce guidelines which minimize these losses and provide for autoregulation of the territory. The public and the experts need to be brought together so that the former can contribute to the development of these guidelines. An effective interdisciplinary collaboration is vital for determining equitable distribution of resources and to protect the territory from future eruptions. Toward this end it is necessary to produce:

a. Sociological impact statements that identify possible behavior of the population as a result of personal and family danger, and fear of property loss, prior, during, and after the eruptions.
b. Economic and territorial settlement impact statements that identify the value on the territory and possible population migrations before and following different eruption scenarios and urban-planning interventions.
c. Environmental impact statements that identify the effects of erupted material on the local and regional environments, and an interaction of this material with hazardous materials of the territory.
d. Educational methodologies for producing and maintaining a volcanic risk-conscious population.
e. Volcanic risk-mitigation guidelines for use by the public and local and national administrators, educators, urban planners, engineers, and civil protection volunteers.
f. Reports and educational material dealing with the multidisciplinary issues of the territory and procedures involved in systems integration and optimization.

Making the public conscious about its environment and involving it from the beginning on various aspects of the project can produce new opportunities and with them a higher quality of life.[48]

VESUVIUS 2000 is divided into three major interrelated interdisciplinary areas: Physical environment, population, and territory. The physical environment involves issues directed at quantifying the likelihoods of different eruption scenarios in the Vesuvius area and assessing their consequences on the local and global environments. The population involves issues directed at the consequences of these scenarios on people and property, including a reduction of people's adverse habits of mind and creation of new ones that 'see' the volcano as a useful asset for producing safety and prosperity on the territory. The territory involves issues associated with Vesuvius area communities, civil protection volunteers, environment, infrastructures, and national and European Union leaders.

1.8.3. Physical environment

1.8.3.1. Global volcanic simulator

Eruption scenarios are determined from the knowledge of past behavior of the volcano and by using a tool that can extrapolate this behavior into the future. This tool is Global Volcanic Simulator, or a physico–mathematical–computer model of the entire volcanic complex. The simulator incorporates physical and chemical models of all conceivable magmatic processes within the volcano and in the atmosphere above it. This includes the geological and geophysical data pertaining to the origin and composition of volcanic deposits, magma and lava flows, aquifers or underground reservoirs of water, strength, elasticity and plasticity of magmas, lavas, surrounding rocks and soils, etc. These data are utilized to produce constitutive equations or mathematical models of material behavior at the microscale and macroscale levels at different pressures and temperatures. The constitutive equations are then used in basic physical laws of conservation of mass, momentum, energy, and entropy to produce an overall physico–mathematical model suitable for solution on efficient computers that may require taking advantage of their special design or architecture[49] (single and multiple processors). The simulator is then used to produce the likelihoods of different eruption scenarios and determine their consequences on the territory surrounding Vesuvius. The development of Global Volcanic Simulator of Vesuvius does not only depend on future scientific breakthroughs in several fields of science, but also in bringing together responsible agencies and professionals with different cultural backgrounds.[28]

Global Volcanic Simulator requires initial and boundary conditions of material properties to determine the temporal and spatial evolution of volcanic system.[50] It is important to note that if these conditions are incomplete or poorly defined, the predictions of simulations can be unreliable. The initial conditions determine the initial state of the volcanic system and include thermal, fluid, and chemical properties of magma, gas, and pyroclasts, and structural mechanics properties of rocks and soils that make up the volcanic edifice. The boundary conditions specify the interaction of the volcanic system with its surroundings. If a simulation is initiated from a closed-conduit state of the volcano, this simulation should then be able to predict subsequent eruptions, or future times associated with conduit openings, dispersions of volcanic products above the volcano, and interactions of discharged material with the infrastructures on the slopes of Vesuvius. Since the volcanic system is very complicated and its internal state difficult to define during an eruption, it is preferable to initiate a simulation when the volcanic conduit is closed. A volcano which is externally inactive may remain in this state for centuries and tends to 'forget' its initial properties. This is not, however, true for the boundary conditions, because these normally control the future evolution of the system.

Initial conditions for simulations should be, therefore, obtained after a large-scale eruption with the volcanic conduit closed. After the plinian eruption in 79 A.D. this closure apparently occurred around 203[51] and requires further studies. Based on the deposits of erupted materials and chronicles the subplinian eruptions of Vesuvius in 472 and 1631 are known reasonably well[52] and provide good cases for validating the simulator's predictive capabilities. But in order for the simulator to be validated with these eruptions it needs to simulate magma supply, differentiation, and crystallization in magma chamber for centuries.[53] The closure of conduits following a large-scale eruption can last for several centuries, as attested by the subplinian eruption of 1631 whose small-scale strombolian and lava flow activities persisted at least until 1944.[3] Long-term forecasting of these small-scale activities is unreliable and not necessary for achieving the objectives of VESUVIUS 2000.

1.8.3.2. Definition of volcanic system

A large-scale plinian eruption of Vesuvius can discharge between 2 and 6 km^3 of material in about 20 h of sustained activity and has a cycle of several thousand years. Intermediate-scale subplinian eruptions occur between two plinian cycles and discharge about 10 times less material than the plinian eruptions. Each of these has a cycle of several centuries and its main phase also lasts for about 20 h.[3] The small-scale strombolian and effusive events close the cycles of these eruptions and occur every few years or decades in succession until the volcanic conduit(s) closes. A common feature of Vesuvius' eruptions is that they were intermittently interrupted by partial column collapses which produce pyroclastic surges and flows, and terminate with the interaction of magma with water from underground aquifers. Recent plinian and subplinian eruptions are characterized by the emission of highly differentiated trachytic and phonolitic magmas. The location of magma below Mount Vesuvius is currently in dispute, with estimates that range from 3 to 10 km below the volcanic cone, in spite of the large number of volcanological, petrological, and geophysical studies which have been inundating the scientific literature.[54]

Vesuvius can lie dormant for long periods of time and the quantification of time scales over which magma storage and differentiation take place is of vital importance. Current understanding of the subsurface of volcanoes is poor and only some rough constraints are available on the time required for magma storage and differentiation between eruptions.[55] Although a great deal of information on the deposits of recent plinian and subplinian eruptions of Vesuvius is available,[3] more precise data are required on the spatial and temporal evolution of deposits, sedimentological structures, granulometry, clast types and morphology, and field and laboratory studies of magma–water interaction. A significant effort should be directed at identifying the spatial and temporal relationships associated with fallout, pyroclastic flow, lithics provenance and distribution, and hydromagmatic components in the eruptive sequences. An accurate identification of the volcanological character of each depositional layer of recent eruptions of Vesuvius is essential for validating magma chamber, magma ascent, and pyroclastic dispersion models.

Magma–water interaction processes at Vesuvius are poorly understood. As magma ascends along one or more conduits or fractures toward the surface, it can come in contact with groundwater and cause violent explosions because of the conversion of water into steam. The more effective the mixing between magma and water is the more intense this interaction becomes. This process can produce bulging of volcanic edifice, landslides, and decapitation of the volcanic cone.[56] The possibility of avalanches and landslides from Gran Cone (of Vesuvius) is, therefore, very real and should be assessed through geotechnical studies with the objective of producing geological, geomorphological, lithotechnical, slope, landslide, and soundings maps.

A closely related study pertaining to the structure of Somma–Vesuvius should be directed at establishing relationships between the activity of Somma volcano (regional tectonism, origin of the caldera) and structure of Gran Cone in order to ascertain weakness areas along which sector collapses are possible. For this purpose, use can be made of Landsat and aerial photo analyses to study the geomorphology, field surveys of fault fractures and dykes to analyze structures, analyses of drill-hole and geophysical data to ascertain deep structures, and evaluation of the volume of the caldera and comparison with plinian eruption volumes. The results of this study should permit an assessment of the influence of regional tectonism on the volcanic activity, evaluation of lateral sector collapses of Somma–Vesuvius, and definition of a rheological model for the volcano. This study needs to be further complemented by physical modeling of the stability of volcanic cone to determine likely scenarios leading to eruptions. Such scenarios could have been responsible for destroying the sea-ward part of Monte Somma caldera.

1.8.3.3. Systems integration

The volcanic system of Vesuvius can be divided into different parts or domains, each of which can be characterized by unique properties or characteristic physical phenomena. These parts may consist of magma chamber or reservoir, conduit(s), soil and rock surrounding conduits and magma chamber, and atmosphere domains (Fig. 1.4). The magma reservoir domain consists of an open system for mass, momentum, and energy transfer between the chamber and its surroundings. Some possible magma chamber processes include multicomponent crystallization, exsolution, melting, and solidification. The conduit domain can be characterized by propagating fractures in which magma exsolves dissolved gases, fragments into pyroclasts, and interacts with conduit walls and surrounding groundwater. The soil and rock domain encloses magma chamber and conduit domains, and can be characterized by elastic, plastic, and non-homogeneous material behavior, depending on temperature, pressure, and chemical compositions of materials within this

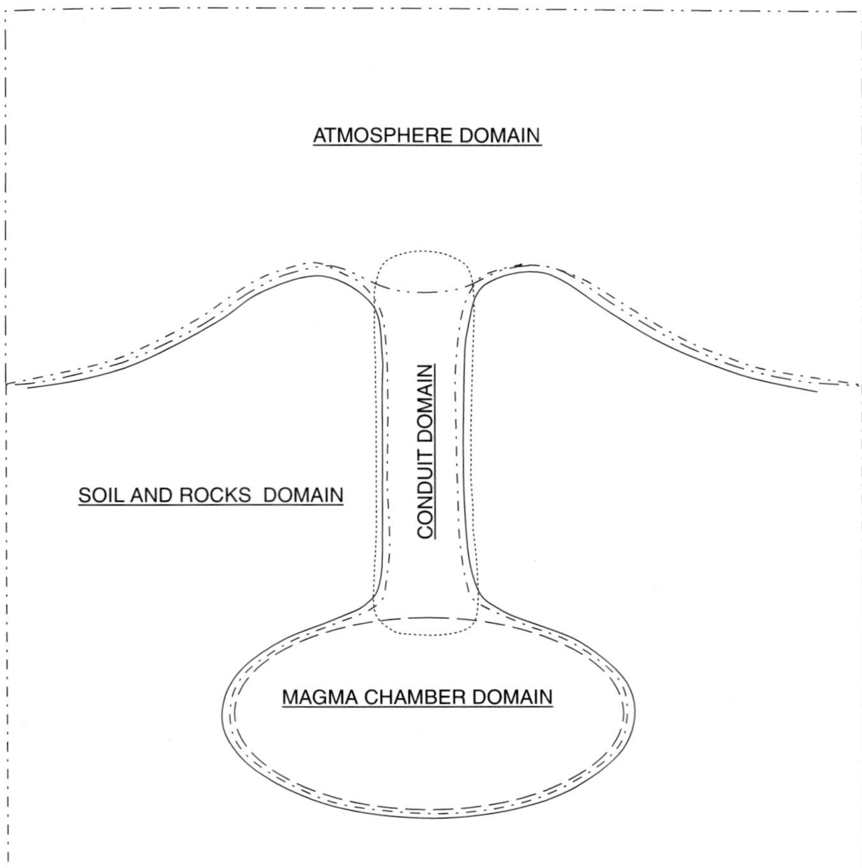

Fig. 1.4. Decomposition of a volcanic system into its characteristic subparts. These are comprised of magma chamber, conduit(s), soil and rocks, and atmosphere domains. Each domain is characterized by its unique processes which are defined by their temporal and spatial scales. Coupling of subdomains is achieved at subdomain boundaries through which mass and energy are exchanged.

domain. The atmosphere domain involves a region where the volcanic products mix with the gases in the atmosphere and interact with people, dwellings, and infrastructures on the slopes of Vesuvius. Physical and chemical processes in each of these domains have different temporal and spatial scales and thus require appropriate physical modeling considerations and numerical techniques for solving the resulting set of mathematical equations.[49] An effective simulation of these processes over several thousand years of activity depends on the effective combination of different domains into an overall model (Global Volcanic Simulator) suitable for solution on high-speed computers.

The most important use of Global Volcanic Simulator of Vesuvius is for the quantification of eruption scenarios and determination of their consequences on the territory surrounding the volcano. This information is then used in the QRA for producing safe habitat(s) for Vesuvians. The simulator can also be employed to protect those people and structures that cannot be relocated from immediate danger areas.[57] Global Volcanic Simulator can also be used to produce movies of eruption scenarios for teaching the public, school children, policy-makers, city planners, insurance companies, and others about the potential effects of eruptions and how to protect certain areas of the territory from these eruptions.[58]

1.8.4. Population

More than half a million Vesuvians are highly vulnerable and many of them could perish during a future eruption. A significant effort needs to be directed at these people with the objective of changing their negative habits. This population is largely uneducated about the potential danger from the volcano and how to avert it.[14] During the preparation of VESUVIUS 2000 objectives in 1994 and 1995 we were fully confronted with this problem and the lack of collaboration from many scientists and public officials.[59] Such widespread negative attitudes, behaviors, and mentalities act in detriment to the public, and scientific and cultural progress, in particular. Volcanic risk mitigation in the Vesuvius area requires, therefore, confrontations with these realities, or with very complex personal, political, and socio-economic interests that are impeding serious work on reducing the risk. It is, therefore, necessary to approach this problem with an open mind, and above all from an interdisciplinary perspective, with the central objective being to develop new habits of mind that are conducive to collaboration and responsibility on the part of those who receive public funds.

1.8.4.1. Sociology

Many volcanic risk-mitigation strategies rely on an implicit cartesian theory which assumes that if the population is given a sufficient information it will choose optimal adoption measures.[60] Case studies of individuals and groups and my experiences in the Vesuvius area demonstrate, however, that people do not follow the given instructions but tend to adopt decisions on the basis of what they know, believe, hear, or hope. Most of the people follow a 'bounded rationality' which is deeply rooted in the entrenched habits of mind. In the Vesuvius area the volcanic risk information needs to be translated into how each one should react in the event of an emergency. The administrators of the Vesuvius area are not trained either to assess or interpret much of the information that they receive, and a failure to correctly interpret the recommendations from experts or following the anxiety of people can result in the misinterpretation of a serious event or issuance of a false alarm. Both of these consequences cost enormously and may produce grave human consequences. It is of little use to keep transmitting messages to those who cannot or are not willing (because of personal, economic, cultural, or political interests) to listen, collaborate, or translate information into the behavioral advice for the public.

From a psycho-sociological point of view, one should aim at modifying the mental collective view of 'being trapped' (that people in the vicinity of dangerous volcanoes display) into a clear understanding of how best to prepare for an emergency.

An emergency can produce frustrated and divided public because of the loss of livelihood and physical environment. Sociological studies should include:

1. Defining the information needs of the public, emergency agencies, and civil protection authorities.
2. Educating the public and local authorities of possible volcanic events and their consequences on the territory.
3. Analyzing various management processes for coping with different eruption scenarios in order to assess possible problems and obstacles to an adopted response.
4. Investigating perceptions, intended behaviors, population preferences, etc. in the event of an eruption.
5. Analyzing relationships between the public, environment, and land use occupation in order to plan for an equitable, safe, and prosperous environment for Vesuvians.
6. Establishing inventories of disaster processes in order to avoid worsening of post-disaster situations due to social conflict and disruption of social functions. Working on post-disaster processes with mayors of small communities should provide the necessary sensibilization for adopting organizational preventive arrangements.

1.8.4.2. Vulnerability

The vulnerability of a territory depends not only on its physical parameters, but also on the knowledge of local communities and behavior of local decision-makers. Accordingly, any actions directed at reducing this vulnerability should confront how to transform acquisitions from experts into diffuse knowledge of communities and how to induce local decision-makers and apply recommendations from the experts. The usual procedure would be to establish information and sensibilization campaigns which are not always efficient, since the recommendations from experts may be in conflict with the consolidated interests of the community. In the Vesuvius area, where eruptions have been occurring with certain regularity, the behavior of various actors may be better translated into actions that reduce vulnerability if the risk conscience is reinforced through a recovery of the local risk culture.[61] The demographic pressure in the Vesuvius area is enormous, the population density is one of the highest in the world, the efficiency of the government on the territory is weak, the credibility of public administrators is, in general, very scarce, and the volcano is quiescent. This implies that by utilizing the traditional methods of sensibilization may not contribute significantly to the building of Vesuvius consciousness.

An effective consciousness of the volcano could be produced through the decision-makers who utilize the territory to satisfy their own personal exigencies. A study aimed at reducing the vulnerability in the Vesuvius area through a recovery of the local risk culture should, therefore, include:

1. Furnishing local communities some instruments of consciousness and evaluation in order to reinforce this consciousness.
2. Involving local communities from the beginning in various phases of feasibility study project in such a manner that the actors become involved as co-authors

of volcanic risk-reduction guidelines for the eventual transformation into concrete interventions on the territory.

3. Producing, testing, and spreading methodologies aimed at reducing the vulnerability of the area by means of active involvements of local communities in a recovery of the local risk culture. This requires:
   a. Identifying key actors and their needs on the territory.
   b. Establishing encounters between local community leaders and experts for the purpose of analyzing the actual level of risk consciousness.
   c. Planning common actions aimed at increasing volcanic risk education in schools and among the adult public.
   d. Extracting historical information on the traditional protection from the volcano.

When actors use the territory only for their own interests, this acts in detriment to the general interests of the public. The political decision-makers should transfer the recommendations of experts into the instruments of government of the territory, but they have only a very brief useful life and it is an illusion to expect that they will accept with enthusiasm the limited recommendations of experts. Urban planners usually fail to assume that the politicians do not impose sacrifices on their electorate as objective data and tend to protect the territory and multiply restrictions. Experiences have shown that the territories which did not respect urban plans only fueled abusive urbanization, and that the restrictions and limitations of such plans produced additional vulnerability. The history of the Vesuvius area teaches that before the massive urbanization following World War II the volcanic risk was well-known and that this knowledge was employed to utilize the territory efficiently for building construction, manufacturing, agriculture, and recreation.[62]

In order to reduce the vulnerability of population it is necessary to involve the local decision-makers in the transformation of the territory and employ suitable urban plans that are capable of assuming an autoregulation of the territory. Urban-planning studies involving communities of 2000 and 7000 people have shown that the personal interests of local actors and exigencies of local communities need to be considered as objective data of the system to regulate and that these conditions induce an autoregulation. These studies need to be extended to large communities in the Vesuvius area. An effort aimed at reducing the vulnerability should, therefore, consider how to induce political decision-makers to make use of experts' results and transform these results to the lay public on the territory, and how to prepare urban plans which induce the behavior of various actors such that, pursuing their own personal interests, they determine modifications of the territory for the general benefit of the territory (cell 1 in Fig. 1.2). This effort should include participation of landowners, contractors, administrators, urban planners, professional engineers, and other groups, and be based on simulations of different eruption scenarios and their consequences, with and without modifications of the territory. A study pertaining to autoregulation should include a historical analysis in order to discover 'rules' (socio-economic, building practices, use of resources of the territory) that have guided past interactions of the community with the territory, an analysis of the existing urban-planning practices in order to define illegal construction practices and use of the environment, and an identification of those rules that are capable of favoring an autoregulation of the new habitat of Vesuvians.

1.8.4.3. Economics

A large-scale plinian eruption of Vesuvius can produce not only an unimaginable loss of life, but also an enormous economic burden for the nation that is ultimately responsible for post-eruption reconstruction. An effective risk analysis should, therefore, account for both the human and natural resources of the territory.[63]

The principal objective of a socio-economic study is to analyze the whole territorial settlement on the Campanian Plain for the purpose of providing detailed geographic data related to population dynamics, housing and real estate property, facilities, and public services. An analysis of population dynamics should include demographic studies of natural and migratory flows at the regional, municipal, and submunicipal levels, whereas a real estate property analysis should include private properties (number of rooms, crowding index, building periods, housing quality) and public buildings (offices, schools, hospitals, museums, military buildings, and historical, artistic, and archeological sites). These data should then be used to construct a synthetic index regarding the real density of each municipality and use destination of the territory which is split into rural, urban, protected, and facilities areas. A first-order analysis should provide the following information:

1. Physical conditions of facilities (roads, railways, harbor infrastructures, information and telecommunication structures) and public services (aqueducts, power systems, sewers, water purification plants, waste disposal systems).
2. Employment patterns associated with agricultural, manufacturing, industrial, and service sectors.
3. Scenarios of population dynamics, urban and industrial developments, environmental protection, recreation, and historical and archeological bonds.

Such an analysis can identify the natural and social capital in the Vesuvius area, assess socio-economic losses and impact on the territory caused by different eruption scenarios, identify and assess different hypotheses of management and intervention, and stimulate economic investments for the purpose of producing a safe and prosperous environment for Vesuvians.

These and other objectives dealing with economics can be achieved through exhaustive data evaluations pertaining to the demographic progress of the population, craftsmanship, industrial sector and productivity establishments, commerce, tourism, public infrastructures, and historical, archeological, buildings, and environmental patrimonies. Such data can be used to produce an economic map of the territory (both general and specific pertaining to the territory and local communities) that integrates different aspects of the analysis and identifies interdependent effects between multiple existing variables. This work should also be able to identify principal economic development areas which through econometric models should allow the determination of near- (up to about 50 years) and long-term economic tendencies of the Vesuvius area and vicinity. A subsequent phase of the economic analysis should involve studying the economic consequences on the territory associated with different eruption scenarios. The final phase of this analysis should be aimed at identifying the socio-economic cost of possible interventions on the territory in order to minimize economic, cultural, and social losses produced from future eruptions of Vesuvius. A viable economic analysis should produce guidelines that favor the construction of a sustainable habitat for Vesuvians.[64]

1.8.4.4. Education

Education is fundamental in producing a Vesuvius-conscious population and a security culture of tomorrow. This is one of the most important and urgent objectives of VESUVIUS 2000 and involves:

1. Establishing links between different educational groups operating on the territory for the purpose of exchanging information, eliminating duplication, and establishing collaboration.
2. Analyzing existing volcanic risk-educational methodologies in primary, intermediate, and secondary schools through seminars and group discussions.
3. Identifying effective volcanic risk-educational methodologies pertaining to different age groups of children and adults.
4. Identifying negative habits of mind (we called them 'cultures') and producing strategies aimed at overcoming barriers for adopting new habits that are conducive to the creation of a Vesuvius-conscious public.
5. Preparing educational material for school children and adults, and dissemination of this material on the territory.
6. Involving the public in co-authoring VESUVIUS 2000 volcanic risk-mitigation guidelines.
7. Training of educators and territorial administrators for diffusing correct information on the territory.
8. Establishing links between local, national, and international institutions (scientific, cultural, political).

Volcanic risk-educational activities in the schools can include teaching different age groups differently about Vesuvius and involving them in exploring the volcano through field trips, art, science, dramatizations, music, and exhibitions aimed at remembering the past eruptions. It is of fundamental importance that Vesuvius area schools work toward the creation of security-conscious citizens of tomorrow that nurture positive habits of mind. This is an effective way of breaking away from many current paradigms which are producing serious mental barriers. The secondary schools should adopt those volcanic risk-educational programs that aim at producing well-rounded individuals who can objectively evaluate the merits of different projects for the territory.[65] Lecturing to children and adults that they pertain to different colored risk area[66] and telling them that 'everything is under control' is not education and will never produce security of the people living under the shadow of Vesuvius.

1.8.5. Territory

The territory includes environment, energy and water supply, water and waste disposal, telecommunication, transportation, recreation, socio-economic and political policies of population management, civil protection volunteers, and so on. This systems study should employ a Geographical Information System for the purpose of integrating this information with eruption scenarios.

1.8.5.1. Urban and environmental systems

Urbanization is the most powerful and most visible anthropogenic force which invests the territory. The surface 'footprint' in the Vesuvius area consists predominantly of human habitats and concrete (or asphalt). These deprive supply of water, space to construct employment and service facilities, space for waste disposal, and land for cultivation of crops and enjoyment of recreational activities. Since the Vesuvian habitat of the future should be an essential source of opportunities for social and cultural advancement, it is essential that this be environmentally and socially sustainable. The urban plans that need to be developed must account for the needs of tomorrow. This is a grand challenge for engineers and urban systems planners. It is a challenge to understand the patterns of supply and use of energy, materials, products, information, and services. And it is a challenge to produce those plans that integrate an emotionally satisfying place to live with the effective use of human and natural resources, technology, and management system structures, with the public playing a central role in decision-making. All of these characteristics must interact synergistically in order to minimize future risks from eruptions and pollution from transportation systems and industry, improve livability, and endure sustainability.

These goals call for urban systems simulations involving land use utilization and transportation management that make up the Vesuvius area communities which interact with the rest of the territory and with the city of Naples, in particular. Such simulations can be based on a model of market theory that includes inputs, outputs, and utility and demand functions.[67] This model includes the use of land and transports, where the use of land and transports assumes a simultaneous relationship and the use of transports and land assumes a time-delayed relationship. Such a model belongs to the Lowry family of models and needs:

1. Adaptation and calibration for use in the Vesuvius area.
2. Simulations to assess the model's utility for reproducing present conditions on the territory.
3. Insertion and simulation of alternative socio-economic and urban systems scenarios based on different eruption scenarios.
4. Critical evaluation of different settlement scenarios using interdisciplinary data.
5. Development of game simulations for dissemination on the territory.

The future habitat of Vesuvians must be respectful of its environment even if the volcano is quiescent. The emissions of hazardous chemicals and greenhouse gases into the atmosphere, soil, and water must be limited and these limits must be enforced through the regional or national environmental protection agencies. These emissions should also enter into the QRA for the territory.

1.8.5.2. Civil protection

Civil protection volunteers are an important part of risk management, for in the event of an emergency they (through their knowledge of local population and its culture) can provide most of the aid at the beginning of a calamity. This situation occurred during the 1980 earthquakes and 1998 mudslides in Campania, because the central bureaucracy of *Protezione Civile* was inefficient in dealing with the unexpected calamities. For volunteers to be effective it is necessary to involve them in planning of emergency services and emergency needs. These needs are defined not only by an eruption, but also by the quantity and location of hazardous materials that could be uprooted by the eruption and distributed in land, water, and air systems. What use is emergency planning if it is being hidden from the public and not being available to the public and independent professionals for evaluation? The responsibility for such a planning resides with the regional government of Regione Campania whose best solution so far for Vesuvians is to chase them away with its project VESUVIA.[9]

1.8.5.3. Risk-assessment guidelines

The systems studies involving physical environment, population, and territory must be integrated through a quantitative and visceral risk-assessment methodology in order to produce the necessary volcanic risk-reduction guidelines for local communities, and national and European Union governments (Fig. 1.3). This is the end result of VESUVIUS 2000 feasibility study and the beginning of a process that should begin transforming the Vesuvius area and vicinity into a safe and prosperous community or communities. But this will not occur until the current communities around the volcano begin collaborating among themselves and with those capable of achieving the goals of the grand challenge. Most of this challenge is associated with education, engineering, urban-planning, and securing resources. We have the technology and human capital to meet this challenge, but lack a Vesuvius-conscious public which is capable to deal with its inept risk managers and their consultants.

1.9. CONCLUSION

A large-scale eruption of Vesuvius can produce a catastrophe in several minutes following the collapse of a volcanic column. Tens of thousands of people can perish and countless habitats, infrastructures, and cultural patrimonies can be wiped out. Today we have the technological means and management structures available to start working toward this encounter with Vesuvius, and significantly reduce the potential of such a human and socio-economic disaster that would become a serious problem not only for the nation but also for the European Union. Clearly, the responsible institutional leaders at the local, national, and European levels cannot allow for such a catastrophe to occur. But since no significant steps have been taken so far by these leaders to our calls for action, and since it is difficult to conclude that all of them are negligent, it is clear that the problem lies elsewhere: In the entrenched habits of mind which prevent these leaders to see how VESUVIUS 2000 attempts to combine danger and opportunities into volcanic risk awareness and minimization of adverse consequences from future eruptions. VESUVIUS 2000 does no harm, either to the scientific community or to the public. It accounts for the uncertainties inherent in eruption predictions, safeguards positive elements of social structures, prevents speculators from taking advantage of emergencies, and aims to produce a high quality of life through the efficient use of modern technology. VESUVIUS 2000 requires overcoming some difficult cultural, scientific, and social barriers, and it is an illusion to expect quick solutions.

Old habits change slowly and only new generations which grow up with new ideas may be ultimately capable of transforming VESUVIUS 2000 objectives into a new paradigm for Vesuvians. An activity of the volcano can speed up this process, but the population is polluted with too many adverse habits of mind that first need to be eradicated from the society. As long as the pursuit of power, volcanic risk ignorance, conformity, code of silence, and patronage are deeply rooted at all levels of the society (local, provincial, regional, national), the (mental) barriers are just too great in seeing that there is a great danger from Vesuvius, let alone becoming conscious that associated with this danger there are also tremendous opportunities to reorganize the territory for producing a much safer and prosperous habitat for Vesuvians. Both the local, national, and European Union administrators behave as if they do not understand how Vesuvius has helped build the Western Civilization and why it is necessary to safeguard this area and its treasures. It takes the volcano a couple of minutes to destroy hundreds of years of human labor and bury unique human experiences. And if this much is not realized at the beginning of the third millennium, then we should not be surprised by the serious consequences of inactions.

Every second hundreds of kilograms of magma accumulate below Mount Vesuvius and the population on its slopes may be already doomed. There may be no more time left to build safe and prosperous habitats nor the possibility to escape to promised lands. Like Plato's ideal that the direct knowledge of the real, the true, the good, and the beautiful is never attainable, but only the promised benefits of this ideal, the same destiny may await VESUVIUS 2000. But as long as Vesuvius area schools continue teaching Plato's ideals, I am hopeful that it is possible indeed to bring about a much greater awareness of the urgent need to confront the difficult predicament of Vesuvians. By realizing this much is an important beginning and may be just sufficient to vindicate the Voltaire's notion of civilization.

NOTES

1. In *Invisible Cities* Calvino (1986) provides an inspiration for the development of cities. In the book the empire of the Tartar emperor Kublai Khan is crumbling and to divert him the Venetian traveler Marco Polo recounts stories of the cities he has seen during his travels. He describes cities of memories, cities of dreams, thin cities and wide cities, trading cities, cities of desire, signs, and eyes, cities of names, and

hidden cities. It soon becomes clear to the emperor that each of these fantastic places is really the same place – his empire, but Khan sees no hope of getting out of the closing-in inferno around him.
2. To the ancient Greeks, the Pillars of Hercules – the name given to the twin rocks that we now know as the Straits of Gibraltar – represented the gateway from the known Mediterranean to the unknown beyond.

3. *Eruptions of Vesuvius*
Vesuvius was born inside the caldera of Monte Somma stratovolcano which is about 400 000 years old (Brocchini et al., 2001). The oldest products of Somma–Vesuvius date back some 25 000 years, during which time the volcano produced at least eight large-scale pumice-fall and pyroclastic-flow eruptions: Codola (about 25 000 years ago), Sarno (about 22 000 years ago), Basal (about 17 000 years ago), Greenish (about 15 000 years ago), Lagno Amendolare (about 11 000 years ago), Mercato-Ottaviano (about 8000 years ago), Avellino (about 3700 years ago), and Pompei (79 A.D.) (Delibrais et al., 1979; Arnò et al., 1987; Rolandi et al., 1993b, c; Nazzaro, 1997). Each of these eruptions discharged between 2 and 6 km^3 of material. Their deposits consist of ash and pumice falls from eruption clouds, pyroclastic surges and flows produced from partial or total collapses of volcanic columns, debris flows or *nuèe ardentes* produced from the rupture of volcanic edifice, and mud flows or *lahars* caused by the fall of wet ash from the condensation of water vapor in the plume. A summary of some of these and more recent eruptions stresses the seriousness of the destructive power of Vesuvius. For a summary of earthquake precursors to 79 and 1631 eruptions, see Chapter 4 (Marturano, 2006).

6000 B.C. Mercato-Ottaviano eruption
The Mercato-Ottaviano eruption occurred in the early pre-history some 8000 years ago and its products spread at least 70 km from the volcano. It is estimated that the eruption discharged about 2.5 km^3 of pyroclastic material in about 20 h, its column height rose to about 20 km, and its variable eruptive activity produced tephra (ash and pumice) falls and pyroclastic surges and flows that swept toward the north-northeast of the volcano or in the direction of Ottaviano.

1700 B.C. Avellino eruption
The Avellino eruption occurred in the Bronze Age, around 1700 B.C. Based on the eruption deposits it is estimated that the first hours of the cataclysm produced an eruptive cloud almost 40 km high. The dense ash and pumice fall buried dwellings and villages over a vast area along the direction of stratospheric winds that during the winter months blow from the southwest toward Avellino. The ash and pumice fall was felt in the mountains of Irpinia and the subsequent pyroclastic flows, surges, and *lahars* deposited thick layers of debris over an area of more than 400 km^2. These flows traveled more than 20 km from the volcano, and in Casoria, at the north of Naples, produced 5-m-thick deposits. During 20 h of activity almost 4 km^3 of volcanic debris was deposited on the surrounding countryside.

79 A.D. Pompei eruption

The catastrophic eruption of Vesuvius on 24 August 79 A.D. is vividly described by Pliny the Younger (Gaius Plinius Caecilius Secundus) in two letters to the Roman historian Cornelius Tacitus (Radice, 1963). The eruption was pre-announced by several earthquakes that were recorded in the area and date back to at least 37 A.D. (Chapter 4; Marturano, 2006). Several volcanological studies have been devoted to the deposits of this eruption, but the one of Sigurdsson et al. (1985) is of particular value because their interpretations correlate with the observations of Pliny. The Pompei eruption ejected between 3 and 4 km^3 of material which is distributed in an area of about 500 km^2 to the southeast where ash and pumice fell from the eruption cloud, and between southeast, south, and west where the impact of pyroclastic surges and flows was the greatest. People perished in Pompeii, Oplonti, and Herculaneum at different times. Pompeii was rained with ash, pumice, and lithics from one in the afternoon until approximately midnight of 24 August, during which time most of the roofs of buildings collapsed and those people who were escaping had to find their way in semi-darkness. Herculaneum, however, was not affected during this time, or experienced only a light ash fall, and most of its residents probably escaped toward Naples. But by the end of the day this changed, as the first surges and flows came down along the two valleys surrounding this town of Hercules and spilled on the marina in front of it. Here they found hundreds of people hiding in the arched chambers and engulfed them. Subsequent pyroclastic surges and flows devastated the town. Meanwhile, the first surge that hit Pompeii in the early morning hours of 25 August killed a surprising number of people (the remains of about 2000 people have been unearthed so far), probably because many returned during the tephra fall phase and before the initiation of the phreatomagmatic activity that produced very powerful surges and flows. The latter surges probably produced a great deal of anxiety in Stabia, 15 km away from the crater. But shortly after 8 a.m. on 25 August neither Stabia nor Herculaneum, nor even Miseno or the entire Bay of Naples, could have escaped the massive sixth pyroclastic surge and flow. And even Pliny, his mother, and people of Miseno 30 km away were running away from the deadly grips of this wave of doom (Radice, 1963, p. 172):

'Ashes were already falling, not as yet very thickly. I looked round: A dense black cloud was coming up behind us, spreading over the earth like a flood. ... darkness fell, not the dark of a moonless or cloudy night, but as if the lamp had been put out in a closed room. You could hear the shrieks of women, the wailing of infants, and the shouting of men ... A gleam of light returned then darkness came on once more and ashes began to fall again, this time in heavy showers ... At last the darkness thinned and dispersed into smoke or cloud; then there was genuine daylight, and the Sun actually shone out ... We were terrified to see everything changed, buried deep in ashes like snowdrifts ... the earthquakes went on ...'

Pliny does not tell us what happened afterwards, but the eruption deposits show the evidence of thick accretionary lapilli beds which can be associated with the phreatomagmatic activity and continuation of eruption for several hours. Four main phases of the eruption have been proposed (Barberi et al., 1989; Carey and Sigurdsson, 1987; Civetta et al., 1991): (1) a phreatomagmatic explosive opening phase, (2) a plinian phase which included a fallout-derived white and gray pumice, and interbedded pyroclastic surges; (3) a 'dry surge and flow' phase characterized by the collapse of volcanic column, and (4) a final 'wet surge and flow' phase of phreatomagmatic origin.

The Pompei eruption occurred during the reign of Roman emperor Titus (79–81 A.D.) who personally visited the devastated areas and was instrumental in providing aid to the survivors, as both Roman historians Suetonius (1979, p. 296) and Dio attest (Renna, 1992, pp. 56–57). But the territory devastated by the eruption returned to life only after the second and third centuries when the newly formed soil and underground water supplies began supporting life. Meanwhile, Pompeii, Herculaneum, and other towns buried by the volcano were largely forgotten until the seventeenth century as if the mighty Greco-Roman civilization never existed. Further details of Pliny's description of this eruption and the resurrection of Pompeii and Herculaneum are available in Chapter 2 (Dobran, 2006, Section 2.5.2 and Note 48).

472 Pollena eruption

When on 6 November 472, Vesuvius began 'boiling with intestinal fires that vomited its burning entrails and, while the dark gloom menaced the daylight, covered all of the land of Byzantium with ash' (Renna, 1992, p. 65) and an earthquake struck the Holy Land a day or two later, it was interpreted by many as the end of the world. The new Christian order saw the volcano as the underworld or the reign of the dead which is taking revenge on those alive. The details of 472 eruption come from the radiocarbon dating of eruption deposits (Arnò et al., 1987; Rosi et al., 1987; Mastrolorenzo et al., 2002). The eruption first produced a plinian column that deposited ash and pumice in the directions of Avellino and Benevento, or northeast in the direction of prevailing stratospheric winds of winter and spring. (The Pompei eruption occurred in August when the prevailing stratospheric winds blow from their spring–summer northwest to southeast direction, causing preferential tephra dispersal toward the southeast.) The maximum thickness of these deposits is about 2 m to the northwest of Ottaviano and less than 20 cm in Avellino, 35 km away. After the plinian phase, the volcano produced pyroclastic surges and flows that were directed along the valleys and in direction of Pollena, in particular, where the deposits are over 15 m thick. Flows from this Pollena eruption extend less than 10 km from the volcano and demonstrate an increasing magma–water interaction with time. This subplinian eruption discharged less than 0.3 km^3 of volcanic debris and was 10 times less powerful than the plinian eruption of 79 A.D. After 6 November the volcano most probably continued erupting with strombolian and effusive lava flow eruptions, since it was active in 512 (Renna, 1992, p. 65) and possibly in 536–537 (Alfano and Friedlaender, 1929). It is also possible that the cult of San Gennaro consolidated itself because of this eruption as the Neapolitan Christians were hiding in the catacombs (Nazzaro, 1997).

472 to 1631 eruptions

The eruptions of 685, 787, 1037, and 1139 are confirmed by several sources and are well documented in the archives of the time (Figliuolo and Marturano, 1997; Principe et al., 2004). The eruption of 685 occurred in March and according to chronicles produced explosions and ash fall that partly destroyed the surrounding countryside. The following eruption in 787 (October–November) produced both strombolian and lava flow activity with spectacular lava fountains. A lava flow invaded the territory to the west of the volcano and threatened and destroyed some inhabited towns. On 27 January 1037, Vesuvius produced a large cloud that spread toward the southeast. From its eccentric mouths lava flows poured for 2 weeks and reached all the way to the sea. The chronicles also recorded that the eruption lowered the summit of Vesuvius. The eruption on 29 (or 30) May 1139 was predominantly explosive and 'exceptionally large'. It began with lava fountains that lasted for 8 days and was followed with an eruption cloud that persisted for 22 days, spreading its ashes toward the southeast all the way to Calabria. Naples and Capua were also rained with ash and it appears that the strombolian activity continued beyond 1139. Giovanni Boccaccio (1313–1375), the Italian writer and poet, and author of *Decameron*, testifies that Vesuvius in his time was not emitting smoke nor fire.

Sometime after 1139 Vesuvius apparently entered into a long period of hibernation, similarly to what occurred after the subplinian eruption around 800 B.C. (Rolandi et al., 1998). It is possible that the eruptions of 685, 787, 1037, and 1139 were in effect the continuation of the subplinian eruption of 472, during which time the volcanic system was attempting to close its fractures and impede magma ascent toward the surface. Marturano and Scaramella (1997) opinion that the eruptions of 685, 1037, and 1039 were also subplinian, without providing sound justifications. Nevertheless, from the descriptions of these eruptions it does appear that the eruption of 1037 was significantly larger than those of 685, 768, and 1139, and that it may indeed qualify as a very significant event in the area. The eruption of 1139 may had been the final phase of this process which sealed the central conduit of the volcano. To reopen it would require centuries of magma supply into the volcano's magma reservoir, until enough pressure could be produced to initiate another cycle of activity. In the meantime, the volcano would give the surrounding population more than enough time to become complaisant, as the memory of catastrophic eruptions on the territory would be forgotten. This is what happened before 79 and 1631.

1631 eruption

The subplinian eruption of Vesuvius on 16 December 1631 is the most catastrophic event ever recorded in the area. It destroyed many surrounding towns and killed between 4000 and 10 000 people and affected thousands more as they fled from the calamity toward the nearby towns. The eruption produced ash and pumice fall, pyroclastic flows in the form of *nuèe ardentes*, extensive *lahars, tsunamis* in the Bay of Naples, and inundations on Campanian Plain. The 1631 eruption is well documented in the letters of Vatican clergy, abbots of monasteries such as Monte Casino, missives of bureaucrats and lawyers that reported the damages and litigations, chronicles from different locations around Vesuvius, travelers, scholars, paintings, engravings, and modern volcanological studies (Braccini, 1632; Carafa, 1632; Alfano and Friedlaender, 1929; Rolandi et al., 1993a; Rosi et al., 1993; Marturano and Scaramella, 1997).

Before 16 December 1631 Vesuvius is described as an innocuous mountain covered with trees and very small fumaroles silently releasing the gas on the inside of its funnel-like crater. The precursors or signs for this eruption are poorly defined since they lack independent confirmations. Alfano and Friedlaender (1929) report that Campania experienced earthquakes in July 1564, 31 December 1568, 5 June 1575, May 1582, and all of 1594. Mercalli (1883) explains that 'from July to December [1631] many earthquakes agitated from time to time the surrounding area. During the first half of December the tremors became more frequent and were accompanied by underground rattling and howling'. Braccini (1632) also notes that from the 10th of December the mountain roared and the inhabitants of Massa di Somma, Pollena Trocchia, and San Sebastiano al Vesuvio had difficulties sleeping from the noise, water from the wells became murky and in short supply, crater filled with material to its rim 2 weeks before the eruption, and that a herder of cows saw at the base of the mountain 'earth cleave in two places, and smoke and fire issue from the openings'.

The eruption thus began near the base at the western side of the cone of Vesuvius on 16 December around 7 a.m. It rapidly produced a plinian cloud which expanded high into the atmosphere and spread principally toward the east. Ash and pumice fall reached Taranto (250 km away) in 6 h and more distant places, possibly even Constantinople (Rosi et al., 1993). The plinian-type column lasted for about 10 h before turning into explosions which produced strombolian and lava fountaining activity at the summit. In the morning of 17 December the rain produced flooding of the northern Campanian Plain. Violent earthquakes during the night of 16 and 17 of December caused the decapitation of the cone of Vesuvius and produced *nuèe ardentes* (or debris flows from the breakup of the cone) which rapidly reached the sea. The towns completely destroyed were Torre del Greco, Resina, Portici, Boscoreale, Torre Annunziata, San Giovanni a Teduccio, Ottaviano, and San Giorgio. Somma, Nola, Sarno, San Anastasia, Palma, S. Maria Pugliano, and Pietra Bianca (modern Pietrarsa) were only partially destroyed (Tortora, 1997). During the following days the ash and rain from the volcanic cloud and ash on the ground produced more flooding and *lahars* all around the volcano, causing additional damage. At least 40 000 people sought refuge in Naples and many thousands in other less-afflicted towns. A *tsunami* caused damage in the Bay of Naples as its 2–5 m high return wave slammed onto the shore. Sarno and Nola, which are more than 15 km away, were under several meters of ash and mud. More than 4000 people perished from pyroclastic flows, *nuèe ardentes*, and *lahars*, while hundreds more died or were severely injured after the eruption because of building collapses caused by ash and mud, or because they imprudently attempted to walk over the hot volcanic debris. An unknown number of people perished from asphyxiation by inhaling volcanic ash. Many dismembered corpses found in the debris and those who escaped death by hiding in buildings also attest that the flows descending from the mountain toward the sea on 17 December were mostly *nuèe ardents*. They were directed along the valleys of the volcano and flowed around obstacles, such as garden walls, churches, and sturdy buildings. 'Those who escaped right away saved themselves, and those who didn't perished from the ash and flames' (cited from chronicles in Tortora, 1997). Several days later the volcanic activity subsided, but the volcano continued spitting ash, causing more *lahars* and destruction of the territory. Small earthquakes, strombolian activity, and *lahars* continued into the following years.

To protect themselves from the roaring volcano people sought safety in churches where they gave confessions and prayed for salvation. Many from Torre Annunziata escaped to Stabia and those from Torre del Greco, Ercolano and Portici escaped to Naples. Naples was also affected by the ash and pumice, and the obscurity caused the local clergy to organize processions and calling for the liquefaction of blood of San Gennaro as a sign to end the calamity. The calamity caused open public confessions and display of public penitence with all sorts of instruments, as well as the consummation of carnal sins. The eyewitnesses of the catastrophe describe horrible scenes of mutilated bodies found in the debris and many displaced individuals who wandered aimlessly all over the ravaged area. This caused the viceroy of Naples to send rescue ships into the area and exempt the towns from paying taxes for several years; the towns partially destroyed were exempted for only 5 years. The calamity also produced economic and social tensions in Naples, leading to a riot in 1647 (Marciano and Casale, 1994).

The eruption of 1631 filled substantially the Atrium (*Atrio del Cavallo*) with new material, and as early as 1632 Carafa (1632) reported that the cone of Vesuvius was lowered by 471 m and that its new crater rim has a diameter of 1656 m. A chronicle reported that the mouth of Vesuvius had a 'great theater' on 17 December, which substantiates the fact that the eruption caused the destruction of the cone by several hundred meters and that it produced a large crater. Pyroclastic deposits of 1631 eruption confirm the existence of a plinian opening phase which deposited tephra principally on the eastern sector of the volcano. The maximum thickness of this deposit is about 1 m at Monte Somma and 10 cm 20 km away. The fine tephra erupted on 16 December. The coarse tephra fell during the night of 16 December and the following day, when the activity of the volcano shifted from plinian to explosive. After the *nuèe ardentes* in the morning of 17 December that destroyed many coastal towns, a new ash/surge/lahar eruptive phase followed and left thick deposits along some of the valleys (4 m of ash and 5 m of *lahar* at Villa Inglese in Torre del Greco, 8 m of ash and 2 m of *lahar* at Pozzelle quarry in Boscoreale, 1 m of ash and 3 m of *lahar* at S. Leonardo on the northeast of the volcano) (Rosi et al., 1993). A 30-cm-thick surge deposit overlies the tephra fall layer in Lagno Amendolare quarry (Somma Vesuviana) (Rolandi et al., 1993a). This phase occurred from a violent interaction of magma with underground water, causing the decapitation of the cone. The volcano may have erupted as much as 1 km^3 of material (Rolandi et al., 1993a).

1631 to 1944 eruptions

Following the catastrophe of 1631 Vesuvius continued with 'open-conduit' eruptions which were considerably less powerful than those of 79, 472, or 1631. These eruptions produced lava flows, lava fountains, and strombolian explosions from the summit crater (terminal or summit eruptions), along the fractures of Gran Cone (lateral eruptions), or from the fractures of Somma below its caldera rim (eccentric eruptions). By being protected on the north by Monte Somma relief, Vesuvius' lava flows were confined within Valle del Gigante and along the western, southern, and, eastern slopes of Monte Somma. These flows invaded most of the towns on the side of Bay of Naples: S. Sebastiano al Vesuvio, Massa di Somma, San Giorgio a Cremano, Portici, Ercolano, Torre del Greco, Torre Annunziata, Boscotrecase, Boscoreale, and Terzigno. Tephra products from the strombolian activity of these eruptions affected, however, all of the territory surrounding the volcano and many distant places such as Nola on the north, Sarno on the east, Gragnano and Castellammare di Stabia on the southeast, and Naples on the west. The eruptions between 1632 and 1944 built and destroyed the Gran Cone several times, and some of them were rather devastating to the territory, like the eruption of 1794 whose lava flow inundated Torre del Greco and reached the sea, and the eruption of 1906 which produced *lahars* on the east and north of Vesuvius and caused considerable damage to the cultivated lands. A more complete summary of the eruptions between 1631 and 1944 is provided in Nazzaro (1997). The older works are also largely consistent with this compilation.

1944 eruption

The activity that began in 1913 culminated with the eruption of 1944. This activity gradually increased by building a cone inside the crater of 1906 eruption until this filled with lava and scoriae. As early as 1940 lava began overflowing the crater rim and by February 1944 the Gran Cone had a height of 1260 m, and on 18 March the volcano announced its reawakening with explosions and formation of an eruption column (Nazzaro, 1997). The eruptive phases of this eruption were devised by Imbò (1949) who at that time directed *Osservatorio Vesuviano*.

Phase I: Effusive Phase, 18–21 March

The eruption started at 4:30 p.m. on 18 March with a strong increase of strombolian activity and lava overflowing the crater rim toward the east, north, and south. On 21 March one of the flows invaded Massa di Somma and San Sebastiano al Vesuvio. The lava flows ceased on 22 March as the eruptive style of Vesuvius changed a day earlier, from effusive to explosive.

As early as 18 and 19 March Imbò began alerting the administrative authorities of the territory of the possible danger of lava flows to Massa di Somma and San Sebastiano al Vesuvio. On 20 March the Allied Military Government (AMG) of occupation forces evacuated about 15 000 people from San Sebastiano al Vesuvio, before the lava flows invaded this town in the early hours of 21 March. Mayor Cantor of AMG in Naples also considered the evacuation of Portici, Ercolano, Torre del Greco, and Torre Annunziata if the situation worsened. At the time there were about 250 000 people exposed to the hazard and 'the Anglo-American organization was rapid and efficient to confront the emergency and the Allies did nothing less than what they would have done in their own homes if confronted with a similar calamity' (Pesce and Rolandi, 1994, p. 66).

Phase II: Lava Fountaining Phase, 21–22 March

At about 5 p.m. on 21 March Vesuvius began producing lava fountains which ended the effusion of lava. This violent activity ejected lava bombs to great heights and distributed the pyroclastic material toward the southeast. The ash from the eruption column was dispersed over 200 km toward the east and southeast, and 5–10 lava fountains intermittently reached heights up to 4 km. This phase of the eruption also covered the Allied Base in Terzigno under 1 m of scoriae and lapilli, and caused a great deal of damage to many B25 bombers (Pesce and Rolandi, 1994; Nazzaro, 1997). The Allies were clearly unprepared for the effects of Vesuvius on their war machinery.

Phase III: Mixed Explosions Phase, 22–23 March

Shortly after midnight on 22 March the eruptive style changed again with the discharge of darker ash and bombs and fall of lapilli. In addition to juvenile or magma the erupted material also consisted of rocks from the volcanic edifice. The ash cloud rose over 5 km and partial column collapses produced small pyroclastic flows and *nuèes ardentes* along the slopes of the volcano. Imbò reports that the seismic activity on 22 March was so intense that it was extremely difficult to walk inside the observatory. At about 6 p.m. on the same day the volcano became quiet and only 3 h later began with a renewed activity that produced 'majestic cypresses or peaks of fantastic domes' (Nazzaro, 1997, p. 210). Throughout the night the eruption cloud displayed fantastic lighting flashes and in the morning of 24 March began violent earthquakes. The wind directed the eruption products toward the southeast and damaged Terzigno, Pompei, Scafati, and other towns.

Phase IV: Seismo-Explosive Phase, 23–30 March

Violent earthquakes in the morning of 23 March pre-announced a new eruptive phase which has been interpreted as due to the 'partial obstruction of the magmatic conduit'. This phase is characterized by discontinuous launches of incandescent material, *nuèes ardentes*, electrical discharges, and large columns of smoke and ash that transported the pyroclastic material as far as Bari and Brindisi. The eruption products damaged Torre Annunziata, Castellammare di Stabia, Pompei, Poggiomarino, Terzigno, Ottaviano, and other towns along the direction of tephra dispersal. On 24 March the volcano ejected fine and white ash that whitened the Gran Cone. On 25 March a strong wind from north-northeast prevented the volcanic cloud to rise and this blanketed the towns to the southeast with a thick rain of ash. By 30 March the eruption was essentially over and produced a 300-m-deep chasm and a crater with diameter of about 1 km. Subsequent landslides in the crater apparently sealed the conduit, and from 7 April 1944 Vesuvius has stopped showing its external activity. Only low-level seismicity and fumarole activity have been occuring since, except for a notable earthquake on 9 October 1999 (Marturano, 2006).

The eruption of 1944 did not affect Naples because the wind directed the erupted material toward the southeast. In some places along the direction of debris dispersal the pyroclastic deposits reached 1 m in thickness and caused total losses of crops. The AMG provided food, medicine, and even agricultural experts to the population. Bulldozers, scrapers, and trucks were used to remove the volcanic debris from streets and roads, and in one day most of the communication routes were cleared.

Food was even trucked to feed the animals and the population did not exhibit panic during or after the eruption (Pesce and Rolandi, 1994). In spite of these efforts, 47 people were killed and carbon dioxide was emitted from the ground in Portici, Ercolano, Torre del Greco, and Torre Annunziata until the end of 1944.

The eruption of Vesuvius in 1944 produced about 30 and 70 million m^3 of lava and pyroclastic products, respectively (Imbò, 1949). It also left a crater of about one-third of the size of the 1906 eruption. This crater is currently about 150 m deep and some very faint fumaroles within it attest that the volcano is indeed alive. The eruption of 1944 occurred from the summit of Vesuvius, as opposed from the lateral or eccentric mouths located along the fractures of Gran Cone or Satura of 1631. This was also observed by Imbò, but is probably not the determining factor why the volcano has remained silent for over 50 years. The eruption started with lava flows, continued with lava fountains, and terminated with eruption columns and fall of fine white ash. This may be explained as follows. The eruption of lava at the beginning of the eruption suggests that magma inside the volcano and close to the surface lost most of its gas before it erupted, for otherwise it would have produced explosions from magma fragmentation and not lava effusions. Loss of gas from magma occurs within the internal fractures of the volcano when magma is subjected to low pressures close to the surface. Magma at greater depths is subjected to higher pressures which dissolve greater quantities of gas and tends to fragment when it rapidly ascends toward the surface. The initial lava flows of the 1944 eruption were, therefore, produced by the ejection of gas-poor magma from the superficial regions of the volcano.

The eruption of 1944 can thus be summarized as follows: (1) effusion of superficial gas-poor magma produced lava flows (Phase I), (2) ascent of gas-rich magma produced lava fountains (Phase II), (3) collapse and enlargement of conduit wall(s) caused the ejection of lithics with magma and termination of lava fountains (Phase III), and (4) intermittent opening and closing of water pathways produced by the ascending magma caused further conduit wall erosion and intermittent explosions (Phase IV). The last phase (seismo-explosive) persisted until the magma supply was exhausted. The eruption of fine white ash near the end of the eruption suggests that the efficiency of magma–water interaction increased with time, as less and less magma became available to interact with water or less and less water became available to interact with magma. Further studies are obviously required to quantify the described eruption scenarios and whether the eruption of 1944 'tightly' sealed the volcanic conduit. If this is the situation, as recent geophysical studies suggest (Note 54), it will most likely require the accumulation of a large quantity of magma within the volcano to reopen the conduit(s) and thus cause another plinian or subplinian eruption cycle.

4. Dobran et al. (1994) and Dobran (1994b, 1995b) performed computer simulations of the propagation of pyroclastic flows along the slopes of Vesuvius following the collapse of subplinian and plinian eruption columns. The results from these studies demonstrate that at about 20 s after the beginning of a large-scale plinian eruption of gray magma the volcanic column reaches a height of about 3 km above the vent and then collapses by spreading radially propagating pyroclastic flow. At

60 s this flow reaches a distance of about 2 km from the vent, at 120 s it reaches 4 km, and at 5 min the flow enters the Tyrrhenian Sea at 7 km from the crater. Even the 1300-m-high Monte Somma relief to the north of Gran Cone cannot stop this flow. The pyroclastic flows from subplinian eruptions can also cross Monte Somma, while the flows from smaller eruptions cannot and reach the sea in about 16 min.The results from these simulations are consistent with eruption deposits around the volcano and from 79 and 1631 chronicles (Nazzaro, 1997).

5. VESUVIUS 2000 (1995) was prepared during 1994 and 1995 and submitted for a support to European Union's Division of Environment and Climate in April 1995. The participants on VESUVIUS 2000 involved 50 scientists from Global Volcanic and Environmental Systems Simulation (GVES), University of Naples Federico II, University of Trieste, University of Perugia, University of Salerno, University of Lancaster, University of Grenoble Joseph Fourier, National Polytechnic Institute of Grenoble, University of Genoa, Association for Geology and Environment, Geopolitical Institute 'F. Campagna', Young Volunteer Services, University of Paris V, Geaprogram, European Center for Cultural Studies, and New York University. For a summary of this work plan see Dobran and Luongo (1995) and GVES (1998). VESUVIUS 2000 was scheduled to be completed in 2000.

6. On 25 September 1995 the undersecretary of Italian Civil Protection Franco Barberi promoted within the media his Vesuvius Evacuation Plan (Protezione Civile, 1995). According to *Protezione Civile*'s document number 247 of 1 February 1996, the architects of this plan include the geologists F. Barberi, P. Gasparini, L. Civetta, L. Lirer, M. D'Ascia, R. Santacroce, A. Cherubini, E. Giangreco, M. Martini, M. Rosi, G. Orsi, and T. Pareschi.

7. The issues involved in predicting the eruption of Mt. St. Helens in 1980 are reported by Swanson et al. (1983). This volcano has the composition of magma which is similar to that of Vesuvius (Papale and Dobran, 1993, 1994). Both of these volcanoes are explosive and produce high rising volcanic columns which can collapse and produce ground-hugging and deadly pyroclastic flows.

8. The eruption of Mt. Pinatubo in The Philippines is reported in Pinatubo (1999). The eruption of Mount Ruapehu in New Zealand in 1996 set plumes of ash and steam 16 km high into the atmosphere only 6 days after the scientists declared that its volcanic activity had subsided (NYT, 1996). In 1993 six volcanologists studying the Galeras Volcano in Colombia lost their lives when the volcano exploded with lava, ash, and incandescent boulders (Fisher et al., 1997). In 1995 a small volcanic island of Montserrat in Central America began to come alive and most of 11 000 residents of the capital city of Plymouth were evacuated to the northern part of the island, as far as possible from the volcano. Some choose, however, to stay and, unexpectedly, on 25 June 1997, 19 people were killed (NYT, 1997). This eruption occurred without warning and the British Governor was debating whether to evacuate everybody from the island that was once considered a paradise of the Caribbean.

Volcanologists base eruption forecasts on the information or data from eruption history and volcano monitoring (deposits, seismicity, deformation of the volcanic cone, gas emissions, hydrological regimes, and magnetic, electric, and gravity fields) (Wright and Pierson, 1992). A change of the seismicity or earthquake activity of a volcano can be associated with the rearrangement or rise of the molten rock material within the system. This kind of activity fractures rocks and produces earth motions which can be detected by delicate instruments on or within the Earth. Seismicity does not, of course, always lead to the conclusion that a volcano has become restless, because seismic signals can also be produced by the tectonic motions of the region where the volcano is situated and may have nothing to do with the volcano itself. Nevertheless, a volcano in the process of erupting produces seismic signals that are sufficiently representative of an 'eruption in progress' and can serve as precursory signals that some sort of external activity will take place. Similarly, ground movements are good indications that the volcano is preparing for an eruption, especially when these movements become large in comparison to the background noise or instrument errors. Changes in electrical conductivity and magnetic and gravity fields can trace molten rock movements inside a volcano and may be detected even when a volcano is not erupting. Changes of the chemical composition of the emitted gas from fractures may be related to the rearrangement of the molten rock within the volcano or gas escape routes through the fractured medium. Moreover, changes of groundwater temperature, water levels in wells or lakes, snow and ice accumulation, and concentration of sediments in the streams around the volcano are also useful signals for judging the state of a volcano. In the case of 18 May 1980 Mt. St. Helens eruption 'the abrupt onset of deep earthquakes and ground deformation' on 17 May caused the scientists to issue the eruption forecast (Swanson et al., 1983). The eruption of Pinatubo in 1991 was forecasted two days before, based on 'intense unrest, including harmonic tremor and/or many low frequency earthquakes' (Pinatubo, 1999).

9. The government of *Regione Campania* is headed by the former mayor of Naples Antonio Bassolino and promoting VESUVIA (2004), with Franco Barberi, Paolo Gasparini, and Giovanni Macedonio as technical consultants. This government is politically tied to the proponents of Vesuvius Evacuation Plan and as such VESUVIA attempts to save this plan from total failure. VESUVIA ('away from Vesuvius') promises to provide 300 million euros to 10 000 families who are willing to leave the Vesuvius area, but it does not addresses the issues of what happens to the dwellings left behind by these families and how to deal with the rest of 500 000 or so Vesuvians. The principal objective of VESUVIA is patronage, which produces votes and privileged positions in state institutions for its proponents and supporters. This kind of activity is regularly practiced on the territory in order to win elections (Di Donna, 1984). As of December 2005, *Regione Campania* terminated financing VESUVIA.

10. History of Naples and surroundings is described in Gleijeses (1990) and Sullivan et al. (1994). A history of modern Italy is presented in Clark (1996) and summarized in Chapter 2 (Dobran, 2006; Note 6). Additional historical notes are provided in Note 48 of the same chapter.

11. There are numerous articles and books on the Italian *mafia* and Neapolitan *camora*. See, for example, Falcone (1991) and Violante (1997). For the illegal business of *camora*, see Di Riccardo (1995).

12. The demographic data are published by *Istituto Centrale di Statistica* (ISTAT, 1991, 2001) and are regularly updated at www.demo.istat.it. Geographic and

demographic studies can be found in Il Libro (1987), Santoro (1992), Di Donna (1998, 2006), among others.

13. The 18 communities surrounding Vesuvius are Boscoreale, Boscotrecase, Trecase, Pompei, Torre Annunziata, Torre del Greco, Ercolano, Portici, San Giorgo a Cremano, San Sebastiano al Vesuvio, Massa di Somma, Cercola, Pollena Trocchia, San Anastasia, Somma Vesuviana, Ottaviano, San Giuseppe Vesuviano, and Terzigno.

14. Results from the first volcanic risk survey in the Vesuvius area are presented in Dobran and Sorrentino (1998). About half of 3000 people surveyed are primary, intermediate, and secondary school children. The remaining half are adults with about one-third of them being schoolteachers. The people surveyed are from Ercolano, Portici, San Giorgio a Cremano, Torre del Greco, and Castellammare di Stabia.

15. Pucci (1998) provided me with some of these observations.

16. Limocia (2004) lists several regional plans that have been put forward recently to stimulate the territorial development, but no feasibility studies are available for these plans nor the lay public is being involved in their development. Such initiatives are often put forward on the territory, but they have little meaning beyond their intended use for patronage activities.

17. Voltaire (1966).

18. I gave seminars at the University of Naples on 5 May 1997 and 2 and 3 April 1998 on both the evacuation plan and VESUVIUS 2000 in order to provoke critical discussions. Only few academics attended the seminars and the students lacked both the knowledge and interest in the issues.

19. The former and present directors of *Osservatorio Vesuviano*, Lucia Civetta and Giovanni Macedonio, respectively, are close allies of Franco Barberi and Paolo Gasparini, the principal architects of Vesuvius Evacuation Plan.

20. On 23 and 24 November 1980 the earthquake in Campania and Basilicata produced 2735 deaths and 8850 wounded, and the state set aside more than 50 million euros for reconstruction aid. Ten years later there were still 28 572 victims of earthquakes living in pre-fabricated houses or containers while the largest part of relief went to the local mafia or *camora* organizations (Violante, 1994, p. 356).

21. May (1998).

22. See, for example, *Per noi fa testo solo l'Osservatorio* (for us only the observatory counts). *24 Ore*, 28 January 2003.

23. Franco Tonani from University of Palermo has for many years criticized *Gruppo Nazionale per la Vulcanologia*'s (GNV) policies. Based on GNV documents Tonani argues (Letters of 13 April 1997; 6 October 1998) that its leaders are projecting a false image of its mission and capabilities in front of the Italian functionaries and politicians, because they falsely claim that GNV includes the most competent scientists, that the government must listen only to this group, and that this group requires no supervision of its activities. Such a view was also expressed by Giuseppe Luongo (*Il Giornale del Sud*, 5 May 1998), a former director of *Osservatorio Vesuviano*.

24. The following is an incomplete list of such reports: Mt Vesuvius eruption could disrupt 1 million lives, *Associated Press*, 9 February 1994; Hawkes, N., Vesuvius

threatens a million, *The Times*, 10 February 1994; Vesuvius study, *Chicago Sun Times*, 10 February 1994; La minaccia del Vesuvio, *America Oggi*, 10 February 1994; Sheridan, M.F., From models to reality, *Nature* 367, 10 February 1994; Bianucci, P., Vesuvio, prove di un'Apocalisse, *La Stampa*, 11 February 1994; Greco, P., Il Vesuvio: dalla cenere alla cenere, *L'Unità*, 11 February 1994; Perils of Mount Vesuvius, *Rocky Mountains News*, 11 February 1994; Il computer prevede e tiene d'occhio gli improvvisi capricci del Vesuvio, *Il Giorno*, 11 February 1994; Simulati gli effetti di una eruzione del Vesuvio nel computer, *Il Tirreno*, 13 February 1994; Erforscht und erf unden, *Die Zeit*, 4 March 1994; Schultz, E., Asche aufs Haupt, *Bild der Wissenschaft*, May 1994, 108–109; Alda, A., Scientific American Frontiers, *Public Television Station*, July 1994; Manacorda, E., E in un quarto d'ora Napoli non c'è più, *L'Espresso*, 7 October 1994; Beekman, G., Als de reus ontwaakt, 1, *Wetenschap Techniek*, April 1994, 39; Dobran, F., Cronaca di un'eruzione annunciata, *Sapere*, November 1994; Prattico, F., Pompei duemila, *La Repubblica*, 21 January 1995; Ravizza, V., Sul rischio Vesuvio: scontro di vulcanologi, *La Stampa*, 15 February 1995; Koppeschaar, C., Onbetrouwbare Heethoofden, *Kijk*, March 1995, 5–9; Falanga, C., Attenti al mito! Il Vulcano esiste, *Il Giornale di Napoli*, 30 June 1995; Vesuvio, pensiamoci adesso, *Il Mattino*, 1 July 1995; Una 'fiction' per l'allarme Vesuvio, *Il Giornale di Napoli*, 9 July 1995; Avvisati, C., Il grande sonno, *Il Giornale di Napoli*, 22 August 1995; Di Casola, M.T., Attracco nei porti dove la lava fumò, *Il Giornale di Napoli*, 25 August 1995; Mancusi, F., Sulla rotta di Plinio il Vecchio, *Il Mattino*, 25 August 1995; Bocciato il Piano Vesuvio: Attenti alla deportazione, *Il Giornale di Napoli*, 5 October 1995; Born, M., Appointment with Vesuvius, *The European*, 5 October 1996; Masood, E., Row erupts over evacuation plans for Mount Vesuvius, *Nature*, 12 October 1995; Ravizza, V., Se esplode il Vesuvio: Il piano di emergenza e i suoi contestatori, *La Stampa*, 17 October 1995; Andreossi, R., VESUVIUS 2000, *La Torre*, 24 October 1995; Peccato, tanti milioni sprecati, *Il Tempo*, 29 November 1995; Russo, A., Il piano di evacuazione è tutto da rifare, *Napoli Notte*, 17 December 1995; Dobran, F., VESUVIUS 2000: Un progetto per la prevenzione della catastrofe, *Osservatore Romano*, 25 January 1996; Sotto il vulcano senza paura: Ma non tutti sono d'accordo, *Scienza e Vita*, April 1997; Vesuvio: Il piano va rifatto, *Corriere della Sera*, 5 October 1997; Ravizza, V., Vesuvio, la paura rimossa, *La Stampa*, 15 October 1997; Vesuvio e sicurezza: Via a cinque seminari per educare al rischio, *Il Mattino*, 20 November 1997; Allarme Vesuvio: L'analisi del professor Flavio Dobran, *Roma*, 29 November 1997; Vesuvio, un piano inaffidabile, *Metropolis*, 7 January 1998; Vesuvius, *Canadian Broadcasting Corporation*, 1998; The Planets Time Bombs, *Discovery Channel*, March 1998; Malafronte, S., Vesuvio, quel piano inefficace, *Metropolis*, 8 April 1998; Gallo, M., Allarme inglese: Il Vesuvio può esplodere, *Corriere del Mezzogiorno*, 14 April 1998; Laudisi, A., Dagli inglesi l'ultima sul Vesuvio, *Il Mattino*, 14 April 1998; Dobran, F., Vesuvius 2000, *Il Giornale del Sud*, 18 April 1998; Pocobelli, G., Dobran: quel piano è tutto da rifare, *Il Giornale del Sud*, 18 April 1998; Dobran F., C'è pure un rischio Barberi, *Il Giornale del Sud*, 5 May 1998; Luongo, G., Più infido del Vesuvio è il Piano, *Il Giornale del Sud*, 5 May 1998; Dobran, F., E se fosse esploso il Vesuvio?, *Il Giornale del Sud*, 8 May 1998;

Dobran, F., Il Vesuvio più sottovalutato delle frane, *Il Giornale del Sud*, 12 May 1998; Dobran, F., Poveri Vesuviani, *Metropolis*, 13 May 1998; Dobran, F., Quei misteri di Barberi sul 'rischio Vesuvio', *Il Giornale di Napoli*, 19 May 1998; Dobran, F., Educare i Vesuviani ad autogestire il rischio vulcanico, *Il Giornale del Sud*, 21 May 1998; Dobran, F., Segreti sul Piano evacuazione, *Il Giornale di Napoli*, 25 May 1998; Dobran, F., Il piano Vesuvio: perde la logica, *Roma*, 3 June 1998; Dobran, F., Perché non insospettirono boati e strani fenomeni premonitori delle frane?, *Il Giornale del Sud*, 3 June 1998; Sanderson, W., Is Naples ready for Vesuvius?, *Stars and Stripes*, 22 November 1998; Dobran, F., Vesuvio: sarà una strage annunciata, *Il Giornale di Napoli*, 7 December 1998; Matthews, R.A.J., The Vesuvius Dilema, *Sunday Telegraph*, 12 April 1998; Longobardi, A., Non vi fidate del piano di evacuazione, *Metropolis*, 5 January 2000; SOS eruzione, 1 September 2000; Russo, E., IL VESUVIO: Esplosione catastrofica a momenti, *Roma*, 2 September 2000; Sorrentino, S., I sogni son desideri ..., *Torrese*, 15 November 2002; Sorrentino, S., Vesuvius 2000: Vulcanologi al confronto, *Torrese*, 10 January 2003; *Teletorre*, January 2004; Rischio-Vesuvio esperti a convegno, *Il Mattino*, 21 January 2004; Di Donna, G., Dobran: Il Vesuvo da 'calcolare'; *Ephemerides*, 6 February 2004; Dortucci, A., Barriere contro la lava, *Metropolis*, 21 January 2004; *Discovery Channel*, www.discoverynews.com, 7 May 2004; Vesuvio: Esperti a confronto, *Il Mattino*, 31 August 2004; Vesuvio: Avremo tre giorni per scappare, *Metropolis*, 3 September 2004; Minghelli, D., Polveriera Vesuvio: Gli abitanti sono troppi, *Napoli Più*, 3 September 2004; *Radio Televisione Italiana*, 3 September 2004.

25. Margolis (1996).
26. Kasperson and Stallen (1991, p. 133).
27. Margolis (1987, pp. 9–24).
28. In the late 1980s and early 1990s I attempted to convince the Italian geological and geophysical communities to collaborate on the development of Global Volcanic Simulator for Vesuvius (Dobran, 1993, 1994a, b). After demonstrating that many volcanic processes can be accurately modeled and that the development of the simulator progresses rapidly (Dobran, 1992, 1995a; Dobran and Papale, 1993; Dobran et al., 1993, 1994; Papale and Dobran, 1993, 1994; Giordano and Dobran, 1994; Macedonio et al., 1994; Neri and Dobran, 1994; Coniglio and Dobran, 1995; Dobran and Coniglio, 1996), this collaboration was abruptly terminated by the autocrats of these communities. In part this is because of different backgrounds of naturalists and engineers and from the mistrust which, after an initial enthusiasm, many scientists show for disciplines unknown to them. Another reason is that the development of the simulator requires reliable geological and geophysical data which these communities cannot produce and feel threatened by the prospect of failure.
29. Thomas Kuhn in his famous book on the Structure of Scientific Revolutions identifies a 'paradigm' as an achievement that attracts an enduring group of adherents away from competing modes of activity and being sufficiently open-ended leaves problems for the redefined group of practitioners to resolve (Kuhn, 1996, p. 10). A 'paradigm shift' can produce a revolutionary change in the methods that a group uses as its tools of trade (Kuhn, 1996, p. 92). The new tradition that emerges from the old one is not only incompatible but often 'incommensurable' with the old

one (Kuhn, 1996, p. 103). Incommensurability is a blindness or a 'barrier' to seeing what the other side is saying.

30. The Copernican discovery, namely that the Sun (heliocentric), not the Earth (geocentric), is at the center was difficult to accept, because the Ptolemaic (geocentric) system had deep entrenched sense that this science yields insights into the nature of the world in spite of some oddities in this system that could not be explained. For Ptolemaic Renaissance astronomers this system was enormously successful. After all, the calendar showed an error of only 18 h a century and changing the 300-year-old astronomical tables was not an enterprise taken lightly in the sixteenth century. And rebuilding astronomy on radically different theory and retraining so many familiar with the knowledge of the old system was not being viewed as plausible. For more on this, see Margolis (1993).

31. Darwin (1996) was convinced of gradual transformation of species after sailing on the Beagle for 3 years around the world and studying Lyell's geology (Lyell, 1997) of uniformitarianism. The principle of uniformitarianism assumes that Earth in the past had been subjected to the same natural laws as it is subjected at the present. How the evolution took place was, however, more difficult to explain and required confidence in proposing that it follows natural selection. For this confidence Darwin not only had his scientific bible of Lyell's geology, but also those of Newton (1974) and Smith (1976). He wrote the first version of 20 pages in 1844 and by the time he published his grand scheme he worked on his theory for over 20 years by trying to answer its objections. Adam Smith (1723–1790) believed that the most persistent and the most universal man's motives was the pursuit of his own interests and that the free market or *laissez faire* economics leads to the wealth of a nation. The works of Copernicus, Brahe, Kepler, and Galileo were finally synthesized by Isaac Newton (1642–1727) in his three laws of motion involving the fundamental concepts of mass, acceleration, inertia, and action/reaction. Newton also employed calculus to explain his discovery that was published in 1687 in Principia. The triumph of Newton's discovery lies in its simplicity: Every particle of matter in the universe attracts every other particle with a force which varies inversely with the square of the distance between them and is directly proportional to the product of their masses. Unlike Copernicus and Galileo, Newton was widely praised during his lifetime, largely because of the ground work of his predecessors who made science a more acceptable discipline. The bibles of Newton, Smith, and Darwin are important because they marvelously describe an efficient system where the nature appears from long continuing processes going on all around, providing only local (and sometimes catastrophic) incentives to individuals without the need from a grand design.

32. The German scientist Alfred Wegener (1880–1930) proposed in 1912 that the Earth's land masses had once been joined together into a supercontinent. Wegener (1966) called his supercontinent Pangaea (from the Greek, 'all lands'), and the northern and southern parts Laurasia and Gondwanaland, respectively. Laurasia derives from Laurentia, an old name for the Precambrian (older than 550 million years core in Canada), and from Eurasia, a combined name for Europe and Asia. Gondwanaland derives from a distinctive group of rocks found in central India.

Similar rocks are found in Africa, Antartica, Australia, and South America (Skinner and Porter, 1992).
33. Planck (1936).
34. Kaplan (1997).
35. Probability curves express uncertainty, and since we always have uncertainty we need to agree that the probability curves represent the truth which is vital to the decision process. Probability is a 'one-shot' situation and its quantification represents a failure or degree of confidence in that situation, like a success of going to war.
36. As an example, consider the problem of deciding whether or not to evacuate people from the Vesuvius area based on a set of premonitory signals that we choose to call evidence. These signals or parameters can be deformation of volcanic cone, change of chemical composition of crater gas, landslide from the cone, earthquakes above the background level, etc. If the eruption is denoted by A and the evidence base by E, the (posterior) probability of eruption given the evidence, $P(A/E)$, is given by Bayes theorem

$$P(A/E) = P(A)P(E/A)/P(E)$$

where $P(A)$ is the probability of eruption prior to learning E. Given A and $\sim A$ (not A), the probability must satisfy

$$P(A) + P(\sim A) = 1$$

since probabilities are always numbers between 0 and 1. The next step is to identify possible scenarios, such as small-, medium-, and large-scale eruptions, each with its associated likelihood probabilities computed through Bayes theorem based on evidence. Since each scenario has its own consequences (cost, benefit, damage), each consequence must be represented by its probability curve and the value of each outcome maximized. But since different people will have different reasons (value judgments) for choosing options, the decision to evacuate or not to evacuate will depend on the interests being affected. In the Vesuvius area a false decision to evacuate will be very costly and a decision to postpone the evacuation until the last minute will be catastrophic in terms of the number of victims (Dobran, 2001, pp. 524–530).
37. Margolis (1996, p. 76).
38. False security messages from experts have often appeared in the press of the Vesuvius area. Some of these are: Pocobelli, G., Civetta, L.: Il piano può essere migliorato, *Il Giornale del Sud*, 4 April 1998; Carillo, P., Lo scienziato [Giuseppe Rolandi] avverte: Sul rischio Vesuvio troppo allarmismo, *Il Mattino*, 11 April 1998; Boschi, E.: Niente paura il vulcano è sorvegliato, *Il Mattino*, 14 April 1998; Pocobelli, G., Barberi, F.: Il Vesuvio è sotto controllo, *Il Giornale del Sud*, 29 April 1998; De Vivo, B.: Il Vesuvio? Dormirà ancora per secoli, *Corriere della Serra*, 24 March 2004. Conflicting messages confuse the public and those that are too tranquilizing produce a false sense of security among the people.
39. Hippocrates of Cos (c. 460–375 B.C.) taught the medical art and spurred quite a following that introduced the scientific point of view in the cure of diseases, and the beginning of scientific medical literature and clinical archives (Sarton, 1993, pp. 337–347).

40. Margolis (1996, p. 167).
41. Prugh and Assadourian (2003) define sustainability in terms of human survival, biodiversity, equity, and life quality.
42. Prugh and Assadourian (2003, p. 17).
43. Hughes (2004) provides a compelling view of the history of modern technology and technological culture, and discusses the dynamic interplay between technology and society.
44. In Note 23 some false claims of this sort have been documented by others.
45. Bugliarello (2002) discusses some of the requirements and engineering challenges in constructing sustainable modern cities. His biosomic city includes materials, energy, and information as the key engineering parameters that need to be confronted with the city's biological, machine, and social components. Pradhan and Pradhan (2002) discuss hybrid cities where the emphasis is on relatively small, governable, and manageable environments coexisting in harmony with nature.
46. In a socially sustainable environment, the levels of consumption and security are such that they meet the basic human needs of food, water, and space, as well provide the opportunities to enjoy socio-political rights, health, education, and well-being (Daily and Ehrlich, 1999). Another important aspect of social sustainability is equitable distribution of resources. Inequitable distribution of wealth can lead to social instability and disruption (Richard, 2002).
47. Physical models are constructed from the laws of conservation of mass, momentum, and energy expressed in mathematical forms (Dobran, 1991, 2001; Dobran and Ramos, 2006). These are then converted into algebraic forms by using suitable numerical techniques and programming languages, and solved on high-speed computers by the so-called 'computer codes'. There is thus an essential distinction between 'code verification' and 'code validation'. Code verification deals with solving accurately on the computer the mathematical forms of physical models. Code validation requires solving the correct forms of physico–mathematical equations pertaining to the phenomena being modeled. The distinction between these two operations is often confused in the scientific literature (Roache, 1998, pp. 19–61), and in the geological literature in particular.
48. The construction of Central Artery/Tunnel (CA/T) in Boston is a good example how the public, engineers, and construction industry collaborated on one of the most important and largest infrastructure projects in the United States. This $13 billion project required not only the solution of many unique technical or engineering problems, but also the involvements of politicians, environmentalists, and the public. Federal, state, and local governments, as well as numerous local interest groups, had their voices in shaping the realization of this project (Hughes, 2003, pp. 168–170; Chandra and Ricci, 2000).
49. The development strategy of Global Volcanic Simulator is described in more detail in Dobran (1993, 1994a) and Chapter 7 (Dobran and Ramos, 2006).
50. A system is a region in space set aside for investigation and we are free to choose it as we like. It can be a region where magma accumulates within a volcano, one or more conduits or fractures along which magma ascends toward the surface, a

region in the atmosphere above the surface of the volcano, or a combination of one or more of these regions. Global Volcanic Simulator models volcanic processes in all of these regions concurrently, and by exchanging data between these regions provides an interaction between the processes within the global system. The initial data specify the properties of the global system at the beginning of simulation. The boundary conditions, on the other hand, specify the properties of the system on its boundaries. The goal is to choose those systems which require minimal set of parameters for their description.

51. Casio Dione (Renna, 1992, p. 65) reports that during his trip to Capua in 203 'Vesuvius was blazing in an enormous fire'.

52. The eruption of 472 is described in Rolandi et al. (1998, 2004) and Mastrolorenzo et al. (2002), whereas that of 1631 by Rosi et al. (1993) and Rolandi et al. (1993a). Arnò et al. (1987) and Nazzaro (1997) report eruptive histories of the volcano for the last 35 000 years. See also Note 3.

53. A magma chamber model and simulation of 30 000 years of Vesuvius' activities is presented in Dobran (2001, pp. 395–410).

54. The volcanic deposits around Vesuvius contain limestones, various thermometamorphosed marble and skarn lithic ejecta, and suggest that the location of magma chamber and/or magma fragmentation levels lies within the Mesozoic carbonate basement, somewhere between 3 and 5 km below the surface of the volcano (Barberi et al., 1981, 1989). The subplinian deposits do not contain carbonate lithic ejecta, suggesting that magma reservoirs and/or magma fragmentation levels were located above this basement whose top lies at a depth of about 3 km (Bruno et al., 1998). Geophysical experiments at Vesuvius using seismic tomography do not, however, validate the volcanological data and suggest that magma should exist at depths that are greater than 5 km below the sea level (Zollo et al., 1996, 1998: greater than 10 km; Auger et al., 2001, and Civetta et al., 2004: greater than 8 km; De Natale et al., 1998, and Scarpa et al., 2002: greater than 5 km; De Natale et al., 2004: greater than 6 km; Guidarelli et al., 2006: greater than 10 km). Based on petrological studies, Lima et al. (2003) argue that 'Mt Somma–Vesuvius plumbing system is made up of small magma chambers at depths greater than 3.5 km and that possibly a larger chamber exists at or below 12 km'. Clearly, there is a significant discrepancy in these results, due both to the poor quality of petrologic data and the inverse problems of seismology which reflect the combined effect of the source and medium, neither of which is known exactly. The techniques of earth sciences 'often infer only a "big picture" from grossly limited and insufficient data' (Stein and Wysession, 2003) and one must be cautious in accepting the results without knowing the details of data processing. The magma below Mt. Vesuvius may be close to the crystallization state in the superficial regions and molten state in deeper regions of the volcano. If so, this is an unstable situation that depends on source permeability and can become rapidly unstable, either due to the source inertia or perturbative forces from local tectonics or magma injection through the crust (Dobran 2001, pp. 415–419).

55. Some of these constraints are available in Bacon and Druitt (1988), Ryan (1988), De Vivo and Bodnar (2003), and Civetta et al. (2004).

56. The eruption of Mt. St. Helens on 18 May 1980 was caused by magma–water interaction. A plug of magma heated the groundwater and caused it to expand and the north face of the mountain to bulge outward. This produced a landslide and the superheated water depressurized with an enormous explosion that decapitated a large part of the volcano. The plinian column rose high into the atmosphere and terminated the eruption (Decker and Decker, 1989). An interaction between magma and water may have caused decapitation of the cone of Vesuvius by several hundred meters on 17 December 1631 (Rosi et al., 1993). Celico et al. (1998) identified two principal aquifers below Somma–Vesuvius, one superficial and one deep. The superficial aquifer is situated among the pyroclastic and lava flow products of the volcano and the deep one among the carbonate rocks which make up the substructure of the volcanic complex. Water from the nearby mountains percolates through the carbonate rocks and charges the deep aquifer at 2–3 km below the sea level. This water then percolates upwards and feeds the superficial regions of the volcano. Some physical modeling aspects of magma–water interaction are available in Dobran (2001, pp. 441–461).
57. One should, for example, protect certain parts of the ruins of Pompeii, Herculaneum, Villa Oplonti, etc., and certain key structures of latter periods pertaining to the Bourbon regime of the eighteenth and nineteenth centuries. The ruins of Pompeii and Herculaneum represent, in miniature, a unique period in time where we can almost touch the daily life of 2000 years ago. How exactly to protect such structures requires an extensive engineering study involving Global Volcanic Simulator. The simulator calculates the forces from different eruption scenarios and thus permits the design of appropriate structures for protection from pyroclastic flows, lava flows, and from the fall of tephra (Dobran, 1993, 1994a,b). By using results obtained with the pyroclastic flow model of Dobran et al. (1993), Spence et al. (2004) and Petrazzuoli and Zuccaro (2004) performed some vulnerability studies of concrete reinforced structures in the Vesuvius area and determined that at 4–5 km from the vent these structures can withstand the overpressure from pyroclastic flows, while the majority of (aseismic) structures cannot. These results give credence that some parts of the territory can, indeed, be protected from eruptions (see Note 58).
58. A preliminary scientific study aimed at protecting the towns between Vesuvius and the sea is described in Dobran (2001, pp. 532–533). Computer simulations of this study are available in (Dobran, 1995b) and have been successfully shown on the territory for over a decade. According to this work, both the subplinian- and plinian-type pyroclastic flows of Vesuvius can be stopped at about 3–5 km from the crater by constructing appropriate structures that transform the radial into vertical motions of these flows. In this manner, the 500-degree-Celsius material rushing down the slopes can be cooled in the atmosphere before falling to the ground at low temperatures. These so-called 'barriers' do not have to be walls, but can be architecturally and environmentally pleasing structures and parks that are useful for protecting industrial and service facilities. People should not live in such structures, but should use them to conduct business and commerce.

59. The politicized leadership of Italian volcanological and geophysical communities is largely responsible for the lack of collaboration of the scientists associated with these patrons. While some Neapolitan institutions participated on VESUVIUS 2000, *Osservatorio Vesuviano* did not. This institution was once autonomous, but lost this autonomy under the directorship of Lucia Civetta. The observatory is now subservient to *Istituto Nazionale di Geofisica e Vulcanologia* under the directorship of Enzo Boschi from Bologna.
60. De Vanssay (1994) and De Vanssay and Colbeau-Justin (1998) carried out sociological studies in Antilles. The former study deals with 1975–1977 volcanic crisis of Guadeloupe, and the later with 1995–1997 volcanic crisis of Montserrat. The volcano at Montserrat erupted unexpectedly in 1997 when a number of people were killed and the population was subsequently grudgingly displaced to another part of the island.
61. Ferruccio Ferrigni's contributions to the project are explained in more detail in VESUVIUS 2000 (1995).
62. Bourbons ruled the Kingdom of Naples during the second half of the eighteenth century and first half of the nineteenth century, and learned how to cope with Vesuvius during its many open-conduit eruptions of this period. They planted tries on the slopes of volcano to prevent soil erosion, and built and maintained an efficient system of canals along which lava and mud flows were channeled. They also constructed magnificent villas which survive to this day. Today, there are few trees on the slopes of Vesuvius and the canals on the lower slopes are planted with roads and dwellings.
63. The natural capital includes goods and services supplied by natural ecosystems and the mineral resources in the ground. Some of these resources are renewable (forests, fishery, agricultural soil, water resources, and the like) while other are nonrenewable (mineral and other deposits). Both resources represent wealth of the area. Human resources include human capital (population and physical, psychological, and cultural attributes), social capital (social and political environment that people create for themselves in a society), and knowledge assets (the codified and written fund of knowledge that can be transferred to others across space and time). The three classes of assets usually compliment each other as they are called to improve the human well-being (Wright, 2005, pp. 613–614).
64. Limitted studies of this nature are available in Cagliozzi (1999) and Chapter 3 (Di Donna, 2006).
65. For more on volcanic risk education, see Dobran (1998a, b) and Chapter 2 (Dobran, 2006).
66. Vesuvius Evacuation Plan architects divided Vesuvians into different colors. Those who are in the immediate vicinity of the volcano and close to the sea are colored red, those who live in more protected areas (shielded by Monte Somma relief) are colored orange, and those in between these areas and the territories of Naples, Caserta, Avellino, and Salerno are colored yellow. In order to evacuate, the red and orange Vesuvians will have to step over the yellow Vesuvians! The consequences of this scenario have not been considered.
67. Further details are provided in Piemontese (1993).

REFERENCES

Alfano, G.B. and Friedlaender, I., 1929. La storia del Vesuvio: Illustrata dai documenti Coevi. Ulm, Napoli.

Arnò, V., Principe, C., Rosi, M., Santacroce, R., Sbrana, A. and Sheridan, M.F., 1987. Eruptive history. In: R. Santacroce (Ed.), Somma–Vesuvius. CNR Quaderni 114, Rome, pp. 53–103.

Auger, E., Gasparini, P., Virieux, J. and Zollo, A., 2001. Seismic evidence of an extended magmatic sill under Mt. Vesuvius. Science, 294: 1510–1511.

Bacon, C.R. and Druitt, T.H., 1988. Compositional evolution of the zoned calc-alkaline magma chamber of Mount Mazama, Crater Lake, Oregon. J. Geophys. Res., 98: 224–256.

Barberi, F., Bizouard, H., Clocchiatti, R., Metrich, N., Santacroce, R. and Sbrana, A., 1981. The Somma–Vesuvius magma chamber: A petrological and volcanological approach. Bull. Volcanol., 44: 295–315.

Barberi, F., Cioni, R., Rosi, M., Santacroce, R., Sbrana, A. and Vecci, R., 1989. Magmatic and phreatomagmatic phases in explosive eruptions of Vesuvius as deduced by grain size and component analysis of the pyroclastic deposits. J. Volcanol. Geotherm. Res., 38: 287–307.

Braccini, G.C., 1632. Dell'incendio fattosi nel Vesuvio a XVI di dicembre 1631 e delle sue cause ed effetti. Roncagliolo Secondino, Napoli.

Brocchini, D., Principe, C., Castradori, D., Laurenzi, M.A. and Gorla, L., 2001. Quaternary evolution of the southern sector of the Campanian Plain and early Somma–Vesuvius activity: Insights from the Trecase 1 well. Mineral. Petrol., 73: 67–91.

Bruno, P.P.G., Cippitelli, G. and Rapolla, A., 1998. Seismic study of the Mesozoic carbonate basement around Mt. Somma–Vesuvius, Italy. J. Volcanol. Geotherm. Res., 84: 311–322.

Bugliarello, G., 2002. Rethinking urbanization. In: W.A. Wulf (Ed.), Engineering and Environmental Challenges. National Academy Press, Washington, DC, pp. 75–89.

Cagliozzi, R., 1999. Gli aspetti sociali. In: E. Giangreco (Ed.), Il Rischio Vesuvio. La Buona Stampa, Ercolano, pp. 195–250.

Calvino, I., 1986. Invisible Cities (Transl.W. Weaver). Harcourt Brace, Orlando; Calvino, I., 1993. Le città invisibili. Mondatori, Milano.

Carafa, G., 1632. In: Opulsculum de novissima Vesuvii conflagratione. Francesco Savio, Napoli.

Carey, S. and Sigurdsson, H., 1987. Temporal variations in column height and magma discharge rate during the 79 AD eruption of Vesuvius. Geol. Soc. Am. Bull., 99: 303–314.

Celico, P., Stanzione, D., Esposito, L., Chiara, M.R., Piscopo, V., Caliro, S. and La Gioia, P., 1998. Caratterizzazione idrogeologica e idrogeochimica dell'area vesuviana. Boll. Soc. Geol. It., 117: 3–20.

Chandra, V. and Ricci, A.J., 2000. Central artery/tunnel project: A present bonanza. PCI J. May–June: 14–20.

Civetta, L., Galati, R. and Santacroce, R., 1991. Magma mixing and convective compositional layering within the Vesuvian magma chamber. Bull. Volcanol., 53: 287–300.

Civetta, L., D'Antonio, M., De Lorenzo, S., Di Renzo, V. and Gasparini, P., 2004. Thermal and geochemical constraints on the 'deep' magmatic structure of Mt. Vesuvius. J. Volcanol. Geotherm. Res., 133: 1–12.

Clark, M., 1996. Modern Italy: 1871–1995. Longman, London.

Coniglio, S. and Dobran, F., 1995. Simulations of magma ascent and pyroclast dispersal at Vulcano (Aeolian Islands, Italy). J. Volcanol. Geotherm. Res., 65: 297–317.

Daily, G.C. and Ehrlich, P.R., 1999. Socioeconomic equity, sustainability, and Earth's carrying capacity. Ecol. Appl., 6: 991–1001.

Darwin, C., 1996. The Origin of Species. Oxford University Press, New York.

De Natale, G., Capuano, P., Troise, C. and Zollo, A., 1998. A seismicity at Somma–Vesuvius and its implications for the 3-D tomography of volcano. J. Geophys. Res., 82: 175–197.

De Natale, G., Troise, C., Trigila, R., Dolfi, D. and Chiarabba, C., 2004. Seismicity and 3-D substructure at Somma–Vesuvius volcano: Evidence for magma quenching. Earth Planet. Sci. Lett., 221: 181–196.

De Vanssay, B., 1994. L'information prèventive 'Risques Naturels' aux Antilles. CREDA Report, Paris.

De Vanssay, B. and Colbeau-Justin, L., 1998. La construction des dynamiques des resistances a l'evacuation: La Soufrière de Montserrat (1995–1997). Laboratoire de Psychologie Environnementale, Universitè Paris V, Boulogne.

De Vivo, B. and Bodnar, R.J., 2003. Melt Inclusion in Volcanic Systems. Elsevier, Amsterdam.

Decker, R. and Decker, B., 1989. Volcanoes. Freeman, San Francisco.

Delibrais, G., Di Paola, G.M., Rosi, M. and Santacroce, R., 1979. La storia eruttiva del complesso vulcanico Somma Vesuvio ricostruita dalle successioni piroclastiche del Monte Somma. Rend. Soc. It. Mineral. Petro., 35: 411–438.

Di Donna, V., 1984. Leggiamo la città. C.S.C. Documentazione, Torre del Greco.

Di Donna, V., 1998. Analisi socio-economica dell'area vesuviana. In: F. Dobran (Ed.), Educazione al Rischio Vesuvio. GVES, Napoli, pp. 39–48.

Di Donna, V., 2006. Social and Economic Reality of Vesuvius Area (La realtà sociale ed economica dell'area Vesuviana). This volume (Chapter 3).

Di Riccardo, B., 1995. Cosí la camora guadagna 15 mila miliardi l'anno. Epoca, 11(June), .

Dobran, F., 1991. Theory of Structured Multiphase Mixtures. Springer-Verlag (Springer), New York.

Dobran, F., 1992. Nonequilibrium flow in volcanic conduits and application to the eruptions of Mt. St. Helens on May 18, 1980, and Vesuvius in A.D. 79. J. Volcanol. Geotherm. Res., 49: 285–311.

Dobran, F., 1993. Global Volcanic Simulation of Vesuvius. Giardini, Pisa.

Dobran, F., 1994a. Prospects for the global volcanic simulation of Vesuvius. Accademia Nazionale dei Lincei, 112: 197–209.

Dobran, F., 1994b. Incontro con il Vesuvio. Sapere, November: 11–16.
Dobran, F., 1995a. ETNA: Magma and Lava Flow Modeling and Volcanic System Definition Aimed at Hazard Assessment. GVES, Rome.
Dobran, F., 1995b. Encounter with Vesuvius (Incontro con il Vesuvio.) VHS cassette in PAL and NTSC formats are available from the author, www.westnet.com/~dobran.
Dobran, F., 1998a. Quale educazione al rischio vesuvio. In: F. Dobran (Ed.), Educazione al Rischio Vesuvio. GVES, Napoli, pp. 3–7.
Dobran, F., 1998b. Educazione al Rischio Vesuvio. GVES, Napoli.
Dobran, F., 2001. Volcanic Processes: Mechanisms in Material Transport. Kluwer Academic/Plenum Publishers (Springer), New York.
Dobran, F., 2006. Education: Cognitive Tools and Teaching Vesuvius. This volume (Chapter 2).
Dobran, F. and Coniglio, S., 1996. Magma ascent simulations of Etna's eruptions aimed at internal system definition. J. Geophys. Res., 101: 713–731.
Dobran, F. and Luongo, G., 1995. VESUVIUS 2000: Project Summary and Field Work. GVES, Rome.
Dobran, F. and Papale, P., 1993. Magma–water interaction in closed systems and application to lava tunnels and volcanic conduits. J. Geophys. Res., 98: 14041–14058.
Dobran, F. and Ramos, J.I., 2006. Global Volcanic Simulation: Physical Modeling, Numerics, and Computer Implementation. This volume (Chapter 7).
Dobran, F. and Sorrentino, G., 1998. Sondaggio sull'educazione al rischio Vesuvio. In: F. Dobran (Ed.), Educazione al Rischio Vesuvio. GVES, Napoli, pp. 49–62.
Dobran, F., Neri, A. and Macedonio, G., 1993. Numerical simulation of collapsing volcanic columns. J. Geophys. Res., 98: 4231–4259.
Dobran., F., Neri, A. and Todesco, M., 1994. Assessing the pyroclastic flow hazard at Vesuvius. Nature, 367: 551–554.
Falcone, G., 1991. Cose di Cosa Nostra. Rizzoli, Milano.
Figliuolo, B. and Marturano, A., 1997. Catalogo delle eruzioni vesuviane in età medioevale (secoli VII–XV). In: G. Luongo (Ed.), Mons Vesuvius. Stagioni d'Italia, Napoli, pp. 77–90.
Fisher, V., Heiken, G. and Hullen, J.B., 1997. Volcanoes: Crucibles of Change. Princeton University Press, Princeton.
Giordano, G. and Dobran, F., 1994. Computer simulations of the Tuscolano Artemisio's second pyroclastic flow unit (Alban Hills, Latium, Italy). J. Volcanol. Geotherm. Res., 61: 69–94.
Gleijeses, V., 1990. La Storia di Napoli. La Buona Stampa, Napoli.
Guidarelli, M., Zille, A., Sarao, A., Natale, M., Nunziata, C. and Panza, G.F., 2006. Shear–Wave Velocity Models and Seismic Sources in Campanian Volcanic Areas: Vesuvius and Phlegraean Fields. This volume (Chapter 6).
GVES, 1998. VESUVIUS 2000: For security culture. GVES Newsletter, 4(2): 1–4.
Hughes, T.P., 2004. Human-Built World. University of Chicago Press, Chicago.
Il Libro, 1987. Il Libro dei Fatti. Adnkronos, Roma.

Imbò, G., 1949. L'attività eruttiva vesuviana e relative osservazioni nel corso dell'intervallo interuttivo 1906–1944 ed in particolare del parossismo del marzo 1944. Annali dell'Osservatorio Vesuviano, Napoli.
ISTAT, 1991, 2001. Istituto Centrale di Statistica. Roma. www.demo.istat.it
Kaplan, S., 1997. The words of risk analysis. Risk Anal, 17: 407–417.
Kasperson, R. and Stallen, P., 1991. Communicating Risk to the Public. Kluwer, New York.
Kuhn, T.S., 1996. The Structure of Scientific Revolutions. University of Chicago Press, Chicago.
Lima, A., Danyushevsky, L.V., De Vivo, B. and Fedele, L., 2003. A model for the evolution of the Mt. Somma–Vesuvius magmatic system based on fluid and melt inclusion investigations. In: B. De Vivo and R.J. Bodnar (Eds), Melt Inclusions in Volcanic Systems. Elsevier, Amsterdam, pp. 227–249.
Limocia, L., 2004. Città dal Basso. Città dal Basso Report. October 2004, Ercolano.
Lyell, C., 1997. Principles of Geology. Penguin, New York.
Macedonio, G., Dobran, F. and Neri, A., 1994. Erosion processes in volcanic conduits and application to the A.D. 79 eruption of Vesuvius. Earth Planet. Sci. Lett., 121: 137–152.
Marciano, F. and Casale, A., 1994. Vesuvio 1631. Tipografia Il Cerchio, Napoli.
Margolis, H., 1987. Patterns, Thinking, and Cognition. University of Chicago Press, Chicago.
Margolis, H., 1993. Paradigms and Barriers. University of Chicago Press, Chicago.
Margolis, H., 1996. Dealing with Risk. University of Chicago Press, Chicago.
Marturano, A., 2006. Geophysical Precursors at Vesuvius From Historical and Archeological Sources. This volume (Chapter 4).
Marturano, A. and Scaramella, P., 1997. L'eruzione vesuviana del 1631 dedotta dall'analisi delle relazioni sincrone. In: G. Luongo (Ed.), Mons Vesuvius. Stagioni d'Italia, Napoli, pp. 115–130.
Mastrolorenzo, G., Palladino, G.F., Vecchio, G. and Taddeucci, J., 2002. The 472 A.D. Pollena eruption of Somma–Vesuvius (Italy) and its environmental impact at the end of the Roman Empire. J. Volcanol. Geotherm. Res., 113: 19–36.
May, R.M., 1998. The scientific investments of nations. Science, 281: 49–51.
Mercalli, G., 1883. Vulcani e fenomeni vulcanici in Italia. Rist. Anast. Forni, Sala Bolognese, 1981, Milano.
Nazzaro, A., 1997. Il Vesuvio. Liquori Editore, Napoli.
Neri, A. and Dobran, F., 1994. Influence of eruption parameters on the dynamics and thermodynamics of collapsing volcanic columns. J. Geophys. Res., 99: 11833–11857.
Newton, I., 1974. Principia, Vols. I, II. University of California Press, Berkeley.
NYT, 1996. Volcano eruption darkens New Zealand sky. The New York Times, 18(June), .
NYT, 1997. Volcano on Montserrat erupts without warning. The New York Times, 1(August), .
Papale, P. and Dobran, F., 1993. Modeling of the ascent of magma during the plinian eruption of Vesuvius in A.D. 79. J. Volcanol. Geotherm. Res., 58: 101–132.

Papale, P. and Dobran, F., 1994. Magma flow along the volcanic conduit during the plinian and pyroclastic flow phases of the May 18, 1980 Mount St. Helens eruption. J. Geophys. Res., 99: 4355–4373.

Pesce, A. and Rolandi, G., 1994. Vesuvio 1944 – L'ultima eruzione. Industria Grafica Giglio di Scafati, Scafati.

Petrazzuoli, S.M. and Zuccaro, G., 2004. Structural resistance of reinforced concrete buildings under pyroclastic flows: A study of the Vesuvian area. J. Volcanol. Geotherm. Res., 133: 353–367.

Pinatubo, 1999. Lessons from a major eruption: Mt. Pinatubo, Philippines. EOS Trans. American Geophysical Union, 72: 545, 552–553, 555.

Piemontese, L., 1993. Un modello di uso del suolo e dei trasporti. In: Corso per i Geometri Esperti 'Controllo e Gestione del Territorio'. Università Degli Studi di Napoli Federico II, Centro Interdipartimentale di Ricerche L.U.P.T., Napoli, pp. 117–206.

Planck, M., 1936. The Philosophy of Physics. London.

Pradhan, G. and Pradhan, R.K., 2002. Hybrid cities: A basis for hope. In: W.A. Wulf (Ed.), Engineering and Environmental Challenges. National Academy Press, Washington, DC, pp. 95–103.

Principe, C., Tanguy, J.C., Arrighi, S., Paiotti, A., Le Goff, M. and Zoppi, U., 2004. Chronology of Vesuvius' activity from A.D. 79 to 1631 based on archeomagnetism of lavas and historical sources. Bull. Volcanol., 66: 703–724.

Protezione Civile, 1995. Pianificazione Nazionale d'Emergenza dell'Area Vesuviana. Dipartimento della Protezione Civile, Roma.

Prugh, T., Assadourian, E., 2003. What is sustainability, anyway? World Watch, September–October: 10–21.

Pucci, T., 1998. Vesuvio: quale educazione?. In: F. Dobran (Ed.), Educazione al Rischio Vesuvio. GVES, Napoli, pp. 137–142.

Radice, B., 1963. The Letters of the Younger Pliny. Penguin, New York.

Renna, E., 1992. Vesuvius Mons. Arte Tipografica, Napoli.

Richard, G., 2002. Human carrying capacity of Earth. Ilea Leaf, 1(1), 1–6.

Roache, P.J., 1998. Verification and Validation in Computational Science and Engineering. Hermosa, Albuquerque.

Rolandi, G., Barrella, A.M. and Borrelli, A., 1993a. The 1631 eruption of Vesuvius. J. Volcanol. Geotherm. Res., 58: 153–201.

Rolandi, G., Maraffi, S., Petrosino, P. and Lirer, A., 1993b. The Ottaviano eruption of Somma–Vesuvio (8000 y.B.P.): A magmatic alternating fall and flow-forming eruption. J. Volcanol. Geotherm. Res., 58: 43–65.

Rolandi, G., Mastrolorenzo, G., Barrella, A.M. and Borrelli, A., 1993c. The Avellino plinian eruption of Somma–Vesuvius (3760 y.B.P.): The progressive evolution from magmatic to hydromagmatic style. J. Volcanol. Geotherm. Res., 58: 67–88.

Rolandi, G., Munno, R. and Postiglione, I., 2004. The A.D. 472 eruption of Somma Volcano. J. Volcanol. Geotherm. Res., 129: 291–319.

Rolandi, G., Petrosino, P. and Mc Geehin, J., 1998. The interplinian activity at Somma–Vesuvius in the last 3500 years. J. Volcanol. Geotherm. Res., 82: 19–52.

Rosi, M., Santacroce, R. and Sheridan, M., 1987. Volcanic hazard. In: R. Santacroce (Ed.), Somma–Vesuvius. CNR Quaderni 114, Rome, pp. 197–220.

Rosi, M., Principe, C. and Vecci, R., 1993. The 1631 Vesuvian eruption: A reconstruction based on historical and stratigraphical data. J. Volcanol. Geotherm. Res., 58: 151–182.

Ryan, M.P., 1988. The mechanics and three-dimensional internal structure of active magmatic systems. Kilauea Volcano, Hawaii. J. Geophys. Res., 93: 4213–4248.

Santoro, V., 1992. Rapporto demografico sulla Campania. Editorial Scientifica, Napoli.

Sarton, G., 1993. Ancient Science Through the Golden Age of Greece. Dover, New York.

Scarpa, R., Tronca, F., Bianco, F. and Del Pezzo, E., 2002. High-resolution velocity structure beneath Mount Vesuvius from seismic array data. Geophys. Res. Lett., 29: 2040–2044.

Sigurdsson, H., Carey, S., Cornell, W. and Pescatore, T., 1985. The eruption of Vesuvius in A.D. 79. Nat. Geogr. Res., 1: 332–387.

Skinner, B.J. and Porter, S.C., 1992. The Dynamic Earth. Wiley, New York.

Smith, A., 1976. The Wealth of Nations. University of Chicago Press, Chicago.

Spence, R.S.J., Baxter, P.J. and Zuccaro, G., 2004. Building vulnerability and human casualty estimation for a pyroclastic flow: A model and its application to Vesuvius. J. Volcanol. Geotherm. Res., 133: 321–343.

Stein, S. and Wysession, M., 2003. An Introduction to Seismology, Earthquakes, and Earth Structure. Blackwell, Oxford.

Suetonius, G.T., 1979. The Twelve Caesars. Penguin Books, New York.

Sullivan, R.E., Sherman, D. and Harrison, J.B., 1994. A Short History of Western Civilization. McGraw-Hill, New York.

Swanson, D.A., Casadevall, T.J., Dzurisin, D., Malone, S.D., Newhall, C.G. and Weaver, C.S., 1983. Predicting eruptions of Mount St. Helens, June 1980 through December 1982. Science, 221: 1369–1376.

Tortora, A., 1997. Il Vesuvio. come storia: l'eruzione del 1631. In: G. Luongo (Ed.), Mons Vesuvius. Stagioni d'Italia, Napoli, pp. 105–114.

VESUVIA, 2004. Guida alle opportunità del progetto regionale VESUVIA per i cittadini della zona a più alto rischio vulcanico. Regione Campania, Napoli.

VESUVIUS 2000, 1995, VESUVIUS 2000: Environment and Climate 1994–1998. GVES, Rome.

Violante, L., 1994. Un modello di risposta istituzionale alla mafia. In: P. Ginsborg (Ed.), Stato dell'Italia. Mondatori, Milano, pp. 355–356.

Violante, L., 1997. Mafia e società italiana. Laterza, Roma.

Voltaire, M.A.A., 1966. Le Siècle de Louis XIV. Garnier-Flammarion, Paris.

Wegener, A., 1966. The Origin of Continents and Oceans. Dover Publications, New York.

Wright, R.T., 2005. Environmental Science. Pearson Prentice-Hall, New Jersey.

Wright, T.L. and Pierson, T.C., 1992. Living with volcanoes. US Geological Survey Circular 1073. US Government Printing Office, Washington, DC.

Zollo, A., Gasparini, P., Virieux, H., De Natale, G., Biella, G., Boschi, E., Capuano, P., De Franco, R., Dell'Aversana, P., De Matteis, R., Guerra, I., Iannaccone, G., Mirabile, L. and Vilardo, G., 1996. Seismic evidence for a low-velocity zone in the upper crust beneath Mount Vesuvius. Science, 274: 592–594.

Zollo, A., Gasparini, P., Virieux, J., Biella, G., Boschi, E., Capuano, P., De Franco, R., Dell'Aversana, P., De Matteis, R., De Natale, G., Iannaccone, G., Guerra, I., Le Meur, H. and Mirabile, L., 1998. An image of Mt. Vesuvius obtained by 2D seismic tomography. J. Volcanol. Geotherm. Res., 82: 161–173.

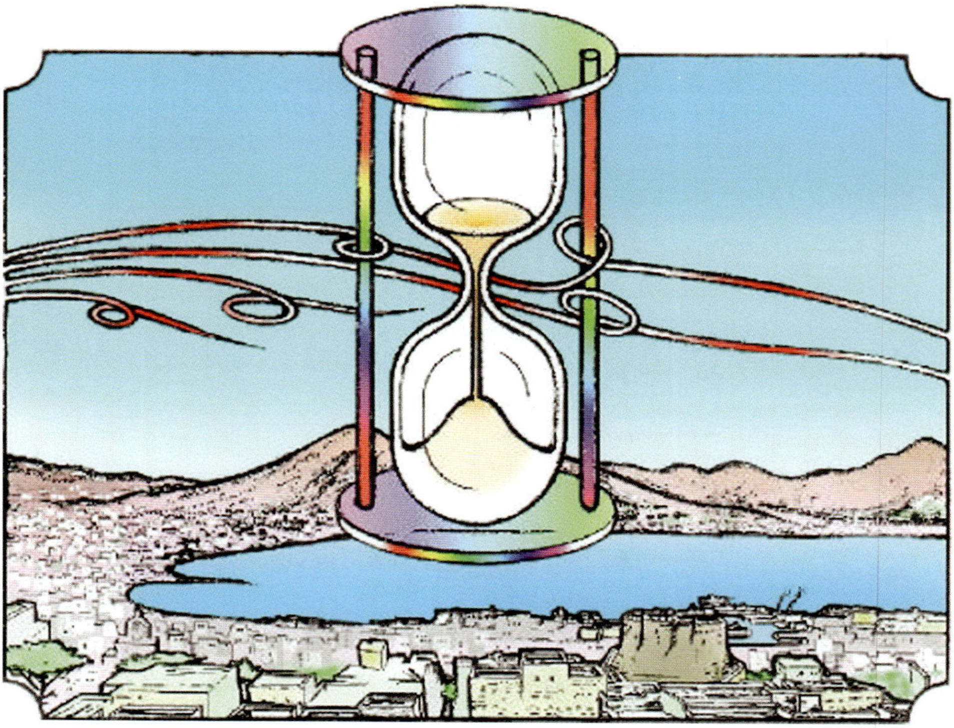

… maxima pars vitae elabitur male agentibus, magna nihil agentibus, tota vita aliud agentibus. … omnes horas conplectere. Sic fiet, ut minus ex crastino pendeas, si hodierno manum inieceris.

… the largest portion of our life passes while we are doing ill, a goodly share while we are doing nothing, and the whole while we are doing that which is not to the purpose. … hold every hour in your grasp. Lay hold of today's task, and you will not need to depend so much upon tomorrow's.

—Seneca, Epistles

Vesuvius
F. Dobran (Editor)

Chapter 2

Education: Cognitive Tools and Teaching Vesuvius

F. Dobran

The uniqueness of humanity could be said to rest not so much in language as in our capacity for rapid cultural change ... [W]hat humans evolved was primarily a generalized capacity for cultural innovation.[1]

L'unicità dell'umanità non si basa tanto sulla lingua, quanto sulla nostra capacità per rapido cambiamento culturale ... Quello che gli esseri umani evolsero è stato primariamente una capacità generalizzata per l'innovazione culturale.[1]

—Merlin Donald (1993)

ABSTRACT

The educational process is shaped by evolutionary developments in the distant past and cultural developments of more recent times. We are born with certain survival or mimetic qualities which allow for conscious representational acts without the need for language symbols. These qualities allow for the initial understanding of the world and remain with us for the rest of our lives. With the adoption of language, the world begins to be shaped with the tools of mythic understanding, such as binary opposites, rhythms, and fantasy. As we become more fluent in language around the age of 10, we begin to associate with the limits and extremes of reality, and qualities of heroes that transcend human experiences. Around the age of 15, we begin forming connections among things and want to know the causes and processes leading to the effects and consequences. This philosophic understanding seeks to describe the world in terms of general schemes and theories, but the majority of us do not reach this potential development of the educational process.

The old educational ideas of rigid curriculum, natural education, and socialization are not only mutually incompatible, but also inadequate when applied individually to the learning process. We want our students to conform to the Platonic ideal of acquiring privileged knowledge and Rousseauian encouragement that they discover their own potentials, but we also want that they adapt to the norms and values of the society. Students of different age groups imagine reality in different ways, and what the teachers must do is to use those cognitive tools that allow the maximum development of each pupil. The external culture functions as a tool for the internalization of external symbols in every individual, and the more forcibly this is used the more developed our minds become.

The educational process dealing with Vesuvius is not taking the full advantage of such educational tools, but there are sporadic examples where this is achieving successes. In this chapter, some of these tools are presented as methodologies that can be applied to teaching the volcano in primary, intermediate, and secondary schools of the Vesuvius area. The majority of Vesuvians are, however, poorly educated about the volcano and what needs to be accomplished to live in security and prosperity. The technological illiteracy is preventing the Vesuvians from judging whether to wait passively for an eruption and then attempt to escape, or begin to prepare the territory to confront the eruption with minimum social, economic, and cultural consequences. Since we can program our brains with external symbols of the society in which we live, all that is needed is willingness and steadfast persistence to diffuse serious education on Vesuvius in the direction of technological literacy and away from resignation and negative habits of mind.

RIASSUNTO

Il processo educativo si forma con gli sviluppi evolutivi del lontano passato e gli sviluppi culturali dei tempi più recenti. Noi siamo nati con certe qualità per sopravvivere o con qualità mimetiche che permettono rappresentazioni di azioni coscienti senza il bisogno dei simboli linguistici. Queste qualità permettono la comprensione iniziale del mondo e rimangono con noi per il resto della nostra vita. Con l'adozione del linguaggio, il mondo comincia ad essere delineato con gli strumenti della comprensione mitica, quali opposti binari, ritmi e fantasia. Quando diventiamo più sciolti nel linguaggio verso l'età di dieci anni, cominciamo a fare associazioni con i limiti e gli estremi della realtà e con le qualità di eroi che trascendono l'esperienze umane. Verso l'età di quindici anni cominciamo a formare legami tra le cose e vogliamo conoscere le cause e i processi che portano agli effetti e alle conseguenze. Questa comprensione filosofica cerca di descrivere il mondo in termini di schemi e di teorie generali, ma la maggioranza di noi non raggiunge questo sviluppo potenziale del processo educativo.

Le vecchie idee educative di un rigido curriculum, l'educazione naturale, e la socializzazione sono non solo incompatibili, ma sono anche inadeguate se applicate individualmente al processo di apprendimento. Vogliamo che i nostri studenti si conformino all'ideale Platonico di acquisire una conoscenza privilegiata e seguiamo un incoraggiamento Rousseiano affinchè essi scoprano le loro potenzialità, ma vogliamo anche che essi si adeguino alle norme e ai valori della società. Gruppi di studenti di età diversa immaginano la realtà in maniera diversa e ciò che gli insegnanti devono fare è usare quegli strumenti cognitivi che permettono il massimo sviluppo di ciascun alunno. La cultura esterna funziona come strumento per l'interiorizzazione di simboli esterni in ogni individuo e quanto più si usa in maniera energica, tanto più le nostre menti si sviluppano.

Il processo educativo sul Vesuvio non trae pieno vantaggio da questi strumenti educativi, ma ci sono esempi sporadici in cui questo processo sta raggiungendo qualche successo. In questo capitolo alcuni di questi strumenti sono presentati come metodologie che si possono applicare all'insegnamento del vulcano nelle scuole elementari, medie e superiori dell'area vesuviana. La maggioranza dei Vesuviani sono comunque poco educati sul vulcano e su ciò che è necessario compiere per vivere in sicurezza e prosperità. La mancanza di cultura tecnologica sta impedendo ai Vesuviani di valutare se aspettare passivamente l'eruzione e poi tentare di scappare o cominciare a preparare il territorio per confrontare l'eruzione con minime conseguenze sociali, economiche e culturali. Dal momento che possiamo programmare le nostre menti con simboli esterni della società in cui viviamo, tutto ciò che è richiesto è la volontà e la risoluta persistenza a diffondere una educazione seria sul Vesuvio nella direzione di istruzione tecnologica e dello stare lontani dalla rassegnazione e da abitudini negative della mente.

Da tumultuosi e spesso contraddittori stati della mente, una mente illuminata deve selezionare ciò che è essenziale e vitale e ridurre l'importanza di ciò che è banale e secondario. L'evoluzione della mente è derivata sia dallo sviluppo del cervello che dal contemporaneo sviluppo della cultura. Per parecchi milioni di anni questa evoluzione è stata lenta. Durante gli ultimi 30.000 anni circa e con la velocità sempre crescente degli ultimi 3000 anni, l'evoluzione del cervello non è proceduta in sequenza con lo sviluppo culturale. Ciò che è stato appreso in una generazione è passato alla successiva. La natura ci ha fornito di strumenti per trascendere la biologia, ma i nostri sistemi educativi non hanno ricavato pieno vantaggio dalla nostra capacità di apprendimento. Prima del XIX secolo l'educazione era riservata ai privilegiati ed era portata avanti in privato dai tutori, ma la rapida crescita della popolazione, lo sviluppo industriale e la creazione di una nuova e prosperosa classe media più avanti nel secolo richiedeva un nuovo sistema per educare i discendenti di questa classe. L'educazione privata fu sostituita dall'educazione di massa e da allora stiamo lottando su come sia meglio educare i nosti figli con il sistema di scuola pubblica.

Le scuole dell'area vesuviana hanno fallito nel produrre un pubblico che sia capace di assicurare la sopravvivenza delle sue strutture sociali e culturali e, come risultato, abbiamo una crisi dell'educazione i cui costi, in termini d'ignoranza delle possibilità delle esperienze umane, sono incalcolabili e strazianti. Troppe istituzioni educative stanno fallendo nel diffondere tra i giovani non soltanto la corretta informazione sul vulcano e sui suoi dintorni, ma anche tralasciando di affrontare quelle barriere culturali di sicurezza che impediscono lo sviluppo di individui consapevoli del vulcano. Il risultato finale di tale fallimento è una popolazione incapace di valutare come scappare dall'inferno della deteriorazione culturale e sociale e da una trappola naturale che si può affrontare solo con la tecnologia moderna. A causa delle abitudini mentali negative e dell'insufficiente sforzo indirizzato a superare queste abitudini, sia gli educatori che quelli che li formano devono risvegliarsi dal loro torpore e assumere seriamente le proprie responsabilità prima che il vulcano cominci di nuovo, con boati, ad impossessarsi del suo territorio. Ci sono segnali positivi che questo risveglio stia prendendo piede a livello popolare, ma noi siamo lontani da un processo educativo fondato sulla prevenzione o da una politica del territorio che sia capace di produrre la struttura sociale necessaria per affrontare le future eruzioni del Vesuvio in sicurezza e prosperità. Poichè troppi educatori ed amministratori territoriali non sono sufficientemente impegnati in questo tentativo, noi abbiamo un pubblico demotivato, con mentalità fatalista e che crede di poter essere salvato dal santo napoletano San Gennaro.

Quindi, chi è responsabile della mancanza di questa educazione? Sono forse gli insegnanti, perchè inadeguatamente preparati per il loro compito sul Vesuvio e sulle sue conseguenze? La mancanza di incentivi per i docenti? Uno scarso curriculum riempito con programmi di rilevanza immediata? La mancanza di controllo locale sulle scuole? La scarsa educazione degli adulti, le cui abitudini mentali negative ricadono sui giovani? Il timore di confrontare le abitudini negative dei Vesuviani, o i miopi amministratori pubblici, le cui barriere mentali impediscono loro di superare l'incommensurabile paradosso? Dovrebbero forse essere più concreti i tirocini degli insegnanti, più attivo il coinvolgimento degli studenti e dei loro genitori, più cospicui gli incentivi per gli insegnanti, più effettiva l'educazione da parte dei massmedia, più grande la coerenza nel processo educativo, o più chiara la comprensione del perché alcuni metodi educativi funzionano ed altri no? Queste eventuali colpe e queste prescrizioni per la soluzione rischiano di portare verso tale domanda: il problema esiste nei metodi di educazione o nel sistema che fallisce nella realizzazione dei metodi nella maniera giusta?

Il sistema educativo ha lo scopo di accrescere la competizione delle nazioni e di formare dei cittadini. Si suppone che questi obiettivi giustifichino l'enorme investimento in risorse anche se i risultati non sempre sono quelli attesi. L'educazione di massa nell'Occidente ha poco più di cento anni e con essa il livello di analfabetismo tra il pubblico profano è diminuito rapidamente. Quando l'Italia si unificò nel 1870 il 70% della popolazione era illetterata, entro la fine del XX secolo si è ridotta al 5% nell'area vesuviana, e al 2% nella nazione. Oltre a questo problema di base dell'analfabetismo ancora alto se paragonato agli stati del nord Europa, c'è ancora un 'analfabetismo tecnologico' molto più grande e non documentato, la cui gravità non è stata presa in considerazione nè dal sistema educativo nè dall'apparato politico. Eppure la soluzione della difficile situazione dei Vesuviani dipende dall'uso delle innovazioni culturali moderne, i cui elementi indispensabili sono alcuni dei metodi e delle tecniche recentemente messe a punto dalla comunità scientifica.

La lotta per allontanarsi dalle pressioni evolutive e culturali del passato ed adattarsi alle condizioni affrontate dalle società attuali non è nuova e fu affrontata dalle prime culture orali con l'invenzione di tecniche per assicurare che i giovani avrebbero imparato e ricordato la mole di conoscenze del gruppo sociale, da Platone quando introduceva un curricolum cinquantennale di una crescente conoscenza astratta e disciplinata, e da Rousseau con l'enfatizzare che la scoperta propria dello studente è molto più efficace delle parole del tutore. Più recentemente, Durkeim ha enfatizzato che la scuola è obbligata a preparare un individuo socialmente consapevole; Dewey ha messo sullo stesso piano lo sviluppo psicologico, la scolarizzazione e il cambiamento sociale; Vygotsky ha enfatizzato che l'educazione deve essere messa sullo stesso piano sia delle funzioni psicologiche degli studenti, che della cultura in cui essi sono immersi; ed Egan che ha suggerito che la più grande speranza di tenere l'energia educazionale viva, dopo i primissimi anni, è 'stimolare l'immaginazione' dell'individuo o del gruppo a cui viene insegnato. Mentre il metodo Platonico sembra essere parte della soluzione, è di per sè troppo rigido e fragile. I metodi di tipo Roussoniano producono anch'essi problemi, perché privano il fanciullo della ricchezza della comprensione e falliscono per stimolare la maggioranza degli adulti. Lo stimolare l'immaginazione del gruppo di ogni età in maniera diversa dalla cultura in cui il gruppo è immerso è forse il miglior metodo per trarre vantaggio da ciascun metodo educativo e noi vedremo come questo sia applicato sporadicamente nell'area vesuviana. Vedremo come questo approccio produce connessioni tra lo sviluppo culturale del passato ed il requisito del presente, e mostreremo come applicarlo a livello pratico. Ma il problema di come diffondere queste esperienze ampiamente sul territorio, in assenza di direttive ufficiali e di incentivi, rimane una sfida da risolvere. Gli obiettivi educativi del progetto VESUVIUS 2000 stanno sostenendo questa sfida dal 1995 aiutando a preparare gli individui con maggiore consapevolezza del Vesuvio e capacità per affrontare realisticamente il problema, invece di produrre individui compiacenti, falsamente sicuri e che aspettano di fuggire dal vulcano.

Al fine di colmare le deficienze del sistema educativo e tendere alla creazione di individui consapevoli del Vesuvio, abbiamo bisogno di discutere diversi tipi di idee educative e di come questi abbiano dato forma ai valori occidentali, riflettere su queste idee e valutare la loro rilevanza nell'affrontare il rischio vulcanico, e presentare esempi del territorio in cui alcune di queste idee sono praticate consapevolmente o inconsapevolmente. Dobbiamo anche suggerire metodi per adottare un curriculum più rilevante e discutere sulle implicazioni per insegnare ai giovani nelle scuole e agli adulti a livelli diversi della società. Questo viaggio ci porterà dai nostri inizi umani come raccoglitori di cibo con limitate abilità per le innovazioni culturali alla società tecnologica moderna, con scolarizzazione di massa, complesse strutture sociali, e rapidi cambiamenti culturali. Dobbiamo anche prendere in considerazione l'analfabetismo tecnologico del pubblico, perchè la tecnologia moderna è frutto di uno stato complesso tra scienza, ingegneria, etica, economia, legge, politica, ed altri fattori. VESUVIUS 2000 richiede un pubblico tecnologicamente preparato con conoscenza, modi di pensare e di agire, e capacità di produrre e mantenere un ambiente sostenibile. Dal momento che questa iniziativa è stata lanciata sul territorio una decina di anni fa, un certo progresso è stato già fatto in questa direzione, ma molto rimane da fare e non vi è struttura sociale migliore delle scuole per intraprendere questa sfida.

2.1. INTRODUCTION

From among the tumultuous and often contradictory states of mind an enlightened mind selects that what is essential and vital, and plays down the importance of trivial and secondary. The mind's evolution has been a product of both the brain and of culture developing together, and for several million years this evolution has been slow. During the last 30 000 years or so, and with ever-increasing speed in the past 3000 years, the brain's evolution has proceeded out of sequence with cultural development. What has been learned in one generation has been passed to the next. Nature has supplied us with the tools to transcend biology, but our educational systems have not been taking full advantage of our learning capacity. Before the nineteenth century, education had been reserved for the privileged and was carried out in private with tutors, but the rapid population growth, industrial development, and the founding of a new and prosperous middle class later in the century, a new educational system was required to educate the offspring of this class. The private education was replaced with mass education and ever since we have been struggling how best to educate our children by the public school system.

The Vesuvius area schools have failed to produce a public that is capable to ensure the survival of its social and cultural structures, and as a result we have an educational crisis whose costs, in terms of the ignorance of the possibilities of human experiences, are incalculable and heartbreaking. Too many educational institutions are failing to diffuse through the young not only the correct information about the volcano and its surroundings, but also neglecting to confront head-on those security culture barriers which are impeding the development of volcano-conscious individuals. The end result of this failure is a population that is unable to see how to escape from the ever closing-in inferno of social and cultural deterioration, and a natural trap that can only be confronted with modern technology. Due to the adverse habits of mind[2] and insufficient effort being undertaken to overcome the barriers associated with these habits, both the educators and those who form them must reawaken from their slumber and take seriously their responsibilities before the volcano begins roaring again and taking possession of its territory. There are positive signs that this reawakening is taking hold at the grass-roots level, but we are far from an agreed-upon educational process or policy for the territory that is capable to produce the necessary social structure which can confront future eruptions of Vesuvius in security and prosperity.[3] Since too many educators and territorial administrators are not being engaged enough in this effort, we have a public with eroded souls, fatalistic mentality, and believing in the Neapolitan savior San Gennaro[4] (Fig. 2.1).

So who is responsible for this lack of educational effectiveness? Are the blame-worthy candidates the schoolteachers because they are inadequately prepared for their task on Vesuvius and its consequences, the absence of incentives for teachers, a trivial curriculum filled only with the immediately relevant, the lack of local control over schools, a lack of commitment to excellence, poor education of adults whose negative habits of mind are spilling over onto the young, the fear of confronting adverse habits of mind of Vesuvians, the short-sighted public appointees whose mental barriers prevent them from overcoming the incommensurability paradox?[5] Should the prescriptions be more effective teacher training, more active involvement of students and their parents, greater incentives for teachers, more effective education from mass media, a greater coherence in the educational process, a clear

Fig. 2.1. A statue of San Gennaro on Ponte della Maddalena in Naples. The Saint is facing Vesuvius and with the hand raised symbolizes his ability to stop the furies of the volcano.

understanding of why some educational methods work and others don't? These blames and prescriptions can go back and forth and risk from concluding whether the problem lies in the educational methods or in the system that fails to implement the methods properly.

The goals of the educational system are to enhance the competitiveness of nations and the self-fulfillment of citizens. These goals are supposed to justify the enormous investment in resources, but there is hardly anybody who is content with the educational system, both inside and outside of it. Mass education in the West is little more than 100 years old and with it the illiteracy level among the lay public diminished rapidly. When Italy unified in 1870, 70% of the people were illiterate and by the end of the twentieth century this has been reduced to about 5% in the Vesuvius area and 2% nationally.[6] Besides this basic illiteracy problem which is still high in comparison to the northern European states, there is a much larger and undocumented 'technological illiteracy' where neither the educational system nor the policy-making apparatus have recognized its importance. And yet the solution of the difficult predicament of Vesuvians crucially depends on the use of modern cultural innovations whose staple are some of the methods and techniques of latest scientific discoveries and practical inventions.

The struggle to break away from the evolutionary and cultural pressures of the past and adapt to the conditions faced by current societies is not new and was faced by the early oral cultures by inventing techniques to insure that the young would learn and remember the social group's store of knowledge, Plato when he introduced a 50-year curriculum of increasing abstract and disciplined knowledge, and Rousseau by emphasizing that the student's own discovery is vastly more effective than the tutor's words. More recently, Durkheim has emphasized that the school has the obligation to prepare a socially-conscious individual; Deway has linked psychological development, schooling, and social change; Vygotsky has emphasized that education must be linked with both the students' psychological functions and culture that they are immersed into; and Egan who has suggested that the best hope of keeping the educational energy alive after the very early years is to 'stimulate the imagination' of the individual or group being taught.[7] While the Platonic method appears to be a part of the solution, it is by itself too rigid and too fragile. The Rousseauian-type methods produce problems too because they deprive the child from learning the richness of understanding and fail to stimulate the majority of adults. By stimulating the imagination of each age group differently with the culture in which the group is immersed is perhaps the best way of taking the advantage of each educational method, and we will see how this is being applied sporadically in the Vesuvius area. We will see how this approach produces connections between the cultural development of the past and requirement of the present, and show how this is being applied at practical levels. But the problem of how to diffuse these experiences widely on the territory in the absence of official directives and incentives remains a challenge to be solved. The educational objectives of VESUVIUS 2000[3] have been confronting this challenge since 1995 by helping to prepare individuals with greater Vesuvius consciousness and abilities to confront the challenge ahead, instead of producing individuals with complacency, false security, and waiting to escape from the volcano.

Toward the goal of improving the deficiencies of the educational system which is conducive to the creation of Vesuvius-conscious individuals, we need to discuss different types of educational ideas and how these have shaped our Western values, reflect on these ideas and evaluate their relevance in confronting the volcanic risk, and present examples from the territory where some of these ideas are being practiced, either consciously or subconsciously. We also need to suggest ways for adopting a more relevant curriculum and discuss implications for teaching the young in the schools and adults at different levels of the society. This journey will take us from our human beginnings as food gatherers with limited abilities for cultural innovation into the modern technological society with mass schooling, complex social structures, and rapid cultural changes. We also need to confront the technological illiteracy among the lay public, because the modern technology is the fruit of a complex interplay between science, engineering, ethics, economics, law, politics, and other factors. VESUVIUS 2000 requires a technologically literate public with knowledge, ways of thinking and acting, and capabilities to produce and maintain a sustainable habitat.[3] Since this initiative was launched on the territory a decade ago, some progress in this direction has already been made, but much remains to be accomplished and there is no better social structure than the schools to take up this challenge.

2.2. EDUCATIONAL IDEAS

The modern school is supposed to provide a place for socializing the young, for teaching particular kind of knowledge that will bring about a realistic and rational view of the world, and develop the maximum potential in each child. Although these goals are complementary, any one of them is incompatible with the other two, because the more we try to develop one the more we neglect the other two; and it is because of this incompatibility that the educational process shifts from time to time in different directions and causes our long-continuing educational crisis.[8] Education is intrinsically tied in the life and culture of a society, and since the humans, and young children in particular, have a large capacity for rapid cultural growth or adaptation to their surroundings, there is little doubt that with proper education we can get rid of negative habits of mind and develop new ones that are conducive for the growth of our species. The Vesuvius consciousness[3] that needs to be produced at all levels of the society should have the basis in an educational system that, in a coherent manner, takes advantage of our educational goals and experiences of our culture and cognitive advantage of different groups of children and adults. This 'sequence of understanding' permits learning of the same concept over and over again from different perspectives during the cognitive development years of the young and forming well-rounded individuals before entering into the world of adults. Knowledge exists only in human minds, and only through our minds can we connect with our hopes, fears, desires, and intentions to confront the multifaceted nature of the volcano and its surroundings, and, hopefully, produce suitable leaders of tomorrow who will be able to take concrete actions on the territory.

2.2.1. *Socialization*

In his ground-breaking study of the sociology of education, Emile Dunkheim (1858–1917) declares that 'a given advance in moral education in the direction of greater rationality cannot occur without also bringing to light new moral tendencies, without inducing a greater thirst for justice, without stirring the public conscience by latent aspirations'.[9] The educator must help the young become conscious of the new ideal; he must prepare them for the future. The new society that needs to be formed must be greater than the sum number of its individuals and this cannot exist unless its members are sufficiently alike; they all must reflect, in different degree, the characteristic essential of the sought-for ideal, an ideal that surpasses the self-centered interests of each member of the society. Education through the direct experience influences both the moral and intellectual elements of culture, and in helping to produce such a culture the teacher must train the young minds to cherish its social structure. This cannot be achieved without imprinting a discipline and spirit in each child; to make him understand 'his country and his times, to make him feel his responsibilities, to initiate him into life and thus to prepare him to take his part in the collective tasks awaiting him'.[10]

The mind of a young child is endlessly moving and his feelings change dramatically on short notice. Education must therefore account for this behavior in order for the young to conform to the social norms of the adults, and since changing the habits of the child is much easier than changing those of the adults, there is no better place than the school where socialization and adoption of new norms can take place.[11] Education within the family is inadequate for preparing the child for the active role within the society, and if one does not tend carefully to the habits of minds in the early years of an individual, one loses that very plastic mind which can be readily adapted to acquiring new habits. But this cannot be achieved without the teacher adopting an appropriate discipline whereby the child learns and respects the rules of school which are different and much less personal than within the nuclear family. By respecting these rules the child learns to respect the rules in general; he develops a habit of self-control and restraint which needs to guide him through his adult life. As a class is a small society it is crucial that it be disciplined, that the teacher exercises an authority that is respected by his students: An authority that does not come out from capital punishment, but through the teacher's transmitted words and gestures and imprinted on the child's mind. The students must understand that school rules are impersonal and that the teacher's actions are not of his own but those of the school. If the need be the teacher must also punish, but in such a way that 'it is the punishment that prevents discipline from losing this authority'.[12]

The role of the educator is to give the child the clearest possible idea of the social groups to which he belongs and this must be repeated on and on until it becomes an integral part of the child's mind. This is essential, for 'the citizen must have an inclination toward collective life'.[13] A society can survive and maintain its sense only if a certain degree of homogeneity is achieved in shaping its members, and education reinforces this homogeneity. The central role of the schools is, therefore, to produce graduates who understand their place in the world of the adults and who will perpetuate this society. This is accomplished by producing taxpayers, engineers, artists, mechanics, lawyers, economists, etc. Clubs, team sports, associations, and others also perform similar functions. To prevent the process of socialization and homogenization to become dehumanizing and totalitarian in its demands for conformity, the Western societies have built defenses into the school curricula, by limiting censorship and allowing for a wide range of subjects that develop the students' minds and give them a more realistic grasp of the world.

2.2.2. Platonic education

For Plato (c. 428–347 B.C.)[14] education should not be concerned primarily with putting knowledge into people's souls to produce in them good social beings equipped with the skills of good and effective citizens who conform to social norms, but to acquire those forms which would give them a privileged, rational view of reality. This, according to Plato, can be achieved through increasingly abstract forms of knowledge where the conventional beliefs and prejudices inherent of appetitive and spiritual desires are replaced by the rational desires for knowledge and truth; where 'the form of the good is the most important thing to learn about',[15] for a soul ruled by reason has to be just. Of course, not all in Plato's city of Kalliopolis can acquire this level of education and those who do not remain inferior with contemptible appetites that distort their perception of the good and chase them after things that can never make them happy.

To become true statesmen it is necessary to study music, poetry, mathematical sciences, dialectics, and politics, so that at the age of 50 those who have been successful in their studies can be 'compelled to lift up the radiant light of their souls'[16] to the good itself. For too many of us such a system would be repressive, because our freedoms would be restricted, but the message of Plato's ideal is clear: The schools should cultivate the young in ways that are beyond the required norms of social utility. The schools should include in the curriculum a range of subject matter in order to develop students' minds to their maximum potential, even if some knowledge will never be used by many in the real world. Indeed, such elitist schools should teach the students the appropriateness of the values, norms, and beliefs of the adult societies and prepare well-rounded individuals who would be best equipped to comprehend the multifaceted nature of the world and lead societies to higher social and cultural achievements. There is much to be said about this philosophic-type of education when preparing Vesuvians for the task at hand, and we will see shortly how and when this program of study should be implemented during the formal years of students' education.

2.2.3. Natural education

Jean Jacques Rousseau (1712–1778) focused his attention, instead, on the nature of the developing child. In *Emile*, Rousseau argues, '[t]he internal development of our faculty and organs is the education of nature. The use we learn to make of this development is the education of men'.[17] The children can comprehend only that which their mental capacities allow and by trying to teach them things that are beyond personal comprehension and appreciation can only produce harm to them. Rousseau believed that in the hands of dull educators Plato's rigidly structured curriculum can produce misery, frustration, and violence, instead of motivation, students' engagement, and active participation. Adults need to realize the children's mental and moral limitations, and the children must be allowed to act and think as persons in their own right if they are going to develop fully into adults. The education must be, therefore, child centered if it is going to be effective in making good human beings and through them a good society. As compared to Voltaire for whom 'civilization' represents a common vision for all mankind as exemplified by France of Louis XIV and *Encyclopèdie*,[18] Rousseau's education meant liberating the young from the civilization.

The third type of education that we have encountered focuses on fulfilling the individual potential of each student, the encouragement of active rather than passive learning, the realization that the student's discovery is vastly more important that the teacher's words, that the student should not be presented with a rigid curriculum. For John Dewey (1859–1952), this educational process has two sides: Psychological and sociological. 'The child's own instincts and powers furnish the material and give the starting point for all education. … Education, therefore, must begin with a psychological insight into the child's capacities, interests, and habits. These powers, interests, and habits must be continually interpreted – we must know what they mean. They must be translated into terms of their social equivalents – into terms of what they are capable of in the way of social service'.[19] The sociological process of education is subordinated to the psychological one and serves to properly interpret the child's powers.

2.2.4. Incompatibilities

Socrates was Plato's ideal of the educated person and was condemned by the democratic citizens of Athens because he was corrupting the youth with teachings that they should question the accepted norms of the society. For Socrates, the Athenian democracy lacked the virtues of a just society and by his death he wanted to prove that he is right.[14] Today no one believes that Plato's ideal aim of direct knowledge of the real, the true, the good, and the beautiful is attainable, but only the promise of this ideal. What is attainable is the skeptical, informed, and philosophical mind that inquires into the nature and meaning of things: A mind that is not satisfied by conventional answers and seeks rational explanations. We want social beings for our society to function, and we want the cultivation of the mind, the skepticism, and the dedication to Plato's program of rationality. Our schools of today are supposed to produce this kind of individuals.

The natural education of Rousseau is also in conflict with that of the Platonic model, because the latter is more structured, more rigid, more demanding, and more progressive. While the 'progressivists' argue the 'basics' and solid curriculum, the 'traditionalists' of Rousseau argue 'relevance' and space for students' exploration and discovery.[20] Modern society is permeated with mass media and distractions of all sorts and an individual can hardly develop 'naturally', but we do encourage that he develops somewhat as an individual in the Rousseauian sense.

The educational institutions are often pressured from groups who prefer one or another of the educational ideas and adapt by compromising to adequate socialization of students, reasonable academic program, and developing the potential in each student. This compromise shifts a little in one direction or another in response to social pressures, and neither the psychological nor the sociological side can be subordinated to the other or neglected, but according to Dewey the former is more basic. The school is primarily a social institution where the inherited resources of the race are shared with the student; where the student is prepared to live present life and extend on the experiences of his home life. The teacher in the school is simply to select among the multitude of influences those that will assist the child in responding to these influences in as effective manner as possible. If education is life the student should progress both from the succession of studies and development of new attitudes toward, and new interests in, experience. This is because not all instincts of an individual begin to surface at the same time (like puberty), and to confront an individual with hidden instincts is not very productive. The development of new attitudes toward the same concept not only reinforces the image of the concept already built into the child's repertoire of experiences, but also enlarges it and connects it with new experiences. The updated concept has a larger time span of retention and persists as culturally acquired knowledge.

Education is acquiring habits, and once these have been acquired they can be hardly noticed. We, and small children in particular, have an amazing plasticity or ability to learn from experience: The power to develop dispositions; 'the capacity to retain and carry over from prior experience factors which modify subsequent activities'.[21] We have, in other words, the capacity to acquire habits and thus there is no better method than education to affect our adjustment and the environment around us. Education is developing, continually reorganizing, reconstructing, transforming, supplying the conditions which influence growth, and the difference between a normal child and an adult is that their modes of growth are different. The realization that life is growth and that one grows through education has an enormous implication for the Vesuvius area; this means that the lives of Vesuvians can be transformed through a proper education from passive to active, from resignation to participation, from negative habits to positive and constructive dispositions. Habits give control over the environment, power to utilize it for human purposes, power to apply capacities to new aims. And the value of education is the extent to which it creates a desire for growth and maintains this desire active.

2.3. KINDS OF UNDERSTANDINGS

2.3.1. The beginnings

About 5 million years ago the Hominid line (*Australopithecus afarensis*) and chimpanzee line split from a common ancestor. This proto-human had an erect posture, shared food, division of labor, nuclear family structure, and large number of children.[22] The culture of *afarensis* appears to have been episodic in the sense that this species remembered specifics of an experience: The place, the weather, the colors, the voices of the past. By definition, episodes are bound in time and space to specific dates and places, and typical examples of episodic memory are death in the family and first love. About 2 million years ago a new genus *Homo* with a larger brain appeared. This species manufactured crude stone-cutting tools and was still confined to narrow geographical locations. The next species *Homo erectus* changed, however, this situation dramatically. It appeared about 1.5 million years ago, had a much larger brain, more elaborate tools, used fire and shelter, and migrated out of

Africa and spread over the entire Eurasian landmass. *Homo erectus* was much more human in appearance, lived in an environment where social cooperation was central to species' survival, and its systematic tool technology, cooperation in seasonal hunting, cooking food, and migration to over long distances suggests that its intellect required inventing and remembering complex set of procedures and social skills that went beyond the time-bound episodic mentality. The last stage of brain growth came with the arrival of *Homo sapiens*, about 200 000 to 100 000 years ago. With the new species a new cognitive capacity of language was introduced and with it the possibility of rapid cultural advance.[23]

Humans first adapt to a language from mimetic skills or mimesis. '[M]imesis rests on the ability to produce conscious, self-initiated, representational acts that are intentional but not linguistic'.[24] This is different from imitation and mimicry which many animals possess. Mimesis can be used for rehearsing, refining a skill, performing a ritual dance, imitating an action, sharing knowledge, comprehending complex events and remembering rules, customs, behavior, and so on. Children mime adults in mannerisms, posture, and gesture, while the adults use the mimetic capacity for manual signals, facial expressions, rhythm, and so on. Mimesis is the basic medium of human communication and its vestiges can be found in the arts, plays with little or no dialogues, Chinese and Indian dance, Greek and Roman mime, and many other forms trace their origin back to prehistory. All higher mammals possess mimetic skills and social knowledge, and this is a survival strategy that *Homo erectus* used for a million years or so before domesticating fire. This is because mimesis does not involve the invention of an arbitrary set of symbols on which symbolic languages are based. Language appeared once the vocal apparatus developed late in human evolution and coincides with rapid cultural innovation,[25] leading to Neolithic culture and eventually to the one that we know today.

2.3.2. Mythic understanding

The modern humans or *Cro-Magnons* or *Homo sapiens sapiens* date to between 45 000 and 35 000 years when they replaced the Neanderthals in Europe who were advanced in cognitive skills, but apparently less adaptable than modern humans. By 35 000 years the humans had broken away from the mimetic culture and possessed elaborate spoken languages, wove fabric and sewed garments, had highly developed tribal structures, performed ritual performances, invented myths and religion.[26] Words changed everything and a semiotic culture on myth and religion was born from the mimetic culture. Myths of creation and death were the first tribal stories that connected them with their origins and world structure, and even today, among the aboriginal and other cultures, myth and religion permeate every activity of their lives. 'The myth is the prototypal, fundamental, integrative mind tool. It tries to integrate a variety of events in a temporal and causal framework. It is inherently a modeling device, whose *primary* level of representation is thematic'.[27] A symbol is a mind tool as this is invented to facilitate a cognitive operation.[28] Once the symbolic devices, particularly the lexicon, were invented this triggered mythic invention through which the events could be mentally restructured, interrelated, and reshaped in the mind.[29]

Before language develops we have a pre-linguistic understanding with some mythic understanding built into our genes. We begin to perceive the world through our eyes, hands, and gestures, and the degree of mastery of these tools and acquisition of new ones keeps increasing as we develop and interact with the environment around us. As we grow and become exposed to adults around us, we begin to depend less and less on our genetic help and more and more on learning by producing new relations with the environment in addition to the organization of our behavior. We do this through the use of speech which becomes both a tool to solve the problems and a means to develop our mental capabilities. In the early stage of our development, speech accompanies our actions and its signs begin to internalize our problem-solving capacity and social conditions of our environment. 'The sign acts as an instrument of psychological activity in a manner analogous to the role of a tool in labor'.[30] Both tools and signs share the same mediating activity, but they diverge from each other because the tools are externally oriented for mastering and triumphing over nature while the signs are internally oriented for mastering oneself.[31] Through signs, the children are able to internalize the adaptive social means from the society at large. 'Every function in the child's cultural development appears twice, on two levels. First, on the social level, and later on the psychological level; first, *between* people as an *interpsychological* category, and then inside the child, as an *intrapsychological* category. This applies equally to voluntary attention, to logical memory and to the formation of concepts. The actual relations between human individuals underlie all the higher functions'.[32]

An essential aspect of development is the increasing ability of children to control and direct their own behavior, and at a later age integrate socially elaborated symbols (such as social values and beliefs, the cumulative knowledge of their culture, scientific concepts and reality) into their own consciousness. Vygotsky places the beginning of human understanding at the age of 3. 'Imagination is a new psychological process for the child; it is not present in the consciousness of the very young child, is totally absent in animals, and represents a specifically human form of conscious activity. Like all functions of consciousness, it originally arises from action'[33] and leads to the acquisition of mythic understanding. This understanding is typically predominant from the ages of 2 and 3 until about 6 and 8, during the time when the grammatical language develops.[34] Mythic understanding is a direct consequence of language development and can be found in oral cultures and in the discourse of young children in modern literate cultures. Some of the characteristic features of this understanding are binary opposites, fantasy, metaphor, rhythm, images, and story telling, to name a few.

The binary opposites of good/bad, hot/cold, black/white, man/female, love/hate, happy/sad, poor/rich, big/little, and so on prominently occur in myths and model thinking, because the brain is apparently wired for such discriminations. In the Chinese culture *yin* conveys the idea of coldness, clouds, rain, anything feminine, what is inside and dark, and so on; while *yang* conveys the opposite idea of warmth, a clear sky, sunshine, anything masculine, what is outside and bright, and so on.[35] The opposites are intrinsic to human thought and are prominent in young children's thinking. Once an opposition is established and its principle understood, then either its opposite or intermediate term can be readily grasped.[36] The children can thus easily grasp something that is colder and hotter, larger and smaller, wetter and dryer, or softer and harder from their bodies which are the 'mediators' of meaning. Using the binary opposites one can teach a variety of subjects to the children, and in our situation the volcano and its surroundings as we will see below. As Nietzsche argued, the world is not structured in binary terms, but our initial grasp of it can be efficiently expressed in such terms.[37]

Fantasy is another characteristic of mythic understanding and apparently all young children delight in fantasy stories.[38] This may be because fantasies have much in common with myth stories which are structured on binary opposites. Fantasies do not conform to everyday experiences and thus provide a certain curiosity for acquiring new experiences, or simply because the adults telling the stories become themselves passionately involved with the audience. Metaphor, on the other hand, involves talking about something in terms derived from something different. '[O]rdinary words convey only what we know already; it is from metaphor that we can best get hold of something fresh'.[39] As the child's mind constantly constructs and reconstructs concepts, the metaphors are an important tool in productive learning since it enables him to see the world in multiple perspectives. Oral cultures have combated the loss of traditions by putting their knowledge into rhythmic and narrative forms. The creation myths of Babylonians *Enuma Elish*, Indians *Rig-Veda*, Chinese *P'an Ku*, Mayan *Popol Vuh*, Greek *Theogony* of Hesiod and Homer's *Iliad* and *Odyssey*, to name a few, were recited orally for hundreds of years in these cultures and taught the languages and customs of early civilizations.[40] Words evoke images in the minds of hearers and these can have a powerful emotional effect. This is especially true in the case of children who have a vivid imagination and in whom certain words or kinds of narratives can generate precise emotional states that can be exploited in learning.

Mythic understanding is important for obtaining an initial grasp of the world in young children and we need to structure a curriculum in elementary schools that takes advantage of this understanding. We can teach a variety of subject matter and cultural contexts to the young by simply taking advantage of binary opposites, fantasy, metaphor, rhythm and narrative in story telling, and a number of other capacities associated with language development. Using the opposites, Vesuvius can be described to the very young in terms of the active and passive nature of a fiery place where from time to time the hot and cold products menace the people. Using fantasy, Vesuvius and its surrounding may be transformed into fairy tales of menacing kingdoms, with the forces of hate and anger descending on a peaceful society. Words are a sharer of our knowledge and it is thus essential to ensure that the children learn fluid and flexible language in order to express their unique perceptions and consciousness, effectively communicate with others, and employ language as an extension and enlargement of their experiences.[41]

Learning and development are interrelated from the child's first day of life. The child begins to assimilate the names of objects in his environment and learns speech by imitating the adults and being instructed how to act. The school learning introduces the assimilation of fundamental scientific knowledge and two dimensions of development: The actual development which is determined by independent problem-solving and the potential development which is determined through problem-solving under adult guidance. The difference between these two developments is the *zone of proximal development* which 'furnishes psychologists and educators a tool through which the internal course of development can be understood. By using this method we can take account of not only the cycles of maturation processes that have already been completed, but also those processes that are currently in a state of formation, that are just beginning to mature and develop'.[42] Teaching stimulates in a child internal development processes and the school must make every effort to move children in that direction, for 'the only good learning is that which is in advance of development'.[43] A mere exposure of students to new material is not effective, unless this awakens the students' consciousness or clarifies the zone of proximal development.[44]

2.3.3. Romantic understanding

Between the ages of 5 and 10 the children's understanding becomes more reliable. They typically cease to believe in ghosts and magic lands and begin adapting to the adult's more prosaic world and abstract things. The young children's mental structure of the world represented with the aid of myths begins to be replaced with a new form of reality of this world. This reality is romance and the limits of this reality deal with extreme experience, the greatest achievements, the most amazing events, the greatest heroes, the amazing battles, the wonders of the world: Something like the information contained in *The Guinness Book of Records*. The *Histories* of Herodotos[45] is filled with stories of the brave and noble, exotic and bizarre, huge projects, daring escapades and cruel stories; in short it is the sixth century B.C. equivalent of modern soap-opera magazines and television productions for the mass market. The European Romanticism is also notorious for its preoccupation with what is mysterious, remote, inaccessible, exotic, daring, and dangerous, and in passing we can mention such adventure stories of Marco Polo, King Arthur and his nights of the round table, and *Tirant Lo Blanc*. The children aged between about 8 and 15 are obsessed with these romantic stories, and with hobbies of collecting, organizing, and enlarging everything around them.[46]

The romantic understanding suggests that the students' curriculum can be defined in terms of extremes of realities and the limits of experiences, rather than on their own involvements. Through this method the students learn the limits of realities and extremes of experiences, and just about any subject matter can be presented to the students in this manner. Their actual development can be brought closer and faster to their potential development, and thus the learning can achieve the maximum efficiency of their cognitive capacity. In a sense, the romantic understanding associates transcendent human qualities; it 'is constructed by seeing the object of study in the context of someone's or some people's thoughts, intentions, hopes, or fears'.[47] When we take advantage of other people's adventures, attributes, hardships, or virtues we connect their world with ours and bring about a humanistic side to the acquisition of knowledge. Herodotos' desire was not only to represent reality as best as he could, but also to tell a good story and to affect the emotions of his readers.

A viable approach of understanding Vesuvius and its eruptions for the age group between 8 and 15 can be developed by associating the volcano with the man's efforts to escape from the danger of earthquakes and lava flows, persistence of humans to rebuild after the terrible and devastating eruptions, stories of the rediscoveries of Herculaneum and Pompeii (Fig. 2.2) after being buried for 16 centuries by the products of the eruption of 79 A.D., Hamilton's daring confrontation with the volcano during its eruptions in late 1700s, voyages of European nobles during the Age of Enlightenment to educate themselves about the products of this age and participation in Grand Tour of Europe and Vesuvius.[48] These are lively romantic stories which not only teach history, geography, archeology, geology, art, and science, but also imprint upon the students a powerful role that Vesuvius has played in shaping the Western culture.

Romantic understanding is lively, energetic, and less concerned with systematic structures or connections among the bits and pieces and parts of the real world. It gradually leads students from the 'romantic' reality into the discovery of autonomous reality where the students' perception of the world around them becomes more real. The teens still have trouble piecing together the puzzle and producing one complex system that characterizes the real world. To achieve this level of understanding the teacher must guide the students to the next potential level of development which is associated with philosophic understanding.

2.3.4. Philosophic understanding

The students' consciousness of the external world increases with age as they internalize more and more signs from their social environment. This internalization of the processes of knowing and capacity to externalize the internal knowledge distinguishes humans from animals. Just as new tools of labor give rise to new social structures, new tools of thinking give rise to new mental structures. Both social and mental structures have historical roots and are the products of certain levels of tool development.[49] After the age of about 15 the children are capable of developing a new kind of understanding. This level of consciousness is shaped by sophisticated language and literacy and particular kind of communication that combine to develop a systematic theoretic thinking and belief that truth can only be discovered in terms of this thinking. The roots of this philosophy go back to Plato and Aristotle, and its style grew during the European Renaissance. It reached a sophistication during the Age of Enlightenment in sixteenth and seventeenth centuries when the Scientific Revolution began to take hold and has been developing ever since and producing what we now call the modern world.

For the philosophic mind, the bright bits and pieces of Romanticism form connections among things and these connections are governed by theories and laws of all kinds. The student wants to know the causes and processes leading to the effects, rather than the effects themselves. The question is not anymore what happens, but

Fig. 2.2. Top: Ruins of Herculaneum in the foreground and modern city of Ercolano and Vesuvius in the background. Bottom: View of Vesuvius (to the left) and Monte Somma relief (to the right) from the forum of the ruins of Pompeii. Colour version (see colour plate section in the Prelims).

how it happens and what causes it to happen. This is not easy to answer, for it requires the acquisition of new signs and linguistic tools and reevaluation and reorganization of the old romantic concepts stored in the mind. The systematic development of philosophic understanding reaches only that small portion of the population which interacts with communities that support this kind of thinking. These are normally Ivy League schools and universities where the entering students have adequately acquired mythic and romantic capacities.[50]

The students of roughly age 15 begin to grasp that the romantic choices and associations come from social interactions, history, geography, psychology, laws of nature, and so on. They begin to understand that the heroes of Herodotos' *Histories* exchanged goods, technology, history, customs, languages, and that this bridged closer the East and the West, and forever changed the course of humanity. They begin to understand that Thucydides' *Peloponnesian War* (431–404 B.C.)[51] between Athens and Sparta is more than a romantic history; that this is a dispassionate and carefully researched (scientific) account of a terrible war which left both powers weakened and the Athenian democracy in shambles, that the war is a tragedy, a disease, and that by tracing this disease we can prevent the history from repeating itself. From this account the students also learn that the glory of Greece is the glory of Athens, not of Sparta, that Pericles' funeral oration is one of the noblest political discourses ever made, that the Athenians of the fifth century B.C. were facing the same dilemma as the democracies of our era face today. The Ionian and mainland Greeks of sixth to fourth centuries B.C. of the Golden Age of Greece and those of third to first centuries B.C. of the Hellenistic world have through their systematic inquires of the world set the stage for the philosophic point of view – a view that is privileged and unique in the search for truth.

The continuation of the search for knowledge continued in our common era via the Arabic detour after the chaos left behind by the fall of the Roman Empire in the sixth century.[52] But by 1000 new forces were at work in the West which paved the way for a spectacular period of growth where man once again began to rely on his humanistic qualities. Prior to this time, the educational activity was largely confined to monastic schools and touched only a narrow segment of the population, but during the eleventh and twelfth centuries the educational system underwent a significant expansion and change in character. Latin was the language of the learned and initially was taught in cathedral and municipal schools. The influx of new knowledge from the Greek and Moslem worlds also created a significant need for more teachers and learners, leading ultimately to the formation of the university.[53]

The Latin world of theologians, lawyers, scientists, poets, and historians left, however, little imprint on the lives of most people who did not know Latin but had to rely on the vernacular literature written in languages which they spoke daily. Foremost among the authors of vernacular literature was Dante Alighieri (1265–1321), whose *Divine Comedy*, written in the native Tuscan dialect, shows his deep understanding of human nature, its weaknesses, and aspirations. However, it was the visual arts the primary media of communication to all, rich and poor, literate and illiterate. Initially Romanesque and later Gothic architectural styles and Church decorations further extended the quest of masses for truth beyond the human existence.[54] After 1300 the intellectuals began questioning the medieval religious establishment and thus giving rise to *humanism* or prominence of human life in a materialistic world. This produced a new elite segment engaged in capitalistic ventures (like Medici in Italy), population growth, and novel technological advances leading to the European expansion overseas.[55] The dawn of the seventeenth century saw the aristocracy as being socially dominant, centralized governments headed by kings, and religious faith being of great importance to most people. Most people were, however, relatively poor and uninformed of the latest cultural developments[56] and of the premises of the Scientific Revolution.

The Scientific Revolution in the sixteenth century started with the Polish clergyman Nicholas Copernicus (1473–1543) whose interest in astronomy, astrology, mathematics, and Church law led him to examine the Platonic and Pythagorean thought that differed from the prevailing and cumbersome Aristotelian–Ptolemaic visions of the Universe where Earth was the center of attention. Copernicus sought a simpler explanation for the motion of heavenly bodies and became convinced that Earth was not the center of the Universe, but rather that Sun was the center. His Sun-centered or heliocentric Universe, as opposed to the Earth-centered or geocentric Universe, was condemned by both the Catholic and Protestant orders as illogical and contrary to the Christian faith. Nevertheless, his idea caught on with Tycho Brahe (1546–1601) who persuaded his Danish King to supply him with an astronomical laboratory to perform accurate measurement of the Heavens, leading to the conclusion that Sun is stationary and that other planets move around it. It was, however, Brache's assistant, Johannes Kepler (1571–1630), who vindicated the heliocentric theory and formulated his famous three laws of planetary motion: First, the planets move in elliptic orbits around the Sun; second, the planets' velocities vary with the distance from the Sun; and third, there is a precise mathematical relationship between the moving planets.[57]

Kepler's discoveries paved the way for Galileo and Newton. Galileo Galilei (1564–1642) also believed in the heliocentric system, but went a step further by investigating the motions of bodies experimentally. He showed that bodies once set in motion tend to remain in motion and described the speed of falling bodies mathematically. Galileo masterfully defended the heliocentric theory in his *Dialogue on the Two Chief Systems of the World*[58] for which he was condemned by the inquisition and forced to recant. The works of Copernicus, Brahe, Kepler, and Galileo were finally synthesized by Isaac Newton (1642–1727) in his three laws of motion involving the fundamental concepts of mass, acceleration, inertia, and action/reaction. Newton also employed calculus to explain his discovery which was published in 1687 in *Principia* (*The Mathematical Principles of Natural Knowledge*).[59] The triumph of Newton's discovery lies in its simplicity: Every particle of matter in the Universe attracts every other particle with a force which varies inversely with the square of the distance between them and is directly proportional to the product of their masses. Unlike Copernicus and Galileo, Newton was widely praised during his lifetime, largely because of the groundwork of his predecessors who made science a more acceptable discipline.

The Scientific Revolution is based on experimentation, reasoning based on observed facts, and translation of this reasoning into mathematical laws. Among the foremost advocates of this new philosophy were Francis Bacon (1561–1628) and René Descartes (1596–1650). Bacon argued that the scientific conclusions could be reached through inductive reasoning using the data, whereas René Descartes' deductive reasoning of removing all assumptions about knowledge challenged everything, from the existence of God to the reality of physical world. The methods of Scientific Revolution were also extended to new fields, such as to the political theory of Thomas Hobbes (1588–1679) and John Locke (1632–1704).[60] Thus, at the beginning of the eighteenth century the Aristotelian–Ptolemaic world of the Universe was replaced with the Copernican–Newtonian world view where only a very small segment of the society knew about it. The masses remained outside of these discoveries until the Enlightenment began to spread the ideas to the middle classes.

The Enlightenment or Age of Reason is associated with the eighteenth century where a new wave of intellectuals from the Western Europe began popularizing the ideas of Scientific Revolution. These intellectuals speculated on everything: Philosophy, science, politics, religion, economics, ethics, societal issues. Their thought first spread among the urban aristocracy and middle classes. Enlightenment thinkers believed that the nature is ordered and governed by unchangeable laws, that all assumptions should be subjected to critical reasoning, that a change should be viewed positively for it constitutes progress of humanity. In France these intellectuals came to be known as the *philosophes*. Philosophes were not formally trained as philosophers, but were sufficiently literate to spread the ideas of others in the form of plays, novels, satires, encyclopedia entries, guides, or through verbal exchanges at numerous gatherings sponsored by the patrons of Enlightenment in Paris, London, and other cities of Western Europe. Newton's synthesis (that reason and nature are compatible) and Locke's empiricism, psychology, and politics (that humans become what they become by sense of perception and reason) greatly appealed to the *philosophes*. Locke's plea for natural rights of human beings (life, liberty, property) and Baron de Montesquieu's (1689–1755) theory that the power and function of government should be equally divided between the king (executive), lords (judicial), and commons (legislative) form the foundations of some of our modern states. Probably the most influential of these intellectuals was Voltaire (1694–1778) whose 90-volume works of poetry, history, letters, essays, drama, and scientific treatises place him in the forefront of the most active of *philosophes*.[61] Some other thinkers of the age were Adam Smith (1723–1790) who theorized that the economics, like the physical world, also has its natural laws, the most basic of which is supply and demand, and Jean Jacques Rousseau (1712–1778) who challenged the contradictions within the Enlightenment itself.[62] Many writings of *philosophes* were, of course, in conflict with the religion, both Catholic and Protestant, and banned in France and Italy, but not for very long because of the rapid spread of ideas. The *Encyclopèdie* of Denis Diderot (1713–1774) and Rond d'Alembert (1717–1783) perhaps best summarizes the importance of the works of these dedicated crusaders who laid the intellectual foundation of our modern society.[63]

When philosophic understanding dominates the mind it challenges the very foundations of our perceived reality and brings us ever deeper into reflecting who we are, where did we come from, where are we going and why, what can we do to avoid making the same mistakes. These are powerful notions which extend our horizons and build minds that are capable to produce new human vistas. In students, the philosophic understanding provokes not only an interest in the world and how it functions, but also what the discoveries will reveal about themselves. The students thus become interested into a variety of subject matter: History, geography, science, psychology, economics, anthropology, sociology, ethnology, and so on. In the hands of motivated teachers these subjects produce well-rounded individuals who are capable to view the problems from a multidisciplinary perspective. The students see themselves as parts of complex processes where establishing the truth of these processes leads to the discovery of the truth about themselves. This kind of perspective and search for truth is required when confronting the Vesuvius problem.

Plato, Rousseau, and others were, however, concerned with the search for general abstract ideas and cautioned that in the hands of dull and unmotivated teachers this can produce student's misery, frustration, and overconfidence.[64] Overconfidence is produced from one's lack of knowledge of details which often rend general theories incomplete. The truth of general schemes or natural laws emerges from careful observations, hypotheses, tests (observations), theories, and further refinement until no additional observations contradict the theory. Philosophic understanding in students is fuelled by general schemes and particular knowledge, for the former constantly requires the latter and the latter is constantly needed to revise the former. This, of course, implies that there is a never-ending process of optimization if one does not learn to judge when this process is sufficiently complete or the search for more truth brings about diminishing returns. Were it not for this fact, we could not have developed modern technology and would not entrust our lives to machines. From the internalization of social and cultural knowledge our minds generate patters, processes, schemes, and a host of other imaginary scenarios from where it is easy to fall into the trap of illusions. One needs to be attentive to the multidisciplinary data and see how these provide bounds and restrict one's confidence level. A poorly educated individual fails to see these bounds and is led astray by wishful thinking of his reality of truth.

2.3.5. Ironic understanding

Irony is 'a sarcastic or humorous manner of discourse in which what is literally said is meant to express its opposite'.[65] We use irony to express unreliability of words and remove our beliefs in the truth of general schemes of philosophic understanding. In this process, we can shift from one perspective notion to another and thus open up doubts about the security that is expressed in any one scheme. As long as people conceive of the world as made and ruled by God, the pain, diseases, or death can all be accepted as based on the grand design, but for those who contemplate Friedrich Nietzsche's (1844–1900) pronouncement of the death of God the natural world becomes a chance event of Charles Darwin's (1809–1882) notion of natural selection.

In the *Republic*, Thrasymachus complains that Socrates constantly deconstructs others' claim to knowledge, but offers nothing in return. 'I know nothing', says Socrates, 'for when I don't know what justice is, I'll hardly know whether it is a kind of virtue or not, or whether a person who has it is happy or unhappy'.[66] For Thrasymachus, this is simply a rhetorical ploy not to be caught in the contradiction which delights Socrates. According to Kierkegaard,[67] 'the tradition has linked the word "irony" to the existence of Socrates' and it is 'by means of irony that the subject emancipates himself from the constraint imposed upon him by the continuity of life'.[68] In order to deal with a world with multiple perspectives or meanings,

Descartes declares '*je pense, donc je suis*' (I think, therefore I am),[69] and thus tells us that thinking is the self-evident hypothesis upon which a secure knowledge base can be constructed. Here it is not our aim to enter into the details of metaphysical arguments of what the world is or what is perceived by us to be, but simply to point out that the experience of life brings forth a sort of insecurity or doubts to our capabilities and what we can accomplish.

The Enlightenment Age and the nineteenth century have brought forth an increasing rationalism because of rapid technological change, whereas the twentieth century, through the discovery of relativistic and quantum mechanics, has somewhat shattered our supremacy over nature. Ironic understanding recognizes how inflexible our minds are and how language symbols can play tricks to the world that we try to represent. It helps us understand better the truth about reality, but only if used in a reflexive manner without suppressing other forms of understandings.

2.4. EDUCATIONAL METHODS

We have come a long way from *Homo erectus*. From simple tools of necessity to survive, we internalized more and more diversified tools which have allowed us to build images, patterns, relations, connections, and groupings in our minds. We have undergone different cognitive transitions as we acquired mimetic skills, oral language, and external symbols, and in the process produced different stages of cultural development. We see no limit to this development, but must take into account that our biological brain is out of sequence with our cultural development which progresses much more faster. The mimetic culture, or pre-linguistic consciousness, has roots in our distant ancestors and is embedded in our DNA from birth, and as we begin interacting socially we adopt language to tell us how to see and know about the things around us. The language allows us an expression, but deep down we are still biological creatures, each with a distinct personality. Through social and cultural pressures we follow a process of development that transforms us from rudimentary to complex entities, and education may be viewed simply as employing the appropriate methods to fulfill that transformation. What exact educational method to use is, of course, a subject of continuing controversy, and because we have been using quite a few bad methods we have lost in acquiring greater knowledge and have wasted countless minds. A confrontation with Vesuvius requires: First, that we understand the premises and failures of different educational methods, and second, that we develop those techniques that will place the volcano and its surroundings among the urgent goals of the educational process. It is an illusion to expect from the young a change for the better unless we pave the way for this change through a clear understanding of the purpose of our guidance.

2.4.1. Old methods

The old educational ideas of socialization, Plato, and Rousseau are inadequate when applied individually because they are mutually incompatible. Socialization aims too much at current conventions, the Platonic philosophy tries too hard to impose on the students a reliable image of reality, while the Rousseauian natural approach is insensitive to the students' social pressures and development of intellectual skills. If we are guided by Plato, educating the mind becomes a matter of selecting the forms of knowledge, and if we are guided by Rousseau, educating the mind becomes a matter of supporting its autonomous growth. When these progressivists and traditionalists approaches are combined we can conceive of a curriculum that draws the material from educational philosophers and methods from educational psychologists. But this is an uneasy marriage, for in the Platonic view knowledge drives development, and in the Rousseauian view development drives knowledge.

If our conception of education has only three main components, each one by itself inadequate and incompatible with other two, does this mean that our schools fail to provide the students with adequate education? We hope not and like to believe that the schools achieve a balance among the three aims. Schools provide an exposure to academic material to all students, allow for the students to excel, they socialize all students in some basic ways, and provide special help to those who need it. Socialization strives to homogenize, individual development strives to bring forth the uniqueness of each person, and the school administrators like to see a 'balanced teaching' which accommodates as far as possible different styles of learning and exposes the students to different teachers.

2.4.2. Progressivism

Progressivism came into prominence during the second part of the nineteenth century when the second Industrial Revolution required a labor force capable of supplying many skilled laborers. This was an age when the faith in machines saw an unbounded social progress of humanity and when mass education was required to support this progress. As the foremost progressivist of this period, Herbert Spencer (1829–1903)[70] advocated a set of educational principles whereby to educate children effectively it is vital to account for the nature of the child, and particularly to their modes of learning and stages of development. There must be a regular and orderly progression from what is familiar to what is slightly unfamiliar, 'by slow degrees to impressions most nearly allied'.[71] This principle is accepted even today by most teachers, if only one could start the process of learning in this manner and accept that the children can only learn those things which are closely related to those that they are already familiar with. This would clearly exclude many stories with faraway galaxies, magic with weird characters, advanced civilizations, and technological gimmicks. The fact is that the children can indeed imagine novelties such as these as long as they are associated with binary opposites, fantasy, or metaphor for young children; extremities of real situations for teens; and possibilities of connections with reality for older students. We can indeed start with what the children can imagine.[72]

Spencer and some of his followers also believed in recapitulation, or that the mode of education of mankind must begin by studying its cultural achievements in a historical manner. This, however, has not appealed to those who saw that the new progress requires skilled labor force of today instead of individuals with the knowledge of the past. The students, they argue, may never get to the present in their studies and thus become socially useless creatures. For progressivists, the mind is central in education and the psychologist should expose the students' nature.[19] One should produce school curricula which promote students' effortless learning because this produces pleasure. The children can learn only simple and local knowledge and the subjects which test their imagination and make them think must be swept away. What is important is the utilitarian knowledge.

In the twentieth century, the application of progressivism has resulted in children being taught with less and less hard-core subjects in the early years of their schooling and becoming more and more problematic to the teachers in their later years when they must absorb not only a significant baggage of past cultural achievements, but also an unprecedented amount of new technological knowledge. The progressivists have taken Rousseau's somewhat romantic notion of education and enforced it with the authority of science. But there is a problem, for '[t]he flaw in progressivism is the belief that we can disclose the nature of the child'.[73] According to Vygotsky, education has to consider the mind as being both the psychological and social organ whereby the society mediates the child's understanding of the real world.[32] The science has been found to be extremely useful in dealing with non-biological systems and little receptive when dealing with living ones.

2.4.3. Vygotsky's method

According to Lev Vygotsky (1896–1934), the development in the child does not occur because of the accumulation of knowledge, but because of the nature of cognitive tools (the forms of mediation) that are available in the culture into which the child is born. Language is such a distinctive tool system and its signs restructure the whole psychological process. The mind reaches its potential realization in social contexts and these contexts are crucial to the processes that lead to such a potential. This is clearly inconsistent with the progressivists' view of recapitulation where education should be a repetition of civilization in little. What exactly is to be recapitulated is far from clear, given that the student also needs to learn things of the current culture in order to become a useful individual to the society.

Literacy involves a complex set of abilities to understand and use the symbols of a culture for both personal and community development. With literacy we begin to focus on what we call reality, and to engage the students toward that reality we cannot only begin with what they already know, with what is familiar in their environment, but also with what is unknown, what is engaging and deals with some extreme situations of this unknown, or what is imaginable. The student has an imagination and we need to tap into it to keep him engaged. Information can become engaging if it can be given a 'human interest' angle; if human emotions, hopes, or fears can be structured into the story itself. Knowledge is in our minds and the task of education is to convert or transmute the symbolic codes of books and other media into the students' minds. Knowledge, according to Vygotsky, serves two purposes: To mediate human activity and mediate the development of higher psychological processes by acquiring the potential understanding at every step of students' development.[74] Vygotsky is the foremost promoter of the concept that a close connection of imagination with thinking in concepts during adolescence fulfills the same function that an artistic work fulfills for the adult. Both the child and the artist associate the virtues of the imagination and thus feel more confident, self-reliant, powerful, or whatever transcendent quality this imagination embodies.[75] Literacy develops certain characteristic ways or tools of engaging and being engaged by the world of experience, in a similar way that the tools of labor act on external objects to shape and produce new products for the society.

An effective image is crucial in communication and thus in education. 'The images that seem to have most power are those we generate ourselves from words',[76] and when they are produced we can grasp a variety of subjects ranging from mathematics, to physics, to history, and so on. Concepts and images are inseparable, Vygotsky warns us. 'A real concept is an image of an objective thing and its complexity. Only when we recognize the thing in all its connection and relation, only when this diversity is synthesized in a word, in an integral image through the multitude of determinations, do we develop a concept'.[77]

2.4.4. Primary school education

Teaching elementary or primary school children can be accomplished by employing the characteristics of mythic understanding. As we noted earlier, these characteristics include binary opposites, images generated from words, metaphors, rhythms, and so on. Any story that includes these elements taps into the cognitive capacity of young children and is able to connect this capacity with the external world. Many stories from different cultures, some fantastic and some accurate, refer to the past and help to acquire past cultural heritage and introduce the children toward more advanced forms of romantic, philosophic, and ironic understanding. These two principles should be built into the curriculum for young children.[78]

Stories of the past can include the struggle of life against extinction, which brings about history of our species, geography of our continents, plate tectonics of Earth, biodiversity of our planet, evolution of life on Earth, etc. Other stories can include history with struggles between good and evil (Greek democracy against Persian despotism), dangerous against benign nature (fuming hot and desolate mountain versus cold, green, and full of life forest and sea), small and large versus young and old (as in grouping children and adults), slavery and freedom (Spartacus against Roman tyranny, Gandhi against British occupation). What is essential is that the stories make sense of the world and of the society into which the children are growing. History is a major tool for making experiences with our changing world.

Another and closely related tool is language and literature. These can be developed by building into the curriculum stories of great mythical and religions significance, such as the creation myths of Mesopotamian, Greek, Christian, and Mesoamerican civilizations, or the founding of Rome by the Trojan prince Aeneas and the twins Romulus and Remus. Each culture has its own stories and the most engaging are those that are told and not read. From creation myths one can be introduced to astronomy, agriculture, religion, and science. When to plant and when to harvest requires an understanding of the relation between Earth, Moon, and Sun.[79] How to conduct the exchange of goods requires record keeping and basic algebraic operations, and how to construct the Egyptian pyramids requires geometric principles. Slowly but surely the children can be led into our cultural heritage and begin exploring its limits, its aspirations, its extremities, its boundaries.

Taping into the imaginative ability of the young enlarges their intellectual engagement that is necessary for rational ordering of things. Our biology has equipped us with a high production rate of neurons during the early childhood and thus learning becomes largely effortless during these years. Soon our neuron production rate levels off and we settle into a more laborious and slower learning process. It is thus important to take advantage of our biological gift and instead of conforming the children to the rigidity of such disciplines as science, literature, or music, we should seek instead an accommodation between the nature and these disciplines and those intellectual tools within the children that are made accessible through mythic understanding.

2.4.5. Intermediate school education

The children of this age group readily associate the characteristics of romantic understanding. These characteristics are extremes of experiences, limits of existence of natural processes, and heroic qualities of individuals. Due to the pressure placed upon the society on the children of this age group, these children readily associate with those qualities that are exhibited by the heroes who are able to confront this pressure. The achievements of these heroes can manifest themselves in wars, explorations, science, sports, cinema, history, and so on. Another characteristic of romantic understanding is the children's fascination with hobbies, collecting, organizing, classifying, or grouping. Our cultures are filled with imaginary and real heroes and stories and poetry that can stimulate the children without necessarily producing in them a disciplined understanding that is required for mature development.

A school curriculum for this age group should, therefore, provide opportunities for exhaustive explorations in whatever subject is being studied. Short- and long-term projects involving one or more children can focus on key historical battles, voyages of discovery, biodiversity in ecosystems, man-made pollution as a cause of climate change, man's confrontation with volcanoes and other natural phenomena, etc. The teacher can ask the students to exemplify particular transcendent human qualities in the worlds of cinema, sports, history, and science. Whatever produces wonder and awe, odd and strange, dangerous and mighty, courageous and brave, rich and arrogant, or poor and exploited is a legitimate topic of study and will resonate with the children's cognitive system.

The study of a particular discipline such as science should be approached from the human side by introducing the individual and how he or she struggled to conduct an experiment or piece together disparate facts into unifying wholes that we call theories and natural laws. The struggle to break away from the Aristotelian–Ptolemaic or geocentric worldview and into the Copernican or heliocentric view is a fascinating story of wrong turns and confrontation with Christianity as exemplified by Galileo. And so is the search for objective reality through Pythagoras, Descartes, Newton, Einstein, Bohr, Heisenberg, and many others who have led the way into our modern world of automobiles, computers, satellites, cell phones, and so on. Behind every scientific discovery is a great human drama which is all too often relinquished in favor of the end result or product of scientific investigation. The teachers of intermediate schools have a tremendous opportunity to elaborate the human dimensions of scientific discoveries; to take advantage of scientists' dramas and aid the students in understanding the end results of scientific investigations in later years of their development.

Other subjects, such as literature, rhetoric, and languages, must also enter prominently into the curriculum. Literature involves strong and clear narratives, and rhetoric is an art of using language to influence the emotions of men. There is no better way of becoming aware of the language than reading serious literature and in the process struggling with new words. This requires discipline on the part of the student and can be introduced into the curriculum during frequent periods of romantic diversions. The romantic learning discipline is a pressure which ensures a transition to philosophic understanding, but, unfortunately, many of our schools are not able to produce such a transition because they insist on producing students with procedural skills, instead with knowledge. '[T]he mind and the imagination cannot do anything with knowledge that is in the library; they require knowledge to be in the memory. ... Romantic understanding can give shape to the intermediate curriculum and offer the students a world that is rich, complex, varied, and as intense and vivid as their own emotional lives'.[80]

2.4.6. Secondary school education

Philosophic understanding requires that the students grasp the significance of abstract ideas, but for many this is a problem and unnecessary skill to acquire for everyday practical life; they argue that there is no necessity to 'live in the clouds' but down on Earth. This is a dangerous misconception, because the lack of philosophic understanding leaves the individual vulnerable to simplistic ideas, and if such individuals acquire the power of public office their lack of education prevents them from making sound judgments of worthy projects for their constituencies. Both Dewey and Egan stress that education for democratic citizenship must involve more than vocational preparation, because education is not simply preparing for jobs but serving and behaving as conscious members of human race. Most individuals graduating from secondary schools lack this philosophic understanding, either because they never fully acquired the romantic cognitive tool kit or failed to acquire the philosophic one.

An abstract or philosophic thinking requires that the students assimilate the general laws of social and natural phenomena. While language and literature focus on the development of vocabulary and ideas in the form of philosophic language, the history needs to focus on increasingly particular topics in order to challenge the students and invite them to undermine general schemes. Science is the 'natural' subject of philosophy, and what the science curriculum and teaching must do is to explain why certain objects and processes are behaving as they do and what are the underlying natural laws that explain this behavior. This is perhaps too much to expect from all secondary school students, but if they fully acquired the romantic notions of scientific discoveries through the discoverers themselves, many will not have much difficulty with the following step of understanding what exactly these discoverers discovered and in what way their discoveries are important for social and technological progress. Of particular importance in this learning process is to understand that apparently disjoint scientific discoveries often combine to produce principles, theories, and laws of general validity. As an example, the teacher can explain how Albert Einstein (1879–1955) was led to the special theory of relativity by Michelson–Morley's experiment that the velocity of light is the same regardless of the direction of Earth's motion. Another example is Alfred Wegener's (1880–1930) hypothesis of continental drift which was not accepted by the scientists for 40 years, until new data from ocean floor studies became available to support it. Useful scientific theories come through connections and often produce unexpected consequences, like pieces of a jigsaw puzzle eventually coming all together.

In a philosophic-structured secondary school curriculum, the teacher should introduce to the students key social and scientific principles which form the foundation of our modern culture. He can motivate his presentations from historical perspectives or from cultural products themselves. The teacher should also challenge the students with ideas and concepts that are totally unfamiliar to them in order to focus on their 'zone of proximal development', or engage the students in intellectual activities to the maximum of their potential.

2.5. TEACHING VESUVIUS IN SCHOOLS

In this section, we will elaborate on how to apply the educational ideas and cognitive tools to teaching Vesuvius and its surroundings. In the socializing method, the role of the teacher is to guide the students into values, skills, and knowledge of good citizens of the society. In the Platonic method, the teacher is an authority in some area and his function is to instruct and inspire students to achieve intellectual mastery of the subject being taught. In the Rousseauian method, the teacher's primary responsibility is to support each student's individual development. These three approaches weight differently in practice, depending on whether primary, intermediate, or secondary school students are being educated.

The key to education depends how effectively we accumulate the external cultural symbols as a kind of tool kit for the brain, or, according to Vygotsky, how effectively these tools in combination with imagination program our brains and produce minds with unsuspected possibilities. Our brains in effect become transformed by the cognitive tools of the external culture and it is the teacher's responsibility to develop this transformation as far as possible.

An educational strategy applied to Vesuvius should be regarded as a process whose focus of interest and intellectual engagement begins with a myth-like construction of the volcano, then romantically establishing the boundaries and extent of reality about the volcano and its surroundings, and finally philosophically mapping the major features of the Vesuvius problem through interdisciplinary integration. We discuss below how these cognitive tools can be used to produce effective learning of students about Vesuvius and its surroundings.[81]

2.5.1. Teaching primary school children

2.5.1.1. Methodology

The mind of an infant has the beginning of mimetic understanding which has been acquired over several million years of Homo's evolutionary process and this capacity remains throughout the adult life as a sort of tool for survival. The infant begins to assimilate the environment around him through his body, hands, eyes, and ears, and it is through these qualities that his mimetic capacity keeps increasing. This capacity peaks, however, between about 2 and 4 years when the brain cell division peaks[82] and when the mimetic understanding begins to cede to mythic developments through the acquisition of language. The oral language becomes the principal means of knowledge acquisition and the teacher should use the appropriate methods or tools of this language.

Engaging the student's imagination is crucial to successive learning and the content of the story is one of the most powerful cognitive tools that we have to shape his emotional involvement. Stories can shape both real world and fictional content and should include binary opposites, rhythm, rhyme, metaphor, image, and other tools of mythic understanding. The value of the story is its power to engage the student's emotions to people, things, and events, and it is through such emotions that the individual internalizes the external culture and externalizes his imagination.

We will present below a mythic planning approach for dealing with Vesuvius, but the ideas are applicable to any topic and situation for use by the teachers when educating the children between about 4- and 8-year old. This procedure includes identification of what is important and engaging of the subject, finding binary opposites and other tools of mythic understanding to capture the affective importance of the topic, organizing content into a story, evaluation for evidence of understanding of the topic, and some examples of the procedure.

A. Identifying importance of topic

What is emotionally engaging about Vesuvius and how it evokes wonder?

The first task of the teacher is to identify what are the important features about Vesuvius by employing his or her emotional attachment to the volcano. This can be a sense of wonder, fear, desperation, or other qualities; anything that will bring about some emotional response. If the teacher is not used to think in these terms, this approach will produce some difficulty and will require practicing.

First of all, Vesuvius is a mountain that is different from other environments (sea and open fields) and from other mountains, as one can see from the school's playground or when walking to school.[83] Vesuvius is different from other mountains because of its shape and what is inside it. The teacher should explore different shapes with models (cubes, balls, cones, pyramids) and come to the conclusion that this mountain has the form of a cone. As to what is inside this mountain (we don't know yet that it is a volcano) the teacher can first explain something about the rocks (Earth's crust and mountains are made of rocks) and their differences (igneous and metamorphic), and what is very important the concept of heat. The children should understand this concept (Example 1 below) before being introduced to Vesuvius. Vesuvius is about 1100 m high, which is the length of about 1000 small children when holding their hands in stretched positions. Its most important characteristic is that it can emit very hot rocks and gas and that these can put the people in danger. When these rocks come out from Vesuvius people may have to escape from their homes and can return only when it is safe again. Sometimes the people's houses are destroyed and they have to be rebuilt. Another of Vesuvius' characteristics is that it has little vegetation and few animals on its upper slopes, because there one cannot live, plant flowers, or grow plants. Only its lower slopes contain fertile soil that is rich in minerals and thus suitable for growing grapes, lemons, oranges, and plenty of vegetables. The fertility of the land surrounding Vesuvius and good climate close to the sea are the principal reasons why the ancient Greeks settled into this area and decided to stay around and build beautiful cities like Ercolano, Pompei, and Stabia.[84]

B. Finding affective ingredients of story

How to shape the content for emotional meaning and engage imagination?

A good story, whether real world or fictional, has drama and affects people's emotions. In the case of Vesuvius, we need to capture the emotions in a story with mythic cognitive tools of binary opposites, rhythm, or other tools noted earlier. Some of these elements are large/small (the mountain is at least 1000 times higher than an average student in the class); hot/cold (inside Vesuvius there are very hot rocks which one cannot touch without suffering pain and gas that one cannot breathe); dangerous/benign (when hot rocks in the form of a river come out from Vesuvius they can put people, animals, and property in jeopardy and one must follow instructions from teachers or parents what to do to avoid the danger); noisy/tranquil (Vesuvius makes noise and shakes the ground, like being in a boat on a stormy sea, before emitting molten rocks and gas); good/bad (the mountain produces bad land when it erupts ash and hot molten rocks and gas, but as these materials cool they produce a soil that is rich in minerals and suitable for planting fruits and vegetables).

The teacher can ask the students to describe what kind of images these tools evoke. Images play a crucial role in memorization and are used in ancient and modern myths to stimulate psychological effects.

C. Organizing content into story

How to tell a story with content?

The story must be a narrative that begins with a problem or conflict, is elaborated in the middle, and is concluded with some resolution of the problem.

It must also be self-contained as much as possible and end before the teacher dismisses the students. As examples, we can build stories how Vesuvius buried Pompeii and Herculaneum in 79 A.D., Torre del Greco in 1794, or San Giuseppe Vesuviano in 1944. In these stories we have the drama of destruction by natural forces, flights of people to escape from dangerous rivers of red-hot rocks, struggles of people to cope with the consequences of eruptions, an uneasy cohabitation of people with the volcano, and so on. For preschoolers, we can even think of fictional stories of how a mean prince residing on the mountain doesn't like the peace loving and good people below the mountain and from time to time expresses his anger by sending down the hill red-hot rocks and gas to scare the inhabitants. This anger can also be earthquakes, ash fall from the sky, or large waves on the sea that destroy boats. The flights of people can involve gathering family members, following instructions of parents and teachers, looking at different ways to escape from the danger (land or sea, on foot or with a car), and so on. As to the consequences of eruptions, we can build stories how one can protect oneself from lava or molten rocks coming down from the mountain or ash falling from the sky.

In the story telling, we should not include everything of relevance to the topic, but only that relevance that is determined by the cognitive tools of binary opposites, rhythm, rhyme, metaphor, images, or fantasy that is affective for the topic. Teachers can take the students to museums, volcanological observatory to look at different types of rocks and become familiar with instruments that measure ground motions, make the students collect objects and articles pertaining to Vesuvius, etc. The key to children's learning about the volcano is to develop stories in terms of the tools that mitigate mythic understanding.

D. Conclusion of story

How to end the story and resolve the problem or conflict?

The best way to conclude the story is to resolve the problem or conflict using the cognitive tools of mythic understanding and reveal from the story some deeper meaning which can be investigated in future stories. Binary opposites are central to the story and most important tool which allows the children to grasp the world around them. One can avoid the danger from Vesuvius when the ground shakes by hiding under the desk in the class, or when instructed by teachers run into empty spaces of school's playground. The teacher can ask the students to imagine different ways of protecting themselves when the ash falls from the sky (covering heads with pillows and mouths with wet towels). It is important that the story ends positively, that the menace from the volcano can be managed if one takes precautions and exercises prudence.[85] After all, haven't people around Vesuvius survived this menace for over 3000 years?

The students can be asked to produce sketches and models of the story. Building models of Vesuvius is a common occurrence of preschoolers and elementary school children and they are often exaggerated, which is a sign of difficulty in representing reality. Drawings and models are good ways to conclude the topic, as these can be exhibited in the school and used in competitions and external exhibitions. These and other explorations of the story and model building can introduce children to the unfamiliar world of natural phenomena and social structures and their organizations.

E. Evaluation for evidence of understanding

How to evaluate whether the topic has been understood and content learned?

One can do this by developing a checklist that records students' span of attention, intensity of involvement, deepness of understanding, ability to cooperate in group projects, and so on. The teacher can also engage the parents in mythic understanding. This may involve stories from social and material worlds, fictional stories, bedtime stories, or stories that develop images from words. Illustrated storybooks and television are not always effective in developing the children's imaginative capacity.[86]

2.5.1.2. Example 1: Heat

A. Importance of heat

Heat is important in everyday life, but it can be also very dangerous. One feels wonderfully in the summer when eating ice cream because it contains little amount of heat, and eating soup in the winter because it contains a great amount of it. One goes swimming in the summer and not in the winter because the water contains more heat in the summer than in the winter. Heat is helpful to keep us warm in the winter and for cooking food every day, but it is also dangerous when it is in the fire and when it comes down from Vesuvius in the form of a red river.

B. Affective qualities of heat

Heat has binary opposites of hot/cold and helpful/destructive. One's body is hotter than ice and colder than fire, or something is very hot or very cold when one feels pain by touching it. Today one can touch the rocks of Vesuvius without feeling pain, but when they come down the mountain in the form of a red river they are very hot and are as painful as fire on the stove or boiling water. When something is very cold it is as cold as ice cubes from the refrigerator. Heat can be helpful when used for warming ourselves and for cooking food, and dangerous when there is too much of it or when we feel pain from it.

Heat in the form of fire in Greek and Roman mythologies project vivid images and metaphors: Prometheus stealing fire from the Gods and giving it to humans and for this being punished by Zeus, Phaethon failing to drive Apolo's fiery chariot across the sky, Hephaistos the Greek (Vulcan the Roman) God of Fire using the fire in volcanoes to produce armor and weapons for men.

C. Story of fire

A story of fire based on the Greek mythology[87] can go like this.

Long before the Gods appeared there was darkness and death, and from this Love was born. Love created Light and Day and from them Earth and Heaven were born. Earth and Heaven gave birth to many monsters who had overwhelming strength of earthquakes and volcanoes; they were bad and ugly and mean and menacing. From the God Cronus (Saturn) in the Heaven Zeus (Jupiter) was born, and he with hundred-headed monsters fighting with thunder, lighting, and earthquakes, and with the help of God Prometheus, managed to conquer other Gods in the Heaven and become the supreme ruler of all other Gods.

The world was now ready for men and Prometheus created people and made them better than the animals. He then went to the Heaven, to the Sun, where he lit a torch and brought fire down to the men on Earth to protect themselves from wild animals, for keeping them warm, and for cooking food. In his anger at Prometheus for giving fire and heat to men, Zeus created a sweet and lovely thing to look at, a wonder to behold, a great beauty called Pandora (the gift of all) from whom women came about on Earth for punishing men. Zeus now turned his anger at Prometheus by torturing him, but he could not be broken from the cruelty of the God of Heaven. Eventually Zeus gave up on his anger and Prometheus, the giver of fire to men and women, was freed. The people kept their fire and lived happily ever after.

D. Conclusion of story

The story of Prometheus, the giver of fire and heat to the people on Earth, ends with the good and generous winning over the bad and mean Zeus, and with the people keeping the gift and living happily ever after.

At this point the children can be asked to list the ways in which the heat helps their lives and in what ways this may be harmful to them. They can also be asked to produce drawings of Prometheus lighting his torch and giving fire to men, or by being punished by the mean Zeus. The idea is to develop the students' imaginations and imprint upon their minds the concept of heat and fire. The children can also be introduced to the thermometer as an instrument which measures heat in the form of temperature, and shown how to use this instrument to determine how much heat they have. With the concept of heat grasped, the children can now be introduced to the danger posed by the heat from Vesuvius.

E. Evaluation for evidence of understanding

The teacher needs to know what the children have learned. This can be achieved through questioning of story's content and other related situations of heat and fire, evaluation of drawings and models, listing of three important things from their lives where heat has affected them the most, etc.

2.5.1.3. Example 2: Scuola Materna IV Circolo and Scuola Materna L. Bertelli, Portici

Annamaria and Rosaria Trotta are the schoolteachers in Portici and together with their colleagues are already preparing 3- to 6-year-old children for their responsibilities of self-confidence, authority, and initiative. The children are guided to form an imagination of the territory and thus understand some aspects of the volcano by exploring the fragility and relationship between man and nature. The teachers' principle objective is to explore, discover, and systematize the children's knowledge of the Vesuvius area.[88] An example of their method is as follows.

A. Importance and qualities of Vesuvius

The children are guided in discovering and learning the important differences between the mountainous and marine environments, and in particular about the differences between Vesuvius and other mountains.

B. Identifying stories

The children are encouraged to produce their own stories and experiences about their nearby mountain (Vesuvius) by searching magazines, newspapers, and encyclopedias, and by asking questions of the characteristics of their territory. This includes exploring the mountain from the school's playground, taking walks with teachers and parents, discovering different types of rocks, and cataloging flora and fauna living on the slopes of the volcano. The teachers prepare rough sketches of the environment and ask the children to complete them with details and produce their own designs based on their experiences and imaginations.

C. Concluding stories

Stories are concluded with drawings and models of Vesuvius and its environment, with some of these works being illustrated in Fig. 2.3. The children are also encouraged to participate at expositions, such as the one shown in the figure.[89]

D. Evaluation for evidence of understanding

The evaluation consists of closely monitoring students during the project, making the children imagine and list different characteristics of Vesuvius and its surroundings, and evaluating their drawings and models for imagination and ability to model the territory.

2.5.2. Teaching intermediate school children

2.5.2.1. Methodology

Teaching students from about 8- to 15-year old can be stimulated with the cognitive tools of romantic understanding. We recall that the characteristics of this understanding include fascination with the limits and extremes of experience and with exotic and strange features of reality. The students from this age group associate with an alien reality; with the ideas, things, people, or some other qualities that transcend their daily lives. Once the students become fluent in reading and writing they begin using literacy to stimulate a new conception of reality where someone or something seems able to overcome the threats posed by their everyday life. It is easier for these students to feel the emotion of wonder than face the features of natural world. This is an important tool that the teacher can use to stimulate the imagination; to locate something wonderful in everything that he teaches. We mentioned earlier Herodotos and pointed out that his stories are full of romantic movements.

Knowledge is the product of human beings with their emotions, passions, hopes, and fears. Routine activity stifles the imagination and the more often the teacher changes the context the more effective learning becomes. This can be achieved by making both the teacher and students the participants in the events being studied, by interrupting class lectures through field trips and visits to museums, or by assigning individual and group projects. Preparing and organizing lists of objects, classifying according to different criteria, or flowcharting the process or sequence of events, brings about the acquisition of new cognitive tool kits and knowledge into the minds.

Fig. 2.3. Drawings of Vesuvius and its environment produced by the preschool children of Scuola Materna L. Bertelli in Portici. From students' exhibition at Museo Nazionale Ferroviario di Pietrarsa, 16 December 1996, Portici. Colour version (see colour plate section in the Prelims).

A. Identifying transcendent qualities

What transcendent human qualities are central to the topic and what emotion and wonder do they evoke?

Teachers can begin planning a topic on Vesuvius by first identifying for themselves their emotional attachment to it. The qualities of this topic can be wonder, courage, fear, hope, resignation, etc. Anything that humanizes the topic shows the world in human terms and gives human meaning to events. Identifying the transcendent qualities in the topic is key for the successive stage of story planning. As an aid, the following is a brief summary of these qualities.

Vesuvius produces an amazing variety of eruptions[90], from rather benign lava flows, from which one can escape, to the very dangerous pyroclastic flows from which there is no escape if caught on their paths. When the volcano produces a plinian column, or an umbrella-like cloud, ash and ash-soaked rain fall from the sky and one can protect oneself by covering the head and mouth. When this column collapses, however, the hot gas and ash travel at an enormous speed of over 150 km/h along the ground and there is little chance to escape from this wave of doom. Due to this danger the people around Vesuvius are fearful that the authorities will not provide them with enough time to escape and have begun their own efforts in preventing this situation from happening. It takes an enormous courage to live around the volcano because of its potential for destruction. This can be seen by visiting the ruins of the ancient cities of Pompeii and Herculaneum which on 24 and 25 August in 79 A.D. were buried in some places with more than 10 m of pyroclastic debris. And what is really amazing is that most of the people were able to escape from their homes, before their cities were completely destroyed from falling ash and ground-hugging pyroclastic flows. A similar event occurring today would be much more disastrous because of many more people living around the volcano.

As the commander of the Roman fleet stationed in Miseno, Pliny displayed an uncommon courage and curiosity during the eruption of 79 A.D. by personally trying to help the people in danger. He took a boat and his men and sailed toward Vesuvius, but once there he could not escape anymore and died from asphyxiation. A similar courage was also displayed by the English Ambassador Hamilton who at the turn of the eighteenth century was so fascinated with the volcano that he often risked his life to understand the strombolian and lava flow activities very close and without any protection. On few occasions he barely escaped with his life from the fury of Vesuvius. The great German novelist and man of letters Goethe also displayed a great curiosity by observing the eruptions very closely. Through his diaries, many Europeans learned about his amazing and breathtaking experiences in the Vesuvius area.

In the 1800s, Vesuvius was a target of European nobles and naturalists who experienced the volcano up close and personally and contributed to the Age of Enlightenment. The twisting and amazing stories leading to the rediscoveries of the buried cities of Pompeii and Herculaneum[48] during this century are dramatically engaging and brought about the new sciences of volcanology and archeology, and opening of the first volcanological observatory in the world in 1847.[91]

When Vesuvius erupts people often call upon San Gennaro[4] for some of his miracles, and it is incredible that even today many people still believe that this saint will save them from the volcano. Christianity is deeply rooted with the Neapolitans and represents an unmatchable hope for most people around Vesuvius. San Gennaro is the ultimate savior and it is unfortunate that at this time he is the best hope of protecting Vesuvians from future eruptions!

Villa of the Mysteries outside of the Herculaneum Gate at Pompeii (this gate connected the city with Herculaneum) contains an intriguing set of frescoes. These frescoes depict women engaged in activities that suggest their initiation into the mysteries of the cult of Dionysus (Greek) or Bacchus (Roman) in preparing for marriage.[92] The worship of Bacchus (the God of Fertility) is shrouded in secrecy, and the placement of the villa on the outside of city walls of Pompeii may had been intentional for the purpose of worshiping cults that were not approved by Rome. And speaking of Bacchus, we should not forget Martialis' famous epigram[93] on the eruption of 79 A.D.

Hic est pampineis viridis modo Vesbius umbris,
presserat hic madidos nobilis uva lacus:
hac iuga, quam Nysae colles plus Bacchus amavit,
hoc super Satyri monte dedere choros.
Haec Veneris sedes, Lacedaemone gratior illi,
hic locus Herculeo nomine clarus erat.
Cuncta iacent flammis et tristi mersa favilla:
nec superi vellent hoc licuisse sibi.

B. Organizing the topic into a narrative

What aspect of the topic embraces the transcendent qualities, how to organize the material into a story, what parts of the story illustrate human emotions, how to add content to the story?

We can associate transcendent qualities to Pliny the Elder aiding people in danger, Hamilton studying volcano up close and personal, people living too close to the cone of Vesuvius, great eruptions destroying the territory, courage of people to rebuild after eruptions, Bourbon leaders for making the volcano a center of cultural activity, or even to San Gennaro's capacity to mitigate the eruptions. Each of these topics has a rich cultural background from which the students can learn history, art, literature, and science. Some of these topics are elaborated in Notes 4 and 48, and in Example 1 below we will build a story around Pliny the Elder who is the first great personality that confronted Vesuvius and died in the process. This immortalized hero can lead us into the historians, politicians, and grand orators of the Roman Empire, earth science, and medieval Aristotelian dogma as perpetrated by Pliny's *Natural History*. The students can be made to investigate numerous personalities and events associated with our character and thus explore the limits of reality.

The narrative must have the beginning, a middle, and the end, with the principal characters providing drama and conflict. While it is easy to assign topics to the students, it is difficult to make them elaborate these topics without providing guidance on literature search, taking notes while studying, and modes of collaboration. This is where the teacher must step in and make aware the students about the connections between personalities and events and things seen from different perspectives. Through their work the students must feel that they exhausted the topic, that they became the authority on the subject, and that the world is understandable and not limitless.

C. Conclusion of the story

How to end the story and make the students satisfied with the wonder of the topic?

The story cannot just end; it must resolve some conflict and bring about the heroic or contrasting qualities of its protagonists. It must also make the students understand how through romantic association with the topic they can understand other topics, how the topic leads to higher levels of philosophic and ironic understandings where the limiting and limitless are replaced with the more objective notions of reality.

D. Evaluation for evidence of understanding
How to determine whether the contents of the topic have been learned and stimulated the students' imagination to confront other topics?

Teachers should determine to what extent the topic engaged the students' imagination. They also need to determine to what extent the students can use the knowledge of the topic in other contexts. For this purpose, the students can be questioned on the heroic qualities of protagonists, their ethical and moral standards, historical consequences, or scientific implications. It is important to determine how far the students have progressed in confronting the reality and ability for engagement beyond the classroom lectures and assignments. This can be accomplished through term papers, classroom discussions and presentations, field trips, and participations at competitions and expositions.

The parents can also be encouraged to develop romantic understanding of their children through reading and family discussions, support hobbies of collecting, sorting, and cataloging of a variety of things, from plants and animals to coins, stamps, Vesuvius paraphernalia, and so on.

2.5.2.2. Example 1: Pliny the Elder and the eruption of Vesuvius in 79 A.D.

A. Identifying heroic qualities

Pliny the Elder[94] is our heroic hero of the eruption of Vesuvius in 79 A.D. At the time of the eruption on 24 August he was stationed in nearby Misenum as the commander of one of the two Roman fleets. Staying with him was his sister Plinia and her 17-year-old son Pliny the Younger. These two Plinyes will be forever attached to this eruption: Pliny the Elder because he performed a daring rescue during the eruption and died in the process, and Pliny the Younger who immortalized his uncle by describing his death in the midst of the erupting volcano.

We can associate with Pliny the Elder the transcendent qualities of extreme natural curiosity and daringness to attempt a rescue in the midst of an erupting volcano. The natural environment provides another quality which affected thousands of people in the surrounding towns. The eruption entered into the annals of science as the first ever documented event of unprecedented proportions, and the towns buried by this eruption have provided the modern times a unique opportunity to understand an ancient culture. And there is Pliny the Younger too without whom we would not know many details of this unique event in the human history. A good story should be built on these qualities, with adequate provision of content to engage students' imaginations and make them understand the destructive power of their volcano.

B. The eruption of Vesuvius in 79 A.D.

It would be foolish to speak of our hero Pliny the Elder without understanding something about the social environment where he lived and worked and the legacy that he left behind after his death. He was born into the age of troubled Roman emperors Caligula, Claudius, and Nero, and died at the beginning of *pax romana*, or 'period of Roman history in which the happiness of a great people was the sole object of government',[95] of the emperors Vespasian, Hadrian, Antoninus Pius, and Marcus Aurelius. The Empire stretched from Britain on the north, to Spain on the west, to North Africa on the south, and Middle East and Black Sea on the east. It was a time when the Empire flourished on the slave method of production (80% of people were slaves), efficient political institutions, and brutal suppression of opposition. Latin was the language of law, administration, and business, and Greek was the language of science and philosophy. Every educated Roman had to know these languages and study rhetoric or public speaking, good manners, and general knowledge. In his *Natural History*, Pliny quotes many more Greek than Roman authors, and even if he lived in the Roman world his intellectual curiosity was shaped by the Greeks. For centuries afterwards, his encyclopedia had a tremendous influence on European scholars and it required the Scientific Revolution to break this influence.

And so by 79 A.D. Pliny had already earned a place in history without Vesuvius. But Vesuvius would be his tomb and make him immortal: He would rise from a scholar, procurator, and prefect to a hero of the most devastating and famous eruption of all time. This stage was also set by the environment around the volcano: A prosperous business town of Pompeii to the southeast and a resort town for the rich and famous of Herculaneum to the southwest of Vesuvius. These were the towns where the Greek immigrants settled after arriving into the area in the nineth century B.C.

The Greeks came from the island of Euboea and arrived at Ischia (Pithecusa, in Greek). By the sixth century B.C. they settled in Cuma (Kyme, in Greek) on the western shores of the Phlegraean Fields and Partenope on the small island of Megaride in the Bay of Naples[96] where today is situated Castel del'Ovo (castle built in the eleventh century by the Normans). The Greeks readily adapted to their new land that guaranteed abundant food supply, mild climate, strategic location, and a port of call for many Mediterranean travelers. They abandoned the desire for war and dedicated more time to leisure, music, art, dreaming, and amorous pursuits. And it was only in 474 B.C., when the Etruscans attacked Cuma, but did not succeed because the Cumaeans received help from Syracusans, that the Greeks began constructing a new fortified town on the mainland, a short distance from Partenope and at the site of today's historic center of Naples. They named this new place Neapolis (new city, in Greek) to distinguish it from Palepolis (old city, in Greek) or Partenope. Early Neapolis was not like a Greek *polis* (city state), but rather like a commercial community governed by aristocrats and people organized into political and religious organizations. Here the Greeks attempted to ignore the war-like Samnites of Campanian mountains who searched for an outlet to the sea and Romans who wanted to extend their hegemony in the south. In 421 B.C. the inland Samnites conquered Cuma and expelled its inhabitants who took refuge behind the walls of Neapolis. In 328 B.C. the Neapolitans rejected a peace treaty with the Romans, but 2 years later were forced to accept a confederation with them without losing any of the prerogatives, institutions, culture, language, or even the right to coin currency.[97]

Pompeii was founded in the eighth century B.C. on the commercial crossroads of Cuma, Naples, Nola, and Stabia, about 30 m above the sea on an ancient lava flow promontory and at a short distance from the mouth of the river Sarno (Sarnus) and the sea. Initially the city was populated by the Campanian Oscans who also gave it its name. Very little is known of these people and it was the colonizing Greeks who were the first to capture Pompeii and use it as a strategic trading post with Cuma, Pozzuoli (Puteoli), Naples, and Nocera. This success aroused the jealousy of Etruscans on the north who occupied it in the seventh century B.C., until they lost the war with Cumaeans a century later and the town passed under the Greek domination. But this would not last for very long as the Samnites from the Campanian mountains began conquering most of the territory on the plain (except Neapolis) and Pompeii passed under their jurisdiction, although it continued to remain strongly influenced by the Greeks. At this time Pompeii also began to be fortified, and after the Samnite Wars (343–290 B.C.) the Romans became the new masters of the entire Campanian region. Pompeii was also faithful to Rome during the Punic Wars, and during the second century B.C. experienced rapid growth from the trade with towns surrounding Sarno River and those of Campanian hinterland. It was also during this period that Pompeii experienced a strong influx of Roman imperial families and the city became an important commercial center and a vital port in the Vesuvius area.[98] In 90 B.C., Social War broke out between Rome and her allies that sought privileges of Roman citizenship, but Pompeii made peace and saved herself from siege engines and devastation from the Roman general Sulla. Pompeii (as well as other revolting towns) got these privileges anyway and by adopting many of the Roman customs became a very prosperous city of some 20 000 inhabitants by the first century of common era.[99]

Herculaneum was first populated by Oscans and then suffered similar colonizations (by Greeks, Etruscans, Samnites, Romans) as her sister city Pompeii.[100] By the end of the Roman Republic with the dictator Julius Caesar coming to power, Herculaneum became a fashionable resort and a playing ground for rich patrician families, such as Nonius Balbus, one-time governor of Crete and Lybia, and Calpurnius Caesonius Piso, Julius Caesar's father-in-law who built the sumptuous Villa of the Papyri at the western outskirts of Herculaneum. The Romans soon adopted many Greek customs and even Greek as their second language, and nobody paid any attention to Siculo, Strabo, Vitruvius, or the nearby smoking caverns and geysers of steam and water of Phlegraean Fields where the Romans built luxury baths (at Baiae). Herculaneum was built on a lava flow promontory, 20–30 m above the sea level and commanded a splendid view and soothing breezes. It was a paradise within a paradise. And what could go wrong, considering that nobody had any living memory of any great danger lying around?

It started on 5 February 62 A.D. when a severe earthquake of grade 9 on the Mercalli scale severely damaged Pompeii and caused many casualties.[101] The earthquake also produced a severe fire in the city and many inhabitants were dismayed and shocked. Herculaneum and Nuceria (Nocera) also suffered considerable damage. The neighboring city of Naples was also affected, and as the Roman essayist Seneca (4? B.C. – 65 A.D.) informs us this and subsequent earthquakes in the Vesuvius area caused a massive emigration of many without returning to Campania. Seneca also notes that these earthquakes had devastating effects on some people ('some lost their minds') and on animals ('a flock of 600 sheep perished').[102] The archeological evidence in Pompeii also attests to the earthquakes before and after 62 A.D., but by 79 A.D. the inhabitants apparently became used to them and life returned to 'normal' as the people tried to rebuild the damaged city.[103] But on 24 August the peace and serenity exploded catastrophically, and so the day of infamy began.

This is vividly described by Pliny the Younger in two letters to the Roman historian Cornelius Tacitus (55–120),[104] some 17 years after the eruption. The first letter describes the glorious death of his uncle Pliny the Elder. The second letter describes the consequences of the eruption on him, his family and citizens of Miseno, and the fear and escape from this town some 30 km away from Vesuvius.[105] Pliny tells us:

'My uncle was stationed at Misenum, in active command of the fleet. On 24 August, in the early afternoon,[106] my mother drew his attention to a cloud of unusual size and appearance. He had been out in the sun, had taken a cold bath, and lunched while lying down, and was then working at his books. He called for his shoes and climbed up to a place which would give him the best view of the phenomenon. It was not clear at that distance from which mountain the cloud was rising (it was afterwards known to be Vesuvius); its general appearance can best be expressed as being like an umbrella pine, for it rose to a great height on a sort of trunk and then split off into branches, I imagine because it was thrust upwards by the first blast and then left unsupported as the pressure subsided, or else it was borne down by its own weight so that it spread out and gradually dispersed. Sometimes it looked white, sometimes blotched and dirty, according to the amount of soil and ashes it carried with it. My uncle's scholarly acumen saw at once that it was important enough for a closer inspection, and he ordered a boat to be made ready, telling me I could come with him if I wished. I replied that I preferred to go on with my studies, and as it happened he had himself given me some writing to do.

As he was leaving the house he was handed a message from Rectina,[107] wife of Tascius whose house was at the foot of the mountain, so that escape was impossible except by boat. She was terrified by the danger threatening her and implored him to rescue her from her fate. He changed his plans, and what he had begun in a spirit of inquiry he completed as a hero. He gave orders for the warships to be launched and went on board himself with the intention of bringing help to many more people besides Rectina, for this lovely stretch of coast was thickly populated. He hurried to the place which everyone else was hastily leaving, steering his course straight for the danger zone. He was entirely fearless, describing each new movement and phase of the portent to be noted down exactly as he observed them. Ashes were already falling, hotter and thicker as the ships drew near, followed by bits of pumice and blackened stones, charred and cracked by the flames: Then suddenly they were in shallow water, and the shore was blocked by the debris from the mountain. For a moment my uncle wondered whether to turn back, but when the helmsman advised this he refused, telling him that Fortune stood by the courageous and they must make for Pomponianus at Stabiae. He was cut off there by the breadth of the bay (for the shore gradually curves round a basin filled by the sea) so that he was not as yet in danger, though it was clear that this would come nearer as it spread. Pomponianus had therefore already put his belongings on board ship, intending to escape if the contrary wind fell. This wind was of course full in my uncle's favor, and he was able to bring his ship in. He embraced his terrified friend, cheered and encouraged him, and thinking he could calm his fears by showing his own composure, gave orders that he was to be carried to the bathroom. After his bath he lay down and dined; he was quite cheerful, or at any rate he pretended he was, which was no less courageous.

Meanwhile on Mount Vesuvius broad sheets of fire and leaping flames blazed at several points, their bright glare emphasized by the darkness of night. My uncle tried to allay the fears of his companions by repeatedly declaring that these were nothing but bonfires left by the peasants in their terror, or else empty houses on fire in the districts they had abandoned. Then he went to rest and certainly slept, for as he was a stout man his breathing was rather loud and heavy and could be heard by people coming and going outside his door. By this time the courtyard giving access to his room was full of ashes mixed with pumice-stones, so that its level had risen, and if he had stayed in the room any longer he would never have got out. He was wakened, came out and joined Pomponianus and the rest of the household who had sat up all night. They debated whether to stay indoors or take their chance in the open, for the buildings were now shaking with violent shocks, and seemed to be swaying to and fro as if they were torn from their foundations. Outside on the other hand, there was the danger of falling pumice-stones, even though these were light and porous; however, after comparing the risks they chose the latter. In my uncle's case one reason outweighed the other, but for the others it was a choice of fears. As a protection against falling objects they put pillows on their heads tied down with cloths.

Elsewhere there was daylight by this time, but they were still in darkness, blacker and denser than any ordinary night, which they relieved by lighting torches and various kinds of lamp. My uncle decided to go down to the shore and investigate on the spot the possibility of any escape by sea, but he found the waves still wild and dangerous. A sheet was spread on the ground for him to lie down, and he repeatedly asked for cold water to drink. Then the flames and smell of sulfur which gave warning of the approaching fire drove the others to take flight and roused him to stand up. He stood leaning on two slaves and then suddenly collapsed, I imagine because the dense fumes choked his breathing by blocking his windpipe which was constitutionally weak and narrow and often inflamed. When daylight returned on the 26th – two days after the last day he had seen – his body was found intact and uninjured, still fully clothed and looking more like sleep than death.

After my uncle's departure I spent the rest of the day with my books, as this was my reason for staying behind. Then I took a bath, dined, and then dozed fitfully for a while. For several days past there had been earth tremors which were not particularly alarming because they are frequent in Campania: But that night the shocks were so violent that everything felt as if it were not only shaken but overturned. My mother hurried into my room and found me already getting up to wake her if she were still asleep. We sat down in the forecourt of the house, between the buildings and the sea close by. I don't know whether I should call this courage or folly on my part (I was only 17 at the time) but I called for a volume of Livy and went on reading as if I had nothing else to do. I even went on with the extracts I had been making. Up came a friend of my uncle's who had just come from Spain to join him. When he saw us sitting there and me actually reading, he scolded us both – me for my foolhardiness and my mother for allowing it. Nevertheless, I remained absorbed in my book.

By now it was dawn, but the light was still dim and faint. The buildings round us were already tottering, and the open space we were in was too small for us not to be in real and imminent danger if the house collapsed. This finally decided us to leave the town. We were followed by a panic-stricken mob of people wanting to act on someone else's decision in preference to their own (a point in which fear looks like prudence), who hurried us on our way by pressing hard behind in a dense crowd. Once beyond the buildings we stopped, and there we had some extraordinary experiences which thoroughly alarmed us. The carriages we had ordered to be brought out began to run in different directions though the ground was quite level, and would not remain stationary even when wedged with stones. We also saw the sea sucked away and apparently forced back by the earthquake: At any rate it receded from the shore so that quantities of sea creatures were left stranded on dry land. On the landward side a fearful black cloud was rent by forked and quivering bursts of flame, and parted to reveal great tongues of fire, like flashes of lighting magnified in size.

Soon afterwards the cloud sank down to earth and covered the sea; it had already blotted out Capri and hidden the promontory of Misenum from sight. Then my mother implored, entreated, and commanded me to escape as best I could – a young man might escape, whereas she was old and slow and could die in peace as long as she had not been the cause of my death too. I refused to save myself without her, and grasping her hand forced her to quicken her pace. She gave in reluctantly, blaming herself for delaying me. Ashes were already falling, not as yet very thickly. I looked round: A dense black cloud was coming up behind us, spreading over the earth like a flood. 'Let us leave the road while we can still see', I said, 'or we shall be knocked down and trampled underfoot in the dark by the crowd behind'. We had scarcely sat down to rest when darkness fell, not the dark of a moonless or cloudy night, but as if the lamp had been put out in a closed room. You could hear the shrieks of women, the wailing of infants, and the shouting of men; some were calling their parents, others their children or their wives, trying to recognize them by their voices. People bewailed their own fate or that of their relatives, and there were some who prayed for death in their terror of dying. Many besought the aid of the Gods, but still more imagined there were no Gods left, and that the Universe was plunged into eternal darkness for evermore. There were people, too, who added to the real perils by inventing fictitious dangers: Some reported that part of Misenum had collapsed or another part was on fire, and though their tales were false they found others to believe them. A gleam of light returned, but we took this to be a warning of the approaching flames rather than daylight. However, the flames remained some distance off; then darkness came on once more and ashes began to fall again, this time in heavy showers. We rose from time to time and shook them off, otherwise we should have been buried and crushed beneath their weight. I could boast that not a groan or cry of fear escaped me in these perils, had I not derived some poor consolation in my mortal lot from the belief that the whole world was dying with me and I with it.

At last the darkness thinned and dispersed into smoke or cloud; then there was genuine daylight, and the Sun actually shone out, but yellowish as it is during an eclipse. We were terrified to see everything changed, buried deep in ashes like snowdrifts. We returned to Misenum where we attended to our physical needs as best we could, and then spent an anxious night alternating between hope and fear. Fear predominated, for the earthquakes went on, and several hysterical individuals made their own and other people's calamities seem ludicrous in comparison with their frightful predictions. But even then, in spite of the dangers we had been through and were still experiencing, my mother and I had still no intention of leaving until we had news of my uncle'.

The volcanic eruptions which are similar to those as described by Pliny now bear his name: They are called 'plinian eruptions'. These eruptions produce 20–40 km high clouds and spread over hundreds and thousands of square kilometers by ejecting millions of tons of volcanic debris into the atmosphere in 20–50 h of activity. In the atmosphere, these clouds expand and when they reach the stratosphere disperse radially and form shapes like the branches of a large Mediterranean pine tree. Ash and pumice in volcanic clouds reflect the Sun's rays back into space and may cause very little light to penetrate through them, turning the day into the night as Pliny tells us. In his second letter, Pliny notes that numerous earthquakes shook the region for days before the eruption, but that this activity was considered normal for Campania. Cassio Dione[108] also describes that the alerting signs of the eruption consisted of unannounced and violent earthquakes, underground thunder, and an 'expulsion of a cap or plug' after an enormous uproar. The ejection of stones was followed by the ejection of large quantities of smoke which caused a hasten escape and panic among the population:[108] 'From houses into streets, from the outside to the inside, from the sea to the land, and from the land to the sea; they were all distracted as they searched for new places to hide. And while all of this was going on an indescribable quantity of ash transported by the wind covered the land, the sea, and the entire atmosphere'. Pliny also tells us that the cloud on 24 August expanded all over the Vesuvius area, and during the night and the following day as far as Miseno and entire Bay of Naples. At Stabia his uncle also experienced violent earthquakes, a day turned into night, and death from suffocation or inhalation of ash and poisonous gas (carbon and sulfur oxides). Miseno was also affected by continuous earthquakes, retreat of the sea from the coast (more precisely the coast from the sea because of the bulging of the volcano), an erupting cloud that produced intermittent darkness and twisted flashes of light, and falling ash and pumice that produced the hazard of being trapped by the collapsing buildings. According to Pliny, this caused fear, panic, and a hasten escape of the population into the surrounding countryside. Lighting during eruptions is a common phenomenon, caused by the buildup of the electrostatic charges from the collisions of billions and billions of ash particles.

For the inhabitants of the Vesuvius area, the eruption of 79 A.D. must have been a terrifying experience. Pliny tells us that 'many besought the aid of the Gods, but still more imagined there were no Gods left, and that the Universe was plunged into eternal darkness for evermore'. The calamity also produced some prophetic-religious interpretations:[109] 'When from the torn rocks of the italic earth the gleaming fire arrives to the vast sky and burns many cities and destroys many men, large quantity of fiery smoke fills the great ether and lapilli fall from the sky like red lead, then it will be known the anger from the celestial God on those that had annihilated the innocent origin of the pious'; and 'some thought that the Titans revolted again, whereas the others that the entire Universe stretched and disintegrated in chaos and fire'.

In Miseno Pliny was more than 30 km from Vesuvius and still experienced violent earthquakes and an air very difficult to breathe. This suggests that a similar eruption today would cause a much greater anxiety and panic among the population, because of the much greater population density on the territory. In all, the eruption appears to have produced only about 3000 victims, although the city of Pompeii consisted of about 20 000 inhabitants and was buried under more than 4 m of volcanic debris. The fate of Herculaneum was even worse. This town was buried under more than 10 m and in some places 20 m of pyroclastic debris that is very difficult to excavate because of the underground water which had consolidated the pyroclastic material into a very hard matrix.[110] It appears that most of 20 000 Pompeiians and 5000 Herculaneans escaped from the cities on or before 24 August, before the onslaught of pyroclastic surges and flows. These currents reached large distances from the volcano and many people who initially escaped from pumice and ash fall were probably surprised later by these ground-hugging currents and perished. There were also other towns around Vesuvius (Cossa, Leucoptera, Oplontis, Sora, Taurania, Tora, etc.) whose faith is not known today. Naples and the surrounding territory are today densely populated and surely hiding many more secrets of the 'missing' Pompeiians, Herculaneans, and others.

Two thousand years later Pliny the Younger's description of the eruption has been augmented with new information from archeological excavations at Pompeii and Herculaneum, and studies of eruption deposits. These studies show that at Pompeii most escaped, but not all: A beggar collapsed and died at the Nucerian gate, a chained dog agonized before perishing from the falling rain of volcanic debris, at the House of Diomedes 18 people took shelter in the cellar but could not contain the poisonous fumes from seeping in and perished from suffocation, some greedy tried to hide valuables in a well and fell into it and perished, at the gladiators' barracks a woman with fine jewels perished along with a crowd, a porter at the Villa of the Mysteries remained entombed on his post, the priests of Isis tried to flee with statues but a row of columns collapsed and crushed some of them, a family close to the southern wall tried to run away but could not orient itself and its members suffocated, and still others threw their clothes away so that they could run faster, but it was too late. In all more than 2000 perished, but Pompeii is still partially buried (about 30%) under several meters of volcanic debris and hiding more of its secrets.[111]

Only 7 km away at Herculaneum, Vesuvius began raining ash and pumice on the surrounding countryside and most escaped for those that didn't were soon preserved for posterity: A soldier from the Roman Legion, a lady with a ring, a man near a boat, a pretty lady, a family of seven under an arched chamber of the marina remained huddled together as if trying to protect themselves from the suffocating air. Hundreds of others in these arched chambers also could not escape while most of 5000 Herculaneans[112] apparently did. After the tragedy, Herculaneum and Pompeii were forgotten for the next 17 centuries, as the new colonizers came and built Resina on top of the ruins produced by Vesuvius. In the Middle Ages, Resina became a town of slums and changed its name to Ercolano only when discovering the roots of its glorious past. The story of resurrection and plundering of Herculaneum and Pompeii some 1700 years later forms another fascinating story[48] of Vesuvius' ability to resurrect its victims and mesmerize those that have not yet been victimized.

And so we came to the end of our story of Pliny the Elder and how he confronted personally the eruption in 79 A.D. and how he died. He died as a hero not so much because he wanted to help or sacrifice his life, but most likely because his curiosity led him to investigate a new natural phenomenon and his duty forced him to take action. If he did not sail on 24 August we would have no written record of this eruption and much to speculate. At Pompeii and Herculaneum, Vesuvius preserved in miniature the life of twenty centuries ago, and it is through this kind of information that we are better able to understand our roots and our aspirations. We will conclude with Pliny the Younger's epitaph:[113]

> *The fortunate man is he to whom the Gods have granted the power either to do something which is worth recording or to write what is worth reading, and most fortunate of all is the man who can do both. Such a man was my uncle.*

C. Evaluation for understanding of romantic qualities

The above story of the eruption of Vesuvius in 79 A.D. can be shortened or lengthened, depending on the teacher's taste and students' capacity of engagement. Before concluding with the topic the teacher can divide the class into groups and let them investigate different details of the story and present their results in class. The students can then be questioned on the familiarity with the issues of the story: The heroic, ethic, or moral qualities of Pliny the Elder, the kinds of eruptions that Vesuvius can produce, the destructive potential of the volcano, why are the ruins of Pompeii and Herculaneum important, what is the scientific legacy of Pliny the Elder, what are the roots of Neapolitans, what would be the consequences of a similar eruption occurring today, and so on. The students should not only understand the content of the story, but also be able to imagine what the content implies or how this can be used in other situations. A desirable outcome from this story would be that the students' capacities begin to exceed the romantic associations; that they begin asking such questions as: 'What lessons does the story teaches?' or 'How can we protect ourselves and our territory from future eruptions?'

2.5.2.3. Example 2: Scuola Media Statale Orazio Comes, Portici

At the intermediate school Orazio Comes of Portici, the teacher Annamaria Imperatrice and her colleagues Nicola Ciobo, Giuseppina Donatiello, and Franca Vigilante have been involved in teaching Vesuvius to the students since 1995. Together with their students they have participated at several exhibitions,[114] made excursions on Vesuvius, and visited museums and ruins of Pompeii and Herculaneum. They also collaborated on an educational book on Vesuvius[115] and in 2004 participated at a forum dealing with the volcanic risk.

This forum on VESUVIUS 2000 provided the teachers with an opportunity to reflect on the students' learning accomplishments and produced more effective Vesuvius teaching programs. The majority of students entering Comes have never been taught about Vesuvius in elementary schools, those who are aware of the volcano have a very fragmentary and erroneous knowledge, and many students employ wrong words to describe its characteristics.[116] Some students even want to give Vesuvius away to other Italian provinces! This is rather disturbing and produces difficulties to the teachers when teaching students with diverse cultural backgrounds. The teachers employ some of the romantic tools of the educational process, but they are not convinced that the current education on Vesuvius is very effective, because of the lack of a uniform educational strategy on the territory. Nevertheless, the teachers at Comes aim to promote the security rather than the emergency culture, and in particular teach the students that the negative habits of patronage, conformity, and crime produce only social and economic degradation of their environment.[117]

A. Identifying transcendent qualities

Teachers from Comes are aware that the eruptions of Vesuvius are very dangerous, because too many people live too close to the volcano in densely populated areas. They guide the students in discovering the characteristics of their territory by researching historical sources, exploring the environment through excursions, and collecting and sorting information from magazines, newspapers, and books. This, we recall, is one cognitive tool of romantic understanding which establishes in students' minds the limits of reality by making them feel the authorities of the theme being investigated. Other transcendent qualities of the heroes and personalities of the Vesuvius area are investigated through the stories of Vesuvian Villas, Grand Tour travelers, and by reading Pliny the Younger's letters of the heroic qualities of his uncle during the eruption of Vesuvius in 79 A.D.[118] The students add content to these stories through field excursions, visits to the ruins of Pompeii, Oplonti, and Herculaneum, and by examining the rocks and seismic instruments at the museum of the volcanological observatory.

B. Organizing topics

Following the students' observations and excursions on Vesuvius and collection of rocks, taking of photographs, and gathering of other relevant material, they are guided by the teachers to explore this material in greater detail through reading assignments and conducting research in libraries. This information is then sorted into different groups: Plants and animals, poetry and songs, volcanology, diaries of

Grand Tour travelers, local products of the area (such as famous wines), and eruptions of Vesuvius by beginning with the inscription on the marble plate in Granatello.[119] For the purpose of acquiring a better understanding of the interaction between the people and their environment, the teachers also guide the students to examine the economic activities of Portici in terms of soil fertility, presence of historic villas (such as La Reggia), and the possibility of developing tourism and other service and manufacturing businesses.

C. Concluding topics

As the end products of their studies, the students produce reports, hypertexts, posters, articles for local publications, and posters and models for presentations at exhibitions. Fig. 2.4 illustrates some typical activities of the students of Comes.

My journey … to Vesuvius (*Il mio viaggio … al Vesuvio*) is the most recent work on Vesuvius produced by the students of Comes (see Appendix) where the volcano is presented from its historic, scientific, geographic, and cultural perspectives. The students' imaginations are presented through a cartoon illustrating the important events of the territory and transcendent qualities of some of its illustrious personalities. The themes include the myth behind the volcano; Spartacus' struggle to free the slaves from the oppressive Roman rule; Bacchus representing the fertility of the land; non-awareness of the people of the danger from the volcano and confrontation with it in 62 A.D. during an earthquake; premonitory signs leading to the eruption in 79 A.D.; the effects of this eruption on the surrounding territory; Pliny the Elder's heroic effort to aid the population in danger and Pliny the Younger's first ever description of a volcanic eruption; the terrible eruption of 16 December 1631 that devasted the coastal towns surrounding Vesuvius; Grand Tour travelers Hamilton and Goethe who during the Enlightenment were exploring the nature of the volcano and spreading their knowledge through scientific and literary works; rediscoveries of the buried cities of Pompeii and Herculaneum in 1700s and diffusion of the importance of these discoveries; successive birth of Vesuvian villas; importance of the Neapolitan saint San Gennaro in protecting the population from the furies of the volcano; the first important eruption of the twentieth century and the efforts of Liberal Italian regime to manage its effects on the population; the last eruption of Vesuvius in 1944 during the Allied occupation in World War II; settlement of hundreds of thousands of people on the slopes of the volcano following this war; and the little useful Vesuvius Evacuation Plan for managing 1 million people around the volcano. Through this work, the students are guided in discovering their roots and their precarious cohabitation with the volcano.

D. Evaluation

The teachers evaluate the students not only in terms of the acquired information about the volcano, but also by looking at such qualities as being proud of their territory and conscious of their rights to reject corruption, crime, pollution, conformity, and patronage: 'The plagues that infect all of us and deprive us of our rights and make us behave as moaning sheep who march in group and accept passively the decisions of others'.[116]

Fig. 2.4. A sampling of educational projects on Vesuvius produced by the students of the intermediate school Orazio Comes of Portici. The projects include volcanic risk, composition and products of Vesuvius, flora, fauna, and park of Vesuvius, Grand Tour travelers, and Vesuvian villas and other cultural patrimonies. From top left in clockwise direction: Students' school exhibition, June 1996; exhibition at Museo Nazionale Ferroviario di Pietrarsa, 16 December 1997, Portici; exhibition at S.M.S. Don Milani, 16 December 1999, Portici; Grand Tour travelers, December 2004; Vesuvius seen from the port of Portici (Granatello); stone memorial in portici[119] erected in 1632 following the subplinian eruption in 1631; class 2E with the teacher Annamaria Imperatrice on the right, December 2004; students from Comes and Don Milani, exhibition at Museo Nazionale Ferroviario di Pietrarsa, 16 December 1998, Portici. Colour version (see colour plate section in the Prelims).

2.5.2.4. Example 3: Istituto Comprensivo Statale Francesco d'Assisi, Torre del Greco

Since 1995 when the teacher Gelsomina Sorrentino and her colleagues first became aware of the educational objectives of VESUVIUS 2000,[120] teaching students about Vesuvius at Istituto Comprensivo Statale Francesco d'Assisi has become a high priority.[121] These teachers realized that before making the students aware of the problems posed by the volcano it is necessary to make themselves aware of a 'new conscience' as citizens who live and work very close to one of the most dangerous volcanoes in the world. They thus began to learn for themselves, participate at meetings dealing with the volcanic risk, study various territorial plans, and acquire information that would make them more conscious of the environment and the problems associated in dealing with it. From their effort grew a volcano laboratory at the school and an awareness of the multidimensional nature of Vesuvius and its environment.[122] This led to the studies pertaining to different types of eruptions, including that of 79 A.D. which is vividly described by Pliny the Younger. But Vesuvius is more than eruptions: It is people and their problems in dealing with high unemployment,[123] housing speculation too close to the crater of the volcano, poor and little respected urban plans, and deeply rooted organized crime. These are the problems that cannot be solved unless 'we search for solutions by starting from the grassroot level; without delegating the problems to others because they have failed to resolve them for us'. These reflections helped to define a new project entitled, 'Vesuvius: In search for roots through history, nature, and economy'.[121]

This project is addressed to a class of about 20 students who are about 10 years old. The students meet for 2 h every week from October until June, or for a total of 120 h. The objectives of the project are to prepare the students in dealing with their environment, make them objective observers of the territory and protagonists of community life through individual and group involvements, and discover and value the patrimony surrounding the volcano for the purpose of promoting a rebirth of new prosperity of the area.

A. Identifying transcendent qualities

The students devote 40 h to the identification of key protagonists of the territory and their qualities as leaders, heroes, and statesmen. This requires identifying historical and scientific data pertaining to people and different eruptions of Vesuvius by beginning with the one in 79 A.D. and ending with the last one in 1944; developing students' capacities to understand written, oral, and visual sources of information; evaluating Vesuvius Evacuation Plan and VESUVIUS 2000; identifying towns buried by Vesuvius, villas constructed by the Bourbons, and conservation efforts being implemented at the ruins of Pompeii and Herculaneum; and gathering educational and socio-economic data of the territory from various sources.

B. Organizing topics

The students devote 80 h to studying the eruptions of Vesuvius; to the understanding of the purpose, art, and architecture of seventeenth century Vesuvian villas; to the Park of Vesuvius and its flora, fauna, and economy of Torre del Greco;

and to the history, function, and publications of *Osservatorio Vesuviano*. They also visit the crater of Vesuvius, its park, and its sea environment, explore the Church of Santa Maria of Constantinopoli and the ruins of Pompeii and Herculaneum, and visit the museum of the observatory. After each visit the students produce reports of their discoveries and sort out the information according to different categories. They learn how to use key words associated with different topics and add content to the topics by investigating how natural phenomena can have positive and negative influences on people. They are taught how fear from the volcano can endanger an emergency situation, how to research documents pertaining to the functioning of the volcanic system, what governmental and non-governmental institutions deal with volcanic risk and what services they provide, how to make connections between different types of eruptions and plate tectonics, and so on. The students then group the information into topics for oral and written presentations, and are encouraged to participate at meetings dealing with the issues of their territory.

C. Concluding topics

At the conclusions of key milestones of each theme of the project, the students present their works in class and to their families during frequent encounters between teachers and parents. At the end of the project the students produce written reports, multimedia CDs, and posters and models for displaying at exhibitions and competitions outside of the school. Fig. 2.5 summarizes some of these activities.

D. Evaluation

The students are not only evaluated for their understanding of various topics, but also for their capacities to value the problems of the society and its associated legal structures, acquire positive views toward school and social organizations, change their views of how to confront and cohabit with the environment, deal with panic in difficult situations, understand the concept of risk and elements of individual and collective protection and why each one should act responsibly, improve relations with adults and transfer knowledge about Vesuvius to their families, overcome communication problems, open themselves to dialogs and collaboration, and become conscious members of the society.

'The President of the school, teachers, and the committee in charge of evaluating students' performance agree that the project's objectives have been substantially achieved. On the cognitive level, the students understand volcanoes better and Vesuvius in particular, are familiar with objectives and differences between evacuation plans and VESUVIUS 2000, participate and help at the meetings, study letters of Pliny the Younger and chronicle of Braccini, read diaries and letters of Grand Tour travelers, and are largely aware of Morgan's tables and the risk from Vesuvius. On the metacognitive level, the students have confidence in the acquired knowledge and feel the exigency to communicate with the adults and their experiences. By learning in school and participating at meetings, the students have confidence in science and in the scientists who are attempting to reduce the risk from Vesuvius, feel confident in making their representatives more conscious of their needs, demonstrate more maturity, know how to intervene at public meetings, and in general know how to live

Fig. 2.5. A sampling of educational projects on Vesuvius produced by the intermediate school students of Istituto Comprensivo Statale Francesco d'Assisi of Torre del Greco. From top left in clockwise direction: Earth's internal structure, 1995; Pliny the Younger letters, 1996; eruptions of Vesuvius, 1997; lava flow of 1794 destroying Torre del Greco, 1998; teacher Gelsomina Sorrentino (center) with her students, 2005; students and teachers associated with the special student project discussed in the text. Colour version (see Colour plate section in the Prelims).

better on the territory. The children live today with less fear than a decade ago, with less apathy, are readier, more conscious, and perhaps they will be more responsible citizens tomorrow. It is regretful, however, that most children of the territory are not being educated on Vesuvius as they should. Today such an education is indeed possible, because of the school reform law of Bassanini[124] that guarantees the autonomy in instruction. It is thus the responsibility of the teachers to provide the right education to the children of the Vesuvius area'.[121]

2.5.2.5. Example 4: Scuola Media Statale Rocco Scotellaro, Ercolano

The intermediate school Rocco Scotellaro in Ercolano is at the forefront in providing all of its students with an education on Vesuvius and its environment. From November 1995 when the educational objectives of VESUVIUS 2000 were first presented at this school, its teachers have been actively participating at several scientific and educational meetings, seminars, and exhibitions. Today, the school curriculum requires that its students acquire a broad knowledge of the territory, produce reports and models of diverse topics being studied, and participate at internal and external competitions and exhibitions. Through this environmental program, the schoolteachers Elvira Maddaluno, Gianfranco Gambardella, and Annamaria Scorza discovered that other teachers have become more sensitive to the problems surrounding the volcano, that their involvement on these problems has increased, and that this initiative should be sustained if the school is to play a positive role on the territory. This requires dedication and hard work on curriculum development and evaluation of students for knowledge acquisition.[125]

Rocco Scotellaro requires that its students actively participate in identifying the surrounding in which they live. They are guided to explore the territorial problems and understand their complexities, and how these problems interact. The students are also encouraged to go beyond their cultural achievements through their creativities and abstract ideas (Fig. 2.6). The teachers employ the tools of mythic understanding as well as the higher-level cognitive tools of romantic and philosophic understanding. In the past, the students produced a risk map of the area around their school, a magic cube showing different aspects of the volcano, and VESUVIUS 2000 songs and poems.[126] Fig. 2.7 shows a sample of these activities. More recently they studied water and its distribution by the Vesuvian aqueduct through philosophers, myths, religion, geology, ecology, and sanitary and environmental education.[127] Their most recent effort contains the following educational elements.

A. Identifying transcendent qualities

The Jailed Volcano[128] is the most recent project of Rocco Scotellaro and represents an attempt to orient the students and their families toward a sustainable future. In particular, the project aims to develop those methodologies which allow the student to pursue the duplicate role of a citizen and a consumer. As a citizen, one needs to recognize and obey the laws of the society, and as a consumer one should not compromise the environment beyond one's prudent needs. One must

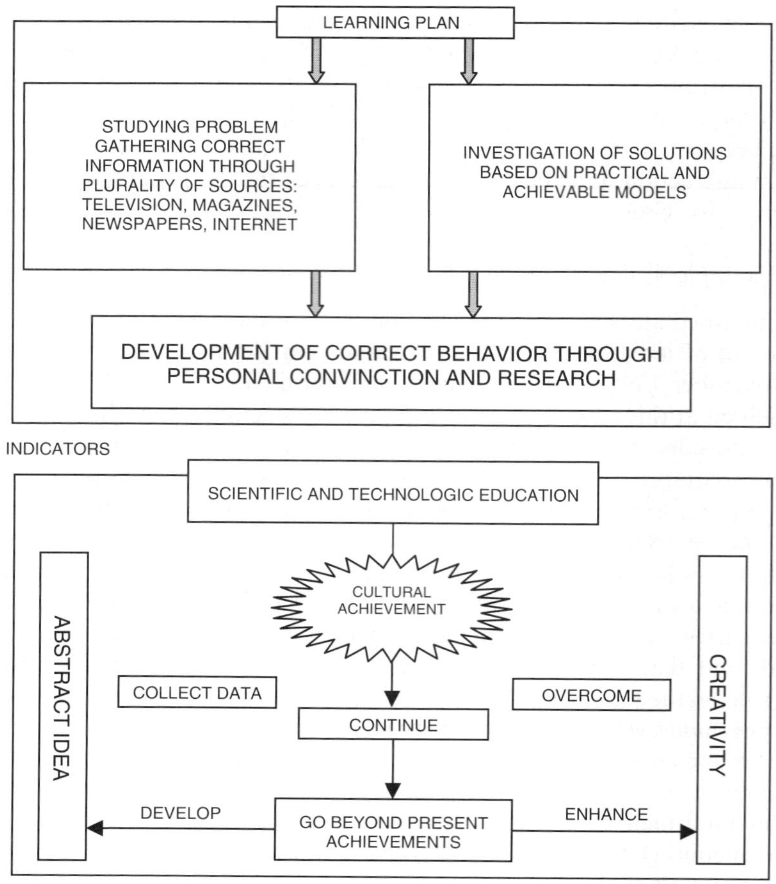

Fig. 2.6. Schematic representation of educational process at the intermediate school Rocco Scotellaro of Ercolano.

cohabit with the environment made of people, plants, animals, businesses, and institutions which should interact harmoniously.

B. Organizing topics into narratives

Vesuvius is the most famous volcano in the world and interacts with the environment with its eruptions. A story is thus built around volcanoes and how they work. This leads to Vesuvius which functions like many other volcanoes, but unlike many of them it is famous because it strongly interacts with the people on its slopes and contributes to the growth of western culture. Vesuvius is thus a great creator of civilization and one needs to explore its slopes to understand its ecosystems, its products, and its dynamic aspects. This leads to the descriptions of plants, animals, noted landscapes, towns, and population distributions. Vesuvius, its eruptions, and the history of people on its slopes are presented through the testimonies of writers, poets, and musicians. Additional content is built from class readings of various

Fig. 2.7. Sample of students' activities at Rocco Scotellaro, 1995–1998. From top left in clockwise direction: Construction of a model of Vesuvius and magic cube, aided by the teachers Elvira Maddaluno (center) and Gianfranco Gambardella (top right); music group playing the songs 'VESUVIUS 2000' and ' 2000 Vesuvians on a train'. Colour version (see colour plate section in the Prelims).

documents, such as books and magazines, through collections and classifications, and students' excursions on the territory and ruins of Pompeii and Herculaneum. The story identifies a disequilibrium between man and nature, and guides the students in imagining what needs to be accomplished to produce a more harmonious coexistence.

C. Concluding topics

The Jailed Volcano (*Il Vulcano Ingabbiato*) is the end result of students' involvements and includes a collection of drawings, photographs, poems, and descriptions of stories about the people and natural phenomena. Fig. 2.8 illustrates the cover page of this work and the project's objectives aimed at understanding the Vesuvian environment and how to interact with it correctly.

D. Evaluation

The students are evaluated on the basis of their involvements with the topics and understanding of details, interactions among themselves, changes in class behavior, interactions with other projects, transfer of information to their families, readiness to participate in dialogs and collaborations, and quality of final products.

Fig. 2.8. Cover page of The Jailed Volcano and the project's objectives, produced by the students of Rocco Scotellaro during the school years 2003–2004.

2.5.3. Teaching secondary school children

2.5.3.1. Methodology

Imagination is the ability to think that things are possible and is a source of flexibility and originality of humans. The theoretic imagination is enhanced by cultural discoveries and innovations, and engaging students' imagination is crucial to successful learning. The tools of mythic and romantic understanding, such as stories, binary opposites, associations with the limits of reality and with heroes, sense of wonder, etc., do not disappear as we develop theoretic abstractions; it is just that our mode of thinking changes as new cognitive tools become available to us. We want to know about things from more detailed and rational perspectives and form general schemes and a language that support theoretic abstractions. We want to integrate new symbols of social, physical, psychological, and other processes into general schemes comprised of hypotheses, theories, and natural laws. These in turn allow us to produce a sense of abstract reality which we then try to connect with the concrete world. This back and forth process develops our minds, and instead of merely looking at separate pieces, at extreme features, or limiting characteristics of the environment, the philosophic thinking makes us look at the relationships between these pieces and of schemes that unite them. The use of language becomes more sophisticated as we try to connect the words with their roots and thus discover other dimensions and relations which led to these words. The teachers can explore different theoretic paths, depending on the extent of students' theoretical capacities which are only partially accessible to the majority of secondary school students. When the romantic cognitive tools are fully acquired, the acquisition of philosophic ones becomes easier and more complete.

Some of these philosophic tools are: Sense of abstract reality, sense of agency, group of general ideas and their anomalies, search for authority and truth, and meta-narrative understanding.[129] The sense of abstract reality develops from our understanding of how natural processes work; how we can control nature by linking processes into schemes that control them. With this scheme comes a realization that one forms a part of the processes; that one has a past which is linked to the natural processes. Students with the ability of theoretic thinking become increasingly aware that they form a complex chain of biological, social, and cultural processes, and the teacher can develop this cognitive tool by encouraging students to engage in activities that will stimulate their sense of agency. Examples of this can include students interviewing the protagonists of different volcanic risk mitigation projects for the territory, writing letters to local and national representatives on particular issues of the environment, and involving themselves in some activities that provide service to the society.

When using the tool of forming general ideas about nature, society, economics, etc., and dealing with the anomalies to those ideas, the students are led to their inadequacies and the process of building more complete and often more complex structures. The single events are not seen anymore as isolated dramas, but in terms of their causes and consequences. For example, the non-existence of an adequate volcanic risk mitigation policy for the Vesuvius area can be seen in terms of abusive urbanization caused by the demographic pressure on Naples in 1950s and 1960s, organized crime thriving in a poor socio-economic environment, negative habits of mind (patronage and conformity) of Vesuvians, incompetence of risk managers and their scientific advisors, and so on. The consequences of this are anxiety and fear for safety on the part of the people, degradation of social services, losses of business activities, slow cultural growth, or even a catastrophe when the volcano erupts. Questioning and answering in defense of some hypothesis (dialectic) normally leads to an increasing sophistication in the methods of argument, but not necessarily to an agreement about the truth. Counter-examples are a good way to bring out anomalies of hypotheses or theories and, consequently, to their reformulation, with the students recognizing that the general truths are not achievable.

Those who acquire philosophic understanding do not accept anymore some beliefs that they have inherited, but seek security in those which are located in the abstract theoretic thinking, where the authority and truth may be located. The preferences for new ideas and beliefs are based on new criteria which is turn are being reflected upon and revised. The facts about Vesuvius can thus be presented in the context of plate tectonics, evolution of the Solar System, or even in the context of the evolution of the Universe itself: From pure energy to energy and matter. How did it all begin? How did the life on Earth come about? Is there a certainty that Vesuvius will erupt again, and if not why not and can this be quantified? The point is that the imagination in students will be more readily engaged if the particular is seen from a more general context, and in particular if this context can challenge or support an idea or belief. Such contexts are parts of meta-narratives or techniques for organizing beliefs, ideas, facts, or events into wholes with which one can associate emotionally. For many, meta-narratives may provide a powerful tool to see themselves as being able to grasp the truth: The Plato's privileged position of educated person. There are, of course, dangers in relying too much on large narratives, but used prudently they are more stimulating to the students than just focusing on curriculum itself.

It is not easy to develop a world of abstract ideas in students, for this can only be managed if there is a community around them that supports this world. We simply cannot continue on and on in finding anomalies, because this would bring about an insecurity in the students and a difficulty in confronting the real world over which we have certain control. A theory, a principle, or a physical law is valid as long as we realize its limitations and not because this represents a universal truth. The more we know, the more our imaginations are telling us how little we know. Philosophic understanding of a topic may be understood easier by beginning to describe it with mythic and romantic elements, and then gradually mapping the limits of these understandings through the use of philosophic cognitive tools.

In this philosophic activity the students recognize themselves as parts of complex processes where an understanding of these processes also leads to the discovery of the truth about themselves and their environment. A person who is skilled in philosophical thinking is often the most effective in getting to the heart of the matter; at being able to think about an issue clearly and then act on it decisively. Systematic development of philosophic understanding appears, however, at present normal only for a small proportion of the population which adequately accumulated mythic and romantic capabilities. The philosophic method forms a basis for interdisciplinary projects and it is thus necessary, for an effective risk mitigation in the Vesuvius area, to acquire this capacity.

A. Identifying general schemes, ideas, or theories

What ideas, theories, metaphysical, or physical schemes best organize the topic into a coherent whole?

The teacher should select a scientific, political, social, economic, philosophic, or any other theory which stirs an emotion in him and which has some controversies associated with it. One can examine what are the philosophical or ideological sides of the idea or theory, what scientific data support it and what data do not support it, what are its limitations, what are the controversies, why people argue about it. The topic should be of relevance and not evident to the students before hand. In our situation we can think of several schemes: Prediction of future eruptions of Vesuvius, structure of the volcanic system, deposits of past eruptions, art and literature on Vesuvius, mitigation of volcanic risk, educating people about the risk, social and political obstacles in dealing with the Vesuvius area, environmental effects of eruptions, and so on. Each of these topics has its physical, social, or political dogma and enough controversy to make it powerful and relevant.

B. Organizing content into a theory

How to make the theory vivid, what content exposes the theory, and what narrative best captures its structure?

Theories attempt to provide a complete explanation of the topic, but fail in one or more ways to explain its truth. The teacher needs to sort out what the theory explains and what it does not or fails to explain adequately. If we take the topic of predicting future eruptions of Vesuvius we can argue that this theory is more reliable when the volcano is about to erupt and fails to be reliable in other situations. We can argue scientifically that in the former situation the premonitory signals of the eruption (seismicity, ground deformation, fumarole activity) are better understood than in the latter case. Since most people living around Vesuvius want to know the date of the eruption, this topic is vivid and of relevance. To shape the structure of this theory or produce a meta-narrative we can choose Vesuvius Evacuation Plan and explain how it fails to recognize the limits of predicting eruptions and as a consequence how it can produce a catastrophe on the territory or expenditure of enormous resources in the event of a false prediction. We can also explore the reasons why the risk managers keep assuring people that they can protect them, while the theory of eruption prediction has large scientific uncertainties.

C. Anomalies and alternate theories

What content of the theory can be challenged and with what methods? What alternative theories and narratives can organize the topic?

All theories are incomplete, some more and some less, and the teacher needs to focus on those aspects of the theory which present a challenge to the theory. The aim here is not to convince the students that the theory is useless, but only that it has limitations and what these limits are. To address these anomalies the teacher should guide the students into conducting research and involve them in group discussions. The idea is to make the students see that the anomalies require a revision of the theory, which in turn may produce other anomalies and further revision. It is also important for the students to see how the idea or theory is used in the real world and how this brings about the sense of agency. In our theory of predicting eruptions we have seismic, gas, ground deformation, magnetic, and other anomalies, with each one having its own limits of accuracy and validity as a useful premonitory tool. Deformation of ground and seismicity of certain frequency are usually better indicators of an eruption than other parameters.

If there are alternative schemes to organize the topic then these should be provided to the students, or the students should be guided in exploring these alternatives. These may be more complete, in the sense of explaining a greater number of phenomena, but also more complex and not within students' easy reach. For example, the Newtonian theory needs to be replaced by quantum mechanics for atomic-scale processes and general relativity for astronomical-size objects. As an alternative scheme to using seismic and ground deformation parameters for predicting eruptions and thus employing this information for evacuating 600 000 people from the Vesuvius area, we can choose an alternative risk management scheme that does not depend on evacuating so many people. In this situation, we would not depend anymore on the weaknesses of evacuation plans, but may have to deal with the anomalies of the new scheme. As an example, we could confront Vesuvius Evacuation Plan with VESUVIUS 2000 as illustrated in the example below.

D. Conclusion

How to ensure that the students do not become disillusioned with the idea or theory because this does not represent the truth?

The general scheme presented to the students should not be made rigid nor destroyed, but recognized as having a potential utility rather than being objectively truthful. The teacher must stress what are the strong and what are the weak foundations of the theory, and what additional knowledge may eliminate, or at least reduce, the weak links. Philosophic understanding comes with the realization that the search for truth is eternal, or that we may approach it but cannot attain it. It is important in concluding the topic that the students see the difference between the emotional side of the theory and the facts that support it or do not support it. The former are subjective and the latter are objective data. A scientifically sound theory has no room for subjectivity.

E. Evaluation

How to evaluate whether the students understood the content of the theory, its usefulness, and its limitations?

The teachers should look for evidence that the students have learned the content of the lesson and how well they used the theory or general scheme to organize the content. For this purpose, use can be made of students' written reports and oral discussions, their use of theoretic language that is appropriate to the topic, and how critically they examined and studied literature pertaining to the topic.

In our example pertaining to the theory of predicting eruptions, the students should be evaluated for their understanding of the methods used for such predictions, decision problems dealing with alerts and evacuations, subjectivity and objectivity of data anomalies, emotions and facts behind the theory, differences between different approaches, professionalism in their reports, and for their individual and group involvements and collaborations. The students should demonstrate that they understand the topic in its complexity and come up with clear conclusions what strategy or investigation is required to make the theory better or come closer to the truth or solution of the problem that is implied by the scheme.

2.5.3.2. Example: Istituto Tecnico Commerciale Luigi Sturzo, Castellammare di Stabia

There are some scattered examples of teaching on the philosophic level in the secondary schools of the Vesuvius area and some of these are reported in the book Vesuvius Risk Education.[130] These examples deal with eruptions of Vesuvius[131] and evacuation of students from a school in the event of an emergency.[132] Here we will consider an example from the secondary school Luigi Sturzo of

Castellammare di Stabia where the teacher Ida Mascolo guided two classes of students on a theme that deals with volcanic risk mitigation. The students examined theories and anomalies, interviewed experts, conducted research, and formed their own opinions about two different schemes.

A. Identifying volcanic risk mitigation schemes

Prof. Mascolo identified volcanic risk mitigation as being the theme of the project. This topic is of high relevance for most people residing close to the volcano, but very few can objectively evaluate what this implies for them and what are the consequences of choosing one scheme over another. Vesuvius Evacuation Plan is the official plan of volcanologists and deals with evacuating people in the event of an emergency. It is controversial in terms of eruption prediction, functioning of transportation and telecommunication systems, people abandoning their property and friends and being deported to distant Italian provinces, speculation of the abandoned territory, and re-entry after the eruption. VESUVIUS 2000 is the non-official risk mitigation plan and does not require mass evacuation. It deals with long-term prevention and requires interdisciplinary collaboration to achieve its objectives.[117]

During 1997–1998 and 1998–1999 school years, two classes of second year students from Luigi Sturzo participated at seminars on Vesuvius given by several experts, listened to debates among the experts, interviewed a civil protection authority, studied anomalies associated with different risk mitigation projects, and compared the projects for their modalities, methods, solutions, results, and consequences. The text below was taken verbatim from a report that the students prepared at the end of their study.[133]

B. Vesuvius Evacuation Plan and VESUVIUS 2000

Institutional voice

On 17 February 1999 four of us have interviewed the Director of Civil Protection of Pompei, Mr Romeo Spera, who before the interview furnished us with historic data about the origin of Vesuvius. The following is the transcript of the questions and answers session which followed:

Q: How is the Civil Protection of Pompei confronting the problem of Vesuvius?

A: In 1999 we promoted a municipal plan which is annually revised and which contains basic information on how to deal with the management of the catastrophe. This plan explains how the evacuation should proceed; for example, the people of Pompei, after being notified 1 or 2 days before the eventual eruption, will be transported to the port of Castellammare di Stabia and from there 3000 persons will depart by a ship to Liguria. In this manner seven risk areas will be evacuated in 7 days.

Q: How are you going to predict the eruption?

A: Before the eruption the instruments monitoring the volcano will detect various premonitory parameters (microseismicity, ground deformation, increase in fumarole activity) which will alert us and, if necessary, place in pre-alarm one or more areas of the territory.

Q: We understand from the informational pamphlet of Dr. Antonio Malafronte that this city is not exposed to the risk because it is included into the green area (area of low risk). How did you come to this conclusion?

A: The Commission of Large Risks of Civil Protection (*Commissione di Grandi Rischi*) identified 18 municipalities at risk in the Vesuvius area. Pompei was inserted into the green area on the basis of the distance from the volcano and the direction of prevailing winds.

Q: According to your knowledge, what is the typology of Vesuvius?

A: Vesuvius is situated on a fracture of the Earth's crust which contains a dense network of inactive volcanoes. One can therefore assume that Vesuvius is not an active volcano.

Q: How dangerous are the gases that are emitted from the crater of volcano?

A: The gases of Vesuvius have a sulfuric origin and therefore by covering mouth and nose with a wet towel one can breathe easily and at the same time be protected from the ash.

Q: We participated at several seminars held by the scientists of world fame and on those occasions it was stressed the need for a policy of prevention, because the prediction of eruption is not always possible. Can you tell us if you have any programs that supports the prevention culture?

A: Toward that end we periodically remind the schools of Pompei to educate the students and drill them on evacuations. These drills have shown that the evacuations are easy and fast. We also distribute a pamphlet which contains information on the volcanic risk.

From the interview and information given to us by the director, we inferred that the current emergency evacuation plan for Vesuvius assumes that the eruption will be predicted at least 2 weeks before and that about 700 000 people will be evacuated from the territory and distributed in different regions of the nation. Vesuvius Evacuation Plan promotes: Monitoring of Vesuvius by *Osservatorio Vesuviano*; possibility of predicting the eruption in 15 days; division of risk into seven levels on the basis of seismicity, ground deformation, geochemistry of gas, and gravimetry; utilizing ports, highways, and trains as the means of escape; distribution of people from the territory into communities all over Italy; re-entry into some areas after the state of emergency has been lifted.[134]

The alternative: VESUVIUS 2000

Several years ago an interdisciplinary project was proposed for the Vesuvius area, with the objective of producing guidelines for protecting people, property, and cultural patrimony from future eruptions. This project was elaborated by GVES and is being coordinated by Prof. Flavio Dobran. GVES also produced an educational volume entitled *Educazione al Rischio Vesuvio*[130] which we consulted to obtain information on the project. VESUVIUS 2000 distinguishes itself with a new methodology that frames Vesuvius in a global manner. For its realization it requires a colloboration of not only the geologists and volcanologists, but more importantly the experts from other disciplines, such as engineers, computer scientists, environmentalists, educators, urban planners, civil service volunteers, and above all the population.

This project gives a great deal of importance to the schools because these appear to be most suitable for producing the correct form of information which is indispensable for eliminating panic that comes from disinformation and scarce and inadequate knowledge. According to GVES, a civil nation should prevent catastrophes, and VESUVIUS 2000 is such a project for the Vesuvius area. Its basic premise is that it is possible for the people to cohabit with the volcano in security and that this cohabitation can produce socio-economic and cultural benefits to the people. VESUVIUS 2000 does not aim at a mass escape in the event of an emergency, but at preparing the people and the territory to confront this emergency with minimum cultural and socio-economic losses. The hazards from future eruptions cannot be eliminated, but their effects on the territory can be controlled by reorganizing the environment where people live and work. It is necessary to work toward the elimination of negative habits of mind or toward a security culture of prevention, instead of complying with an emergency culture which aims at deporting the population and destroying its culture.

The central objectives of VESUVIUS 2000 are the definition of the volcanic system of Vesuvius, and the eruption of 1631 in particular, for the purpose of developing a physico–mathematical model of the volcano with the capacity to assess future eruptions and their effects on the territory; assessment of vulnerability of population, important structures and infrastructures, and cultural patrimonies, such as the ruins of Pompeii, Oplonti and Herculaneum, as a function of different eruption scenarios; development of an appropriate educational methodology that aims at a security culture; and the establishment of safe and prosperous areas around the volcano. Making the population conscious of its environment can produce new cultural and economic opportunities, because this requires a reorganization of the territory.

Television debate

On 20 February 1999 RAITRE transmitted a program on Vesuvius and on this occasion interviewed Lucia Civetta (Director of *Osservatorio Vesuviano*), Giuseppe Luongo (Director of the Department of Geophysics and Volcanology at the University of Naples), and Franco Barberi (Undersecretary for Civil Protection).[135] The following is a summary of what they said.

Dr. Civetta affirms that the experts of *Osservatorio Vesuviano* control Vesuvius, but she does not deny the danger from the 'sleeping giant' which could become active at any moment. She also defends the evacuation plan and is certain that the eruption can be predicted on time for organizing the evacuation.

According to Prof. Luongo, such a prediction is not possible, since the eruption can be predicted reliably only few days in advance. It will be difficult to evacuate 700 000 people and there will be an incredible panic, infernal chaos, and everything will be blocked. There will be more dead from the panic than from the eruption itself. It will also be impossible to use the port of Torre del Greco because of ground movements. The same difficulties will be confronted with trains because the earthquakes will bring about a misalignment of railroad tracks. The professor denounced that the continuing support of *Osservatorio Vesuviano* with research funds has not produced any substantial results for the population at risk.

The Undersecretary of Civil Protection, Franco Barberi, reacted very hard to the statements of Prof. Luongo by attacking him personally and not professionally. He stated that Luongo changed his mind on the methodology because in the past he supported a different view. According to the undersecretary, the monitoring of Vesuvius has improved, new prevention measures have been developed, but nothing much has happened in decreasing the housing speculation on the slopes of the volcano.

The television program concluded with questions to the people of different cultural levels who live around the volcano. They jointly concur that there is no education, that the details of the evacuation plan are not known to the public, that the dimension of the risk is underevaluated, and that there is no effective strategy of prevention.

Voice of the student: opinions and reflections

At the end of television debate we had an intense discussion and remained perplexed on what we have understood, wanting to have more clarity and certainty from the emergency plan, and interested in acquiring the correct and transparent knowledge on volcanic risk. One of us commented on the lack of a serious confrontation among the interested parties.

From the collected documents we were particularly moved by an open letter from Prof. Pierluigi Fiorenza from the intermediate school Borrelli of Santa Maria La Carità. He is a perspicacious individual and we agreed with him that the fantastic nature of Vesuvius Evacuation Plan wants to be passed as the salvation for everybody. 'Doesn't it deal, instead, with a new apocalyptic chaos which is only capable to propose absurdity?' The professor did good in being sarcastic about the evacuation plan and thus identifying its grave deficiencies and a new business for those who will manage the catastrophe. These are some significant points in his letter:

1. It is not possible to evacuate 600 000 people in 15 days before a hypothetical eruption. Indeed, the persistently high level of seismicity is a clear sign of an eruption and would produce inoperable communication routes (trains, roads, highways). It would be impossible to move the people on the prey of panic with the escape routes out of use.
2. Civil Protection divided the territory into two areas: Red and yellow. Citizens of the red area, from Ercolano to Trecase, must abandon their homes, belongings, employment, and transfer for an indefinite period of time to distant places hundreds and hundreds of kilometers away. The heads of families, explains the evacuation plan, must move with cars their household goods and only later will be united with other members of the family. At the end of this operation the area will be enclosed and guarded by the military. On the other hand, the citizens of yellow area, from San Anastasia to Ottaviano, could conveniently remain in their homes because they have little to fear! And if the eruption happens to be plinian (the one that destroyed Pompeii, Herculaneum, Oplonti, and Stabia)? The yellow area will not be guarded by the order police. And if the 'red' citizens should decide to 'desert' and reach 'yellow' family members and friends?
3. Who will then assume the responsibility to decide that the eruption has ended and that the Vesuvians can come home? We should not forget that during the bradyseismic crisis of Pozzuoli[136] the Mayor did not want to sign any

document to evacuate, but as a simple precaution only invited the citizens to abandon their homes. All other authorities kept quite. Paradoxically, the emergency evacuation plan has not only blocked research, but also induced the population to sleep peacefully. The municipal administrations should wake up and assume their responsibilities, and those who promote mass exodus need to calculate the time of the operation and the massive national cost associated with it. The only solution possible at this time is, therefore, education toward a civil progress of the territory, with the schools and mass media playing a key role in this endeavor. These must educate and transmit the correct information onto the territory in order to reduce the risk. A vulnerable individual is more fearful and subject to rash decisions.

Two confronting cultures: risk management or prevention

By confronting Vesuvius Evacuation Plan, as elaborated by *Protezione Civile*, and VESUVIUS 2000, as elaborated by Prof. F. Dobran, we identified some fundamental differences between these two schemes of volcanic risk management as shown in Fig. 2.9. These differences are articulated in terms of modality, cultural position, solution of the problem, and consequence. We believe that it is just that a good sense of logic prevails when choosing any strategy, because this choice must always and exclusively reckon with the security of Vesuvians and conservation of their ancient culture.

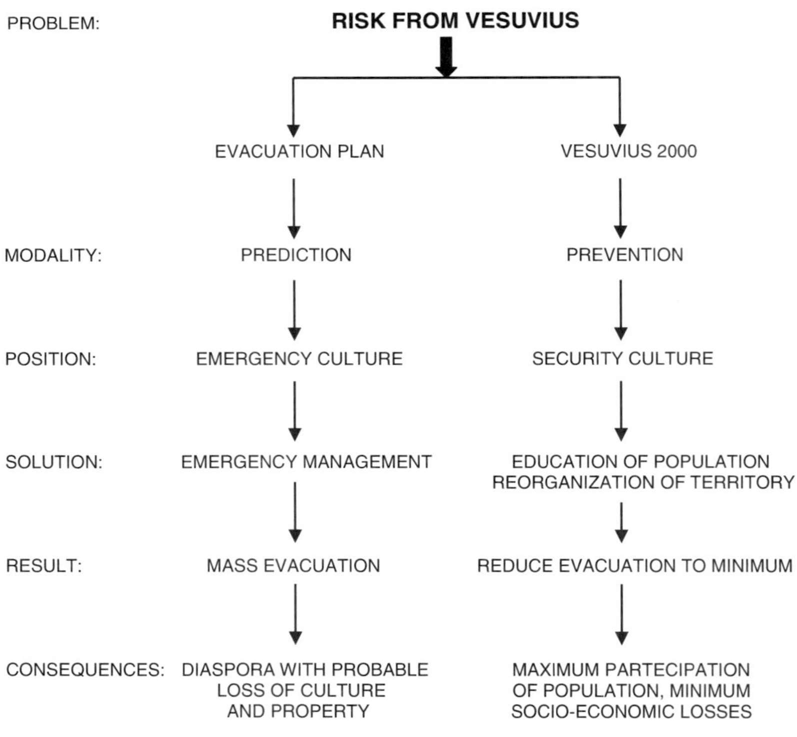

Fig. 2.9. Comparison of Vesuvius Evacuation Plan and VESUVIUS 2000, produced by the secondary school students of Luigi Sturzo of Castellammare di Stabia during the school years 1997–1999.

C. Conclusion

The volcanic risk mitigation study conducted by the students of Luigi Sturzo concludes with a clear comparison between different strategies. The report ends with a rather complete bibliography of pertinent works[137] and with two poems of Paolo Schettino. In these poems, Paolo brings out the delusion of how little has been accomplished to inform the people about the risk from future eruptions, and how the quiescence of the volcano makes people forget about its destructive power with the capacity of producing a gigantic catastrophe in the Vesuvius area. These are Paolo's poems.

Sperammo ca quaccuno ce sente

Primma quaccuno diceva
ca era inutile,
quaccuno addirittura diceva:
'Ma chi v' "o ffà fa"?'

E pure nuje stammo ancora ccà
e nun ce vulimmo capacità
'e ce arrènnere
pecché quanno succedarrà 'sta disgrazzia
a nisciuna parte ce putimmo appennere.

E sperammo ca quaccuno ce sente!

E nun sulo cu 'e rrecchie,
ma pure cu 'a capa.
Pecchè sulo accussì ce putimmo salvà,
sulo cu 'a bbona vuluntà

Hopefully someone here is listening

It was said before
not to be preoccupied,
someone even said:
'Who told you to be preoccupied?'

But we are still here
and we don't have the will
to comprehend the gravity of the situation
because when the calamity occurs
we don't know to whom to turn to.

We hope that someone is listening to us!

And not only with the ears,
but also with the head.
Because only like this can we be saved,
only with good will.

Stateve accorte

Quanno t'affacce 'a fenestra
e vide 'stu spettaculo ca Napule te dà
dice: <<Comme so ffurtunato 'a stà ccà!>>
e quanno vide 'sta muntagna te ne annamure
e t' 'a ricuorde pure si a Napule e mancà.

Ma nun saje,
nun può sapè
'stu gigante
che tene dint' 'o core
e chello ca nu juorno te pò ffà.

Pirciò, a tutte quante,
stateve accorte a 'stu 'mbruglione
ca 'nganna 'o core nuostro
cu parole doce e cu tante smangerie,
pecchè sulo isso sape chello ca vo dì
e quanno 'o ddice, 'o ddice bbuono
ca tutte quante hanna sentì.

Be attentive

When you look out the window
and see the enchanting spectacle of Naples
you say: 'How fortunate am I to live here!'
and when you see that mountain you fall in love with
and remember it even if you are far from Naples.

But you don't know,
can't know
what this giant hides
inside its heart
and what one day can do to you.

To all,
watch out for this cheater
that cheats our hearts
with sweet words and many affectations,
because it only knows what it wants to say
and when it speaks it speaks with conviction
that all can understand.

Strillanno forte diciarrà:
< <Sò tturnato, stongo ccà!
Vuje crediveve che ero muorto,
e invece so' vivo!
E mmò, pruvate a me fermà! > >

Shouting it will declare:
'I returned, I am here!
You thought that I was dead
but I am alive!
And just try to stop me!'

E tanno chi 'o pò fermà?
'Sta forza chi ci 'a dà?
Pirciò, stateve accorte
'a stu gigante
e nun ve facite 'mbruglià,
pecchè pe colpa soja
sta città
'na brutta fine 'a pò ffà.

Who can now stop it?
Who will give us this force?
Be thus attentive
of this giant
and don't be deceived,
because of its fault
this city
may succumb to a dreadful end.

D. Evaluation

The experiences of students on the project consolidated their acquired scientific knowledge by making them more active and aware that each individual is a protagonist of his life and thus that nothing concerned with this life should be fully entrusted to others. This project, notes Prof. Mascolo, also produced a great satisfaction for her, because the students grew with the project, from a passive interest to an active involvement.

2.6. EDUCATION OF ADULTS

2.6.1. Volcanic risk survey and GVES

Too many students have graduated from Vesuvius area schools without learning even the basic facts about the volcano and this lack of knowledge is reflected among the lay people and their representatives at the municipal, provincial, and regional governments. In 1990s my colleagues and I conducted a survey[138] of several thousand adults from San Giorgio to Pompei and asked them some simple questions about their environment. These include 'What is Vesuvius?' and 'Where would you prefer to live?' Most people responded that Vesuvius is an active volcano and that it contains lava and gas. They rarely climbed on the mountain, but know that it destroyed San Sebastiano al Vesuvio in 1944. A significant number of them believe that Herculaneum and Pompeii were destroyed by this eruption. About a third of those surveyed think that Vesuvius will give them several weeks of notice before it erupts, while the rest believe that this warning will come in days, hours, and even suddenly. People are afraid of gas, earthquakes, and, what is very significant, that they will not be able to escape in an emergency because of non-functioning communication and transportation systems, and of the resulting panic which will develop all over the territory. People do not know what to do: Leave immediately, wait for instructions, or search for family members. The young prefer to leave for Naples, whereas the adults in the direction opposite to the direction of the dispersal of eruption clouds. About 80% of those surveyed think that they are uninformed about Vesuvius and want that a better future be created where they live and not somewhere else.

I have given seminars to thousands of students and adults all over the Vesuvius area.[139] Many are aware of the existence of Vesuvius Evacuation Plan because this has been politicized through the mass media, but they are not familiar with its details. People are aware that one day they will have to escape, but refuse to deal with this prospect today. This is disturbing, for it demonstrates a failure on the part of those who govern to keep the population informed and on the part of those who are being governed for not taking control of their lives through their representatives. Negative habits of mind have produced this situation, and a massive education on all levels of the society is the only means out of the closing-in inferno.[140]

Through GVES my colleagues and I have been promoting the objectives of VESUVIUS 2000, and education in particular. Some of these activities include the production of a video involving computer simulations of large- and medium-scale eruptions of Vesuvius, publication of newsletters and educational books, organization of seminars for adults and exhibitions for school children, presentations of VESUVIUS 2000 objectives at professional meetings, and organization of scientific meetings.[141] Fig. 2.10(a–d) illustrates some moments from our educational activities on the territory.

2.6.2. MCE-GTV, Prometeo, Sportello Informativo sul Vesuvio

Movimento di Educazione Educativa (MCE) is a national association of teachers and was founded in 1951. MCE is organized into territorial groups and in the Vesuvius area operates since 1970s as *Gruppo Territoriale Vesuviano* (GTV). In the past, this group promoted youth projects in collaboration with *Osservatorio Vesuviano* and hosted teacher formation courses. Its primary goals are to promote education on Vesuvius and pursue innovative educational methodologies. GTV is now coordinating *Laboratorio Regionale Città dei Bambini e delle Bambine* situated in San Giorgio a Cremano.

This laboratory was born in 1994 in San Giorgio a Cremano under the leadership of its Mayor Aldo Vella. This is a laboratory where 'a child is the central subject of a project of the transformation of the territory and thus mitigation of risk. The child can be responsible for all of the diversity, because that what is livable for him is more livable for the adults who are stronger. If listened to very attentively, the suggestions from children represent a formidable instrument in the hands of the adults, and it is therefore not by chance that the laboratory has been educating in the direction of legality, cohabitation with the volcano, and projected participation'.[142] The laboratory is headed by Arturo Montrone and Francesco Langella.

Prometeo is another cultural association which operates in Torre del Greco since 1994. Its members promote a greater Vesuvius consciousness, sponsor public debates, and furnish information on volcanic risk mitigation to the public through the project VESUVINFORM.

In January 2003 the Executive Committee of the Government of Torre del Greco, headed by its Mayor Valerio Ciavolino, passed a law for the creation of Information Window on Vesuvius (*Sportello Informativo sul Vesuvio*). Its function is to '... furnish information to the citizens on the problems of Vesuvius in order to

Fig. 2.10a. Moments from the educational activities on the territory promoted through GVES. From top left in clockwise direction: Flavio Dobran with Arianna Montrone at Granatello of Portici with the boat Giobe in the background, 24 August 1995; VESUVIUS 2000 exhibition at Villa Campolieto, 16 December 1995; teachers Linda Rosi from S.M.S. Diego Colamarino, Torre del Greco, and Anna Ibello from S.M.S. Don Milani, Portici, with their students presenting works on Vesuvius, 31 October 1997; primary, intermediate, and secondary school students participating at the exhibition held at Museo Nazionale Ferroviario di Pietrarsa, 16 December 1997, Portici; Flavio Dobran with students and teachers of Liceo Plinio Seniore of Castellamare di Stabia on Vesuvius, 3 November 1997. Colour version (see colour plate section in the Prelims).

avoid spreading false alarms'.[143] This is the first instance that such an office has been created by a municipality of the Vesuvius area for the sole purpose of helping its citizens become more familiar with the physical aspects of the territory and its history which have been shaped by man and nature alike. The Information Window is in effect a point of referral on Vesuvius, with the goals of reducing the anxieties of the citizens about the volcano and serving as a source of local information

Fig. 2.10b. Moments from the educational activities on the territory promoted through GVES. From top left in clockwise direction: Flavio Dobran with Alan Alda from Scientific American Froniers, filming on Vesuvius, August 2004; with Giuseppe Luongo, with Vesuvius in the background, c. 1997; with Anna Ibello and Annnamaria Trotta at an exibition at San Sebastiano al Vesuvio, 17 May 1998; with Giorgio Formicola above the crater of Vesuvius, 25 June 1998; with Pina, Luigi, and Massimo D'Anniello in Boscotrecase, 5 May 1999; with organizers of the 1998 student exibition at Museo Nazionale Ferroviario di Pietrarsa. Colour version (see colour plate section in the Prelims).

to students working on projects, schools pursuing volcanic risk education, professional organizations, businesses, etc. It recently collaborated with Istituto Comprensivo Statale d'Assisi on the project *Laboratorio di Vulcanologia*, Istituto Tecnico Commerciale e per Geometri Eugenio Pantaleo, and Circolo Don Bosci, all from Torre del Greco. The Information Window on Vesuvius is headed by Gennaro Di Donna and is under the supervision of Giuseppe Sbarra who heads *Ufficio di Informazione del Comune di Torre del Greco*.

Fig. 2.10c. Moments from the educational activities on the territory promoted through GVES. From top left in clockwise direction: Flavio Dobran with Associazione FIDAPA members, Gragnano, 9 January 2003; with students and teachers of Liceo Scientifico Don Milani, Gragnano, 7 January 2003; receiving an award from the secondary school Liceo Clasico de Bottis, Torre del Greco, 22 January 2004; with students and teachers of secondary school Istituto Tecnico Commerciale P. Levi, Portici, 21 January 2004; students and teachers of secondary school Luigi Sturzo, Castellammare di Stabia, 2004. Colour version (see colour plate section in the Prelims).

2.6.3. From possible cohabitation to planned participation

As a retired schoolteacher, Tullio Pucci still devotes considerable time to the educational initiatives on the territory and actively collaborates with many local cultural organizations. He is one of many Vesuvians for whom the volcano evokes a unique sense of belonging, where man and nature form an inseparable relationship. For Pucci, the complexity of the problem is such that this cannot be solved by the

Fig. 2.10d. Moments from the educational activities on the territory promoted through GVES. From top left in clockwise direction: VESUVIUS 2000 forum 2004, Villa Campolieto, 2-3 September 2004; Valerio di Donna lecturing; Ida Mascolo, Flavio Dobran, Gelsomina Sorrentino, Antonio Nisida, Arturo Montrone, Leandro Limoccia, Pietro Sarnacchiaro; forum participants in front of the Marine gate at Pompeii, with Tullio Pucci wearing a white hat; forum participants; in the group picture some individuals in the front row are Gennaro di Donna, Vincenzo de'Novellis, Giuseppe Luongo, Concetina Nunziata, and Annamaria Scorza; Annamaria Imperatrice and Flavio Dobran at the forum of Pompeii, with Vesuvius and forum participants in the backgroud. Colour version (see colour plate section in the Prelims).

present generation alone. Vesuvius must become an integrating background of a complex reorganization of the territory. The educational method cannot be that of an authoritarian indoctrination or the campaigns of generic information on risk, because there isn't a single Vesuvian who doesn't know that Vesuvius can explode. The educational approach must traverse one's emotional state in order to arrive at cognition and at the level that is superior to consciousness.[144] Fear shared by many, writes Pucci, is diffused among many and makes one having less fear than if one were confronting alone the same fearful situation. Pucci sees presence, memory, knowledge, and cohabitation as the key elements of a suitable educational scheme on Vesuvius.

The 'presence' signifies that each Vesuvian must bring out and give form to the volcano, whether in an imagined, loved, hated, or fearful sense. This will allow for passing from a subjective to an objective presence of the volcano, and by collecting all individual diversities it is then possible to produce a real sense of presence that belongs to everybody, because it is a part of everyone. The 'memory' is an emotional appropriation of roots; that which belongs to a history and to a territory. For example, the ruins of Pompeii attach emotions because they bring to life a memory of human presence which we can almost touch and experience. And it is such a state that the Vesuvians must experience in order to bring to light the 'Vesuvius consciousness'. The 'knowledge' can then be deepened in various ways: From science to history, but first of all through a close encounter with the volcano, its lavas, its forests, its vital heartbeats. This educational approach, Pucci concludes, leads to the cohabitation, or better, to an easier and more mature coexistence of those who choose to stay on the territory and reorganize the environment into a sustainable community.[144]

2.6.4. Technology education

2.6.4.1. Technology

Technology is the process by which people modify nature to meet their needs and fulfill their desires. For most people, however, technology is measured in terms of tangible products such as computers, cell phones, automobiles, aircrafts, bridges, skyscrapers, to name a few. But technology is more than products; it also includes knowledge and processes used to create and operate the artifacts; transportation systems used to move raw materials, finished products, and people; infrastructure systems necessary for the design, manufacture, operation, and repair of technological products; health care and business systems used by humans to maintain healthy and productive social and cultural environments.[145] Both science and engineering contribute to technology: The former by using the accumulated knowledge over time and the scientific inquiry that generates knowledge about the real world, and the latter because it uses knowledge of the design and processes of solving problems. Innovation is the transformation of ideas into new and useful products and processes, and thus is also a part of or closely related to technology.

A safe and prosperous environment for Vesuvians cannot be produced until political decision-makers and people themselves become aware how technology can shape their future. Escape routes, systems which stop or divert lava and pyroclastic flows, or safe habitat(s) cannot be built without city planners, architects, environmentalists, and civil, electrical and mechanical engineers with their knowledge base, capabilities, and imaginations. The geologists can contribute toward this process by supplying their knowledge about the volcano, but not to the extent of technologists who have the means of creating a survivable and livable environment for the people of the Vesuvius area. But this is hardly realized by the administrators and people of the territory, since they are placing their lives into the hands of those who are as blind as they are. This is a tragedy that will persist until it is realized that technology alone, and not the geologists or geophysicists, can protect the Vesuvians from future eruptions and preserve their culture. In a democratic society, the citizens need technological tools to participate intelligently in decision-making, while the people's representatives in local and national governments, businesses, and media need them to make or influence decisions that affect many others. Without having confidence in their abilities to ask questions or think critically about technological developments, the public can hardly participate in shaping its future and is left on the mercy of autocrats.

2.6.4.2. Technological literacy

We use technology every day, but very few of us know how the information is transmitted when we click on a mouse or make a phone call, what happens when we push a gas pedal of an automobile, or even how to replace or reset an electrical fuse in our homes. Many of us are in effect technologically illiterate and thus fail to realize the implications. Technological literacy can be measured in terms of three closely related things: Knowledge, ways of thinking and acting, and capabilities[146] (Fig. 2.11). These three dimensions are interrelated, for an individual with technological capability also knows something about the working of the technology and thinking and acting technologically, or a person who can think about technology also has some knowledge of science and engineering that define technology. Every technologically literate person has a unique combination of these three elements of technology, which are determined by his formal education, work that he does, his life experience, and his society and culture. This literacy moreover changes with time as new demands are being placed by the changing environment.

Technologically literate individuals are familiar with basic concepts of technology. One such concept is the system, or components that work together to produce the desired function. A system can be a car, a computer, a volcano, a volcano and people surrounding it, escape routes, and so an, and it can thus be simple or complex, or local or distributed with many interrelated components. Another concept is the technological design process. This includes certain criteria with various constraints, such as time constraints and financial limits, methods and degrees of protection of human or natural habitats, or priorities in protecting human patrimony. All designs involve tradeoffs and sometimes these can produce undesirable or unwanted consequences. Automobiles, for example, have created a more mobile society, but also air pollution. Technology thus influences changes in society and has allowed humans to go from the Stone Age, to the Bronze Age, to the Iron Age, to the Industrial Age, and most recently to the Information Age. And what the

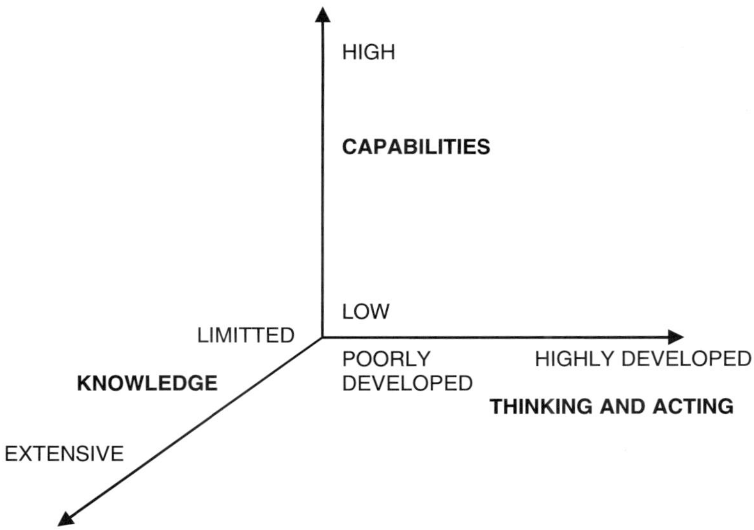

Fig. 2.11. Three dimensions of technological literacy include knowledge, thinking and acting, and capabilities.

Vesuvians need to do in the twenty-first century is to bring about the Protection and Prosperity Age to their territory. They need to recognize that society shapes technology as technology shapes society. All technologies have both costs and benefits, and technologically literate people should know how to weigh properly one against the other. The Vesuvians should, therefore, be able to weigh pros and cons of evacuation plans that promote emergency culture against VESUVIUS 2000 that promotes security and prosperity. Both of these choices can be quantified in terms of costs and levels of protection of humans, territory, and culture. Technologically literate Vesuvians should be able to weigh these factors and understand how the technology can be made to reflect the values of their culture. Past generations of Vesuvians have helped shape the Western Civilization and it is the duty of present and future generations to continue in this tradition.

The purpose of technology education is to teach individuals about technology. This is not the same as educational technology which is the use of technology to help people learn more about a subject they are studying. Technological literacy is also not the same as technical competency, for the former is the capacity to understand the broader technological world rather than an ability to deal with this world in small pieces. An expert in a certain field may know how a particular part of the system works, but to be able to comprehend a complex system with social, political, or cultural dimensions is another story. For example, the architects of Vesuvius Evacuation Plan[147] may be good naturalists, but they are not competent technologists because their plan is unreliable from the engineering, social, and cultural perspectives.[148] And if the Vesuvians were technologically literate they would not have permitted their representatives to hide behind such a plan which is only producing scientific and cultural damages. Technologically literate Vesuvians would ask pertinent questions regarding the evacuation plan's benefits, risks and tradeoffs, seek more actively information about alternate technologies (VESUVIUS 2000), and participate proactively in the choices of their representatives. With a higher level of technological literacy in the Vesuvius area, the people in position of power would manage the volcanic risk in a manner that maximizes the benefits to the public, rather than special interest groups. The population would understand that science and technology are the foundation of economic growth and that by supporting VESUVIUS 2000 would bring about this growth. Any literacy empowers people and gives them tools to take a better advantage of the changes around them.

2.6.4.3. Educating for VESUVIUS 2000

VESUVIUS 2000 is an interdisciplinary feasibility study for the Vesuvius area that aims to produce a safe and prosperous habitat for about 1 million people around the volcano.[149] This requires establishing safe areas around Vesuvius and creating new urban plans and city designs where the majority of the people can be resettled and prosper with the establishment of new economic opportunities. The realization of this extraordinarily complex technological project requires supports from local, national, and European Union governments. Such a volcanic risk mitigation project is a far cry from simple-minded evacuation plans and requires a high degree of technological literacy on the part of people's representatives in order to support its objectives. Our technological tools increased slowly until the eighteenth century and then by the end of the nineteenth century we had locomotives, steamboats, telegraph, telephone, transcontinental railroad, internal combustion engine, suspension bridges, automobiles, and many other artifacts that we now take for granted but were seen then as being miracles of the age. By the end of the twentieth century we added another panoply of artifacts to our disposal: Nuclear power, aircraft, voyages to the Moon, genetically modified foods, artificial implants, computers, and cell phones, to name a few. Many of us use some of these artifacts without even knowing how they work and why, because most modern technologies are designed so that the users do not have to know how they work. And yet, we are confronted with the Vesuvius problem and with the ignorance that is preventing the modern technology from being used for the benefit of Vesuvians.

We have a misconception in the Vesuvius area in that the technological change is disconnected from the human influence. Those who 'manage' the risk in this area apparently believe that the technology has little if any input from them, or that the technology affects the society; they believe that the technology follows its own course. 'If we perceive technology through the lens of [this] technological determinism, we cannot weight the risks or costs associated with a technology or its benefits';[150] we cannot judge between evacuation plans that promote emergency culture and VESUVIUS 2000 that promotes security culture. In almost every situation a technology can be advantageous for some and disadvantageous for others, and if we cannot weigh properly these options we cannot use technology for our benefits. The Vesuvians must, therefore, give a careful consideration of possible advantages and disadvantages of different volcanic risk mitigation strategies, for even a perfectly sensible choice can lead to undesirable consequences. This is a difficult decision for many and requires very careful scrutiny of planners and designers and the public in particular.

How and where does one learn about technology? One should begin learning technology at a very early age (primary school) and then mature throughout the school years. This should be accomplished through the exposure to technological concepts and hands-on, design-related activities, where the student acquires knowledge, ways of thinking and acting, and capabilities that are consistent with technological literacy. Problem-solving and design approaches are useful for more mature students at the university level. Problem-solving requires the exercise of knowledge that is specific to the problem being solved and knowledge that transcends this problem or discipline. Design, on the other hand, requires new elements of materials and systems that relate to one another. Given all of these requirements and results based on incomplete surveys, the conclusion is disheartening: We value very little technological literacy and consequently even our best industrialized nations have not achieved it.[151] This is, of course, not to say that some technology is not being taught as a theme of other disciplines such as science, in formal technology education classes, in technical-career preparation programs, and in post-secondary educational environments. But for the majority of us who are out of school we can informally educate ourselves through the visits to museums and science centers, television, newspapers, technical magazines, and other media.

The available evidence suggests that public participation in technological decision-making can indeed influence policy-making.[152] A good example of the collaboration between legislators and public is the Boston Central Artery and Tunnel Project.[153] Its design stage had gone through the Environmental Impact Statement or feasibility study where it was widely circulated by the managers of the project and reviewed by public and environmental and business organizations, before the federal government granted billions of dollars for construction. This is what VESUVIUS 2000 intends to accomplish for Vesuvians, but the lack of technological literacy and foresight of risk managers prevents this from happening.

2.7. CONCLUSION

In our overview of education we have examined several educational ideas, kinds of understandings capable by our minds, and educational methods suitable for teaching primary, intermediate, and secondary school students in public schools. As an educational idea, socialization aims at preparing students to become good members of society: To respect its values and adopt to its norms. In the Platonic idea, education should not only involve producing good and effective citizens, but also having the students acquire that knowledge which gives them an increasingly abstract and rational view of reality. In the natural education of Rousseau, learning is focused on each student's ability to discover the natural world for himself, rather than on acquiring knowledge of civilization. These three educational ideas are, however, mutually incompatible, and what the schools have done is compromise between socialization, rigid academic program, and developing natural potential in each student.

As humans, we first adapt to language through mimetic skills or mimesis and slowly begin acquiring mythic understanding by forming images of reality based on such tools as binary opposites, fantasy, or rhythms. Gradually, the external culture of the society begins to work on students' psychological processes and this is how they begin to understand reality around them. As the children get older they begin to sense pressures from the world around them and tend to associate with the characters or things that transcend human experiences. This romantic association with the heroes and limits of reality is prevalent between the ages of 8 and 15, and the teachers should take advantage of this learning capability when devising school curricula. By the age of 15 or so the students begin to question the limits of reality and tend to investigate how and why the world around them works. With a proper supportive environment around them, the students of this age group can acquire philosophic understanding and the teaching process should include general schemes how things work or function and what are the limits of these schemes. The Industrial Revolution produced mass education and a progressivist view of utilitarian knowledge where the schools must promote effortless learning and prepare skilled workers for the new 'progressivist' society. Vygotsky informs us that the mind reaches its potential only when it interacts with the social and cultural elements of the real world environment and that it is the internalization of the external world that leads to one's development.

Primary, intermediate, and secondary school students should be, therefore, taught with the tools of mythic, romantic, and philosophic understanding, respectively, with the external cultural symbols playing a critical role in forming students' imaginations of real world objects and processes. In teaching students Vesuvius, we should capitalize on these cognitive tools by gradually mapping Vesuvius and its environment in students' imaginations from simple binary qualities to complex schemes that integrate science, technology, history, and economics, for the purpose of producing individuals capable of contributing to the safety and prosperity of the territory. For each age group of students, we defined a teaching methodology and presented several examples of the applicability of these methodologies in Vesuvius area schools.

There are several cultural organizations operating on the territory and promoting information and education on Vesuvius through schools and public seminars, students' exhibitions, and professional meetings. These organizations often collaborate and jointly are contributing to the creation of Vesuvius-conscious citizens. The Vesuvius area citizens of today are, however, poorly educated about the volcano, and what needs to be accomplished is to eliminate the fear and improve the socio-economic conditions of the people around the volcano. This requires Vesuvius consciousness and technological literacy, both of which are lacking on all levels of the society. With our plastic minds ready to internalize the external elements, and with correct, persistent, and widely distributed educational efforts, it is indeed possible to transcend the current culture of resignation and negative habits of minds and produce in several generations security-conscious Vesuvians. Only then will we begin to notice our potentials, provided, of course, that the volcano continues sleeping on.

NOTES

1. Donald (1993, p. 10). In his *Origins of Modern Mind*, Donald synthesizes a vast amount of data from anthropology, paleontology, linguistics, cognitive science, and neuropsychology into an account of major cognitive transitions of hominid history and how these transitions shaped the development of new forms of culture.
2. The most serious mental habits are patronage and conformity, for these promote inaction, complacency, and little recognition of abilities and worthy enterprises for the territory. Organized crime strives under these conditions and distances investors from the territory. The end result is social degradation with few prospects for achieving security and prosperity. For more details, see Chapter 1 (Dobran, 2006).
3. A security culture is fundamental for achieving the objectives of VESUVIUS 2000. This requires citizen awareness and participation, and working toward the creation of a sustainable habitat.
4. The most famous of all of the martyrs of the Vesuvius area is San Gennaro (Gleijeses, 1990, pp. 82–84). He was born as Januarius in Naples, sometimes during the second half of the third century from a noble family of Benevento. By the beginning of the fourth century Januarius was already a bishop of Benevento, and when in 303 the Roman emperor Diocletian issued an edict that ordered persecution of Christians Januarius disobeyed it by making a visit to an imprisoned deacon in Miseno. For this he was arrested and later condemned to dismemberment. On 19 September in *temporibus Diocletiani* (the years of Diocletian) and with several other deacons he was decapitated near Solfatara (a volcanic crater located in the Phlegraean Fields) and his blood saved in two ampules. When 10 years later the new Roman emperor Constantine abolished all religious persecutions, the legend says that the remains of Januarius were placed in catacombs (these are now called the Catacombs of San Gennaro and can be accessed from the Church Incoronata at Capodimonte) and that his blood liquefied for the first time. His remains were subsequently placed into the family tomb near Capodimonte with an inscription that they belong to the bishop Gennaro. With time his resting place became well known and many Neapolitans wanted to be buried in the volcanic tuff close to his tomb. Today, the relics of San Gennaro can be venerated in the Treasury Chapel of San Gennaro in the Cathedral of Naples.

As a saint, San Gennaro has been called upon to make miracles whenever the people of Naples and surrounding towns needed justifications for their actions. This may involve saving the people from pestilence, famine, erupting volcano, invaders, economic and social problems, etc. The miracle is called through a procession that exhibits his statue and blood, and if on this occasion his blood liquefies it is believed that the omens are good and that the miracle will be fulfilled. And each time that the miracle did not come about something tragic happened to Neapolitans: In 1527 a pest killed 60 000 people, in 1560 Turks invaded, in 1666 and 1764 famines stroke the city, in 1856 many perished from pestilence, in 1962 died the cardinal archbishop, and in 1968 the blood liquefied only a day later and everything turned out well for the protesting poor. In 1944 the inhabitants of San Giorgio a Cremano called upon the Saint to stop the lava flowing toward their city; the flow stopped but invaded and destroyed completely the surrounding town of San Sebastiano al Vesuvio. Each year on the 19th of September the Neapolitans celebrate their saint in a procession that culminates with Naples' Cardinal displaying the blood ampules of San Gennaro, hoping that it liquefies.

5. Thomas Kuhn identifies a 'paradigm' as an achievement that attracts an enduring group of adherents away from competing modes of activity and being sufficiently open-ended leaves problems for the redefined group of practitioners to resolve. A 'paradigm shift' can produce a revolutionary change in the methods that a group uses as its tools of trade. The new tradition that emerges from the old one is not only incompatible but often 'incommensurable' with the old one. Incommensurability is a blindness or a 'barrier' to seeing what the other side is saying (Kuhn, 1996, pp. 10, 92, 103).

6. The history of modern Italy is objectively presented in Clark (1996) and Kesselman et al. (1997). See also Di Donna (2006). Here is a summary of this history.

The unification of Italy in 1870 produced a liberal country which after 50 years was replaced by fascism. World War II produced the death of fascism and Italy became a republic with a new constitution but old institutions. Forty years later, when the Cold War ended and Berlin Wall collapsed, the Italians found themselves again in difficulty and began debating about the Second Republic, while giving power to those who were excluded in governing the post-war First Republic. The adoption of a new constitution requires changing many institutions of liberal and fascist Italy, but the Italians are not yet ready to make such a dramatic transformation. This is unfortunate, however, for the heart of the Vesuvius problem is deeply rooted in these institutions.

Resurgence (*Risorgimento*) unified Italy, with Victor Emanuel II of Savoy as its first monarch, and produced a country with different regional societies, economies, cultures, and religious practices. The country had few skilled workers and its economy depended on the international prices of its products. About 60% of active population worked the land, 70% were illiterate, 98% were Catholics, and the suffrage was very limited. The north had better agricultural and industrial economies and developed more rapidly than the south (*Mezzogiorno*) because of its proximity to the more developed nations such as France and Switzerland, de-industrialization of the south in face of new competition and opportunities for migration, and neglect of the south by the state. The north was becoming more industrialized and the south more rural, in spite of very large land areas which were expropriated by the state from the ecclesiastic estates and sold through local councils to landowners, merchants, and lawyers who were usually the councils themselves. The south's *latifundias* (large landholdings) with their oppressive landlords were left intact and, in exchange for votes, free to pursue their own interests while the north was developing.

The largest city in Italy was Naples with about 500 000 inhabitants and about half of the country's population were women who also comprised half of the industrial workers. Most Italians could not understand or speak the language from another region until the state began creating a state-run school system which by 1911 decreased the national illiteracy level to about 40% and in Campania to about 55%. At the same time there were embarrassingly many universities, most of them teaching law and medicine. There were only local and provincial newspapers. The national newspapers eventually emerged from political debates that were conducted in *caffès* or *circolos* by the middle-class society. Rural leisure interests focused on the traditional Church feast days, processions, and passion plays of the lives of patron saints, whereas the games, such as *pallone* and *bocce*, were widely played on Sundays. Free street entertainment was widely diffused in many towns, such as Naples where this tradition is still alive.

The state was run by the liberal Piedmontese or northern establishment whose ministers, deputies, civil servants, judges, and academics were often the same people who only traded posts among themselves. These individuals relied on personal contacts, on the old-boy network and Masonic links, and failed to train a successor establishment with technical abilities. The principal weakness of the top government was its unwillingness to make concessions at lower levels. Sixty-nine provinces were headed by Prefects who were appointed by the central government, and each province supervised municipalities (*comuni*) which had mayors (*sindaci*) that were appointed from council members. Although *comuni* exercised a very important role in education, public works, land distribution, and social and medical services, they were also chronically short of money, perhaps by a deliberate government policy to control them. Similar to local governments, the Chamber of Deputies, or Lower House of the Italian Parliament, was essentially the home of influence in domestic matters where *trasformismo* (building majority in parliament by winning over enough deputies irrespective of political affiliations) was fully practiced. The art of government thus shifted between buying deputies and buying votes, or creating and holding together a shifting coalition of support by persuasion and patronage. The southern government strongly depended on patronage (*clientelismo*), or personal relationships of obligation between the client individuals or families and their powerful protectors, patrons, and Mafia bosses who exploited peasants with the helping hand of local police (*carabinieri*) during riots. Peasant revolts were brutally suppressed. In reality, the Liberal Italy did not really exist and the loss of Naples' autonomy after the unification brought a strong economic decline in *Mezzogiorno*.

By the beginning of the twentieth century Italy experienced a significant economic growth, but not an Industrial Revolution. This growth was caused by the utilization of new techniques of Industrial Revolution for manufacturing industrial and textile products and a shift toward heavy industry. But by 1914 Italy was still an agricultural state, with its most important product cotton. Banks used foreign capital and techniques, contributed significantly toward the development of hydro-electric and steel industries, and the politics came to be dominated by a handful of giant firms, organized in trusts.

Italy was still not a nation-state by 1914. Forty percent of people were still illiterate and spoke only dialect, a popular press barely existed, there was no general broadcasting in spite of Marconi's invention of the wireless, there were too large social and economic gaps between north and south and between urban and rural areas, too many relied on income from family members abroad, the social welfare system did not work, and Italy was becoming a country of institutionalized or legally guaranteed privilege. The Liberal State survived throughout the Great War, but its death came soon afterwards because of the poor politics of her statesmen in the midst of changes produced by the Great War. The liberal regime introduced universal male suffrage and a new electoral law which after the 1920 elections showed very strong Socialists and Popolari gains, and significant gains from Communists, Radicals, and Fascists.

The National Fascist Party (*Partito Nazionale Fascista*) was found in 1921 and by 1922 gave its *Duce* (leader) Mussolini a real political base. It consisted of fiercely independent and different para-military groups recruiting from the urban middle class and small owners. These were run by local bosses who were intransigent and increasingly a menace to the public order as well as to the Socialists and their organized unions. By 1924 Mussolini not only succeeded in bringing various fascist factions under control and making the Fascism 'respectable' and parliamentary, but also destroyed and discredited the main opposition parties and won others to his cause. The Catholic Church was the greatest obstacle to the regime and had to be integrated in 1929 when Mussolini signed the Lateran Pacts. These pacts set up a separate sovereign state of Vatican City, provided a financial compensation for the loss of Church's pre-1870 territories, brought religious education in primary and intermediate schools, and Fascists obtained recognition from the ecclesiastic authorities. Although the Church supported the Fascist wars in Africa and Spain and anti-Semitism, she also played a very important role in defining future Italian politics by training a Catholic student movement with the objective of preventing Fascist monopoly of student elite. This bore fruit after World War II when the members of this organization (Aldo Moro, Giulio Andreotti, Francesco Cossiga, and others) led the post-war Italian nation. A new Catholic ruling class was therefore being formed as the Church embarked on reconquering the Italian society.

When *Duce* joined Germany and Japan in an alliance on 28 May 1940 he was convinced of German invincibility and could not seat around while the map of Europe was being redrawn. The Vesuvius area first experienced World War II from British bombers on 1 November 1940. The raid did not produce much damage, but a great deal of fear. When the United States entered the war the things changed, however. Over 100 bombing raids over Naples and vicinity had in 4 years produced more than 25 000 deaths and immense destruction (D'Ambrosio, 1995). But in 1943 Italy managed to come to the side of the winners by getting rid of Mussolini and Fascism, after nearly 300 000 Italians lost their lives in the war. By 1946 the anti-Fascist parties established a Republic and by 1948 Italy had a new constitution.

The Republican Italy was governed by a new conservative regime made of Christian Democrats (*Democrazia Cristiana*) and a parliament of local government similar to that of the nineteenth century (Caciagli and Kertzer, 1996). It also practiced the politics of compromise and patronage, and of granting favors and buying support. The Italian Resistance movement carried an enormous post-war prestige for it liberated the north from Fascism and set the stage for a new post-Fascist Italian constitution based on a multi-party system. Vatican also played an important role, for through the Catholic Action reached thousands of Catholic lay organizations and united them into the Christian Democratic Party. In order to stay in power without being a major party, the Christian Democrats had to bypass the inherited, slow-moving, and inefficient civil service dominated by the southerners by inventing a system of special agencies to run welfare services and large sectors of the economy.

France, Germany, Belgium, Luxembourg, the Netherlands, and Italy formed the European Economic Community (the Common Market) in 1957 for the purpose of eliminating tariff barriers or integrating economies. During the following years, other European nations joined the Community and in 1981 European Parliament was elected. With the Maastricht Treaty, European Union made plans to establish a central currency and in 1999 formed a central bank with *euro* as the currency. The present members of the Union have over 300 million people and a combined gross national product close to that of the United States.

The civil service, which in pre-Fascist times had been small and northern, became big and southern, creating a hostility between northern ruling politicians and permanent southern administrators. In 1950s the civil service could be bypassed by the agencies, but in 1970s it was much more difficulty to do this, as Christian Democrats became weaker and deprived of abundant resources. An important legacy of Christian Democrats remains the huge fund for the south which aimed at industrializing the south, but producing instead a post-industrial south. This state-financed program of about 6 billion *euros* (bitterly opposed by northern industrialists) called upon the state-owned firms to direct 60% of their new manufacturing investment and 40% of their total investment to the south. This led to the construction of large capital-intensive industrial complexes which unfortunately managed to produce too few jobs for the southerners who had to emigrate to northern towns, Europe, and Argentina in search for these jobs. As it turned out, it was not the industrialization which improved the life of southerners, but 4 million or about 10% of emigrants who were able to send relief back home, eradication of malaria in the late 1940s, better transportation, and massive welfare. The south had acquired a modern economy, but not a modern southern work force with the ability to run the economy and produce the growth of small businesses for the purpose of creating new jobs.

By the turn of the twentieth century Italy became the world's fifth industrial power, but still had weakness in practicing the patronage and subsidy in public sector, unworkable health care, unreformed pensions, and malfunctioning communication systems. Government spending was also too high, which after the European recession of early 1990s required enacting tough new measures to cut spending, freeze wages, and increase taxes. For Italy these were difficult times as she now had to be led by the governments of technicians, consisting of the former Treasury Minister Giuliano Amato (1992–1993) and former Governor of the Bank of Italy Carlo Azeglio Ciampi (1993–1994) under whom a reform of the electoral law took place. Italy could not anymore even meet the monetary criteria of the Maastricht Treaty and in 1993 she left the European Monetary System. In 1998 she qualified, however, to enter into *euro* that began in January 1999.

When the post-World War II regime based on Christian Democratic practices and values collapsed in 1992–1993, the future of the First Republic began to be questioned. Old parties could no longer provide jobs, parliament lost a great deal of its legitimacy, the challenge from the League with its threat of federalism, the institutions, already with little prestige, lost even more, and the anti-Fascist and anti-communist foundation of post-De Gasperi governments had been undermined. Despite changes in the electoral law, the new party system continues to remain fragmented. Italy also has to adjust to the rules of the European Union, begin dealing with foreign immigration, and control new forces in the north and old ones in the south if she wants to remain united.

The most important Italian divisions are regional. Red areas are not located in the industrial heartland of the northwest, but in the central regions of Tuscany, Emilia-Romagna, and Umbria. On the other hand, the Church and religion are most deeply rooted in Veneto and Lombardy. The northern League is an outgrowth of several leagues from northeast and center that were united with the strongest, the Lombard League. The biggest regional division is, however, between the north and the south, where the south has a distorted class of social structures that has rendered southern policies vulnerable to patronage networks. In 78 provinces there are about 8100 municipalities or *comuni* whose mayors, until recently, could not be directly elected by the people. Since the electoral law of 1993, the towns with more than 15 000 inhabitants can elect their mayors directly and their parties can receive 60% of the seats on city councils. Before the regional reforms, *comuni* were often controlled by the prefects who instituted and dissolved *giunte* (cabinets), but after the reforms the municipalities are over-sighted through the committees working with prefects. Under the second Berlusconi government (2001–2006), both the local and regional governments in Campania are governed by the Center-Left opposition parties and its attempted reforms of institutions are bitterly contested.

7. We will have more to say about these educational methods shortly.

8. Egan (1997, pp. 3, 10).

9. Durkheim (2002, p. 12). Durkheim in his turn of the nineteenth-century lectures at Bordeaux and Sorbonne outlined his vision of moral education. Morality, he declares, 'consists of a system of rules of action that predetermine conduct' (p. 24). The fundamental element of morality is the 'spirit of discipline' (p. 31) and the second element is 'attachment to social groups' (p. 64 ff). Discipline imposes a restraint on the child's behavior; it sets limits to his desires and goals of his activity, and sets the condition of happiness and of moral health (pp. 43, 44). This places the child in harmony with the physical environment and social world, for society is the 'normal goal of moral conduct' (p. 60) and a combination of elements that transcend the individual characteristics of its members. The child must therefore attach to social groups to experience the moral characteristics of the society (p. 65).

10. Ibid., p. 124.

11. Ibid., pp. 134, 143.

12. Ibid., p. 167.

13. Ibid., p. 233.

14. The *Republic* of Plato (1992) is thought to be written c. 380 B.C. and when reading it, it is important to understand the times when it was written. Plato was only a year old when the great Athenian statesman Pericles (495?–429 B.C.) died. During this 'Periclean Age' (also called 'Golden Age of Pericles', 'Golden Age of

Athens', or 'Age of the Greek Enlightenment'), the philosophers Anaxagoras (500?–428 B.C.), Protagoras (481?–411? B.C.), Empedocles (490?–430? B.C.), and Socrates (469?–399 B.C.) were exploring and teaching the 'truth'; Hippocrates of Cos (460?–377? B.C.) tried to teach medicine; Sophocles (496?–406 B.C.) and Euripides (480?–406? B.C.) wrote tragic poetry and drama *Antigone* and *Medea*; and the Athenians built on a hill the Acropolis. And then the plague and the Peloponnesian War (431–405 B.C.) resulted in the conquest by Sparta and Athens was stripped of her fleet, fortifications, and democracy. When in 404 B.C. Plato was only 24 he saw Athens as a conquered city, with the Periclean Age brought down to her knees, even though the Spartans never repressed or enslaved the Athenians or imposed their military way of life on them. And 5 years later, in 399 B.C., when Socrates was convicted of instigating the Athenian youth against the state and made to take the poisonous hemlock, Plato could never forgive this state and in his utopias hardly ever permit the freedom of speech. Plato's hero could not plead the principle of free speech in his defense, because this privilege belonged only to the enlightened few and not to benighted many that could have produced a victory for the Athenian democracy in which Socrates did not believe. In his scholarly work *The Trial of Socrates,* Stone (1988) states: 'This was Socrates' triumph and Plato's masterpiece. Socrates needed the hemlock, as Jesus needed the Crucifixion, to fulfill a mission. The mission left a stain forever on democracy. That remains Athens' tragic crime'.

15. Plato (1992, p. 178, 505a).
16. Ibid., p. 211, 540a.
17. Rousseau (1956, p. 5). Rousseau's *Emile* was published in 1762 and shortly thereafter was ordered burned in Paris and Geneva. And yet it survived and endured ever since, because it exerted a great influence on the course of educational thought and practice. The book deals with the education of a French boy named Emile, from infancy, to boyhood, through teens before and after puberty, and ending with marriage and manhood. Through Emile, Rousseau championed individualism in education, but in other books such as *The Social Contract* (Rousseau, 1968) he saw the need for an acceptable national education that is complementary to the tutorial system advocated in *Emile.* As any other book, *Emile* too needs to be placed into the times when it was written; when the mass education was not yet established as a state-supported enterprise.
18. Voltaire (1966), Diderot and d'Alembert (1751–1772).
19. Dewey (1981, p. 444–445).
20. Egan (1997, p. 20).
21. Dewey (1981, p. 488).
22. Donald (1993, p. 98).
23. I relied on Donald (1993, Chapters 4–6) for this summary.
24. Donald (1993, p. 168).
25. Ibid., pp. 119, 122.
26. Ibid., pp. 202–212.
27. Ibid., p. 215.
28. Gregory (1981).
29. Donald (1993, p. 268).

30. Vygotsky (1978, p. 52). Lev S. Vygotsky was a Russian psychologist of the first half of the twentieth century who explored the phenomena of memory, speech, play, learning, and education of children. His stimulating writings are still attracting cognitive psychologists and educators as reflected by the number of books that deal with Vygotsky's method. For recent developments in language and memory, see Cognition and Behavior (2004) and Evolution of Language (2004).
31. Vygotsky (1978, p. 55).
32. Ibid., pp. 57, 128.
33. Ibid., p. 93.
34. Egan (1997, p. 36).
35. Yoke (2000, p. 11).
36. Ogden (1976, p. 20).
37. Friedrich Nietzsche (1844–1900) was a Prussian philosopher and much of his thought is devoted to working out the consequences of the loss of absolutes (Cahn, 1995, pp. 1247–1270).
38. Brown (1991).
39. Aristotle (Rhetoric, 1410b).
40. For creation myths around the world, see Sproul (1991). For Greek and Roman mythology, see Hamilton (1989).
41. Egan (1997, pp. 67–68).
42. Vygotsky (1978, p. 87).
43. Ibid., p. 89.
44. Ibid., pp. 81–83.
45. The great Roman statesman, orator, and author Marcus Tullius Cicero (106–43 B.C.) called Herodotos 'patrem historiae' (the father of history). Herodotos (c. 484–426 B.C.) was born at Halicarnassos in Caria in the southwest corner of Asia Minor. He traveled extensively in Egypt, Middle East, and Black Sea, and although he was not the first to write history he was the first, however, to write the first masterpiece of Greek prose. Herodotos' *Histories* (Herodotus, 1996) is an account of the gigantic conflict between Asia and Greece, from the time of Croisos (King of Lydia, 560–546 B.C.) to that of Xerxes and the end of the Persian Wars in 478 B.C. when the independence of Greece was secured. He wrote his *logos* (story or history) by witnessing many episodes of the conflict between Persia and Greece, and described both sides objectively, depending on oral tradition, and speaking through the witnesses. *Histories* is full of Greek and Near Eastern folklore, and is comparable to the books of great travelers such as Marco Polo. Herodotos is candid, prudent, and frequently indulging in picturesque details, and because he was on the mercy of dragomans his accounts are less accurate than we would expect today of a similar book. The glory of Herodotos lies in his description of men and different nations and of their manners and customs: How man solve their problems, feed themselves, what kind of garments they make and wear, what kind of houses do they build, their sexual habits and family connections, why do they behave as they do, how they pass from childhood to adolescence, from celibacy to marriage, from manhood to old age, how do they dispose of the dead, and so on. As Sarton remarks: Herodotos 'may not be the father of history, but he is certainly the father

of ethnology' (Sarton, 1993, p. 312). *Histories* is in effect an engrossing romantic novel based on real-life events.
46. Ong (1971, p. 255).
47. Egan (1997, p. 93).
48. *Rediscovery of Herculaneum and Pompeii, Grand Tour, William Hamilton*

Rediscovery of Herculaneum and Pompeii

In 79 A.D. the 24th of August was an official holiday celebrating the birthday of the deified emperor Augustus and, ironically, the day after the feast of Vulcan, the Roman God of Fire. The Gods could not have chosen a more appropriate day to bury Herculaneum and Pompeii, perhaps to punish the inhabitants of these towns for practicing open prostitution and sexual activity, painting nudity (no fig leaf was necessary), displaying scenes and situations that are pornographic in the Judeo-Christian tradition, displaying everywhere the erect phallus as a potent charm and symbol of fertility: On jewelry, in paintings, on statues, on shop signs, on door entrances. The Villa of the Mysteries close to the Herculaneum Gate in Pompeii was used for practicing religions that were not approved by Rome. These included worshiping Bacchus, the God of Wine, and transforming feasts into rituals. After Pompeii was buried under more than 4 m and Herculaneum under more than 10 m of pyroclastic material, the Roman emperor Titus dispensed aid to the survivors and sent search teams to Pompeii to recover valuables. But a year later when these teams were recalled the ruins were left to robbers and looters, as the scavengers relatively easily dug wells in loose layers of pumice and from there horizontal tunnels from room to room in the buried houses. The consolidated material over Herculaneum was, however, more difficult to penetrate and looting was much less effective. The names of Pompeii and Herculaneum persisted in the memory of local peoples, but their locations were gradually forgotten with time as new towns, slums, and villas were constructed and destroyed by the restless volcano.

Between the Normans of the twelfth century and Spaniards of the sixteenth century, the Vesuvius area had to endure the Germans, the Angevins, the Aragonese, and the medieval mentality that had little need of Greco–Roman contributions to the Western Civilization. The Renaissance initiated in the thirteenth century began to change some of this mentality as the ancient Greek and Roman cultures began to be appreciated once more. The artists began busily copying the ancient sculpture and architecture, and reading of ancient manuscripts became fashionable again. These sculptures and manuscripts were now worth their weight in gold, but Pompeii and Herculaneum would not yield their treasures easily even when an inspired topographer, Ambrogio Leone, in 1503 made a map of Campania and marked on it Herculaneum not far from the actual site. Another chance for discovery occurred in 1594 when the aristocrat Count Muzzio Tuttavilla wanted to divert water from Sarno River to his weapons factory in Torre Annunziata by digging a canal. His architect Domenico Fontana supervised the digging and came across painted walls and inscriptions, including the one that contained the words '*decurio Pompeiis*'. These inscriptions were, however, tossed aside because they were interpreted as referring to Pompey the Great. The same water canal also passed only few meters from the famous Roman villa of Oplontis belonging to Poppaea Sabina or Nero's second wife, missing again on another great discovery. The Gods obviously did not want the Spanish conquerors to loot this treasure too! The following breakthrough for a great discovery came in 1637 when the German scholar Holstenium proposed that the ancient inscriptions found in 1594 should be associated with the site of ancient Pompeii, but both Pompeii and Herculaneum kept sleeping on (Deiss, 1989).

In 1503 the Kingdom of Naples passed under the Spanish domination and lasted for two centuries. And when Charles V bequeathed the greater part of his empire to his son Philip II (1527–1598) this utilized the gold and silver from the New World and profits from East Indies commerce in the interest of Spain to restore the dominion of the Roman Catholic Church over the Western Christendom. When Philip died he left some 300 000 Vesuvius area inhabitants in the hands of his son Philip III, under whom the Spanish monarchic absolutism continued until 1621 when his son Philip IV brought even more misery to the Vesuvius area (Gleijeses, 1990).

In 1664 Philip IV died and left the Spanish monarchy to his 4-year-old son Charles II to lead the kingdom under his regent mother Mary Ann of Austria. Misery and devaluation of currency continued, and when Charles II died in 1700 a war of succession for the Kingdom of Spain broke out, with both the French and the Austrians claiming the rights. A minority of nobles in Naples favored the Austrians, but the nobles attached to Spain overpowered them. The new Spanish Bourbon King Philip V even came to Naples in 1702, but soon departed to fight wars, leaving the Kingdom of Naples to an easy conquest by Austrians who were controlling the northern Italy. When the Austrians entered Naples on 7 July 1702, the 200 years of uninterrupted Spanish domination ended and the social, moral, and political reality of Neapolitans of this time is perhaps best described by Giambattista Vico (1668–1744): 'In the capitol the lower class is fickle, the middle class fears of agitations and loves peace, whereas the nobles envy each other, hold pompous feasts, and hate all activity. The custom of people, beyond the vanity and ostentation, can best be characterized by the passion for luxury' (D'Ambrosio, 1995, p. 146).

In spite of the oppressive Spanish domination, the era did produce some notable scholars, sculptors, and architects (Gleijeses, 1990; D'Ambrosio, 1995; Ruggiero, 1998): The literary figures Torquato Tasso (1544–1595), Vittoria Colonna (1492–1547), Giambattista Marino (1569–1625); historian with passion for archeology Giulio Cesare Capaccio (1550–1633) who became the first to be interested in the ruins of Paestum; architect Domenco Fontana (1543–1607) whose many works in Naples include the Church of Gesù and Maria, and beginning work on the Royal Palace; painters Battistello Caracciolo (1570–1637), Luca Giordano (1632–1705) (nicknamed '*Luca fa presto*' for his fast painting), and Francesco Solimena (1657–1747), some of whose works can be found in the Churches of S. Nicola alla Carità and S. Martino, and altar of the Chapel of S. Gennaro.

The Austrian domination of the Vesuvius area lasted only for a brief period, between 1707 and 1734, but marks the beginning of the rediscovery of Herculaneum by chance. In 1711 a peasant from Resina, Giovanni Battista Nocerino, was digging a well when he stumbled upon a rare and colorful marble. Knowing that in the nearby town of Portici an Austrian prince and army officer, Emanuel Moritz of

Lorraine, Prince d'Elboeuf, was building a luxurious villa, Nocerino showed the marble to the Prince. The quality of the marble immediately impressed the Prince who bought the land rights. The well of Nocerino was enlarged and lateral subterranean tunnels dug from where more colored marble, columns, and sculptures were plundered. When complete sculptures began emerging, however, Prince d'Elboeuf began plundering the works of art and even managed to smuggle some statues out of Italy and present them as gifts to his commander-in-chief, the Austrian general Prince Francois-Eugène de Savoie-Carignan (Getty, 1992, p. 19). Prince d'Elboeuf never, realized, however, that he stumbled upon the ancient theater of Herculaneum and the ancient town was left again to its grave-like peace. In 1736 Prince Eugène died and his Herculaneum statues entered the Dresden collection of Frederick Augustus, Elector of Saxony.

When the war for Spanish succession ended in 1713, the new King Philip V had to respect, at least for a while, the domination of Italy by the Austrian emperor Charles VI. Philip's wife, Elizabeth Farnese, wanted however a kingdom for her children and when France and Spain became allies against Austria she got her wish. In 1734 Farnese's first son and prince Charles of Bourbon became the new sovran of the Kingdom of Naples and a year later also that of the Kingdom of Sicily. And as the chance would have it, Charles' wife Princess Maria Amalia Christina was the daughter of Frederick Augustus, Elector of Saxony, who now owned those Herculaneum statues that were given to Prince Eugène by Prince d'Elboeuf. The new Princess of Naples was thus familiar with Herculaneum and knew what she must do next.

As the bride of Charles, the first Spanish Bourbon King, Princess Christina encouraged her husband to resume the work of Prince d'Elboeuf. In October 1738 the King ordered digging at Herculaneum and appointed his army engineer, Roque Joaquin de Alcubierre, to direct the project. Two months later a tablet was excavated beneath Resina that read 'Lucius Annius Mammianus Rufus has financed the construction of this building, the theater of Herculaneum' (Getty, 1992, p. 21). One ancient town buried by Vesuvius in 79 A.D. was finally resurrected.

King Charles could hardly have made a worse choice for his archeologist, since Alcubierre showed little regard for documenting the finds. He enlarged previous tunnels and dug in all directions, soon realizing the existence of a large town. Bronze and marble sculptures were wrested from the ground and brought to nearby Royal Palace of Portici where the King established a jealously guarded museum and a 'no admittance room' that housed all of those treasures considered to be pornographic at the time. With time, however, these works of art came to the present resting place in the National Archeological Museum of Naples. Deiss (1989, p. 27) puts it like this about Alcubierre's zest to unearth the treasures of Herculaneum: 'Alcubierre, hot for speculation discoveries, paid little heed to anything else. This military engineer was guilty of such stupidities as removing bronze letters without first recording the inscriptions. Everything was haphazard. Digging was done on whim. Though daily reports were issued, and a diary kept in Spanish, no record of the details of each find – its place, position, relation to other objects – was kept. No plans and elevations were made. The burrowing went on everywhere about the town – along streets, over roofs, through frescoes, mosaics, wooden doors, vaults – undermining, smashing, snatching'.

The work in Herculaneum tunnels was slow and dangerous, water and slime dripped from walls, carbon dioxide was threatening asphyxiation as this was the time when Vesuvius was producing frequent 'open-conduit' eruptions, and the digging hardly progressed and yielded new treasures. This and the new evidence from peasants that the hill *Civita* near Stabia looks promising for digging prompted Alcubierre to convince his King to approve digging at the 'Pompeii ruins' on 30 March 1748. In 1750 Alcubierre's obligations as an officer and the responsible of new dig prompted him to request that someone else oversees the work at Herculaneum under his supervision. King Charles assigned this task to his Swiss architect Karl Weber who began the first disciplined archeological approach to the excavations. This approach also caused jealousy on the part of Alcubierre for whom Weber was 'irresponsible', because he took the time to map meticulously every new find, instead of rushing for the treasure. Weber's meticulous work paid handsomely, however, when in 1750 his well-diggers struck a circular marble pavement that turned out to be the rotunda of a garden belvedere. Subsequent digging through underground tunnels revealed that this pavement belongs to the Villa of the Papyri and in 1754 Weber produced a detailed map of it on the basis of which J.P. Getty constructed his museum in Malibu (Getty, 1992).

Weber's successor, Francesco La Vega, also helped to define the boundaries of the Villa of the Papyri and produced the first ever plan of Herculaneum before the tunnels were refilled and digging completely shifted to Pompeii where the treasure was more appealing. In 1763 the 'Pompeii ruins' were definitely established as the ancient Pompeii and the news rapidly became known throughout the civilized world. Before Charles of Bourbon ascended to the Spanish throne as Charles III in 1759 he not only brought to Naples the antiquity collections of his mother Elizabeth Farnese, but also established in 1755 Academy of Ercolano (*Accademia Ercolanese*) to study and publish information about the finds at both Herculaneum and Pompeii. As the King, Charles III also issued in 1763 a royal decree against ignominious demolitions of ruins.

Charles III is a product of Enlightenment. He promoted excavations at Herculaneum and Pompeii not only for cultural reasons, but also to make his kingdom richer. He streamlined the state administration and diminished the power of feudal lords, improved city's infrastructures, and constructed the Royal Theater San Carlo in 1737. Charles of Bourbon also initiated the construction of the Royal Villa of Portici in 1738 and the Royal Palace of Caserta in 1752. This latter palace was designed by the architect Luigi Vanvitelli and was completed many years later by Charles' son Ferdinand IV who became the new King of the Kingdom of Naples after his father relinquished the throne for that of Spain's in 1759 (Gleileses, 1990, pp. 671–672).

The likely reason for constructing a royal villa in Portici is that King Charles needed a summer residence and a place to house all of that treasure from Herculaneum and thus demonstrate the power of his monarchy. This royal villa is more than a villa; it is a royal palace which together with other villas of nobles constructed around it form today an important patrimony of the Vesuvius area. In all there are 121 such villas and only some of them have been restored to their former grandeur. Today, the Royal Palace of Portici is the home of the Agrarian University of Portici and some of the villas, like Villa Campolieto, Villa Ruggiero, and Villa Savonarola are used for cultural purposes. Most of these villas are located along the same road (Royal Road) which even today connects Naples with S. Giorgio a Cremano, Portici, Ercolano, Torre del Greco, Torre Annunziata, Pompei, and other towns to the East.

Ferdinand IV reigned between 1759 and 1825, but had to escape twice from Naples and take refuge in Palermo because of the Age of Revolutions that began sweeping all over Europe at the end of the eighteenth century. And when in 1793 the French revolutionists guillotined Louis XVI, the Kingdom of Naples sided with England and allowed Admiral Horatio Nelson to enter the port with his fleet in order to prevent the French from dominating the Mediterranean. This marriage did not last for long, however, because in 1798 the French occupied Rome and by the end of the year Ferdinand IV and his court had to flee on the Nelson's ship *Vanguard*. A month later the French general Championnet proclaimed Naples the Republic Partenope. This republic lasted, however, only for 5 months as the French were unable to restore tranquility at home and Napoleon became the new leader. With admiral Nelson's help, Ferdinand IV returned to Naples and his wife, Maria Carolina and the real power of the kingdom, saw to it that the republicans pay with their lives, most probably to avenge her sister Queen Maria Antoiniette of France who was guillotined in 1793 by the French Republicans. In 1799 Napoleon Bonaparte came to power in France and spared Ferdinand's kingdom, only because the King promised not to allow the access of English and Turkish fleets into the kingdom's ports. But Maria Carolina continued to plot with Napoleon's enemies, England and Russia, and in 1806 Napoleon stripped Ferdinand IV from his power and declared that his brother Giuseppe Bonaparte takes control of the Kingdom of Naples.

The new French conqueror of the Vesuvius area instituted reforms, introduced the Napoleonic Code, and gave a new impulse to resurrecting Pompeii by increasing significantly the work force. When 2 years later Giuseppe Bonaparte was summoned by Napoleon to take the crown of Spain, that of Naples passed to Joachim Murat (1771–1815). Murat was an exceptional and dashing cavalry leader and general that served with Napoleon in Egypt, Austerlitz, Jena, and Moscowa, just to name some of the most famous battle grounds of the Napoleonic era. This 'Apollo of War' caused fearful cavalry openings in enemy lines; he was fearful, indomitable, untiring, charging attack after attack, repeatedly, until the resistance of the enemy was broken. As the new sovran of Naples, Murat soon organized the army, continued the reforms of his predecessor, and resurrected more and more of Pompeii. His wife Caroline Bonaparte (sister of Napoleon Bonaparte) contributed in this effort by promoting the excavations through correspondence and publication of *Les ruines de Pompeii*. The end of the Napoleonic era also brought the end of Murat's reign, although he tried to save the kingdom by negotiating with Austrians and English, and rallying the Italians on his side. But this was not to be and Murat was shot by an Austrian firing squad for undermining the new order which repossessed the Kingdom of Naples for the exiled Bourbon King Ferdinand IV.

With his wife Maria Carolina deceased, Ferdinand IV repossessed his Kingdom of Naples in 1817, pardoned those siding with the French, adopted the Napoleonic

Code, and by a decree changed his title from 'Ferdinand IV King of Naples and Sicily' to 'Ferdinand I King of the Two Sicilies'. The reinstituted regime had, however, very difficult times as the growth of European nationalism became more and more intensive. The Italian *Carbonari* or secret societies began plotting freedom from Austria and unifying Italy. When in 1825 Ferdinand I died he just finished building *Palazzo S. Giacomo* (today's Municipal Palace of Naples), built the first steam ship *Ferdinando I* in 1818, and established the first ever navigational company in Mediterranean in 1823 (*Società Napoletana delle Due Sicilie*). His son Francis I tried to maintain the status quo of his father and in 1828, after a lapse of 63 years, ordered a resumption of digging at Herculaneum. The new digs ignored the tunnels and proceeded digging as in Pompeii in the open by exposing the site. Hacking away the consolidated pyroclastic muck tens of meters deep was much more difficult than digging in the pumice layers of Pompeii, and as the digs began uncovering houses of the ancient city the people nearby began again taking pride of their town of Resina by calling it Ercolano, as if this town existed from ancient times. But the digging of Herculaneum was not producing a sufficient interest as the houses were wrecked as they were revealed, and the project was soon abandoned.

When in 1830 Francis I was succeeded by his 21-year-old son Ferdinand II the new King of the Two Sicilies reorganized the military and economy, married Maria Christina of Savoia, and when she died in 1831 married Maria Teresa, the daughter of the Hapsburg archduke Charles, bringing the kingdom closer to Austria. During his reign, the first ever Italian railway from Naples to Portici was inaugurated in 1839, but the times were difficult as there was less and less of a need for monarchy and more for a new order with liberal constitutional government that restricted the powers of the head of state. The sentiments for a unified Italy were running high among the intellectuals. 'The people do not understand anything of liberty, of Constitution, and of equality; they only know of hunger and how to ask for bread', wrote a contemporary of the period about the lower class (D'Ambrosio, 1995, p. 196). Contrary to his father Francis I, Ferdinand II constructed roads, schools, colleges, cemeteries, and first gas illumination and railroad. When he died in 1859 his son Francis II was only 23 years old and soon had to give way to the 'The Thousand' Garibaldians who in 1860 marched from Sicily toward Rome and on their way unifying and incorporating the last bastions of the Bourbon dynasty. People of the two Kingdoms of Sicily preferred a unified Italian state, and when Garibaldi unopposed entered Naples he was welcomed as a hero. Garibaldi even appointed his ardent supporter Alexandre Dumas, the famous author of *The Three Musketeers*, as the director of the museum in Naples and of the excavations at Herculaneum and Pompeii, but Dumas soon resigned as he was hardly fitted for the post. People of Italy, or more precisely the new Piedmontese liberal regime, preferred a constitutional King Victor Emanuel II, instead a republican Giuseppe Garibaldi who soon afterwards retired into obscurity.

The first liberal Italian state also appointed the first scientifically minded director of Pompeii and Herculaneum excavations, Giuseppe Fiorelli. Fiorelli established the first journal of excavations for the purpose of recording Pompeiian finds systematically. In 1869 the excavations at Herculaneum were also resumed and with them the oppositions of landlords who owned the land above. These *padroni* finally put a stop to the enterprise in 1875 and further digging in Herculaneum had to wait until 1927 when Mussolini's iron hand ordered the resumption of this work (Deiss, 1989, p. 31). With new machines and archeological techniques, and a new man, Amadeo Maiuri, the streets of Herculaneum began to see the light again. And this light has been shinning ever since at both Herculaneum and Pompeii, except during the period of World War II.

A most limited archeological dig requires 'clinometer for measuring slopes, plane table for measuring angles, alidade for showing degree of arc, prismatic compass for taking accurate bearings, leveling staves for measuring elevations, templates for recording the curves of moldings; brooms, brushes, and mason's tools for cleaning architectural finds; zinc plates and sodium hydroxide pencils for electrolysis of coins; measuring tapes of different sizes, drawing instruments, trowels, marking pegs, paper for taking "squeezes" of inscriptions; cataloging and drawing material. ... For a major dig like Herculaneum ... the traditional pick and shovel and refuse basket must be augmented with compressed-air drills, electrical saws, bulldozers, and dump trucks. For restorations of mosaics, frescoes, marbles, and bronze and wooden objects the most skilled artists of these trades are also required' (Deiss, 1989, p. 32). Chemists, metallurgists, and physicists for determining the contents of jars, paints, and dating with radioactive isotope carbon 14 are also necessary. And when digging in Herculaneum and Pompeii this list must be augmented with the specialists in Latin, Greek, Oscan, Etruscan, and Egyptian tongues.

Grand Tour

Beginning with the seventeenth century, professionally organized tours of the Continental Europe began to appear in England. These tours arose from a need of nobles to extend their matrimonial alliances and more direct contacts with foreign courts, as the discoveries of new navigational routes and conquests of new territories demanded more and more international experience. The noble's educational process began to be considered complete only after acquiring an experience of travel which was viewed as an alternative to spending the time at a university. Italy, in particular, had a lot to offer: Remants of the Greco–Roman Civilization, a Renaissance culture second to non, unsurpassed natural beauty and climate, and, of course, the volcanoes Vesuvius, Etna, Stromboli, and Vulcano. This cradle of volcanology became an indispensable place to visit and write about during the long voyages which normally started in Turin or Genoa, depending on whether one arrived in Italy by land or by ship. The route along the coast from Marseille to Genoa soon became preferred as the noble could spend the summer in France before entering Italy in early fall. The travelers of Grand Tour were generally young, between the ages of 18 and 21, and a tour lasted from 18 to 36 months, depending on the resources of the noble. These tours were organized with maps and personal guides, and during the Age of Enlightenment reached their greatest popularity (Getty, 1992; Gasparini and Musella, 1991).

In 1626 Francis Bacon was one of the first to offer suggestions on how to take a maximum advantage of the tour: 'For a young noble to take maximum advantage from a tour it is necessary that he behaves in a certain manner. First, he should know something of the language of the country that he plans to visit. Then he should have with him a serve or a tutor for a guide and some books that describe the country. It is also necessary that the noble keeps a detailed diary during the voyage, does not stay for too long in any one place, and frequent the best circles and meet important personalities of the country' (Gasparini and Musella, 1991, p. 66).

By the beginning of the eighteenth century the tour guides contained detailed information about the country's culture, exchange rate, distances between cities, dangers, and so on. During the Age of Reason when the Grand Tour reached its peak, the travelers increasingly explored the differences between their places of origin and the places visited, and helped spread the newly acquired culture to wider audiences. A typical tour started in the early fall through Venice and the Tuscan cities of Florence, Siena, and Pisa. The winter months were spent in Rome, whereas the spring in Naples and Vesuvius area where the traveler had a firsthand opportunity to encounter the remnants of the Greco–Roman Civilization at Herculaneum, Pompeii, Paestum, and nearby Sicily with its splendid Greek ruins at Segesta, Erice, Selinunte, Agrigento, and Syracuse. After the eruption of 1631, Vesuvius represented another object of great natural curiosity, for its frequent open-conduit eruptions personally and emotionally affected the traveler. Down below, in the Kingdom of Naples, the traveler had another opportunity to become immersed in a unique culture of the continent.

By the end of the Napoleonic era the Grand Tour came to an end. Scientific Revolution and Enlightenment had produced their effects and helped bring about the Industrial Revolution that created a new middle class with anxiety to travel and acquire new experiences, and the Grand Tour began to be transformed into 'mass tourism'. Slow travels by coach began to be replaced by fast steamboats and trains. In 1817 Byron wrote from Italy: 'Rome is full of pestilent English. One must be crazy to travel in France and Italy before this crowd of unfortunates returns home' (Capuano, 1997).

Soon after the eruption of 1631 and opening of ruins at Herculaneum and Pompeii in the 1750s, the excursions on Vesuvius became almost obligatory as a part of the Grand Tour, and many well-known scholars and personalities from the Enlightenment and Romanticism of the late eighteenth and early nineteenth centuries visited the volcano and wrote about their experiences. For best results of the tour, the traveler arrived at the crater at sunset to view the Sun disappearing into the sea just beyond the Bay of Naples, observed the pyrotechnic spectacle of gas and pyroclasts shooting high into the atmosphere or lava filling the crater floor during the night, and headed down the volcano at dawn. With the inauguration of Naples–Portici railway service in 1839 and construction of a tramway line between Pomigliano and lower station of the cable car in 1902, the ascent on Vesuvius was transformed into tourism. French essayist Montagne (1533–1592); English essayist, poet, and statesman Joseph Addison (1672–1719); French political philosopher and man of letters Montesquieu (1689–1755); German poet, dramatist, and novelist Goethe (1749–1832); and the great musical genius Mozart (1756–1791) are just a handful of the European travelers whose diaries transformed into literature and guides for thousands in the seventeenth and eighteenth centuries. In the nineteenth century, these guides began to be transformed by Thomas Cook and others into cookbooks and the *èlite* travelers of the Grand Tour into tourists that we know today.

In 1755 Charles of Bourbon established *Accademia Ercolanese* to study and publish information about the finds at Herculaneum and Pompeii, and in 1757 the Academy published 100 copies of the first of eight volumes entitled *Le antichità di Ercolano esposte*. These copies were intended strictly for distribution by the King, but the pirated editions in English, German, and French soon became known throughout Europe. Herculaneum and Pompeii motifs inspired a new appreciation for classical styles and had an enormous impact on the cultural life of Europe and Grand Tour travelers. The fascination with antiquity had originated in the Renaissance, and Herculaneum and Pompeii were the catalysts for the development of Neoclassicism (Getty, 1992, p. 21). Antiquity was looked upon as the perfection in the art and design, and inspired changes in the eighteenth century decorative arts, painting, architecture, dress, and jewelry. Decorative motifs from antiquity appeared on ceramics products and Pompeiian wall paintings on porcelain. Decoration *à la grecque* came into vogue in Paris. The neoclassical style of architecture influenced Thomas Jefferson in building his home in Monticello, United States Capitol in Washington, DC, and so on.

As a noted personality of the Bourbon court of Naples and wife of the British Ambassador Sir William Hamilton, Emma Lyon sometimes entertained guests and is immortalized in portraits wearing costumes inspired by Greco–Roman vases. This is what Goethe (1994, p. 171) wrote about her: 'He [William Hamilton] has had a Grecian costume made for her that suits her to perfection, and she lets down her hair, takes a few shawls, and varies her postures, gestures, expressions, etc., until at last the onlooker really thinks he is dreaming. In her movements and surprising variety one sees perfected what so many thousands of artists would have liked to achieve. Standing, kneeling, sitting, lying, grave, sad, roguish, wanton, penitent, enticing, menacing, fearful, etc., one follows upon the other and from the other. She knows how to choose and change the folds of her veil to set off each expression, and makes herself a hundred different headdresses with the same cloths. The old knight holds up the light for the performance and has devoted himself heart and soul to this art object. He sees in her all the antiquities, all the beautiful profiles on Sicilian coins, even the *Apollo Belvedere* itself'.

For the Grand Tour travelers, a visit to the Royal Museum of Portici became a necessity, and when the mistress of King Louis XV, Madame de Pompadour, visited the museum in 1749 she brought with her the artist Charles Nicolas Cochin who later reproduced his observations in *Observations sur les antiquitès d'Herculanum*. In 1758 the German art historian Johann Joachim Wincklemann was not only annoyed by the restrictions precluding sketching and note-taking of the treasure at the museum, but was also the first to classify the archeological finds and to distinguish between Greek art and Roman copies. In addition to utilizing art for aimless amassing, Wincklemann proposed that such objects be studies for understanding of Greek and Roman cultures, thus contributing significantly to the Neoclassical movement. The German poet Goethe wrote of Wincklemann that he was 'like Columbus who had in mind a notion of the New World before he actually saw it' (Getty, 1992, p. 24).

In 1787 Goethe traveled to Italy and in his *Italian Journey* wrote about his experiences at Pompeii, Herculaneum, museum in Portici, and excursions to

Vesuvius: 'Everyone is astonished by the small, cramped size of Pompeii. Narrow streets, although straight and provided with stone walkways on the side; little windowless houses, the rooms that lead from the courtyards and galleries lit only through their doors. Even public works, the bench at the gate, the temple, and then also a nearby villa [Goethe is referring to the tomb of the priestess Mamia, the temple of Isis, and villa of Diomedes in front of the Herculaneum Gate] are more like models and doll houses than buildings. But these rooms, corridors, and galleries are most brightly painted, a solid color on the wall surfaces, but in the middle a detailed painting (now mostly chipped away), and light, tasteful arabesques on the edges and ends, which then are further developed into dainty figures of children and nymphs, while on another side wild and tame beasts emerge from thick garlands of flowers. And so even in its present desolate condition, a town first covered by a rain of stones and ash, then plundered by its excavators, still indicates that a whole nation had a delight in art and pictures which even the keenest modern art lover can neither understand, nor feel, nor desire' (Goethe, 1994, pp. 162–163).

'That ancient town [of Herculaneum], located at the foot of Vesuvius, was completely covered with lava, made deeper by subsequent eruptions, so that the buildings are now sixty feet below the surface. It was discovered by someone digging a well and struck inlaid marble floors. A great pity that the excavation was not systematically carried out by German miners: For certainly the haphazard later digging has wastefully destroyed many a noble relic of antiquity. Sixty steps lead down into a vault where by torchlight one can gaze in amazement at the theater, which once stood under the open sky, and hear about all the things that were found there and brought up to the surface. [At Portici Tischbein (a visual sketch artist who made drawings for Goethe) and I] entered the museum well recommended and were well received. But even so, we were not permitted to sketch anything. Perhaps, as a result, we paid that much closer attention and transported ourselves the more eagerly into that vanished era when all these items stood around for the active use and enjoyment of their owners. Those little houses and rooms in Pompeii now seemed to me both more cramped and more spacious: More cramped, because I pictured them crowded with all these worthy objects, more spacious, because these same objects were not there merely out of necessity, but were so very ingeniously and charmingly decorated and enlivened by visual art that they delight and expand the mind more than the most spacious interior could' (Goethe, 1994, p. 173).

'The road [to Vesuvius] through the outermost suburbs and gardens proved to be an early indication of something Plutonic. Since it had not rained in a long while, the naturally evergreen leaves were covered with a thick, ash-gray dust, and all the roofs, girdle ledges, and whatever else offered any kind of surface were likewise coated with gray, and only the splendid blue sky and the powerful, radiant Sun were proof that we were still among the living. At the foot of the steep incline we were met by two guides, an older and younger one, both sturdy men. The first dragged me up the mountain, the second one Tichbein. I say dragged, for these guides gird themselves with a leather strap, which the traveler takes hold of and, since he is being pulled upwards, this makes it all the easier for him to climb up on his own feet with a staff. Thus we reached the surface over which the cone rises, the wreckage of Monte Somma to the north. Like a curative bath, a glance westward over the region removed all the pains of exertion and all fatigue, and then we made a circuit around the cone, which is always smoking and ejecting stones and ashes. As long as there was enough room so that we could stay at a proper distance, it was grand, inspiring spectacle. First a violent thunder resounding out of the deepest abyss, then thousands of stones, larger and smaller ones, hurled into the air, veiled in clouds of ash. The greatest part fell back into the abyss. The other fragments, driven sideways, made a curious noise when falling onto the outer side of the cone: First the heavier ones thudded onto the side of the cone and bounced down it with a hollow sound. The lesser ones clattered after them, and finally the ash trickled down. This all took place with regular pauses, which we could easily measure by calmly counting. ... However, there is something exciting about a present danger and it challenges the contrary spirit in man to defy it. So I reflected that it must be possible, in the interval between two eruptions, to reach the abyss and return from it in that same space of time. I consulted with the guides about this under an overhanging rock of Monte Somma, where, securely encamped, we were refreshing ourselves with the supplies we had brought along. The younger guide was willing to try the adventure with me, we padded the crowns of our hats with silk and linen cloths, we put ourselves in a ready position, staffs in hand, I grasping the belt. While the little stones were still clattering around us, the ash still trickling, the robust youth was already pulling me over the glowing rubble. Here we stood at the enormous yawning abyss, whose smoke was being drawn away from us by a light breeze but at the same time veiled the interior of the pit, which was fuming all around from a thousand fissures. Rock walls, burst asunder, could be glimpsed here and there through a gap in the smoke. The view was neither instructive nor pleasant, but the very fact that we saw nothing made us wait to see something. Failing to count calmly, we stood on a sharp edge of the immense chasm. Suddenly the thunder resounded, the terrible charge flew past us, we instinctively ducked down, as if that would have saved us from the falling lumps. The smaller stones were clattering already, and without reflecting that we could now anticipate another pause, just happy to have survived the danger, we arrived at the foot of the cone along with the still trickling ash, our hats and shoulders all covered with it' (Goethe, 1994, pp. 158–159).

Not everybody saw the Vesuvian guides as heroes and the volcano something terrible (Capuano, 1997). For Robert Gray who toured the area in 1791, 'the guides work on our fear in order to extract additional recompense'. 'In addition of being scoundrels and perfect savages, they also wear St. Antony's cross, which according to them protects them against the fire from the mountain'. And after the English poet Percy Shelly visited Naples in 1818 he romanticized Vesuvius as something 'charming, picturesque, and pretty. ... The exotic and savage influence of guides' singing their primitive music is sweet and capable of profound effects, and their looks and attitudes in the darkness of the night acquire a suggestive enchantment'.

William Hamilton

As a British Ambassador, William Hamilton came to Naples with his wife Catherine Barlow in 1764 and saw his first eruption of Vesuvius. Catherine was of poor health and died in 1782, and it was not until 1791 that the beautiful Emma

Lyon became the Lady Hamilton. As an ardent hunter and collector of art (Jenkins and Sloan, 1996), Hamilton soon became fascinated with the volcano and climbed the mountain more than 300 times during 35 years of his tenure in Naples. The first eruption that Hamilton described was that of 1766. He sent a report to the Royal Society and since became a contributor to the Society's Philosophical Transactions. During the eruption of Vesuvius of 1767 he barely escaped by fleeing with his wife from Torre del Greco to Naples. In the city people panicked, disorders broke out, prisoners overpowered the guards, and crowds insisted that the archbishop orders a procession of San Gennaro. 'As the crowd became more tumultuous and intolerant, it forced the cardinal to take the relics of San Gennaro and bring them in a procession to the Bridge of S. Maddalena. When the relics came in view of the volcano the eruption ceased exactly at that moment' (Knight, 1997). The eruption continued, of course for a while, but with a much smaller intensity until it terminated several days later.

Hamilton preferred studying geology in the field and in addition to Vesuvius often frequented Ischia and Phlegraean Fields. This culminated in 1776 with the publication of his first edition of *Campi Phlegraei, Observations on the Volcanoes of the Two Sicilies* (Hamilton, 1776) which includes 54 color drawings of minerals that Hamilton collected in the Vesuvius area. In this book, volcano is not a monster to be afraid of but a good giant to respect and love. The eruptions are 'wonderful operations of nature, wanted by the Providence and framed within an immense design'. The volcano behaves like 'an immense plow, from which the nature serves itself to overturn the viscera of the earth'. After each eruption Vesuvius produces 'new fields to cultivate' and 'precious minerals to collect. The Volcano should be viewed in a creative instead in a destructive light'.

During his long tenure in Naples, Hamilton described every eruption and this is what he wrote about the great lava fountain eruption of 1779: 'In the evening [of 8 August] the smoke began issuing tumultuously from the crater and an hour later began a sequence of thunders accompanied by the ejection of ash and scoriae. At nine the same evening, an enormous explosion with an intensity of 100 cannon bursts shook Naples and Portici and the people ran to the streets. A jet of liquid fire began to be pumped from the volcano and in the fury the flow reached a stunning height, three times the height of the volcano. Impetuous gusts of smoke accompanied the emission of the fiery jet, and between the black clouds zigzagged the electric fire, pale but brilliant. These were the volcanic thunderbolts that rarely abandoned the clouds, but habitually returned to the large column of fire, in the proximity of the crater from which they issued'. As Hamilton noted, the lava fountain reached a height of about 3 km before the wind directed it toward Ottaviano. The jet consisted not only of magma, but also of rocks and scoriae that fell on the slopes of Vesuvius and burned forests on Monte Somma. The gigantic fountain lasted for half an hour and even caused the Neapolitans to ask San Gennaro for help. 'The population of this metropolis began to exhibit its double propensity toward the violence and superstition. At that point and in the absence of police actions, Naples suffered more from the intemperance of its population than from the infuriated volcano', commented Hamilton.

During his love affair with Vesuvius, Hamilton pioneered the identification of geological stratifications that are used today to read the history of Earth. And from these geological strata anticipated paleoanalysis which uses the layers of volcanic deposits to identify different eruptions. Hamilton and many other naturalists of the seventeenth, eighteenth, and nineteenth centuries used Vesuvius as a laboratory for their studies, thus contributing to the development of earth science and shaping of Western Civilization.

49. The works of contemporary archeologists and physical anthropologists (Washburn, 1960) are consistent with Vygotsky's point of view that simple tools started the whole trend of human evolution.

50. Egan (1997, p. 118).

51. Thucydides (1980). While Herodotos was a child of Persian War, Thucydides was a witness of the Peleponnesian one, Herodotos was a Carian writing in Ionian, Thucydides was an Athenian and the founder of Attic prose and disciple of the Athenian sophists. Herodotos did try to find the truth in his stories, but this is not as accurate as that of Thucydides who applied the scientific method in recording history.

52. For the material in this and subsequent paragraphs I relied on Clough et al. (1964), Alighieri (1985), Sullivan et al. (1994), Cahn (1995), Machiavelli (1995), Augustine (1998, 2000), and Nasr (2001).

53. Theology became the central subject of study, with Abèlard (1079–1142) and Lombard (1100–1160) becoming its central figures. Huge body of knowledge from Greek philosophy became available again, first through Arabs via Spain and later directly from translations, and contradicted many basic Christian teachings. The Aristotelian rationalism that reason is capable to define order and that truth has its own reality irrespective of the tenets of the fate, clashed with the Augustinian tradition where reason cannot discover the ultimate truth but must come to the intellect through the illumination from divine sources beyond the power of human reason. This led the scholars such as Thomas Aquinas (1225–1274) to study revelation and reason. Prior to the twelfth century, the monastic ideal spurred material things and led to a bias toward the study of natural world. But the discovery of Greek and Moslem scientific works led to the conclusion that the material world is intelligible to human reason, that there is an order in nature because it was part of God's perfect order. A quest for new knowledge in the thirteenth century, by scholars such as Robert Grosseteste (1168–1253) and his pupil Roger Bacon (1214–1294), resulted in a thesis that the truth about the natural world could be gained only through observation and experimentation, thus paving the way for subsequent scientific discoveries.

54. Renaissance, or 'rebirth', grew from northern Italian cities of Florence, Venice, Pisa, and Milan from a need of newly formed and wealthy bourgeoisie to 'culture' themselves and their numerous offspring. The Renaissance artists and scholars intensified the belief of human form and intellect capable of discovering without at the same time being anti-religious or in contradiction with fundamental Christian beliefs. We are indebted to such towering figures of versatility as Da Vinci (1452–1519) and Michelangelo (1475–1564), poets Dante (1265–1321) and Petrarch (1304–1374), prosoist Boccaccio (1313–1375), political philosopher Machiavelli (1469–1527), dramatist Shakespeare (1564–1616), essayist Montaigne (1533–1592), novelist Cervantes (1547–1616), painters Bellini (1430–1516) and Titian (1477–1576), sculptor Cellini (1500–1571), and so on. In celebrated *The Prince*,

Machiavelli argues that Christian morals have little to do with the actual practice of politics, for to acquire and maintain political power the prince or governing officials must be willing to use amoral and ruthless means.

55. Portuguese explorers rounded Cape of Good Hope in 1488, Vasco da Gama reached India in 1498, Columbus reached the New World in 1492, and Magellan in 1519 set out around the world. These voyages generated in turn a prosperous new trade or rise of commercial capitalism in Western Europe and enormous expansion of the European domination on the expense of destroying Aztec and Incan Civilizations in Mexico and Peru.

56. We can note dramas of Molière (1622–1673), *Pensèes* of Pascal (1623–1662), *Paradise Lost* of Milton (1608–1674), baroque paintings of Rubens (1577–1640), portraits of El Greco (1548–1614), and works of the artistic genius Rembrandt (1606–1669).

57. There are many good books on the history of science, such as readily available Hall (1994) and Singer (1997).

58. Galilei (1984).

59. Newton (1974). See also Feingold (2004) for the consequences of Newton's theories and discoveries.

60. Cahn (1995), Bacon (1996), and Descartes (1966).

61. Bestermann (1969).

62. Smith (1976) and Rousseau (1968).

63. Diderot and d'Alembert (1751–1772).

64. Plato (1992, p. 211, 539b) and Egan (1997, p. 128).

65. Funk and Wagnalls (1966).

66. Plato (1992, p. 31, 354b).

67. Kierkegaard (1965, p. 49).

68. Ibid., pp. 272–273.

69. Descartes (1966, p. 60).

70. Herber Spencer was a Victorian thinker who dealt with evolution, social problems, and education (Spencer, 1961), among other things. He influenced John Dewey and many other nineteenth and twentieth centuries philosophers and countless teachers (Egan, 2002).

71. Spencer (1961, p. 82).

72. Egan (2004).

73. Ibid., p. 184.

74. Vygotsky (1978, p. 57).

75. Both the adolescents and the adults often feel powerless from the increasing pressures of the society around them and need to associate with whoever or whatever is best able to transcend or overcome the constraints from their society. For adolescents, these constrains can be parents and schools, whereas for adults this is normally the mediocrity of the social structure itself, because this provides limited possibilities to one's potential development.

76. Egan and Gajdamaschko (2004).

77. Quoted by Egan and Gajdamaschko (2004) from Vygotsky's collected works.

78. Egan (1997, p. 208).

79. We can note, for example, Hesiod's *Works and Days* (Hesiod, 2002) in which the didactic poetry is used for an exhortation to his younger brother, description of rules of husbandry and navigation, ethical and religious precepts, and calendar of lucky and unlucky days. In this way a farmer is made aware of his surroundings that are threatening him.
80. Egan (1997, p. 227).
81. The interested reader may wish to consult Eisner (1985), Goodlad (2004), and others for further exploration of teaching methods.
82. Lewis et al. (2004, p. 810) and Gage (2003).
83. In this section our school is in the Vesuvius area.
84. It is not important for small children to distinguish Pompei (modern) from Pompeii (ruins) and Ercolano (modern) from Herculaneum (ruins).
85. It would be inappropriate to have children believe that the bad (Vesuvius) cannot be conquered by something good (people).
86. Egan (1997, p. 253).
87. Hesiod (2002, Theogony: pp. 119–186) and Hamilton (1989, pp. 63–74).
88. Trotta (1998). Other participants on the project from Scuola Materna IV Circolo of Portici were Rosa Prudente, Franca Villani, Concetta Raillo, Rosa Zavino, Carla Ardizio, Adriana Cortese, Anna Costabile, and Giulia Garofolo. From Plesso Salesiani the participants were Anna Accardo and Maria Tenace. The President of the school, Lecce Carinno, supported the initiative.
89. This is one of several expositions which have been organized by GVES in the Vesuvius area. See note 141.
90. The eruptions of Vesuvius are elaborated in Chapter 1 (Dobran, 2006, Note 3). The rediscovery of Pompeii and Herculaneum and Grand Tour and Hamilton are elaborated above in Note 48.
91. In 1817 when the Bourbons regained power the Neapolitan Academy recommended the formation of Meteorological Observatory (*Osservatorio Meteorologico*), but nothing came of this until Ferdinand II was convinced that the physicist Macedonio Melloni (1798–1854) should be recalled from the exile in Paris and assigned its director (De Sanctis, 1997; Schettino, 1997). At the time Melloni was known for his studies of radiative heat propagation in the atmosphere and knew several well-known scientists who recommended him for this post. In 1839 the King nominated Melloni to direct a non-existent institute, and in 1841 Melloni proposed that the institute be located on the hill S. Salvatore, just below the crater of Vesuvius. The hill also contained a small Church and a small community of hermits. The King approved the project and in 1841 began the construction of 'a building dignified of the magnanimity of the sovran and grand ideas of an intelligent minister and scientific dignity to which it is destined'. The observatory was inaugurated before it was even completed in 1845 and Melloni defined its objectives as practical studies of earth physics, extraction of intimate secrets from nature and those associated with volcanic eruptions, observation of nature to obtain reliable data, and acquisition of adequate instruments for gathering data. The observatory was finally completed in 1847 and contained space for instruments, offices, a library, a conference room, and a belvedere, but Melloni hardly had the

time to move in when his King dismissed him several months later. This was the time of liberal unrests in Europe and Melloni could hardly hide his sentiments for which he was exiled in the past. Even the King lost fate in science after these unrests and wanted to transform the observatory into a hotel.

In 1852 Luigi Palmieri (1807–1898) from the University of Naples obtained authorization to use the observatory for his studies of electrical phenomena in the atmosphere, and in a short time was appointed as the new director of the meteorological institute, but did not accept the position until Melloni died in 1854. Under the leadership of Palmieri the observatory began to be used systematically for meteorological observations and publication of Annals of the Vesuvian Observatory (*Annali dell'Osservatorio Vesuviano*). He was also the first to design and construct an electromagnetic seismograph for monitoring earthquakes that proved very useful during the eruption of 1872. Palmieri also studied the premonitory signs of different phases of the eruption of 1894 and noted that the electric current on the slopes of Vesuvius varied with the volcanic activity. During his tenure as the director of the observatory, Palmieri published numerous reports dealing both with volcanic eruptions and electricity in the atmosphere (Palmieri, 1880; Nazzaro, 1997).

Palmieri was succeeded by Raffaele Matteucci in 1900, Giuseppe Mercalli in 1911, Allesandro Malladra in 1914, Giuseppe Imbó in 1935, Paolo Gasparini in 1973, Giuseppe Luongo in 1983, Lucia Civetta in 1993, and Giovanni Macedonio in 2003. During the eruption of 1906, the observatory was used to produce hourly telegraphic messages of the condition of the volcano, whereas during the eruption of 1944 Imbó and his wife were the only individuals recording this eruption. The first earthquake intensity scale was named after Mercalli. Recent directors of the observatory installed an extensive network of instruments for monitoring seismicity, ground deformation, electricity, gas composition, and gravimetry of the volcano.

Earthquakes have always been associated with volcanic eruptions and their registration has always been considered essential. Ground deformation of the volcanic cone relative to the sea level provides another indication that a volcano is preparing to erupt, and even Charles III had installed instruments in the Bay of Naples to collect this type of information. During the time of open-conduit eruptions the people around Vesuvius still worked their fields and paid guardians to watch from Church towers and ring bells in the event of danger from lava flows or changing eruption styles. In spite of the observatory, the people of the Vesuvius area even today keep a close vigilance over the volcano and as soon as they notice earthquakes or other suspicious signs inundate the switchboards of the observatory, town halls, and most recently seek opinions from independent experts via the Internet.

During the eighteenth and first half of the nineteenth centuries, many independent naturalists measured temperature, speed, density, and magnetic field of lavas, and collected minerals and crystals to furnish their private laboratories. One such scholar, Teodoro Monticelli, was not only the perpetual secretary of the Neapolitan Academy of Sciences (*Accademia delle Scienze Napoletana*), but also kept a volcanological museum at home. The institutionalization of the observatory into *Osservatorio*

Vesuviano has in recent years produced directors that value little interdisciplinary collaboration and constructive criticisms of the policies of the politicized group of Italian geologists and geophysicists. But those who wanted to study the volcano differently and were 'discouraged' by the autocrats of official institutions always found a way, like Gottfried Immanuel Friedlaender (1871–1948) who founded Institute of Volcanology of Villa Herta (*Istituto di Vulcanologia di Villa Herta*) and for 23 years published *Proceedings of Volcanology* (*Zeitschrift fur Vulkanologie*). Other independent twentieth century scholars of Vesuvius were James Johnston-Lavis (1856–1914), Alvord Perret (1867–1943), and Alfred Rittmann (1893–1980). In 1994 I founded GVES for promoting the objectives of VESUVIUS 2000.

92. Villa (2001) and Gazda (2000).

93. Martial (1993). A translation of Marcus Valerius Martialis' Latin text is:

> *This is Vesuvius, until recently green with wine leaves where the celebrated grapes filled the wet vats. These mountains Bacchus preferred more than the hills of his native Nysa, this is where the satyrs performed their dances. Here was the city of Venus [Pompeii] that she preferred over Sparta, and the city that was named after the glory of Hercules [Herculaneum]. Now everything is abeyantly buried from flames and gloomy ash. Even the Gods would not have permitted such a destruction.*

94. Caius Plinius Secundus (23–79) was born in Novum Comum (modern Como) from a wealthy father and was thus educated in rhetoric as any other Roman aristocrat of the time. His important teacher was Publius Pomponius Secundus – a frequenter of the courts of Caligula and Claudius. In 45, when he was 22, Pliny left Italy and served as a military tribune in Gallia Belgica. He was soon promoted to an army officer and stationed on the lower Rhine. In 52 he was back in Italy, but soon thereafter returned to Germany where he wrote a long history of Germanic Wars. Pliny returned to Rome again in 59, but could not fit into Nero's court of musicians and devoted himself to the literature.

Meanwhile, Pliny's sister Plinia gave birth in 62 to Caius Caecilius Secundus who after his father's death was adopted by his uncle Pliny. The younger Pliny changed his name to Caius Plinius Caecilius Secundus and we now know these Plinys as Pliny the Younger and Pliny the Elder. As Pliny the Younger was educated in his uncle's Roman house in Greek by Nicetes of Smyrna and in Latin by Quintilian, Nero was becoming more and more of a tyrant and in 68 committed suicide. The resulting civil war brought a new emperor, Vespasian, and Pliny the Elder suddenly had a spectacular career by serving as procurator in several Roman provinces. By 79 he was the prefect of the Roman navy stationed at Misenum (modern Miseno), with the responsibility for the safety of the entire western part of the Mediterranean. At this time he was also able to complete his *Natural History* (Pliny, 1942) – an encyclopedic treatment of subjects involving 37 books in all and based predominantly on Greek knowledge. Pliny the Elder was not the man of science in the Aristotelian sense, but rather a collector of information. This massive compilation of knowledge available to him was extremely influential in Middle Ages and was still used by some scholars in the nineteenth century. *Natural History* had a difficult time of being demolished by even the best of Renaissance scholars and is still a good source to consult on Greek authors.

95. Gibbon (1993, Chapter 3).
96. Gleijeses (1990, p. 11). The legend and popular folklore have it, of course, different. According to the legend, the origin of Naples is centered around the siren called Partenope – a fascinating and mythical creature that had the features of a bird and sweet face of a girl. (During the late medieval, Partenope assumed a different form: Half fish and half woman.) Partenope came from the island of the Sirens (often associated with the island of Li Galli in front of Positano in the Gulf of Salerno) which caused many shipwrecks because the ancient mariners lost their heads and control of their boats when they heard the irresistible singing of the inhabitants of this island. Only Ulysses (Odysseus, in Greek) and his crew managed to escape from this island and in desperation of losing him the siren Partenope killed herself. (In Greek Legend Odysseus was the King of Ithaca and one of the Greek leaders in the Trojan War and hero in Homer's *Odyssey*.) The waves took possession of her lifeless corpse and brought her to the island of Megaride where (presumably) lies her tomb and from where Naples was born. In yet another story, Partenope was not a siren but the daughter of a Greek who together with his fellow emigrants sailed to form a colony near Capo Miseno on the western edge of Bay of Naples. On their way to the colony they encountered a terrible storm and many were drowned, including Partenope. And as an act of tribute to her memory the storm survivors named their new city after her, because she was loved and admired by all (Ruggiero, 1998). Whatever the story, Partenope represents for Neapolitans their most prestigious relic and are sometimes overly fascinated by her existence and desire to identify her remains.
97. Gleijeses (1990, pp. 12–14).
98. Haywood (1967) and Garnsey and Saller (1987).
99. In the first century, Pompeii was surrounded by a wall about 8 m high and several meters wide, and contained several gates (Herculaneum, Vesuvian, Nolan, Sarnian, Nucerian, Stabian, Marine) that were protected by Minerva, the Goddess of Wisdom and defender of cities. The town center consisted of a large forum which was the center for civic life, banking, exchange, and economic and political information; a basilica where justice and some business were administered; various temples for worshipping the Gods and Goddesses, such as Venus (the town's protecting Goddess), Apollo (the Sun God), Jupiter (chief of all Gods), Vespasian, Lares, Fortune of Augustus, and Isis (the Goddess of Resurrection). Between Sarnian and Nucerian gates was situated a large Amphitheater that could hold most of the town's inhabitants, and nearby were the barracks of gladiators that entertained the crowds, although the Greeks were not very fond of this 'sport'. Pompeii also had a theater where many Greek tragedies were acted, several well-equipped baths (*thermae*), a large sports center (*palaestra*), as well as two cisterns close to the Vesuvian gate that supplied water through underground lead pipes from an aqueduct (*castellum aquae*) running from the inland mountains all the way to Naples and Miseno (Misenum) on the western tip of Bay of Naples.

The majority of people in and around Pompeii made their living from agriculture (wine, oil, wheat, barley), while others from several manufacturing industries (fulling, bread baking). Boys and girls were taught how to read, write, and count, and only the patricians were instructed in rhetoric. Due to the prosperity of the city, many houses of patricians and wealthy businessmen (Faun, Venus, Menandro, Diadumeni, Lucretius, Centenari, Golden Lovers, Vetii) were lavishly constructed and decorated around an atrium (bed-, sitting-, and dining-rooms), peristyle, and porticos around a garden containing nymphs and colorful paintings. These public and private buildings were painted and decorated with frescoes and mosaics of bright colors (red, yellow, blue) and the city streets were paved and laid with shops, inns, and baths. Most of the roads were raised with pavements on either side and dotted with stepping tones to keep the pedestrians' feet dry from rubbish and animal waste. Beginning with the second century B.C. the Pompeiians began using *insulae* (or islands) to produce new living quarters within the city, and making use of pre-fabricated pieces of walls made of rock and mortar of limestone. The ground within the urban setting was not only used for living quarters, but also for business where the Greek-type gardens were employed to cultivate wine grapes, fruit, and flowers to make perfumes. Pompeii was more than a city within its walls, because it also contained large living quarters and villas outside of the city gates, like the Villa of the Mysteries (see Note 92).

100. The legend has it that the Pompeii's sister city Herculaneum was founded by Herakles (or Hercules as the Romans called him) on his return from Iberia: 'When Herakles had settled all his affairs in Italy as he wished, and when his fleet had arrived safely from Spain, he sacrificed a tithe of his spoils to the Gods, and founded a small city at the place where his fleet lay' (Dionysius of Halicarnassus, as quoted in Deiss, 1989, p. 6). As Zeus's best-loved son (his mother was Alcmene, the wife of Amphitryon, whom Zeus seduced by assuming the form of her husband) Hercules was worshipped as half-hero, half-God, for it is said that he had a gigantic strength and when in his cradle strangled two serpents that had been sent by Zeus's jealous wife Hera (Herakles in Greek means 'renowned through Hera'). As an adult, Hercules traveled widely through adventures and with him the Greek culture spread all over the Mediterranean.

101. Terremoti (1992, p. 22).

102. Renna (1992, p. 52).

103. The earthquakes in antiquity were not linked to the existence of a volcano or tectonic forces in the region as they would today, but, as Seneca explains, to the motion of air in large underground caves (*in laxos specus sub terras spiritum convenire*). Can the dead sheep that Seneca mentions (Renna, 1992, p. 52) be associated with the release of poisonous gas (carbon dioxide and sulfur) from the volcano as it was preparing to erupt? For an analysis of earthquake precursors of 79 A.D. eruption, see Chapter 4 (Marturano, 2006).

104. Radice (1963, letters 16 and 20).

105. The letters of Pliny the Younger have been subjected to the analysis for their literary, historic, and scientific value (Gigante, 1997), but whether they were written to describe an unprecedented natural calamity, immortalize Pliny the Elder as a hero, or create a special place for Pliny the Younger for posterity, is not very relevant, for they unquestionably represent lessons for future generations of

inhabitants of the Vesuvius area and elsewhere. These letters are also indispensable for the modern reconstruction of the famous eruption.

106. Latin text says '*hora fere septima*', or 'around the seventh hour'. Since in Roman time the first hour occurred at sunrise and the twelfth at sunset, irrespective of the time of year, the seventh hour is 1 p.m.

107. Rectina's house was some 30 km away from Miseno and her message must have taken several hours to arrive. This implies that Vesuvius produced some activity before Pliny could observe it at 1 p.m., as attested by modern studies of eruption products. For a description of eruptions see Chapter 1 (Dobran, 2006; Note 3).

108. Renna (1992, pp. 55–56).

109. Ibid., pp. 58–59.

110. After the eruption, Herculaneum sank below its pre-eruption level, because of the deflation of the volcano as a consequence of the evacuation of magma.

111. Andrews (1995).

112. Deiss (1989). The size of the city has been estimated from the seating capacity of its theater.

113. Radice (1993, p. 166).

114. In 1995 at Villa Campolieto, Ercolano; in 1996, 1997, and 1998 at Museo Nazionale di Pietrarsa, Portici; in 1998 at S.M.S. Don Milani, Portici; in 2000 and 2005 at Villa Savonarola, Portici.

115. Imperatrice (1998).

116. Comes (2004).

117. For security culture see Chapter 1 (Dobran, 2005), and for emergency culture see Protezione Civile (1995).

118. Comes (1997).

119. Portici is only 6 km away from the crater of the volcano and its 70 000 inhabitants and population density of about 15 000 people per square kilometer are an easy pray of the volcano. On 16th and 17th December 1631 this and other surrounding towns were completely destroyed by Vesuvius, and in the memory of those who perished the Spanish Viceroy Emmanuel Fonseca erected a memorial the following year. This memorial is located some 100 m from the Square of San Ciro on Via Nazionale in the direction of Naples. Its Latin inscription, barely visible on the marble plate, ominously instructs people what to do when Vesuvius becomes restless:

> *Listen. Twenty times from where the Sun shines, if the history does not make a mistake, has arisen Vesuvius, always with an immense carnage produced on those who were slow in flight. So that in the future it does not harm those who doubt, I [the stone memorial] am warning you. This mountain has a burdensome heart of bitumen, sulfur, iron, gold, silver, saltpeter, and sources of water. Sooner or later it will light up, but first it groans, shakes the ground, smokes, catches fire, whirls the air, roars horribly, thunders, and chases away the inhabitants. Run while you can. Here it blows, vomits a lake made of fire, comes down hastily, and runs over those who escape late. If it catches you, it is finished: You are dead! Contemptuousness oppresses the unaware and greedy for whom the house and possessions are more important than their lives. If you are wise, listen to this stone memorial which loudly speaks to you: Don't trust anybody; leave the possessions and without delay escape.*

120. VESUVIUS 2000 has been promoted through GVES since 1995. According to the teachers of Francesco d'Assisi (Note 121), this 'was the only organization on the territory that was promoting education, listening to the people like us, not being passive, promoting interdisciplinary collaboration, and proposing the creation of security and prosperity for the territory, instead of deporting people in masses as promoted by Vesuvius Evacuation Plan'.
121. Assisi (2004).
122. Teachers from Francesco d'Assisi participated at the following meetings on Vesuvius: 11 November 1995 at Comune di Torre del Greco; 22 November 1995 at S.M.S. Scotellaro, Ercolano; 3 February 1996 at Chiesa di Viale delle Mimose, Torre del Greco; 31 May 1996 at Associazione Medici di Torre del Greco; 27 March 1996 with teachers and students of University of Main (Germany) at S.M.S. Francesco d'Assisi, Torre del Greco; 8 February 1996 at Liceo Classico A. De Bottis, Torre del Greco; 12 October 1996 at Quartiere Nuovi Orizzonti, Torre del Greco; 29 April 1997 at University of Naples Federico II; 2 May 1997 at Parrocchia S. Maria del Principio, Torre del Greco; 10 October 1997 at I.T.C. L. Sturzo, Castellammare di Stabia; 5 November 1997 at Comune di Santa Maria la Carità; 6 November 1997 at Quartiere Torre Nord, Torre del Greco; 21 November 1997 at Associazione Medici Torresi, Torre del Greco; 2 September 2004 at VESUVIUS 2000 – Forum 2004, Villa Campolieto, Ercolano; 4 November 2005 at Villa Savonarola in Portici. Prof. Sorrentino collaborated on a study dealing with the volcanic risk education (Dobran and Sorrentino, 1998).

The teachers and students participated at several exhibitions: 16 December 1995 at Villa Campolieto in Ercolano to remember the eruption of 1631, with the work entitled 'L'eruzione vista da Braccini e Capece'; 16 December 1996 at Museo Ferroviario Nazionale di Pietrarsa in Portici with the work entitled 'L'Eruzioni del 1631 e quella del 1794'; 16 December 1997 at Museo Ferroviario Nazionale di Pietrarsa in Portici with the work entitled 'Il Vesuvio e il suo parco naturale'; 16 December 2000 at Villa Bruno in San Giorgio a Cremano and promoted by MCE with the work entitled 'Il Vesuvio in Peckwork'; 16 December 2001 at Villa Bruno in San Giorgio a Cremano with the work entitled 'Il Vesuvio e la sua storia eruttiva'; 4 November 2005 at Villa Savonarola in Portici.
123. See Chapter 3 (Di Donna, 2006).
124. Article 21 Law 59/97 of public instruction.
125. Scotellaro (2004a).
126. Brancaccio et al. (1998).
127. Scotellaro (2001).
128. Scotellaro (2004b).
129. Egan (1997, p. 263).
130. Dobran (1998).
131. Atripaldi and Students (1998).
132. Esposito et al. (1998).
133. Sturzo (1999).
134. The students' report (Sturzo, 1999) summarizes different risk levels of the emergency plan (Protezione Civile, 1995). See also GVES (1999).
135. These individuals do not hold these titles anymore.

136. Bradyseismic Crisis (1984).
137. Dobran (1994–1996, 1999), GVES (1999), Protezione Civile (1995), and RAI-TRE (1999).
138. Dobran and Sorrentino (1998).
139. These seminars deal with volcanic risk mitigation and have been given to school students and teachers, lay people, city administrators, university students, professionals, priests, scouts, and senior citizens. They include: Istituto Italiano per gli Studi Filosofici, Naples, 30 June 1995; Town Hall of San Sebastiano al Vesuvio, 30 June 1995; Town Hall of San Giorgio a Cremano, 10 July 1995; Town Hall of Boscoreale, 16 September 1995; IV Circolo Didattico, Torre del Greco, 5 October 1995; III Circolo Didattico, Portici, 11 October 1995; Town Hall of Cercola, Cercola, 24 October 1995; Town Hall of Torre del Greco, 11 November 1995; Town Hall of Ercolano, November 1995; S.M.S. R. Scotellaro, Ercolano, 22 November 1995; S.M.S. E. Iaccarino, Ercolano, 29 November 1995; Liceo Scientifico A. Nobel, Torre del Greco, 29 January 1996; Chiesa di Viale delle Mimose, Torre del Greco, 3 February 1996; Liceo Scientifico Statale, Torre del Greco, 8 February 1996; S.M.S. F. D'Assisi, Torre del Greco, 27 March 1996; IV Circolo Didattico, Ercolano, 2 April 1996; S.M.S. G. Cosenza, Castellammare di Stabia, 17 April 1996; S.M.S. O. Comes, Portici, 8 May 1996; S.M.S. Borrelli, S. Maria la Carità, 16 May 1996; Associazione Medici, Torre del Greco, 31 May 1996; S.M.S. F. D'Assisi, Torre del Greco, 20 September 1996; Liceo Classico De Bottis, Torre del Greco, 11 October 1996; Quartiere Nuovi Orizzonti, Torre del Greco, 12 October 1996; S.M.S. M. Melloni, Portici, 16 January 1997; S.M.S. B.V. Romano, Torre del Greco, 21 April 1997; S.M.S. M. Melloni, Portici, 28 April 1997; I.T.C. L. Einaudi, S. G. Vesuviano, 29 April 1997; Department of Geophysics and Volcanology, University of Naples Federico II, 29 April 1997; Casa Laboratorio Vesuvio 2, Ercolano, 30 April 1997; Parrocchia S. Maria del Principio, Torre del Greco, 2 May 1997; I.T.C. A. Tilgher, Ercolano, 3 May 1997; S.M.S. F. D'Assisi, Torre del Greco, 4 May 1997; Faculty of Letters, University of Naples Federico II, 5 May 1997; United States Naval Hospital (NATO), Agnano, 26 September 1997; I.T.C. L. Sturzo, Castellammare di Stabia, 10 October 1997; S.M.S. Don Milani, Portici, 31 October 1997; Town Hall of Gragnano, 14 November 1997; Town Hall of S. Maria la Carità, 5 November 1997; Quartiere Torre Nord, Torre del Greco, 6 November 1997; Associazione Medici, Torre del Greco, 21 November 1997; I.T.C. L. Sturzo, Castellammare di Stabia, 24 November 1997; Liceo Plinio Seniore, Castellammare di Stabia, 24 November 1997; Town Hall of Pompei, 3 December 1997; Associazioni FIDAPA-Lyons Host-Lyons Terme, Castellammare di Stabia, 10 December 1997; I.T.C. L. Sturzo, Castellammare di Stabia, 19 December 1997; Parrocchia S. Antonio, Torre del Greco, 24 February 1998; Parrocchia S. Antonio, Torre del Greco, 10 March 1998; Rotary Club of Castellammare di Stabia and Ottaviano, 13 March 1998; Chiesa di S. Antonio, Torre del Greco, 17 March 1998; San Sebastiano al Vesuvio, 20 March 1998; Biblioteca Comunale, Castellammare di Stabia, 27 March 1998; Circolo del Forestiero, 30 March 1998; Department of Geophysics and Volcanology, University of Naples Federico II, 2 April 1998; Department of

Geophysics and Volcanology, University of Naples Federico II, 3 April 1998; Biblioteca Comunale, Castellammare di Stabia, 3 April 1998; Circolo del Forestiero, Pompei, 4 April 1998; I.T.C. L. Sturzo, Castellammare di Stabia, 4 December 1998; Sport Club Oplonti, Torre del Greco, 24 April 1998; Pianeta Dona, Portici, 29 April 1998; Museo Nazionale Ferroviario di Pietrarsa, Portici, 16 December 1998; S.M.S. Don Milani, Portici, 16 December 1999; Sport Club Oplonti, Torre del Greco, 16 December, 1999; II Circolo Didattico di Gragnano, 17 December 1999; S.M.S. Don Milani, Portici, 20 December 1999; Scuola Elementare Gigliola Fiodo, S. Agnello, 21 December 1999; II Circolo Didattico, San Giuseppe Vesuviano, 22 December 1999; Circolo Nautico Stabia, Castellammare di Stabia, 28 December 1999; Villa Cycas, Portici, 6 January 2000; Circolo Nautico Stabia, Castellammare di Stabia, 3 January 2003; Liceo Scientifico Don Milani, Gragnano, 7 January 2003; Chiesa di Santa Teresa, Torre del Greco, 8 January 2003; Associazione FIDAPA, Gragnano, 9 January 2003; S.M.S. D'Assisi, Torre del Greco, 9 January 2003; Parrocchia del Carmine, Castellammare di Stabia, 10 January 2003; Liceo Scientifico F. Silvestri, Portici, 20 January 2004; Circolo Oplonti, Torre del Greco, 20 January 2004; I.T.C. P. Levi, Portici, 21 January 2004; Associazione Torrese Ingegneri e Architetti, Torre del Greco, 21 January 2004; Liceo Clasico De Bottis, Torre del Greco, 22 January 2004; Associazione FIDAPA, Gragnano, 22 January 2004; I.T.C. L. Sturzo, Castellammare di Stabia, 23 January 2004; Villa Campolieto, 2 September 2004; Associazione Culturale La Giostra, Torre del Greco, 13 January 2005; Istituto Comprensivo Statale Francesco d'Assisi, Torre del Greco, 14 January 2005; Scuola Media Statale Orazio Comes, Portici, 17 January 2005; Villa Savonarola, Portici, 4 November 2005; S.M.S. Ungaretti, Ercolano, 7 and 11 November 2005; I.T.C. e per Geometry E. Pantaleo, Torre del Greco, 9 November 2005; II Circolo Elementare, Ercolano, 10 November 2005; IV/V Circolo di Ercolano, 10 November 2005.

140. For negative habits of mind of Vesuvians, see Chapter 1 (Dobran, 2006).

141. GVES (Association for Global Volcanic and Environmental Systems Simulation) is a cultural organization of professionals and was founded in 1994 for the purpose of promoting the objectives of VESUVIUS 2000. Its address is: GVES, P.zza Matteotti, CP418, 80133 Napoli, Italy. See also www.westnet.com/~dobran. Some of the accomplishments of the members of this organization are:

A. Video Encounter With Vesuvius (*Incontro con il Vesuvio*) (Dobran, 1995) and book Vesuvius Risk Education (*Educazione al Rischio Vesuvio*) (Dobran, 1998).

B. 24 August 1995: Along the Route of Pliny, from Miseno to Granatello of Portici. This manifestation was organized to remember the anniversary of the plinian eruption of 79 and was entitled 'Return of "survivals" from the eruption of 24 August 79'. The 'survivals' that were brought by the boat Giobe from Miseno to Granatello were paintings of Alfonso Marquez, expressing the flight of Vesuvians during this eruption. These paintings were meant to symbolize a new hope for the Vesuvius area where its citizens should be actively involved in producing security and prosperity for the territory.

C. 16 December 1995: Villa Campolieto, Ercolano. This gathering was organized to provide an opportunity for Vesuvius area schools to share their educational experiences pertaining to the volcano and its surrounding (drawings, models, recitations, music, and so on).

D. 16 December 1996: Museo Nazionale Ferroviario di Pietrarsa, Portici. This encounter 'So far ... so near' had the same objective as the preceding one, except that this was held at the National Railway Museum of Portici where many students could be received.

E. 3 November 1997: Excursion on Vesuvius with the secondary school students of Liceo Plinio Seniore of Castellammare di Stabia.

F. 16 December 1997: Museo Nazionale Ferroviario di Pietrarsa, Portici. This exposition of works on Vesuvius was entitled 'Vesuvius at school'.

G. 16 December 1998: Museo Nazionale Ferroviario di Pietrarsa, Portici. The title of this gathering was 'Education for Security Culture'. On this occasion the students were asked to compile a list of questions on what they saw and experienced during the encounter.

H. 16 December 1999: Scuola Media Statale Don Milani, Portici. This exposition of students' works on Vesuvius had similar objectives as those held in previous years at Museo Nazionale Ferroviario di Pietrarsa.

I. 16 December 2000: Saloni delle nuove terme di Stabia, Castellammare di Stabia. This gathering was entitled 'VESUVIUS 2000' and included schools from Pompei, Castellammare di Stabia, and other surrounding towns.

J. 4 November 2005; Villa Savonarola, Portici. At this gathering, the students from nearby schools were lectured on natural disasters, such as earthquakes, tsunamis, huricanes, and volcanic eruptions.

This is an incomplete list of schools which participated at these student encounters: Scuola Materna Bertelli, Portici; Scuola Materna IV Circolo, Portici; IV Circolo Didattico, Bagnoli; IV Circolo Didattico, Ercolano; Plesso Villanova, Ercolano; I Circolo Didattico, Portici; II Circolo Didattico, Portici; III Circolo Didattico, Portici; IV Circolo Didattico, Portici; IV Circolo Didattico, Torre del Greco; S.M.S. G. Bonito, Castellammare di Stabia; S.M.S. Borrelli, Castellammare di Stabia; S.M.S. E. Cosenza, Castellammare di Stabia; S.M.S. E. Iaccarino, Ercolano; S.M.S. D. Iovino, Ercolano; S.M.S. R. Scotellaro, Ercolano; S.M.S. O. Comes, Portici; S.M.S. M. Melloni, Portici; S.M.S. Don L. Milani, Portici; S.M.S. Santagata, Portici; S.M.S. G. Marconi, S. Giorgio a Cremano; S.M.S. E. De Amicis, S.G. Vesuviano; S.M.S. G. Pascoli, Torre Annunziata; S.M.S. D. Colamarino, Torre del Greco; S.M.S. F. D'Assisi, Torre del Greco.; S.M.S. B.V. Romano, Torre del Greco; Liceo Classico Plinio Seniore, Castellammare di Stabia; Liceo Classico De Bottis, Torre del Greco.; Liceo Scientifico Silvestri, Portici; Liceo Scientifico, S. Giorgio a Cremano; Liceo Scientifico Statale, S. Sebastiano al Vesuvio; Liceo Scientifico di Terzigno, Terzigno; Liceo Scientifico A. Nobel, Torre del Greco; I.P.I.A., Portici; I.C.C. S. Anastasia, S. Anastasia; I.T.C. E. Cesaro, Torre Annunziata; I.T.C. F. Degni, Ercolano; I.T.C. L. Einaudi, San G. Vesuviano; I.T.C. L. Sturzo, Castellammare di Stabia.

K. In 1997 GVES launched in Portici and Torre del Greco a series of five consecutive seminars dealing with: (1) Eruption history and problems with eruption predictions; (2) Territory and population; (3) Socio-economic and cultural effects of Vesuvius Evacuation Plan; (4) VESUVIUS 2000; and (5) Vesuvius risk education. These seminars were followed by people of all ages and were sponsored by *Ufficio Cultura del Comune di Torre del Greco.*

L. In May 1997 we gathered several presidents from the Vesuvius area schools in S.M.S. F. D'Assisi of Torre del Greco for the purpose of defining a project that could help the teachers better educate their students. We subsequently invited other schools for their contributions, and in 1998 GVES published a collection of these works in *Educazione al Rischio Vesuvio* (Dobran, 1998).

M. 2–3 September 2004: GVES and Universities of Naples, Trieste, and Paris V organized a scientific forum on Vesuvius for the purpose of promoting interdisciplinary collaboration on VESUVIUS 2000. Some works presented at this forum are included in this volume.

142. Pucci et al. (2004). Movimento di Cooperazione Educativa (MCE) Gruppo Territoriale Vesuviano (GTV), Via Don Morosini 77, 80056 Ercolano, Napoli. Laboratorio Regionale Città dei Bambini e delle Bambine, Villa Falanga, San Giorgio a Cremano, Napoli.

143. Di Donna and Sbarra (2004).

144. Pucci et al. (2004).

145. Mitchem (1994).

146. NAE (2002, pp. 14–23).

147. Protezione Civile (1995).

148. The Italian volcanologists promoted their Vesuvius Evacuation Plan (Protezione Civile, 1995) within the national and European Union governments in 1995. This plan assumes that an eruption of Vesuvius can be predicted at least 2 weeks before and that in this time frame about 600 000 people can be evacuated from the area and resettled all over Italy. This plan fails on scientific, engineering, socio-political, and economic grounds.

The evacuation plan is scientifically unfeasible because the most probable and maximum future volcanic events in the Vesuvius area are not justified; the threshold limits of premonitory parameters which are used for issuing different alarm and evacuation orders are subjective; and the plan does not delegate the responsibilities for eruption predictions nor evacuations. The engineering reliability of the plan is not justified because it does not account for the functioning of communication and transportation systems preceding and during a volcanic crisis (traffic flow, electrical power, telephones, fuel distribution, transport vehicles along escape routes, railway tracks and signals, and so on); exit modalities from towns (who leaves first); nor for the effects of earthquakes and ground deformation which will produce collapses of buildings and bridges and non-operability of evacuation routes. The socio-political reliability is not justified because the local and national political effects, 'destruction' of Vesuvian culture, consultation and decision by the population to remain or leave the area, and speculation of the territory caused by the evacuation of people to faraway places have not even been addressed. The economic reliability of the plan has not been calculated, such as the cost of a false alarm, cost of evacuation and re-entry, cost to avoid speculation and protect the area during and after an evacuation, cost to maintain command and control centers, cost associated with host regions which would have to house the evacuees for an undetermined time. Vesuvius Evacuation Plan is unreliable because it was produced by technologically illiterate individuals.

Considering that there are hundreds of thousands of people at risk in the Vesuvius area who are very skeptical about any proposed plan for the territory, it is essential that a volcanic risk mitigation plan be first thoroughly debated by professionals and population before being implemented. Such a plan should be based on interdisciplinary systems integration and it cannot be left in the hands of special interest groups whose aims are inconsistent with the best interests of several million people in the area. Vesuvius Evacuation Plan was politicized in 1995 in order to counteract the interdisciplinary VESUVIUS 2000 initiative, and ever since its proponents (*Gruppo Nazionale per la Vulcanologia, Osservatorio Vesuviano, Protezione Civile, Istituto Nazionale di Geofisisca e Vulcanologia*) have refused to discuss it publicly. This plan is unreliable from the scientific, social, cultural, and economic perspectives and is institutionalizing technological ignorance.

149. See Chapter 1 (Dobran, 2006).

150. NAE (2002, p. 53).

151. Ibid., p. 72.

152. Joss (1998).

153. The construction of Central Artery and Tunnel Project in Boston is a good example how the public, engineers, and construction industry collaborated on one of the most important and largest infrastructure projects in the United States. This 13 billion dollar project required not only the solution of many unique technological problems, but also the involvements of politicians, environmentalists, and the public. Federal, state, and local governments, as well as numerous local interest groups, had their voices in shaping the realization of this project (Hughes, 2003, pp. 168–170; Chandra and Ricci, 2000).

REFERENCES

Alighieri, D., 1985. La Divina Commedia. Zanichelli, Bologna.

Andrews, I., 1995. Pompeii. Cambridge University Press, New York.

Assisi, 2004. Il Vesuvio: alla ricerca delle radici tra storia, natura ed economia. Francesco d'Assisi Report. Torre del Greco, September.

Atripaldi, U. and Students, 1998. Vesuvio: storia eruttiva e parco. In: F. Dobran (Ed.), Educazione al Rischio Vesuvio. GVES, Napoli, pp. 25–36.

Augustine, T., 1998. Confessions. Oxford University Press, Oxford.

Augustine, T., 2000. The City of God. Random House, New York.

Bacon, F., 1996. The Advancement of Learning. Oxford University Press, Oxford.

Bestermann, T., 1969. Voltaire: Philosophical Dictionary. Penguin Books, New York.

Bradyseismic Crisis, 1984. The 1982–1984 Bradyseismic crisis at Phlegraean Fields. Bull. Volcanol., 47: 173–411.

Brancaccio, A., Gambardella, G., Maddaluno, E., Masetto, G., Orsi, R., Schino, S., Scorza, A.M., Sorrentino, P. and Zaza, M., 1998. Vesuvio a scuola. In: F. Dobran (Ed.), Educazione al Rischio Vesuvio. GVES, Napoli, pp. 97–109.
Brown, D.E., 1991. Human Universals. McGraw-Hill, New York.
Caciagli, M. and Kertzer, D.I., 1996. The Stalled Transition. Westview Press, Boulder.
Cahn, S.M., 1995. Classics of Western Philosophy. Hackett Publishing Company, Indianapolis.
Capuano, G., 1997. Viaggiatori britannici al Vesuvio prima della fondazione dell'Osservatorio Vesuviano. In: G. Luongo (Ed.), Mons Vesuvius. Stagioni d'Italia, Napoli, pp. 147–165.
Chandra, V. and Ricci, A.J., 2000. Central artery/tunnel project: A present bonanza. PCI J., (May–June): 14–20.
Clark, M., 1996. Modern Italy: 1871–1995. Longman, London.
Clough, S.H., Garsoian, N.G., Hicks, D.L., Brandenburg, D.J. and Gay, P.A., 1964. History of the Western World, I, II. Heat and Company, Boston.
Cognition and Behavior, 2004. Science, 306: 431–452.
Comes, 1997. Tre secoli all'ombra del Vesuvio. Orazio Comes Report, Portici.
Comes, 2004. Educazione alla mitigazione del rischio vulcanico nella scuola media O. Comes – Portici. Orazio Comes Report. Portici, September.
D'Ambrosio, A., 1995. Storia di Napoli. Edizioni Nuova E.V., Napoli.
De Sanctis, R., 1997. Vesuvio e le scienze della terra tra '700 e '800. In: G. Luongo (Ed.), Mons Vesuvius. Stagioni d'Italia, Napoli, pp. 253–263.
Deiss, J.J., 1989. Herculaneum: Italy's Buried Treasure. J. Paul Getty Museum, Malibu.
Descartes, R., 1966. Discours de la Mèthode. Garnier-Flammarion, Paris.
Dewey, J. 1981. The Philosophy of John Dewey. J.J. McDermott Ed. University of Chicago Press, Chicago.
Di Donna, V., 2006. Social and Economic Reality of Vesuvius Area (La realtà sociale ed economica dell'area vesuviana). This volume (Chapter 3).
Di Donna, G. and Sbarra, G., 2004. Lo sportello informativo sul Vesuvio di Torre del Greco: una nuova istituzione per promuovere la cultura della sicurezza. Sportello Informativo Report. Torre del Greco, November.
Diderot, D. and d'Alembert, J.R., 1751–1772. Encyclopèdie, ou, Dictionnaire Raisonnè des Sciences, des Arts, e des Mètiers. Briasson, Paris, 29 vols.
Dobran, F., 1994. Cronaca di un'eruzione annunciata. Sapere, 11: 11–16.
Dobran, F., 1995. Encounter with Vesuvius (Incontro con il Vesuvio). VHS in PAL and NTSC formats are available from the author, www.westnet.com/~dobran.
Dobran, F., 1996. VESUVIUS 2000: Riduzione del rischio vulcanico nell'area vesuviana tramite educazione e simulazioni di scenari eruttivi, socioeconomici e sistemi urbani. Convegno Internazionale di Protezione Civile, Napoli,11–13 October.
Dobran, F., 1998. Educazione al Rischio Vesuvio. GVES, Napoli.
Dobran, F., 2006. VESUVIUS 2000: Toward Security and Prosperity Under the Shadow of Vesuvius. This volume (Chapter 1).
Dobran, F. and Sorrentino, G., 1998. Sondaggio sull'educazione al rischio Vesuvio. In: F. Dobran (Ed.), Educazione al Rischio Vesuvio. GVES, Napoli, pp. 49–62.

Donald, M., 1993. Origins of Modern Mind. Harvard University Press, Cambridge.
Durkheim, E., 2002. Moral Education. Dover Publications, Mineola.
Egan, K., 1997. The Educated Mind. University of Chicago Press, Chicago.
Egan, K., 2002. Getting it Wrong from the Beginning. Yale University Press, New Haven.
Egan, K., 2004. Start with what the student knows or with what the student can imagine? www.educ.sfu.ca/kegan/AERA–Startimagine.html.
Egan, K. and Gajdamaschko, N., 2004. Some cognitive tools of literacy. www.educ.sfu.ca/kegan.
Eisner, E.W., 1985. The Educational Imagination. Macmillan, New York.
Esposito, S., Lucarell, L. and Ugliano, M., 1998. Piano di evacuazione per l'Istituto Tecnico Commerciale di S. Anastasia. In: F. Dobran (Ed.), Eucazione al Rischio Vesuvio. GVES, Napoli, pp. 129–135.
Evolution of Language, 2004. Science, 303: 1313–1342.
Feingold, M., 2004. The Newtonian Moment. The New York Public Library/Oxford University Press, New York.
Funk and Wagnalls, 1966. Standard College Dictionary. Harcourt, Brace & World, New York.
Gage, F.H., 2003. Brain, repair yourself. Sci. Am., 9: 47–53.
Galilei, G., 1984. Dialogo sopra i due massimi sistemi del mondo. Einaudi, Torino.
Garnsey, P. and Saller, R., 1987. The Roman Empire: Economy, Society, and Culture. Duckworth, London.
Gasparini, P. and Musella, S., 1991. Un viaggio al Vesuvio. Liguori Editore, Napoli.
Gazda, E.K., 2000. The Villa of the Mysteries in Pompeii. University of Michigan, Ann Arbor.
Getty, J.P., 1992. The J. Paul Getty Museum Guide to the Villa and its Gardens. J. Paul Getty Museum, Malibu.
Gibbon, E., 1993. The Decline and Fall of the Roman Empire. Modern Library, New York.
Gigante, M., 1997. Plinio e il Vesuvio. In: G. Luongo (Ed.), Mons Vesuvius. Stagioni d'Italia, Napoli, pp. 43–57.
Gleijeses, V., 1990. La Storia di Napoli. La Buona Stampa, Napoli.
Goethe, J.W., 1994. Italian Journey. T.P. Saine and J.L. Sammons (Eds) (Transl. R.R. Heitner). Princeton University Press, Princeton.
Goodlad, J.I., 2004. A Place Called School. McGraw-Hill, New York.
Gregory, R.L., 1981. Mind in Science. Penguin, London.
GVES, 1999. Vesuvius evacuation plan and VESUVIUS 2000. GVES Newsletter, 5(1): 1–4.
Hall, M.B., 1994. The Scientific Renaissance 1450–1630. Dover Publications, Mineola.
Hamilton, E., 1989. Mythology. Little, Brown & Company, Boston.
Hamilton, R.M., 1776. Campi Phlegraei: Observations on the Volcanoes of the Two Sicilies. 2 vols, Cat. no. 43, British Museum, London.
Haywood, R.M., 1967. Ancient Rome. David McKay Company, New York.
Herodotus, 1996. The Histories. Penguin Books, New York.

Hesiod, 2002. The Works and Days, Theogony, The Shield of Herakles. (Transl. R. Lattimore). University of Michigan Press, Ann Arbor.
Hughes, T.P., 2003. Human-Built World. University of Chicago Press, Chicago.
Imperatrice, A.M., 1998. Vita e morte ai piedi del Vesuvio. In: F. Dobran (Ed.), Educazione al Rischio Vesuvio. GVES, Napoli, pp. 91–95.
Jenkins, I. and Sloan, K., 1996. Vases & Volcanoes: Sir William Hamilton and his Collection. British Museum Press, London.
Joss, S., 1998. Danish consensus conference as a model of participatory technology assessment: An impact study of consensus conference on Danish Parliament and Danish public debate. Sci. Publ. Policy, 25: 2–22.
Lewis, R., Gaffin, D., Hoefnagels, M. and Parker, B., 2004. Life. McGraw-Hill, New York.
Kesselman, M., Allen, C.S., Ost, D., Krieger, J., Hellman, S. and Ross, G., 1997. European Politics in Transition. Houghton Miffin Company, Boston.
Kierkegaard, S., 1965. The Concept of Irony. Indiana University Press, Bloomington.
Knight, C., 1997. Il Vesuvio di Hamilton: un gigante buono. In: G. Luongo (Ed.), Mons Vesuvius. Stagioni d'Italia, Napoli, pp. 131–146.
Kuhn, T.S., 1996. The Structure of Scientific Revolutions. University of Chicago Press, Chicago.
Machiavelli, N., 1995. Il Principe. Feltrinelli, Milano.
Martial, 1993. Epigrams. Harvard University Press, Cambridge.
Marturano, A., 2006. Geophysical Precursors of Vesuvius from Historical and Archeological Sources. This volume (Chapter 4).
Mitchem, C., 1994. Thinking Through Technology: The Path Between Engineering and Philosophy. University of Chicago Press, Chicago.
NAE, 2002. Technically Speaking. National Academy Press, Washington, DC.
Nasr, S.H., 2001. Science and Civilization in Islam. ABC International Group, Chicago.
Nazzaro, A., 1997. Il Vesuvio. Liquori Editore, Napoli.
Newton, I., 1974. Principia I, II. University of California Press, Berkeley.
Ogden, C.K., 1976. Opposition. Indiana University Press, Bloomington.
Ong, W.J., 1971. Rhetoric, Romance, and Technology. Cornell University Press, Ithaca.
Palmieri, L., 1880. Il Vesuvio e la sua storia. Edizioni Nuova, Napoli.
Plato, 1992. Republic (Transl. G.M.A. Grube, Rev. C.D.C. Reeve). Hackett Publishing Company, Indianapolis.
Pliny, 1942. Natural History (Transl. H. Rackham). Loeb Classical Library, Harvard University Press, Cambridge.
Protezione Civile, 1995. Pianificazione Nazionale d'Emergenza dell'Area Vesuviana. Dipartimento della Protezione Civile, Roma.
Pucci, T., Montrone, T. and Langella, F., 2004. Dalla convivenza possibile alla progettazione partecipata: il percorso educativo per una nuova coscienza vesuviana. MCE–GTV Report. Ercolano, December.
Radice, B., 1963. The Letters of the Younger Pliny. Penguin Books, New York.
RAITRE, 1999. Il Vesuvio. Ambiente–Italia. Videocassette.

Renna, E., 1992. Vesuvius Mons. Arte Tipografica, Napoli.
Rousseau, J.J., 1956. The Emile of Jean Jacques Rousseau. Teachers College Press, New York.
Rousseau, J.J., 1968. The Social Contract. Penguin Books, New York.
Ruggiero, G., 1998. Breve storia di Napoli. Newton and Compton, Milano.
Sarton, G., 1993. Ancient Science Through the Golden Age of Greece. Dover Publications, Mineola.
Schettino, E., 1997. Macedonio Melloni all'Osservatorio Vesuviano: dieci anni di storia. In: G. Luongo (Ed.), Mons Vesuvius. Stagioni d'Italia, Napoli, pp. 265–272.
Scotellaro, 2001. Percorsi d'acqua per i ragazzi. Rocco Scotellaro Report. Ercolano, September.
Scotellaro, 2004a. Educazione attiva. Rocco Scottelaro Report. Ercolano, September.
Scotellaro, 2004b. Il vulcano ingabbiato. Rocco Scotellaro Report. Ercolano, May.
Singer, C.J., 1997. A Short History of Science. Dover Publications, Mineola.
Smith, A., 1976. The Wealth of Nations. University of Chicago Press, Chicago.
Spencer, H., 1961. Education: Intellectual, Moral and Physical. Manwaring, London.
Sproul, B.C., 1991. Primal Myths. HarperCollins Publishers, San Francisco.
Stone, I.F., 1988. The Trial of Socrates. Little, Brown & Company, Boston.
Sturzo, 1999. Verso la cultura della sicurezza. Luigi Sturzo Report, Castellammare di Stabia, May.
Sullivan, R.E., Sherman, D. and Harrison, J.B., 1994. A Short History of Western Civilization. McGraw-Hill, New York.
Terremoti, 1992. Terremoti in Italia dal 62 A.D. al 1908. ENEA, Roma.
Thucydides, 1980. The Peleponnesian War. Penguin Books, New York.
Trotta, A.M., 1998. L'educazione al rischio nella scuola dell'infanzia. In: F. Dobran (Ed.), Educazione al Rischio Vesuvio. GVES, Napoli, pp. 77–81.
Villa, 2001. The Villa of Mysteries in Pompeii. Edizioni Spano, Pompei.
Voltaire, M.A.A., 1966. Le siècle de Louis XIV. Garnier-Flammarion, Paris.
Vygotsky, L.S., 1978. Mind in Society: The Development of Higher Phychological Processes. M. Cole, V. John-Steiner, S. Scribner and E. Souberman (Eds). Harvard University Press, Cambridge, MA.
Washburn, S., 1960. Tools and human evolution. Sci. Am., 203(3): 63–75.
Yoke, H.P., 2000. Li, Qi and Shu: An Introduction to Science and Civilization in China. Dover Publications, Mineola.

APPENDIX: MY JOURNEY TO …… VESUVIUS (IL MIO VIAGGIO …… AL VESUVIO)

My Journey … to Vesuvius (*Il mio viaggio … al Vesuvio*) is a work (cartoon) produced by the students of the intermediate school Orazio Comes in Portici during the 2004–2005 school year.

The cartoon describes a journey of a group of intermediate school students of Portici where their teacher explains mythology, geography, history, architecture, and volcanic risk of the Vesuvius area. Several important events of this area are explained through the transcendent qualities of some of the personalities of this territory.

The journey begins (cartoon p. 2) with the teacher explaining some characteristic features of Vesuvius: A mountain that is an active volcano, its dimensions, characteristics of material erupted from the crater, and the volcano's last activity in 1944.

Pages 3 and 4 of the cartoon narrate the birth of the volcano according to the traditional mythology. While listening to the nymph Leucopetra singing, the two satyrs Sebeto and Vesevo fell in love with her. As they approached her the nymph became frightened and threw herself into the sea where she turned into stone. Despaired that they could not reach their loved one, Sebeto began to cry and turned into a river of the same name, while Vesevo caught fire and began erupting lava and thus became the volcano Vesuvius.

On p. 5 of the cartoon the teacher explains to the students that the Romans were not aware that Vesuvius is a volcano, but a mountain with a fertile soil for planting grapes and vegetables. In the first century B.C. the Roman gladiator Spartacus and his comrades found a refuge on Vesuvius after having escaped from the nearby gladiator training camp at Capua. On the mountain, the gladiators resisted the siege of a Roman army and were able to escape to freedom.

The Roman life around Vesuvius is described on cartoon pp. 6 and 7. In the first century of common era, the inhabitants of Pompeii, Stabiae, and Herculaneum were enjoying a tranquil life and dividing their time between the forum, baths, and school, without being aware of the looming danger above them.

Page 8 of the cartoon focuses attention on the strong earthquake of 62 A.D. that destroyed large parts of Pompeii and other towns, and caused fear among many people in Campania. This earthquake is considered by some as one of the premonitory signals to the strong explosive eruption of 79 A.D. In fact, on 24th August of the same year Vesuvius produced its most famous eruption.

This eruption is described on cartoon pp. 9 and 10, together with the desperate situation of the people attempting to escape from the falling volcanic debris and save themselves under the arched buildings near the coast and other places. An important message on p. 10 is that many people survived the eruption of 79 A.D.

Page 11 of the cartoon is dedicated to the naturalist Pliny the Elder, the commander of the Roman fleet in Misenum, who during the eruption of 79 A.D. was attempting to help the stricken population, but could not land his boats close to the volcano. He landed in Stabiae instead and died there from volcanic exhalations. This eruption was named in the honor of his nephew who described it and is called the 'plinian eruption'. Although the origin of Portici is unknown, it is known that in Roman time this area near Herculaneum served as a recreation spot for Roman nobility.

Following the plinian eruption of 79 A.D., Vesuvius produced at least two more strong eruptions, and in particular the one on 16 December 1631. This eruption is referred to as the 'subplinian eruption' to distinguish it from the one of 79 A.D. which was much more energetic (p. 12 of cartoon). The eruption of 1631 destroyed much of the coastal region of Vesuvius with 7 pyroclastic and mud flows, with the town of Portici being destroyed completely.

The eruption of 1631 produced more than 4000 fatalities and led the Spanish Viceroy Emmanuel Fonseca to erect a stone memorial in Portici, depicting the characteristics of this eruption. This epitaph invites the citizens to escape without delay when Vesuvius begins grumbling and shaking the ground (cartoon p. 13).

Pages 14–16 of the cartoon are dedicated to the travelers of Grand Tour. In 1600s and 1700s these travelers were the European nobles who explored Vesuvius as a part of the education of the geography, customs, and natural phenomena of their neighboring nations. The Grand Tour travelers had to traverse very difficult paths to reach the crater of Vesuvius, because during these centuries the volcano was often erupting with lava flows.

On p. 16 of the cartoon the attention is focused on Grand Tour personalities Hamilton, Mozart, Chateaubriand, Goethe, and others who, with their celebrated testimonies, produced their visions of the volcano and understood why the people of this land have refused to leave it.

The Royal Palace of Portici was constructed by the Bourbon king Charles III (cartoon p. 17), following the rediscovery of the theater of Herculaneum by Prince d'Elboeuf in 1700s (p. 18). The king decided to build the palace at this location so he can closely follow the excavations at Herculaneum and, later, at Pompeii and house the treasures from these Roman towns buried by Vesuvius in 79 A.D.

Page 19 of the cartoon describes how the sovereign responded to his advisors who were discouraging him to construct a palace in a place so close to the volcano. Charles III responded that he trusts the protection from San Gennaro (upper left), and thus began the construction of Vesuvian villas by his nobles who wanted to stay close to the king. One of the most famous of these villas was constructed during the eighteen century by Prince d'Elboeuf (lower center) for holding the treasures excavated at Herculaneum.

Page 20 of the cartoon refers to the nineteen century when a funicular railway was constructed for transporting the travelers from the lower slopes to the crater of Vesuvius.

The twentieth century began with a strong explosion of Vesuvius in 1906 (cartoon p. 21) when the volcano produced ash and mud flows for several days. The last eruption of the volcano occurred in 1944 during World War II, following the liberation of the territory by the Anglo–American forces from German occupiers (cartoon p. 22).

Finaly, pages 23 and 24 of the cartoon present the current situation in the Vesuvius area: Enormous growth of population after World War II and abusive construction of buildings too close to the crater to satisfy the population growth. Today, there are about 600 000 people exposed to the high risk of eruptions and the only official solution to the problem is deportation of the people to distant Italian provinces. This plan does not account for the people having only a very short time to escape with the unreliable transportation systems. The final vignette on p. 24 shows a muttering Vesuvius who is happy for finally remaining alone after all of the people have left from his slopes.

Il mio viaggio … al Vesuvio è un lavoro realizzato dagli studenti della S.M.S. Orazio Comes, durante l'anno scolastico 2004–2005, dove il Vesuvio è presentato nei suoi molteplici aspetti: storici, scientifici, geografici, culturali. Questi aspetti sono rappresentati con una serie di immagini scaturite da quanto gli studenti hanno appreso nel loro studio del vulcano e del suo ambiente, sugli eventi importanti e tramite le qualità trascendenti dei personaggi illustri del territorio vesuviano. Il contenuto del fumetto spazia attraverso queste tematiche: il mito della nascita del vulcano; Bacco che rappresenta la fertilità della terra; Spartaco che impersona la lotta dell'uomo per liberarsi dall'oppressione romana; la non consapevolezza degli abitanti della pericolosa natura del vulcano e un primo segno del pericolo durante il terremoto del 62 d.C.; i segni premonitori che portarono alla grande eruzione del 79 d.C.; la sconvolgente eruzione del vulcano il 24 agosto e gli effetti sulle città che circondavano il vulcano; il coraggio di Plinio il Vecchio che aiuta le popolazioni in pericolo e le lettere del nipote che immortalano suo zio e descrivono per i posteri la prima eruzione vulcanica; la tremenda eruzione del 16 dicembre 1631 che devastò i paesini lungo la costa vesuviana, lo sforzo del regno spagnolo di aiutare la gente e farle capire, tramite un'epigrafe su lapide, come reagire quando il vulcano riprende la sua mortale attività; i viaggiatori del Gran Tour al tempo dell'illuminismo che, scoprendo la natura scientifica del vulcano tramite grandi personaggi, come Hamilton e Goethe, la diffondono nel mondo; la riscoperta delle vecchie cittadine sepolte di Ercolano e Pompei nel 700 e la diffusione dell'importanza di questa scoperta nel mondo occidentale; la sucessiva nascita delle Ville Vesuviane del Miglio d'Oro; l'importanza del santo napoletano Gennaro protettore delle genti vesuviane dalle ire del vulcano; la prima grande eruzione del ventesimo secolo e lo sforzo del governo liberale per arginare i suoi effetti sulla popolazione; l'ultima eruzione del 1944 che si è verificata durante l'occupazione delle forze alleate nella seconda guerra mondiale; gli insediamenti di centinaia di migliaia di persone sulle pendici del vulcano nel dopoguerra ed il poco utile piano di evacuazione destinato a maneggiare circa un milione di persone esposte all'altissimo rischio vulcanico. Attraverso tutto ciò gli alunni pervengono alla scoperta delle loro radici e della loro precaria convivenza con il vulcano.

Il lavoro rientra nei progetti 'La scuola adotta un monumento', condotto in collaborazione con la fondazione 'Napoli 99', e 'Educazione al Rischio Vesuvio', con coordinatrice Annamaria Imperatrice e collaboratori Pina Donatiello, Nicola Ciobbo e Franca Vigilante.

Il mio viaggio ..... al Vesuvio

Napoli - L'eruzione del Vesuvio

S.M.S. "O. Comes"
anno scolastico 2004-2005
a cura delle classi 1°E e 2°E

Cartoon P.1

il viaggio ha inizio!
In una limpida mattina la classe esce per
un'escursione al Vesuvio.
Guidati dai professori gli alunni vanno alla scoperta
di questa montagna che in realtà è un:
pericoloso vulcano
ECCOCI SUL MONTE SOMMA ORA SALIREMO FINO AL CRATERE
IL VESUVIO SEMBRA UNA MONTAGNA COMUNE, INVECE È UN VULCANO ATTIVO.
GUARDATE LE ROCCE SONO NERE PERCHÉ SONO FATTE DI LAVA USCITA DAL VULCANO. LA TERRA INVECE È di CENERE ED È GRIGGIA.
AVETE VISTO COM'È GRANDE IL CRATERE! IL BORDO HA UNA CIRCONFERENZA DI UN CHILOMETRO E MEZZO
SPERIAMO CHE IL VESUVIO NON SI RISVEGLI ORA
NO. IL VESUVIO DA SEGNALI PRIMA DEL SUO RISVEGLIO. L'ULTIMA ERUZIONE SI È SVOLTA NEL 1944!
VOGLIAMO SAPERNE DI PIÙ...

Cartoon P.2

Il Vesuvio: il MITO
MOLTI SECOLI FA VIVEVA UNA NINFA BELLISSIMA "LEUCOPETRA", CHE FU VISTA MENTRE CANTAVA DA SEBETO E VESEBO.
I DUE SI INNAMORARONO E LA INSEGUIRONO. LA NINFA SPAVENTA= TA FUGGÌ. SEBETO E VESEVO SI LANCIARONO VELOCEMENTE DIETRO DI LEI..
OH DOLCE AURA ---
E' TANTO BELLA E DOLCE
AIUTO

Cartoon P.3

LEUCOPETRA ARRIVÒ IN VICINANZA DEL MARE E TUFFATASI SI TRASFOR= MÒ IN PIETRA. SEBETO PIASE TANTO PER IL DOLORE, CHE FU TRASFOR= MATO NEL FIUME. VESUVIO, INVECE, FU TRASFORMATO IN UNA MONTAGNA, CHE ERUTTANDO FUOCO CERCANDO DI RAG GIUNGERE LA SUA AMATA.
CONTINUA NO A INSEGUIRMI --- MI TUFFERÒ A MARE ---.
MI SENTO SCIOGLIERE E DIVENTARE FIUME...
SEBETO.
IO INVECE MI INDURISCO E DIVEN= TO MONTE...
VESUVIO.

Cartoon P.4

I ROMANI E IL VESUVIO
Sotto la domina-zione romana il Vesuvio non aveva mai eruttato, per cui i romani lo vedevano come montagna fertile su cui c'era uva.
SU DI ESSA SI RIFUGIÒ SPARTACO, FAMOSO GLADIATORE NEL 73 a.C, DISERTÒ E CON UN GRUPPO DI COMPAGNI CERCÒ RIFUGIO SUL VESUVIO.
EGO RETIARIUS SUM VICTOR

Cartoon P.5

LA VITA NELLE CITTÁ ROMANE NEL I S
TRASCORREVA
TRANQUILLA
PRISCILLA UBI TU ES
Boo
ECCE FORUM
AVE CORNELIA
AVE

Cartoon P.6

HODIE MAGISTER INTERROGAT
EGO NON HABEO TABULAM CERATAM
EGO PORTAM CANEM SCHOLA
VENIO AB SCHOLA CUM TIBI

Cartoon P.7

DOPO TANTI ANNI DI QUIETE, NEL 62d.c UN TREMENDO TERREMOTO SCOSSE LE CITTÀ DI POMPEI E DI ERCOLANO CI VOLLERO MOLTI ANNI PER RICOSTRUIRLE.
AIUTO STA CROLLANDO TUTTO
CRASH
CRASH
FULVIA, SONO PREOCCUPATA, VEDO TANTE CREPE NEL MURO
ANCH'IO HO PAURA NEL POZZO NON C'ERA ACQUA STAM. ATTINA
NEL 79 d.C. NEL MESE DI AGOSTO CI FORONO NUMEROSI SEGNI DEL PROSSIMO RISVEGLIO DEL VULCANO.

Cartoon P.8

Il 24 agosto, improvvisamente un grosso boato squarciò l'aria.
Il Vesuvio sembrava essersi spaccato in due e una lingua di fuoco scendeva lungo i suoi fianchi.
Un enorme nuvola di fumo si alzò in aria e tutto divenne buio.

Cartoon P.9

MIGLIAIA DI PERSONE CORREVANO E GRIDAVANO CERCANDO QUALCHE VIA DI SCAMPO. MOLTI CERCARONO LA SALVEZZA SULLA SPIAGGIA RIFUGIANDOSI NELLE RIMESSE LUNGO IL PORTO, MA LÍ TROVA= RONO LA MORTE.
GIOVE AIUTA= MI TU_DEVO PORTARE MIO FIGLIO IN SALVO.
ALLA SPIAGGIA AL MARE!
PRESTO, ENTRIAMO NELLE RIMESSE, LÍ SAREMO SALVI.

Cartoon P.10

PORTICI E IL VESUVIO

Anche se non ci sono testimonianze certe sulle origini di Portici,la nostra cittadina è stata un luogo di villeggiatura romano.Inoltre,proprio come Ercolano,è stata colpita dall'eruzione del Vesuvio del 79 d.C.

Cartoon P.11

Un'altra terribile catastrofe che colpì Portci fu quella del 16 dicembre 1631. In questa data, infatti, una tremenda eruzione del Vesuvio dava origine a 7 corsi lavici, due dei quali attraversarono il vecchio abitato di Portici.
PRESTO SCAPPIAMO!!
SAN GENNARO AIUTACI TU !!
AIUTO !!
S. GIOVANNI
LEUCOPETRA
PORTICI
RESINA
TORRE DEL GRECO

Cartoon P.12

NELL'ORRORE DI TALE CATASTROFE PERIRO 4000 PERSONE E IL VICERE DI NAPOLI, DON MANUELE ZUNICA, FECE PORRE UNA LAPIDE (EPITAFFIO) PER AVVERTIRE I PORTICESI DI METTERSI IN SALVO AI PRIMI SEGNI DI SCONVOLGIMENTO DEL VULCANO
LA LAPIDE È SCRITTA IN LATINO MA NOI L'ABBIAMO TRADOTTA PER RENDERLA COMPRENSIBILE A TUTTI.
O posteri, o posteri si tratta di voi
un giorno è lume all'altro
è il dì precedente e norma per il dì che segue
udite
venti volte da che splende il sole
se non sbaglia la storia
arse il Vesuvio.
Sempre con strage immane di chi a fuggir
fu lento.
Affinché dopo l'ultimo lutto più non vi colpisca
io vi avviso.
Questo monte ha grave il seno di bitume,
allume, zolfo, oro, argento, nitro, di fonte d'acque.
Presto o tardi si accende
ma prima geme
trema, scuote il suolo mescola e fumo e fiamme
e lampi
scuote l'aria, rimbomba, tuona, muggisce
scaccia ai confini gli abitanti.
Tu scappa finché lo puoi.
Ecco che scoppia e vomita di fuoco un fiume
che vien giù precipitando e sbarra la fuga a chi s'attarda
se ti coglie è finita: sei morto
disprezzato apprese gli incauti e gli avidi
cui la casa e le suppellettili furono più care della vita.
Ma tu, sei hai senno, di un marmo che ti parla
di la voce non ti curar dei lari; senza indugi fuggi.
Anno di salute 1632
Filippo I V Re
Emmanuel Fonseca y Zunica
Conte di Monterrey, Vicerè

Cartoon P.13

Era di moda fra gli aristocratici europei fare un viaggio in un paese straniero per completare la propria istruzione.
Napoli era una delle città del tour e il Vesuvio ne costituiva una delle attrattive.

Cartoon P.14

SALITA A DORSO DI MULO
ALL'EREMITAGGIO DEL VESUVIO
SALITA AL VESUVIO
SU UNA LETTIGA
AVVENTUROSA
DISCESA

Cartoon P.15

FRA I VIAGGIATORI PIÙ FAMOSI RICORDIAMO: LORD HAMILTON MOZART - CHATEAUBRIAND - GOETHE METTERNICH - DUMAS - DICKENS - TUTTI HANNO LASCIATO DESCRIZIONI DEL LORO VIAGGIO...
ZZZ
CARO LORD HAMILTON È PRONTO PER L'ESCUR= SIONE AL VESUVIO
CERTAMENTE
SE NESSUN NAPOLE= TANO VUOLE ANDARSENE DALLA SUA CITTÀ, NON SI PUÒ FARGLIENE CARICO VI FOSSERO ANCHE DUE OTRE VESUVI NELLE VICINANZE.
GOETHE

Cartoon P.16

IL SETTECENTO
Le condizioni di vita dei cittadini di Portici migliorarono notevolmente nel 700. Il re Carlo III di Borbone decise di far costruire una reggia a Portici, trasformando in "Reale villa di Portici" il casale concedendo anche il privilegio della esenzione fiscale.
La scelta del luogo su cui costruire la nuova reggia può essere stata motivata oltre che dalla passione per la pesca e la caccia di Carlo III, dal suo grande interesse per le scoperte archeologiche che si andavano effetuando nella zona con il ritrovamento dell'antico teatro di Ercolano.

Cartoon P.17

Agli inizi del 700 durante lo scavo di un pozzo per la ricerca dell'acqua, un contadino aveva trovato dei pezzi di marmo e delle statue. Il principe d' Elboeuf che comandava le truppe austriache durante la dominazione austriaca su Napoli, comprò il terreno del contadino e usò il pozzo per trarne statue e reperti.
Nel 1711 il principe, per coprire la sua campagna illegale di scavo, si fece costrire una villa vicino al porto del Granatello su progetto di Ferdinando Sanfelice.

Cartoon P.18

SAN GENNARO AL PONTE D. MADDALENA.
IL RE CARLO III AVEVA CONSULTATO DEI VULCANOLOGI PRIMA DI DARE L'ORDINE DI COSTRUIRE LA SUA REG
QUESTI AVEVANO SCONSIGLIATO LA COSTRUZIONE DATO CHE IL VESUVIO AVREBBE POTUTO DISTRUGGERE, DURANTE UN ERUZIONE, LA REGGIA.
IL RE NON LI ASCOLTÒ E SI DICE CHE RISPONDESSE: CI PROTEGGERÀ SAN GENNARO
IN EFFETTI LA REGGIA E LE VILLE VESUVIANE NON SONO STATE DISTRUTTE DAL VESUVIO... MA OGGI SONO IN DEGRADO.

Cartoon P.19

A FINE OTTOCENTO, 1895, SI VIAGGIAVA SUL VESUVIO IN MODO PIÙ COMODO: GRAZIE ALLA FUNICOLARE
JAMMO, JAMMO, 'NCOPPA, JAMMO, JA FUNICULÌ FUNICOLÀ

Cartoon P.20

IL NOVECENTO

Il nuovo secolo inizia con una tragedia.Il 4 aprile si ebbe una forte eruzione del Vesuvio. Durante quattro giorni l'eruzione raggiunse la fase più acuta che portò al crollo del cocuzzolo e delle pareti del cono Vulcanico accompagnato da un boato spaventoso avvertito in tutta la regione. La nostra zona fu colpita da una violenta pioggia di cenere e lapilli.

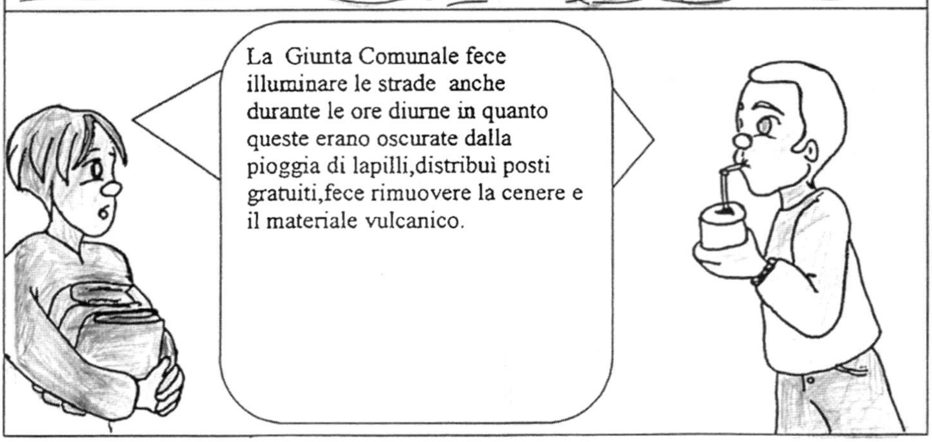

Cartoon P.21

BOOM
BEAUTIFUL!
I tedeschi per rappresaglia iniziavano rastrellamenti di uomini, razzie nei negozi e nelle case private. Nel 1944 ci fu pure un'eruzione del Vesuvio, l'ultima avvenuta in questo secolo.

Cartoon P.22

Dell'ultima eruzione del Vesuvio sono passati 61 anni.
Le cittadine vesuviane in questi anni si sono ingrandite in maniera enorme.
Senza tener conto di trovarsi in una zona ad alto rischio, è stato permesso di costruire anche alle falde del vulcano.
VEDI QUANTE CASE...
Oggi circa 600.000 persone vivono in una delle zone più pericolose del mondo!
E come unica soluzione al rischio è stato preparato un piano che prevede l'allontanamento della popolazione.
E SI, NON SI VIVE PIÙ

Cartoon P.23

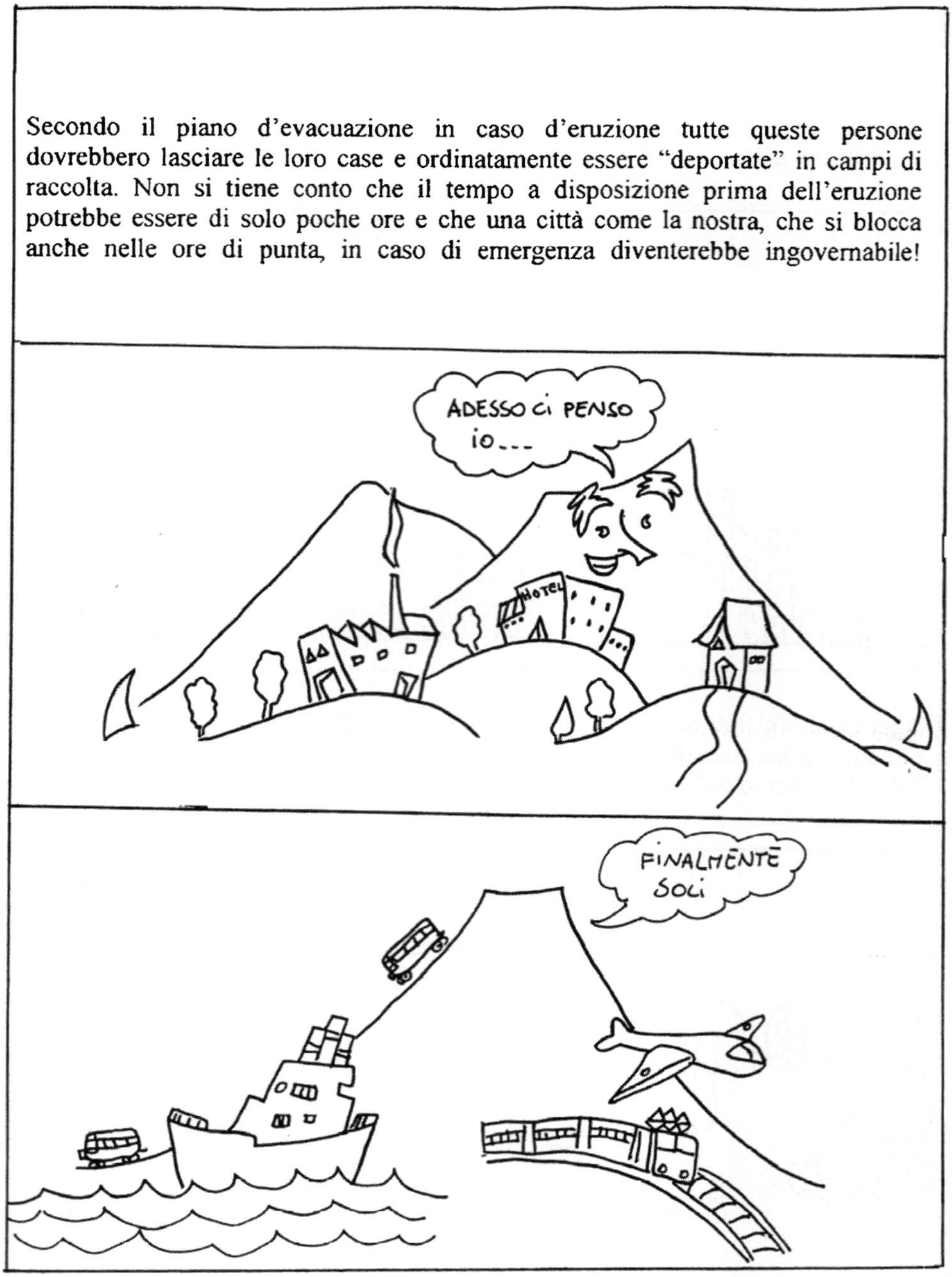
Secondo il piano d'evacuazione in caso d'eruzione tutte queste persone dovrebbero lasciare le loro case e ordinatamente essere "deportate" in campi di raccolta. Non si tiene conto che il tempo a disposizione prima dell'eruzione potrebbe essere di solo poche ore e che una città come la nostra, che si blocca anche nelle ore di punta, in caso di emergenza diventerebbe ingovernabile!
ADESSO CI PENSO IO...
HOTEL
FINALMENTE SOLI

Cartoon P.24

Vesuvius
F. Dobran (Editor)

Chapter 3

Social and Economic Reality of Vesuvius Area

V. Di Donna

ABSTRACT

The Vesuvius area communities at high volcanic risk comprised in 2001 about 550 000 people. One part of this population left the territory during the past decade. This contributed to a decrease of about 30 000 people and shows an inversion of the population growth of previous decades. The emigrating population leaves along the seacoast which is comprised of poorly governable communities with high human loads and being subjected to economic impoverishment and risk from the volcano. This migration flux is associated principally with the people who do not work in the Vesuvius area and can thus be relocated into less populated areas at the north of Naples that are connected with this city with various transportation systems. The population is also subject to a lowering of the fertility rate, but this is decreasing at a slower rate than that of the central and northern parts of the country.

The educational level of Vesuvians is low, with an increase in the illiteracy level and decrease in secondary school and college graduates as the distance from Naples increases. The economic reality of the area is precarious and officially only one-fifth of the population works. In spite of the invading urbanization and strong parceling of land, the agriculture has always produced good results, due both to the high fertility of the volcanic soil and favorable climatologic and morphologic conditions of the area. A considerable number of people work in the public sector (schools, sanitation, public administration, transports) and thus cause damage to the already little-efficient public service sector.

RIASSUNTO

I comuni dell'area vesuviana ad alto rischio vulcanico contano circa 550.000 abitanti nel 2001. Una parte della popolazione dell'area a rischio vulcanico lascia il territorio facendo registrare un calo di circa 30.000 unità negli ultimi 10 anni; ciò evidenzia un'inversione di tendenza rispetto all'andamento demografico – sempre in crescita – dei decenni precedenti. Il fenomeno dell'emigrazione ha interessato ed interessa prevalentemente gli abitanti dei comuni della fascia costiera vesuviana ad elevato carico antropico, scarsamente governabile, sottoposta al depauperamento della realtà economica e a rischio vulcanico. I flussi migratori hanno riguardato prevalentemente le persone non radicate con il lavoro nel territorio vesuviano; esse si sono dirette verso alcuni comuni posti a nord di Napoli, con bassa densità abitativa e collegati al capoluogo campano con vari sistemi di trasporto. La popolazione, per il calo delle nascite, è sottoposta al processo di senilizzazione, anche se con tassi più lenti di quelli del centro-nord del paese.

Il grado d'istruzione della popolazione della zona vesuviana è basso: più ci si allontana dal capoluogo e dalla fascia costiera metropolitana e più aumenta il numero degli analfabeti funzionali mentre diminuisce quello dei laureati e dei diplomati. La realtà economica dell'area è precaria: ufficialmente solo 1/5 della popolazione ha un lavoro. L'agricoltura, sebbene aggredita dall'invadente urbanizzazione e con una forte parcellizzazione proprietaria, ha sempre dato buoni raccolti sfruttando sapientemente l'esperienza millenaria degli agricoltori, la fertilità e il buon drenaggio dei suoli vulcanici, e le condizioni climatiche e morfologiche particolarmente favorevoli. Critica è la realtà del settore manifatturiero. Il considerevole numero di addetti al terziario non segnala un settore forte ma solo ingolfato per le pressioni occupazionali a discapito dell'efficienza dei servizi pubblici.

Vedi appendice per l'intero articolo in italiano.

3.1. INTRODUCTION

The social and economic peculiarities of the Vesuvius area are discussed in numerous publications.[1] During the past decade and for the first time after World War II, the population of this area has been decreasing along the coast and increasing in the interior regions. In this chapter we will elaborate on this and other social and economic trends in the Vesuvius area and suggest that it is possible to reduce the population by about 45%, because many people who live in the area are not bound by the work to the communities where they reside. Such a population reduction can make the volcanic risk more manageable, provided that the appropriate living conditions can be produced elsewhere for the displaced individuals.

The social cohesion in the Vesuvius area is low and the people scarcely participate in the collective choices made for them by their representatives in local and national governments. A relocation of those people who live too close to the volcano and in areas with poor opportunities to more secure and prosperous locations around Vesuvius would not only reduce the population density in the vicinity of the volcano, but also improve the living conditions of those who remain and have to manage the available resources of the territory.

3.2. GEOGRAPHIC AND DEMOGRAPHIC ASPECTS OF THE AREA

Vesuvius is surrounded by 18 communities: Boscoreale, Boscotrecase, Trecase, Pompei, Torre Annunziata, Torre del Greco, Ercolano, Portici, S. Giorgio a Cremano, S. Sebastiano al Vesuvio, Massa di Somma, Cercola, Pollena Trocchia, S. Anastasia, Somma Vesuviana, Ottaviano, S. Giuseppe Vesuviano, and Terzigno

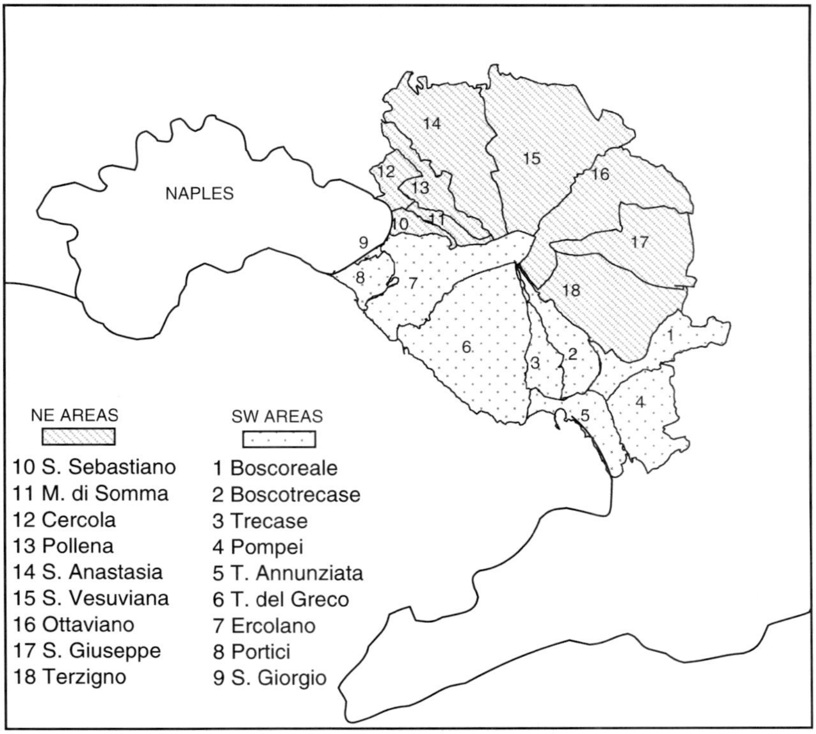

Fig. 3.1. Communities or municipalities of the Vesuvius area.

(Fig. 3.1). We will examine some salient features of these communities as related to the demographic progress and to the social and economic reality of the population. The data utilized for demographic analysis correspond to the population census of 31 December 2001 as published by the central institute of statistics (*Istituto Centrale di Statistica*, ISTAT).[2] The data pertaining to the economic reality of the territory are, however, not yet available from this census and use will be therefore made of the similar data pertaining to the census of 1991. As the economic reality has hardly changed in the Vesuvius area during the past decade, the use of such data for our task at hand is justifiable. The economic data change relatively slowly because of the slow social and cultural progress.

In 2001 the population of Vesuvius area communities comprised 551 646 people who are distributed on 228 km^2 of the territory. In 1991 there were 582 520 people occupying the same area (Table 3.1). This population has been continuously increasing since the unification of Italy until 1991 and quadrupling along the coast which borders the regional capitol of Naples on the west. In the communities of San Giorgio a Cremano and Portici, the population density reached 15 000 people/km^2 (Table 3.2). The reasons for this phenomenon are many and of both social and economic origins, such as emigration from the interior regions of Regione Campania toward the coast with a better economy (industry, port, infrastructures) and services (sanitation,

Table 3.1. Distribution of residential population in the Vesuvius area.

Community	Population				Variation	
	1971[a]	1981[a]	1991[a]	2001[b]	1991–2001	1991–2001 percentage
(1) Boscoreale	18 741	24 636	27 310	27 663	353	1.3
(2) Boscotrecase	20 135	12 276	11 295	10 642	−653	−5.8
(3) Trecase		9129	9595	9147	−448	−4.7
(4) Pompei	21 547	22 934	25 177	25 678	501	2.0
(5) Torre Annunziata	57 566	60 533	52 875	48 008	−4867	−9.2
(6) Torre del Greco	91 676	103 605	101 361	90 465	−10 896	−10.8
(7) Ercolano	52 368	58 310	61 233	56 728	−4505	−7.4
(8) Portici	75 897	80 410	68 980	60 068	−8912	−12.9
(9) S. Giorgio	45 635	62 429	62 258	50 585	−11 673	−18.8
(10) S. Sebastiano	5352	8794	9486	9842	356	3.9
(11) Massa di Somma			5492	5921	429	7.8
(12) Cercola	14 475	18 671	16 901	18 901	2000	11.8
(13) Pollena	6483	8661	12 216	13 359	1143	9.4
(14) S. Anastasia	19 378	22 915	27 300	28 047	747	2.7
(15) Somma Vesuviana	19 973	23 433	29 079	33 295	4216	14.5
(16) Ottaviano	18 263	31 007	21 973	22 685	712	3.2
(17) S. Giuseppe	22 342	23 660	26 336	24 689	−1647	−6.3
(18) Terzigno	10 947	10 915	13 653	15 923	2270	16.6
Totals	500 778	582 318	582 520	551 646	−30 874	−5.3

[a] Data from ISTAT – general census.
[b] Data from ISTAT – census of 2001.

education, transports, public administration), relocation of Neapolitans into the surrounding communities with lower housing costs, and a sustainable high birth rate.

The data from the population census of 2001 attest to the inversion of population growth of previous decades. This population decreased by some 30 000 individuals with respect to the census taken a decade earlier. The coastal region of southwest has lost some inhabitants while that of northeast has gained significant number of people (Figs. 3.2 and 3.3). The particular communities of coastal regions which demonstrate this loss are San Giorgio a Cremano, Torre del Greco, Portici, and Torre Annunziata. Within the interior region it is necessary to distinguish San Sebastiano al Vesuvio and Massa di Somma which did not experience any population change while the other communities of this region experienced a significant population increase. As can be seen in Fig. 3.4, the population distribution surrounding the volcano also varies from community to community.

The graphic representation of population based on age and sex assumes for 2001 the form of a cylinder. This is because the number of young people nearly balances those of middle-age individuals and those of elders (Table 3.3; Fig. 3.5). In the past, however, this age distribution assumed a pyramidal shape, because the families used to have many more children than at the present and the adults lived shorter lives.

Table 3.2. Distribution of population density in the Vesuvius area.

Community	Population		Surface area (km^2)	Density (people/km^2)	
	1991[a]	2001[b]		1991	2001
(1) Boscoreale	27 310	27 663	11.20	2438	2470
(2) Boscotrecase	11 295	10 642	7.49	1508	1421
(3) Trecase	9595	9147	6.14	1563	1490
(4) Pompei	25 177	25 678	12.41	2029	2069
(5) Torre Annunziata	52 875	48 008	7.33	7214	6549
(6) Torre del Greco	101 361	90 465	30.66	3306	2951
(7) Ercolano	61 233	56 728	19.64	3118	2888
(8) Portici	68 980	60 068	4.52	15 261	13 289
(9) S. Giorgio	62 258	50 585	4.11	15 148	12 308
(10) S. Sebastiano	9486	9842	2.60	3649	3785
(11) Massa di Somma	5492	5921	3.50	1569	1692
(12) Cercola	16 901	18 901	3.74	4519	5054
(13) Pollena	12 216	13 359	8.11	1506	1647
(14) S. Anastasia	27 300	28 047	18.76	1455	1495
(15) Somma Vesuviana	29 079	33 295	30.74	946	1083
(16) Ottaviano	21 973	22 685	19.85	1107	1143
(17) S. Giuseppe	26 336	24 689	14.09	1869	1752
(18) Terzigno	13 653	15 923	23.51	581	677
Totals	582 520	551 646	228.4	2550	2415

[a] Data from ISTAT – general census.
[b] Data from ISTAT – census of 2001.

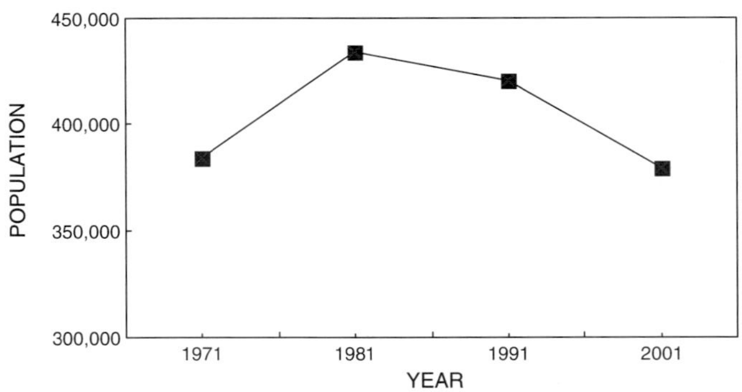

Fig. 3.2. Distribution of population in the coastal region of southwest of the Vesuvius area from 1971 to 2001.

The current population distribution, considering that in the future the families will have less and less children and that the life span of individuals will keep increasing, suggests that the future population distribution in the Vesuvius area will assume an inverted pyramid shape, with many more adults than children.

In the distribution of population according to age and sex it is worth noting that among the young under the age of 30 the number of males exceeds the number of

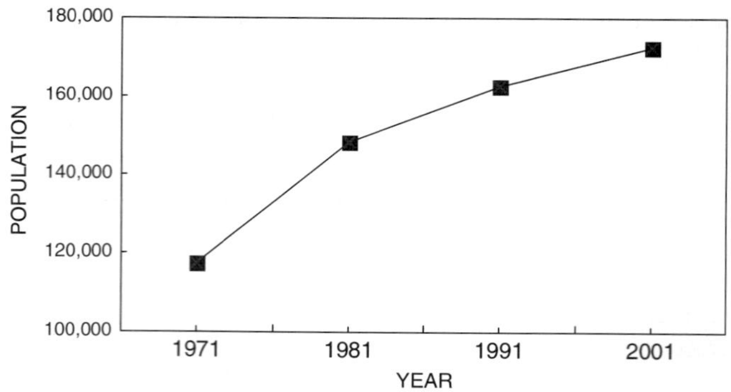

Fig. 3.3. Distribution of population in the interior region of northeast of the Vesuvius area from 1971 to 2001.

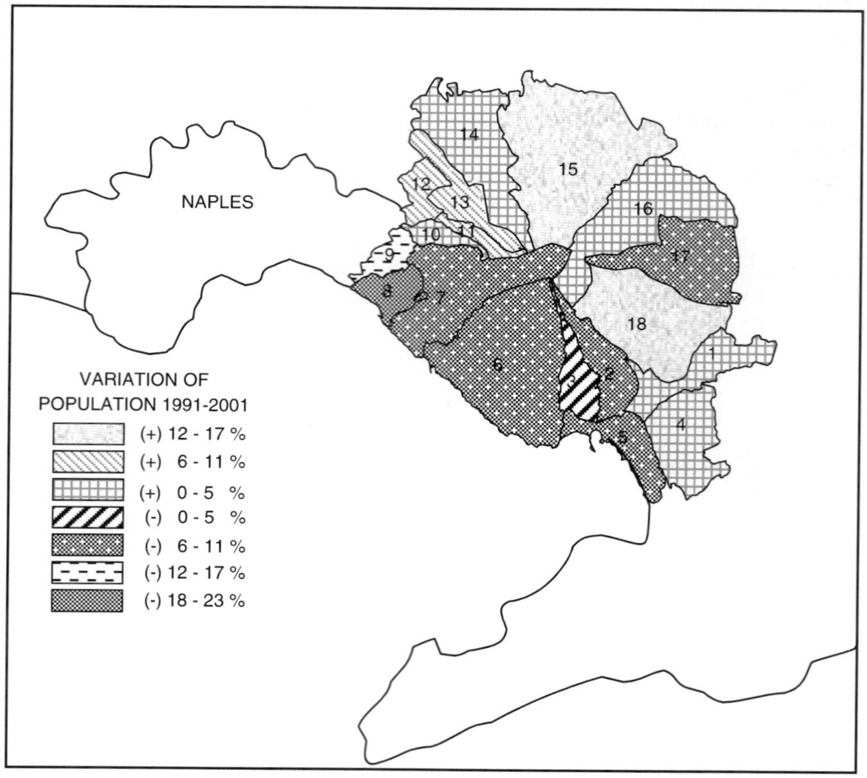

Fig. 3.4. Variation of Vesuvius area population from 1991 to 2001.

females. Above 31 years of age, however, the number of females exceeds those of males, and above the age of 60 there are some 13 000 more females than males. Such a distribution of population is similar in all developed countries. More males than females are born, but after some years the numbers become inverted. With time,

Table 3.3. Division of population of the Vesuvius area according to age and sex.

Community	Age groups									
	0–14		15–29		30–44		45–59		60 and over	
	Male	Female	Male	Female	Male	Female	Male	Female	Male	Female
(1) Boscoreale	3043	2919	3323	3341	2945	3163	2396	2345	1852	2336
(2) Boscotrecase	1001	1011	1162	1168	1157	1126	921	956	917	1223
(3) Trecase	845	765	1109	1005	915	996	885	892	761	974
(4) Pompei	2495	2460	2826	2813	2713	3001	2243	2267	2131	2729
(5) Torre Annunziata	4502	4277	5322	5193	4944	4953	4191	4493	4186	5947
(6) Torre del Greco	8621	8539	10568	10463	9445	9703	8120	8479	7368	9159
(7) Ercolano	5773	5544	6904	6809	5789	6109	5245	5423	4069	5063
(8) Portici	4571	4510	6404	6309	6365	6582	5359	6114	5771	8083
(9) S. Giorgio	4095	3904	6148	5789	5192	5418	4860	5539	4101	5539
(10) S. Sebastiano	957	914	1153	1169	1073	1192	898	955	713	818
(11) Massa di Somma	646	622	715	733	681	720	534	492	330	448
(12) Cercola	2029	1947	2402	2282	2086	2223	1781	1703	1041	1407
(13) Pollena	1468	1392	1583	1682	1509	1632	1209	1185	733	966
(14) S. Anastasia	2822	2632	3526	3346	3117	3303	2508	2506	1849	2438
(15) Somma Vesuviana	3474	3351	3948	3906	4049	4015	2756	2800	2239	2757
(16) Ottaviano	2414	2324	2752	2643	2573	2804	1832	1786	1538	2019
(17) S. Giuseppe	2608	2506	2985	2970	2724	2979	1981	1983	1720	2233
(18) Terzigno	1806	1761	1846	1832	1978	2016	1254	1174	1014	1242
Totals	53170	51378	64676	63453	59255	61935	48973	51092	42333	55381

Data from ISTAT – census of 2001.

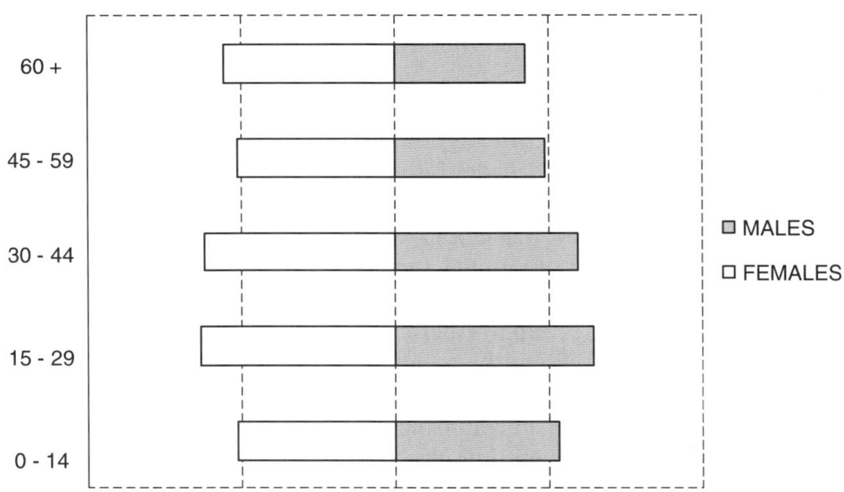

Fig. 3.5. Breakdown of population of the Vesuvius area according to age and sex (data from Table 3.3).

more males than females die, because the newborn males are more susceptible than the females to the diseases, the males have to serve in wars as adults, and in general the males are subjected more to the stressful environments and to the consequences of smoking and alcohol in later years of their lives.

The migration fluxes from coastal regions, including those from Naples, have been directed toward the north which is not only farther away from the volcano, but also more readily accessible to the city with better transportation systems. This can be seen for the community of Giugliano where the population of 60 096 in 1991 increased to 97 999 in 2001, and in the communities of Casalnuovo where this increased from 32 134 to 47 940, Marano from 47 961 to 57 448, Qualiano from 20 054 to 24 542, Quarto from 30 587 to 36 543, and Acerra from 41 311 to 45 688 during the same period of time.

3.3. EDUCATION AND ECONOMIC REALITY OF POPULATION

An individual from the Vesuvius area above the age of 6 has, on the average, gone to school for 7 years. This is very little indeed, considering that the social and economic prosperity of the area can only be produced through the creation of a much greater cultural base. The more that one distances himself from Naples and coastal metropolitan regions, the more one encounters illiteracy among the population and less and less people with completed secondary school and college-level education. The levels of education among the people have remained practically constant according to the last two censuses of the Vesuvius area population.[3] In particular, only 2.5% of the people above the age of 6 have college degrees, 15.9% are graduates from secondary schools, 28.4% are graduates from intermediate schools, 30.8% have completed primary school education, 17% have not completed primary schools, and 5.4% are illiterate (Table 3.4; Fig. 3.6).

The number of females with completed secondary school education and college degrees is less than for males. This is because of the poor economic conditions on the territory that sacrifice females to raising families and allows only males to pursue education. But in recent times this trend is changing and offering more equality among the sexes.

One of the principal causes of emigration from the Vesuvius area is the search for work, and during the past decade this emigration has increased because of the worsening economic conditions. This fact became all too obvious even in 1991 when only 21.8% of the population was employed (Fig. 3.7).

In 1991 the unemployed accounted for 3.9% of the population and those in search for the first employment accounted for 11.8%.[4] This dramatic situation can be contrasted with the central and northern parts of the country (Fig. 3.8) where the employed accounted for 39.5% of the population, unemployed for 2.2%, and those in search of the first employment for 2.4%.

Not all of those registered unemployed are, however, inactive, because many work in unregistered jobs and are thus classified as 'others' (Fig. 3.7). Nevertheless, the data do show the difficult economic reality of the territory. The primary economy (agriculture, fishing) employs 6.2% of the active population, while the

Table 3.4. Division of population above the age of 6 according to the levels of education.

Community	College degree	Secondary school	Intermediate school	Primary school	Illiterate without degree	Illiterate	Totals
(1) Boscoreale	336	2767	8834	7455	4203	1045	24 640
(2) Boscotrecase	250	1682	3053	3208	1655	569	10 417
(3) Trecase	281	1877	2797	2493	1185	254	8887
(4) Pompei	762	4267	7016	6986	3280	697	23 008
(5) Torre Annunziata	1465	8467	15 971	14 022	6891	1890	48 706
(6) Torre del Greco	2325	14 785	29 031	29 123	14 768	2922	92 954
(7) Ercolano	1411	8865	15 781	17 172	9473	2972	55 674
(8) Portici	3757	16 295	19 665	17 638	6396	1250	65 001
(9) S. Giorgio	1979	13 612	20 415	15 183	6083	910	58 182
(10) S. Sebastiano	408	2114	2795	2176	1048	187	8728
(11) Massa di Somma	71	555	1649	1644	823	181	4923
(12) Cercola	324	2353	5059	4877	2211	448	15 272
(13) Pollena	281	1947	3574	3097	1695	322	10 916
(14) S. Anastasia	673	4113	8119	7124	4002	842	24 873
(15) Somma Vesuviana	640	3743	8582	8324	4219	955	26 463
(16) Ottaviano	567	3016	6311	6180	3176	648	19 898
(17) S. Giuseppe	680	3472	7185	7819	3923	753	23 832
(18) Terzigno	228	1465	3980	3725	2273	534	12 205
Totals	16 438	95 395	169 817	158 246	77 304	17 379	534 579
Percentage	3.0	17.8	31.8	29.6	14.5	3.3	100

Data from ISTAT – census of 1991.

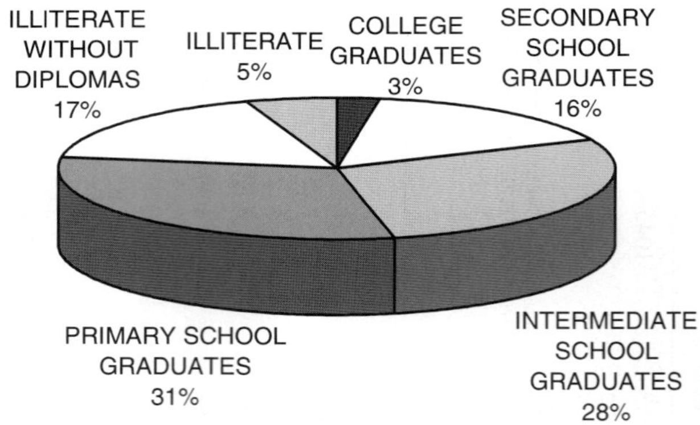

Fig. 3.6. Educational levels of Vesuvius area population.

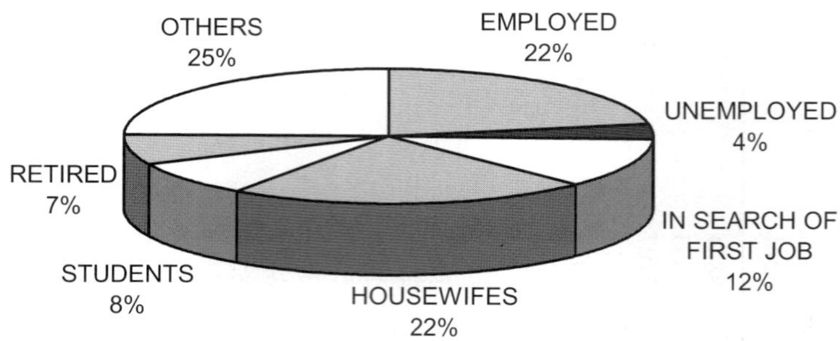

Fig. 3.7. Active and inactive population in 1991.

secondary economy (industry) employs 19.4% in manufacturing and 9.4% in construction and energy generation. The third and the most important economy includes services which employ 27.5% of the people, commerce that employs 16.3%, public administration which includes 11.5%, and education that provides 9.6% of the jobs. The maritime transports play a very important role in the economy and are included under the services sector.

3.4. DISCUSSION

The principal causes which have produced a decrease of the population along the coast during the past decade can be summarized as follows:

- Flight from the coast which is already heavily populated and unbearable – an urbanization that is speculative and oppressive. The coastal cities are congested and not anymore manageable, and with insufficient and fruitless services. As an example, the time to reach work in the province of Naples is, after Rome, the longest of all other provinces in the country. The environmental degradation and pollution levels have already reached such high levels that one can consider the relationships between the coast–sea and coast–volcano broken.

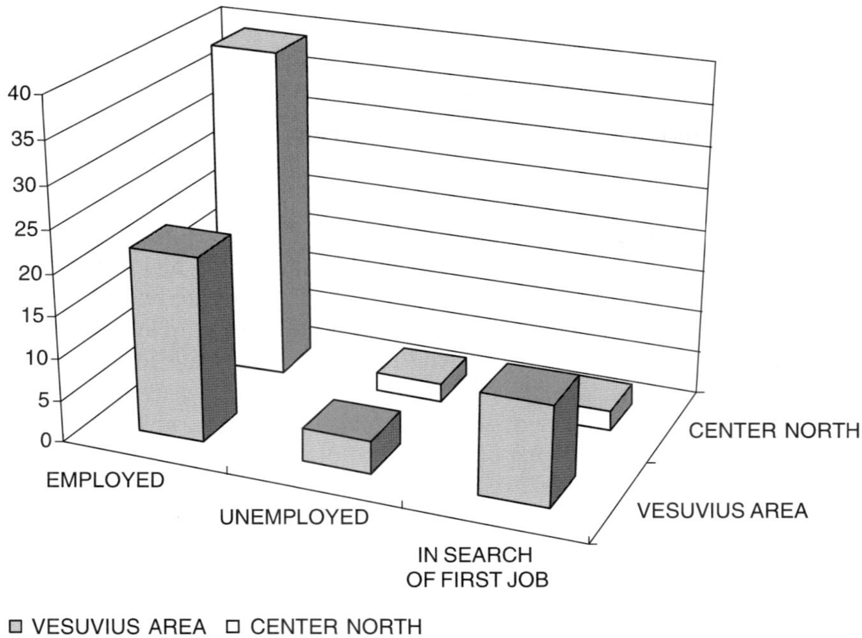

Fig. 3.8. Comparison of active population of the Vesuvius area with that of the north-central part of the country (ISTAT, 1991).

- Emigration toward other areas of the country with better employment opportunities because of the impoverishment of local economy.
- Considerable presence of small- and large-scale criminality which conditions both the social and economic life on the territory. If such an asphyxiating veil cannot be eliminated, the economic decline will become uncontrollable and the forces necessary for producing economy and employment will have no other choice but to leave the area.
- Fear of an eruption of the volcano, which puts in jeopardy human lives, dwellings and property that are the fruit of work and sacrifices.
- Reduction of the fertility rate which encompasses all of the south (*Mezzogiorno*), after having invaded the central and northern parts of the country. This is a consequence of the transformation from a rural to an industrial society, or a characteristic feature of developed nations.
- Increasing employment of women limits childbearing and dedication to raising of the young; the women are becoming more and more involved in providing for the family and less and less dedicated to carrying for their offspring.

An increase of the population in some non-coastal regions of the Vesuvius area has the following consequences:

- The existence of many garment manufacturing businesses that often operate illegally and employ foreign (primarily Chinese) workers.
- The inhabitants of these communities do not perceive the eruptions of Vesuvius as dangerous as the inhabitants from the coastal regions. This is based on the

concept that the existing northeastern part of Somma caldera protects the territory from lava flow eruptions. It is also necessary to add that these populations have lost the living memory of ash falls and pyroclastic flows which in the distant part were transported by the prevailing winds into the regions to the north of the volcano.

For the purpose of reducing the anthropic load in the Vesuvius area and evacuating people in the event of an eruptive alarm it is useful to quote the following passage: 'A possible solution is the gradual transfer of many people exposed to the risk ... toward the metropolitan area of Naples and internal regions of Regione Campania, for the purpose of making the evacuation of those who remain in the area into the surrounding areas of Campania much easier in the event of an eruption. This is in contrast to the evacuation plan of Civil Protection, which calls for relocating the Vesuvians all over Italy. Relocation of substantial number of Vesuvians not too far from the volcano would protect at least the social, economic, and anthropologic fabric of the territory.'[5] This is one of the central objectives of VESUVIUS 2000.

In order to reduce the volcanic risk it is, therefore, necessary to relocate a large part of the population from the immediate surroundings of the volcano into the areas which are more secure. During the past decade and between the two population censuses, the emigration fluxes from coastal areas have been directed toward the communities at the north of Naples (Table 3.5). The low population densities of some of these communities (Accera with 845 people/km^2, Giuliano with 1040 people/km^2) suggest that in the future other fluxes can be oriented into these communities or those that surround them, provided that receptive economic opportunities can be produced in these areas. Following VESUVIUS 2000,[6] once the safe areas around the volcano can be identified it is then necessary to produce the appropriate conditions for their economic and social development, with the capacity to sustain the emigration flux from the high-risk areas around the volcano.

Table 3.5. Variation of residential population densities of some communities at the north of Naples.

Community	Population		Area (km^2)	Density (people/km^2)	
	1991	2001		1991	2001
Acerra	41 311	45 688	54.1	764	845
Afragola	60 065	62 319	18.0	3337	3462
Caivano	35 855	36 966	27.1	1323	1364
Casalnuovo	32 134	47 940	7.8	4120	6146
Casoria	79 707	81 888	12.0	6642	6824
Giugliano	60 096	97 999	94.2	638	1040
Marano	47 961	57 448	15.5	3094	3706
Qualiano	20 054	24 542	7.3	2747	3362
Quarto	30 587	36 543	14.2	2154	2574
Villaricca	22 114	26 175	6.9	3205	3794
Napoli	1 067 365	1 008 419	117.3	9100	8597

Data from ISTAT – general census.

Those individuals and families that are not constrained to their residences by jobs and careers can more easily than others relocate into the surrounding communities with the lower volcanic risk. Many people of the Vesuvius area commute back and forth from their jobs every day and for the purpose of evaluating their connection with the territory it is useful to establish their number. Seventy-six percent of the coastal region is involved in commuting and the southwest part alone comprises 69% of the total population of the Vesuvius area. Commuting in the internal area of northeast is comprised of the remaining 24% and hosts 31% of the total population.[7] From these data it is evident that the strongest force which attracts commuters is Naples and that the communities closest to this city produce the largest numbers of commuters. Naples with its local, provincial, and regional administrative functions and services constitutes an important employment center for administrators, directors, businessmen, and operators of various other sectors. These people have found easy acquisitions of housing in the surrounding coastal regions, and in particular during the 1970s and 1980s.

Cagliozzi[8] estimated that for the entire area at risk approximately 31% of the people commute to their extra-agricultural jobs outside of their communities where they live. This suggests that these people are not bound to their communities of residency and that they can reside in more secure areas around the volcano. Another 15% of the people serve these commuters, which implies that about 45% of the people at high risk are 'transferable' into more secure areas. Even if these numbers are approximate, one needs, nevertheless, account for their importance when planning for the volcanic-risk management in the Vesuvius area.

Regarding the economy of the area, we can summarize the following observations. The agricultural properties are highly pulverized and the limited extensions of businesses entail that the prevalent working of the land is associated with the cultivator who is helped by his family. Fruits are grown on approximately half of the cultivated land, while grapes and vegetables constitute the remaining half. These tendencies are not only producing a reduced agricultural area and number of businesses, but also incorporating medium-to-large businesses and parcel the small ones. The agricultural activity of the Vesuvius area has always produced good harvests by taking the millennial advantage of the growers, fertility and good drainage of volcanic soils, and particularly favorable climatic and morphologic conditions. This activity is today exposed to the elevated risks associated with the irrational and intense exploitation of soils and massive uses of chemicals that are often induced by their producers.

The manufacturing sector has, for many years, been registering a continuing decline, with the coastal communities, and particularly Torre del Greco and Torre Annunziata, being hit especially hard. The construction sector fairs better, but it has the characteristic feature of lasting for shorter periods of time. The garment industry is also active, but it often operates illegally. The high number of civil service employees and those in commerce has been a consequence of the high pressure placed on the employment demands and in directing the unemployed toward small businesses with the hope that they can resolve the fundamental problem of subsistence. The response to this pressure has often included patronage activity and produced damaging floods of people into public offices. Such an occupational expediency has only worsened the already pathologic flood of this sector. In other words, a considerable number of people involved in services is a consequence of a response to support primary and secondary sectors of the economy, and an answer to address the heavy and diffuse unemployment in the Vesuvius area.

3.5. CONCLUSION

The Vesuvius area is declining socially and economically. The territory has been exposed to an unsustainable anthropic pressure, to an invasive exploitation of its soils, to an environmental decline, and to the blackmail of the organized crime which suffocates business activities and mortifies new economic initiatives. The population of the coastal region of the Vesuvius area is exposed to the higher risk than other regions around the volcano and some people began to leave the territory. This emigration has been directed toward the communities at the north of Naples and includes principally those families of citizens who work near the regional capitol and are thus not bound to the places where they reside.

Many institutions and research centers (Region, Province, Towns, Civil Protection, University of Naples, Osservatorio Vesuviano) are responsible in various capacities for the well-being of Vesuvians and should collaborate much more effectively in order to identify safe areas from the eruptions of the volcano and work much more harder to produce a new habitat that is able to receive future emigration fluxes from the Vesuvius area. The achievement of security and prosperity for Vesuvians is the central objective of VESUVIUS 2000. A territory with a smaller anthropic load can be governed and managed more easily in the event of a calamity, because an evacuation can be swifter and much less costly.

NOTES

1. For studies of the territory, see Di Donna (1984, 1986, 1987, 1989, 1990, 1998) and Di Donna and Vallario (1994).
2. ISTAT, *Istituto Centrale di Statistica*, Rome, www.demo.istat.it. This site is continuously updated and contains information on population pertaining to sex and geographic areas.
3. Estimates elaborated by CELPE, University of Salerno.
4. As classified by ISTAT, the active population is comprised of not only the employed, but also of the unemployed (those who lost their jobs) who are searching for their first job.
5. De Luca et al. (2003). This work presents an accurate account of the Neapolitan and Casertan transportation systems and proposes some solutions to the problems. Vesuvius Evacuation Plan (Protezione Civile, 1995) assumes the evacuation of 600 000 people into various regions of Italy. For a critical review of this plan, see Dobran (2006).

6. VESUVIUS 2000 (1995) feasibility study was scheduled to be completed in 2000. See Dobran (2006) for details.
7. Marselli (1997) and Cagliozzi (1997).
8. Cagliozzi (1997) estimated the number of Vesuvians who work outside of the communities of their residences: 'From the active population, those in the agriculture were subtracted to obtain the number of active individuals associated with extra-agricultural activities (data from the general population census), and from these were then subtracted the number of individuals attached by work to the communities where they reside (data from Industry and Services census).'

REFERENCES

Cagliozzi, R., 1997. Gli aspetti produttivi e occupazionali. In: Rapporto della Commissione di Studio per il rischio Vesuvio. Università degli Studi di Napoli Federico II, Napoli.

CELPE, Center for Work Economics and Political Economy (Centro di Economia del Lavoro e di Politica Economica) at the University of Salerno has the objective to study and promote the economy of the territory. www.celpe.unisa.it

De Luca, M., Nijkamp, P., De Luca, S., Ricci, R., Concilio, G. and Torrieri, F., 2003. Mobilità e sistema di trasporto. In: M. De Luca (Ed.), Il Rischio Vesuvio: Strategie di prevenzione e di intervento, Giannini, Napoli, p. 116.

Di Donna, V., 1984. Leggiamo la città oltre il libro di testo. Centro Servizi Culturali, Regione Campania. C.S.C., Torre del Greco.

Di Donna, V., 1986. Sui dati della fascia costiera. In: A. Vella (Ed.), Quaderni del laboratorio ricerche e studi vesuviani. Istituto Anselmi, Marigliano, Napoli, vol. 5, pp. 6–11.

Di Donna, V., 1987. Analisi delle realtà sociali ed economiche di S. Giorgio a Cremano e S. Sebastiano al Vesuvio. Consiglio Scolastico Distrettuale 34. C.S.T., San Giorgio a Cremano, Napoli.

Di Donna, V., 1989. Potenzialità inutilizzate e mortificate, Comune di Ercolano. Centro Stampa Ercolano, Ercolano.

Di Donna, V., 1990. Metodologia per l'analisi socioeconomica delle realtà territoriali. Loffredo Editore, Napoli.

Di Donna, V. and Vallario, A., 1994. Ambiente, risorse e rischi. Editore Liguori, Napoli.

Di Donna, V., 1998. Analisi socio-economica dell'area vesuviana. In: F. Dobran (Ed.), Educazione al Rischio Vesuvio. GVES, Napoli, pp. 39–48.

Dobran, F., 2006. VESUVIUS 2000: Toward Security and Prosperity Under the Shadow of Vesuvius. This volume (Chapter 1).

Marselli, G.A., 1997. Gli aspetti socio-demografici. In: Rapporto della Commissione di Studio per il rischio Vesuvio. Università degli Studi di Napoli Federico II, Napoli.

Protezione Civile, 1995. Pianificazione Nazionale d'Emergenza dell'Area Vesuviana. Dipartimento della Protezione Civile, Roma.

VESUVIUS 2000, 1995. *VESUVIUS 2000*: Proposal to the European Union, Environment and Climate 1994–1998. GVES, Rome.

APPENDIX: LA REALTÀ SOCIALE ED ECONOMICA DELL'AREA VESUVIANA

1. Introduzione

Il territorio vesuviano si presenta con numerose particolarità ed articolazioni rilevate in numerosi studi socio economici.[1] Nell'ultimo decennio si evidenzia per la prima volta dal dopoguerra un fatto rilevante: la popolazione dell'area vesuviana diminuisce in modo particolare lungo la costa, mentre aumenta nelle zone interne. Nel lavoro che segue viene evidenziato che per alleggerire il carico antropico, al fine di diminuire il rischio vulcanico, è possibile agevolare il trasferimento in altre aree – dopo gli opportuni interventi – di circa il 45% della popolazione perché non vincolata per cause di lavoro ai comuni di abituale dimora.

Il trasferimento di parte delle popolazione in altre zone diminuirebbe l'elevata densità abitativa – alla quale corrisponde una bassa coesione sociale ed una scarsa partecipazione alle scelte che riguardano la collettività – a favore di una più agevole evacuazione degli abitanti ancora in loco in caso di pericolo ma anche di un complessivo miglioramento delle condizioni di vita e della gestione generali delle risorse.

2. L'area geografica e aspetti demografici

L'ambito geografico della ricerca è costituito dai territori dei 18 comuni intorno al Vesuvio: Boscoreale, Boscotrecase, Trecase, Pompei, Torre Annunziata, Torre del Greco, Ercolano, Portici, S. Giorgio a Cremano, S. Sebastiano al Vesuvio, Massa di Somma, Cercola, Pollena Trocchia, S. Anastasia, Somma Vesuviana, Ottaviano, S. Giuseppe Vesuviano, e Terzigno. Verranno esaminati alcuni aspetti salienti relativi all'andamento demografico ed alla realtà sociale ed economica della popolazione. I dati utilizzati per l'analisi demografica sono quelli riguardanti la rilevazione al 31/12/2001 pubblicati dall'Istituto Centrale di Statistica (ISTAT).[2] Non è stato possibile utilizzare per l'analisi della realtà economica – perché non ancora disponibili – i dati del Censimento Generale della Popolazione 2001; sono stati quindi considerati quelli del censimento del 1991, i più organici disponibili, tuttora validi ed utili se si considera che le dinamiche economiche e sociali evolvono in tempi non certo brevi.

La popolazione dei comuni dell'area vesuviana nel 2001 è di 551.646 abitanti distribuiti su una superficie di 228 km^2 mentre nel 1991 ammontava a 582.520 abitanti (Tabella 3.1). Essa è costantemente aumentata dall'unità d'Italia fino al 1991, quintuplicandosi e facendo toccare lungo la fascia costiera confinante con il capoluogo di regione punte di densità abnorme (Tabella 3.2), anche di 15.000 abitanti/km^2 a San Giorgio a Cremano e Portici. I motivi di tale fenomeno sono stati

Tabella 3.1. Variazione della popolazione nell'area vesuviana.

Comune	Popolazione				Var. Ass.	Variaz. (%)
	1971[a]	1981[a]	1991[a]	2001[b]	1991–2001	1991–2001
(1) Boscoreale	18741	24636	27310	27663	353	1,3
(2) Boscotrecase	20135	12276	11295	10642	−653	−5,8
(3) Trecase		9129	9595	9147	−448	−4,7
(4) Pompei	21547	22934	25177	25678	501	2
(5) Torre Annunziata	57566	60533	52875	48008	−4867	−9,2
(6) Torre del Greco	91676	103605	101361	90465	−10896	−10,8
(7) Ercolano	52368	58310	61233	56728	−4505	−7,4
(8) Portici	75897	80410	68980	60068	−8912	−12,9
(9) S. Giorgio	45635	62429	62258	50585	−11673	−18,8
(10) S. Sebastiano	5352	8794	9486	9842	356	3,9
(11) Massa di Somma			5492	5921	429	7,8
(12) Cercola	14475	18671	16901	18901	2000	11,8
(13) Pollena	6483	8661	12216	13359	1143	9,4
(14) S. Anastasia	19378	22915	27300	28047	747	2,7
(15) Somma Vesuviana	19973	23433	29079	33295	4216	14,5
(16) Ottaviano	18263	31007	21973	22685	712	3,2
(17) S. Giuseppe	22342	23660	26336	24689	−1647	−6,3
(18) Terzigno	10947	10915	13653	15923	2270	16,6
Totali	500778	582318	582520	551646	−30874	−5,3

Elaborazione su dati ISTAT
[a] censimento generale
[b] censimento del 31.12.2001.

molteplici, di carattere sia sociale che economico: l'emigrazione dalle aree interne della Regione verso la fascia costiera napoletana con una migliore realtà economica (industrie, porto, infrastrutture, ecc.) e funzionale (servizi sanitari, dell'istruzione, dei trasporti, della Pubblica Amministrazione); il trasferimento di cittadini della città di Napoli nei comuni limitrofi della fascia costiera vesuviana (Figura 3.1) che offrivano abitazioni a costi più accessibili di quelli del capoluogo; il sostenuto tasso di natalità.

I dati della rilevazione ISTAT 2001 evidenziano un'inversione di tendenza: la popolazione complessiva dell'intera area vesuviana cala di numero. La popolazione diminuisce di circa 30.000 abitanti rispetto a quella rilevata dal censimento del 1991. La fascia costiera di sud-ovest è quella interessata dal fenomeno mentre quella interna di nord-est, anche se non in maniera rilevante, evidenzia un incremento del numero degli abitanti (Figure 3.2 e 3.3). In particolare i comuni della fascia costiera che evidenziano il maggiore calo sono quelli di San Giorgio a Cremano, Torre del Greco, Portici, e Torre Annunziata. Per quelli della fascia interna occorre distinguere alcuni (San Sebastiano al Vesuvio e Massa di Somma) in fase di quasi crescita zero ed altri con un incremento demografico più sostenuto.

Tabella 3.2. Variazione della densità di popolazione nell'area vesuviana.

Comune	Popolazione		Superficie (km^2)	Densità (abitanti/km^2)	
	1991[a]	2001[b]		1991	2001
(1) Boscoreale	27310	27663	11,2	2438	2470
(2) Boscotrecase	11295	10642	7,49	1508	1421
(3) Trecase	9595	9147	6,14	1563	1490
(4) Pompei	25177	25678	12,41	2029	2069
(5) Torre Annunziata	52875	48008	7,33	7214	6549
(6) Torre del Greco	101361	90465	30,66	3306	2951
(7) Ercolano	61233	56728	19,64	3118	2888
(8) Portici	68980	60068	4,52	15261	13289
(9) S. Giorgio	62258	50585	4,11	15148	12308
(10) S. Sebastiano	9486	9842	2,6	3649	3785
(11) Massa di Somma	5492	5921	3,5	1569	1692
(12) Cercola	16901	18901	3,74	4519	5054
(13) Pollena	12216	13359	8,11	1506	1647
(14) S. Anastasia	27300	28047	18,76	1455	1495
(15) Somma Vesuviana	29079	33295	30,74	946	1083
(16) Ottaviano	21973	22685	19,85	1107	1143
(17) S. Giuseppe	26336	24689	14,09	1869	1752
(18) Terzigno	13653	15923	23,51	581	677
Totali	582520	551646	228,4	2550	2415

Elaborazione su dati ISTAT
[a] censimento generale
[b] censimento del 31.12.2001.

Evidentemente anche la densità di popolazione nei comuni dell'area vesuviana varia in maniera diversa (Figura 3.4) rilevando l'articolazione prima sottolineata.

La rappresentazione grafica della popolazione distinta per classi d'età e per sesso assume per il 2001 quasi la forma del cilindro. Ciò si ha perché gli abitanti delle varie classi d'età, per grandi linee, si equivalgono di numero: vale a dire che il numero degli appartenenti alle classi più giovani, quello di quanti rientrano nella classe intermedia e quello relativo agli anziani pressappoco si equivalgono (Tabella 3.3; Figura 3.5). Nel recente passato il grafico della popolazione assumeva invece la forma piramidale perché il numero dei bambini e dei ragazzi era molto superiore a quello degli anziani: le famiglie avevano prole numerosa e la durata della vita non era così lunga come oggi. Tale rappresentazione grafica, considerando che le famiglie avranno un numero sempre minore di figli e la durata della vita media si allungherà ancora, assumerà in futuro la forma di una piramide capovolta.

Circa la popolazione distinta per sesso occorre osservare che nelle classi giovani, fino ai 30 anni, il numero dei maschi supera quello delle femmine. Dai 31 anni in poi il numero delle femmine sempre più soverchia quello dei maschi, fino a registrare nella classe d'età che comprende gli individui dai 60 anni ed oltre 55.381 femmine e 42.333 maschi: ben 13.000 femmine in più! Tale distribuzione della popolazione per sesso è la

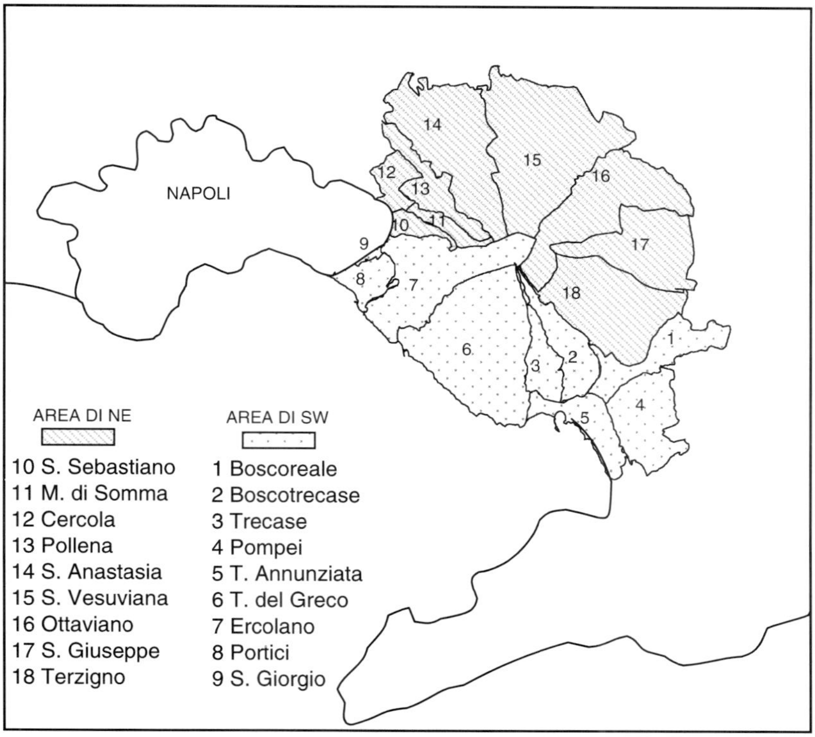

Figura 3.1. Comuni dell'area vesuviana.

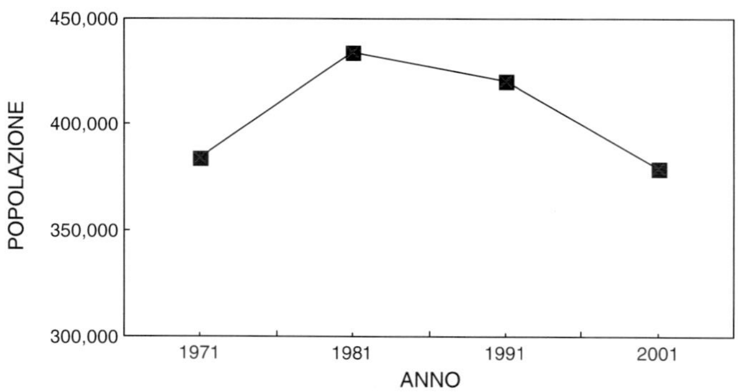

Figura 3.2. Andamento della popolazione dell'area costiera vesuviana di sud-ovest dal 1971 al 2001.

stessa in tutti i paesi avanzati: alla nascita i maschi sono in numero maggiore ma dopo alcuni anni i valori si invertono. Nel corso della vita il numero delle morti è maggiore per i maschi: è infatti accertato che i bambini di sesso maschile sono più esposti delle bambine alle malattie infantili spesso mortali; poi le guerre, gli incidenti stradali e sul lavoro, il fumo e l'alcool fanno il resto nei periodi successivi dell'esistenza.

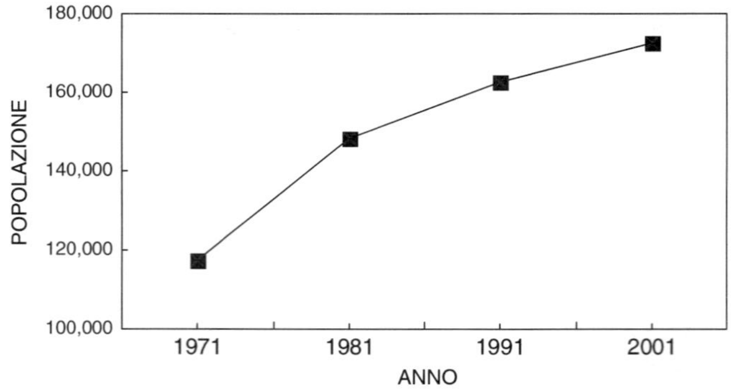

Figura 3.3. Andamento della popolazione dell'area interna vesuviana di nord-est dal 1971 al 2001.

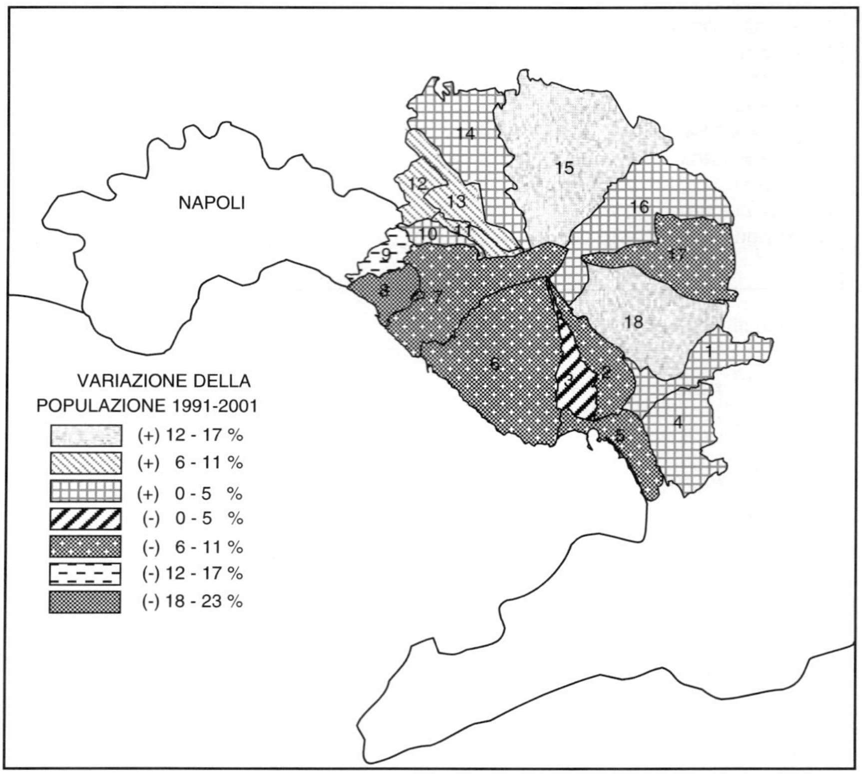

Figura 3.4. Variazione della densità di popolazione dal 1991 al 2001.

I flussi migratori dalla fascia costiera vesuviana ma anche quello – in proporzione meno rilevante – dallo stesso comune di Napoli si sono orientati verso i comuni a nord del capoluogo, verso aree più lontane dal vulcano ma anche non troppo distanti dai luoghi di lavoro. Risulta così, ad esempio, che il comune di Giugliano passa da una

Tabella 3.3. Popolazione dell'area vesuviana per classi d'età e per sesso, 2001.

Comune	Classi d'età									
	0–14		15–29		30–44		45–59		60 e +	
	Mas.	Fem.	Mas.	Fem.	Mas.	Fem.	Mas.	Fem.	Mas.	Fem.
(1) Boscoreale	3043	2919	3323	3341	2945	3163	2396	2345	1852	2336
(2) Boscotrecase	1001	1011	1162	1168	1157	1126	921	956	917	1223
(3) Trecase	845	765	1109	1005	915	996	885	892	761	974
(4) Pompei	2495	2460	2826	2813	2713	3001	2243	2267	2131	2729
(5) Torre Annunziata	4502	4277	5322	5193	4944	4953	4191	4493	4186	5947
(6) Torre del Greco	8621	8539	10568	10463	9445	9703	8120	8479	7368	9159
(7) Ercolano	5773	5544	6904	6809	5789	6109	5245	5423	4069	5063
(8) Portici	4571	4510	6404	6309	6365	6582	5359	6114	5771	8083
(9) S. Giorgio	4095	3904	6148	5789	5192	5418	4860	5539	4101	5539
(10) S. Sebastiano	957	914	1153	1169	1073	1192	898	955	713	818
(11) Massa di Somma	646	622	715	733	681	720	534	492	330	448
(12) Cercola	2029	1947	2402	2282	2086	2223	1781	1703	1041	1407
(13) Pollena	1468	1392	1583	1682	1509	1632	1209	1185	733	966
(14) S. Anastasia	2822	2632	3526	3346	3117	3303	2508	2506	1849	2438
(15) Somma Vesuviana	3474	3351	3948	3906	4049	4015	2756	2800	2239	2757
(16) Ottaviano	2414	2324	2752	2643	2573	2804	1832	1786	1538	2019
(17) S. Giuseppe	2608	2506	2985	2970	2724	2979	1981	1983	1720	2233
(18) Terzigno	1806	1761	1846	1832	1978	2016	1254	1174	1014	1242
Totali	53170	51378	64676	63453	59255	61935	48973	51092	42333	55381

Elaborazione su dati ISTAT. Censimento del 31.12.2001.

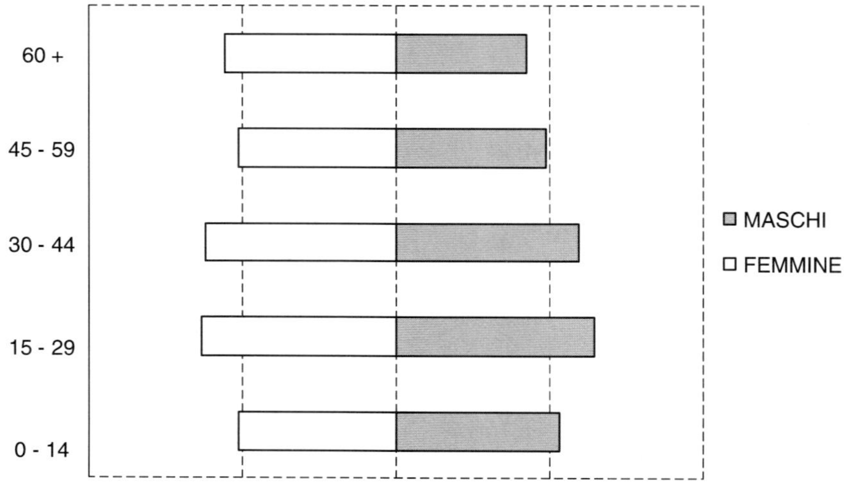

Figura 3.5. Articolazione della popolazione dell'area vesuviana (dati della Tabella 3.3).

popolazione di 60.096 abitanti nel 1991 a 97.999 nel 2001, il comune di Casalnuovo da 32.134 a 47.940, Marano da 47.961 a 57.448, Qualiano da 20.054 a 24542, Quarto da 30.587 a 36 543 ed il comune di Acerra da 41.311 a 45.688 nello stesso periodo.

3. *Il grado di istruzione e la realtà economica della popolazione*

Un abitante dell'area vesuviana con età di oltre sei anni ha studiato mediamente per sette anni. Molto pochi considerando che il riscatto sociale ed economico potrà avvenire in un futuro più o meno prossimo solo se si creeranno le basi culturali perché ciò avvenga. Più ci si allontana dal capoluogo e dalla fascia costiera metropolitana e più aumenta il numero degli analfabeti funzionali (analfabeti e alfabeti senza titolo di studio) mentre diminuisce quello dei laureati e dei diplomati. Le stime[3] per il 2001 mantengono praticamente invariati i valori del censimento 1991 relativi al grado d'istruzione della popolazione dell'area vesuviana. In dettaglio si hanno i seguenti dati: i laureati costituiscono il 2,5% della popolazione da sei anni in poi, i diplomati il 15,9%, quanti sono in possesso della licenza media il 28,4%, della licenza elementare il 30,8%, gli alfabeti senza titolo di studio ammontano al 17% e gli analfabeti al 5,4% (Tabella 3.4; Figura 3.6).

Il numero delle donne che accede ai titoli di studio superiori (diploma e laurea) è più piccolo di quello relativo agli uomini. In realtà, per la cultura ancora prevalente, avviene che, in caso di limitate disponibilità economiche della famiglia, è la femmina che viene sacrificata per gli studi a favore del figlio maschio. Ciò negli

Tabella 3.4. Popolazione da sei anni in poi per titolo di studio dell'area vesuviana, 1991.

Comune	Laurea	Diploma	Licenza media inferiore	Licenza elementare	Alfabeti senza titolo di studio	Analfabeti	Totali
(1) Boscoreale	336	2767	8834	7455	4203	1045	24640
(2) Boscotrecase	250	1682	3053	3208	1655	569	10417
(3) Trecase	281	1877	2797	2493	1185	254	8887
(4) Pompei	762	4267	7016	6986	3280	697	23008
(5) Torre Annunziata	1465	8467	15971	14022	6891	1890	48706
(6) Torre del Greco	2325	14785	29031	29123	14768	2922	92954
(7) Ercolano	1411	8865	15781	17172	9473	2972	55674
(8) Portici	3757	16295	19665	17638	6396	1250	65001
(9) S. Giorgio	1979	13612	20415	15183	6083	910	58182
(10) S. Sebastiano	408	2114	2795	2176	1048	187	8728
(11) Massa di Somma	71	555	1649	1644	823	181	4923
(12) Cercola	324	2353	5059	4877	2211	448	15272
(13) Pollena	281	1947	3574	3097	1695	322	10916
(14) S. Anastasia	673	4113	8119	7124	4002	842	24873
(15) Somma Vesuviana	640	3743	8582	8324	4219	955	26463
(16) Ottaviano	567	3016	6311	6180	3176	648	19898
(17) S. Giuseppe	680	3472	7185	7819	3923	753	23832
(18) Terzigno	228	1465	3980	3725	2273	534	12205
Totali	16438	95395	169817	158246	77304	17379	534579
Percentuali	3,0	17,8	31,8	29,6	14,5	3,3	100

Elaborazione su dati ISTAT.

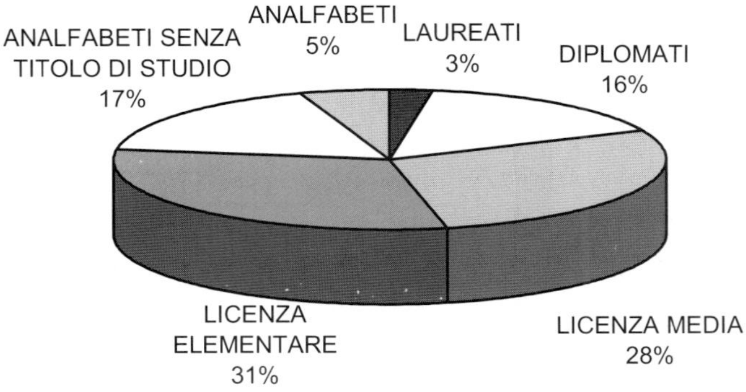

Figura 3.6. Grado d'istruzione nell'area vesuviana.

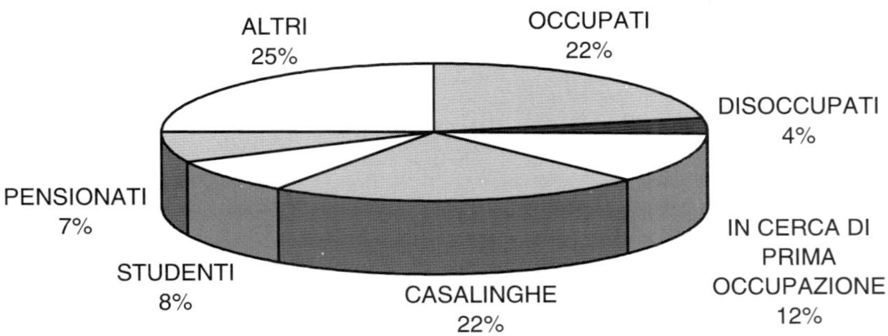

Figura 3.7. Popolazione attiva e non attiva nel 1991.

ultimi tempi sta cambiando per un nuovo sentire collettivo favorevole alla parità dei sessi.

Una delle principali cause dell'emigrazione è la ricerca di un'occupazione lavorativa; nell'area vesuviana, come esaminato in precedenza, il fenomeno migratorio si è accentuato nell'ultimo decennio a causa di un ulteriore peggioramento della realtà economica che già nel 1991 rilevava solo il 21,8% di occupati (Figura 3.7).

I disoccupati nell'area vesuviana costituivano nel 1991 il 3,9% della popolazione mentre quanti cercavano una prima occupazione l'11,8%.[4] Per comprendere appieno la drammaticità del dato è opportuno confrontarlo con quello del centro-nord del paese (Figura 3.8) che invece evidenzia le seguenti percentuali: gli occupati costituiscono il 39,5% della popolazione, i disoccupati il 2,2% e quelli in cerca di prima occupazione il 2,4%.

Non tutti i disoccupati dichiarati sono inattivi (trattasi del lavoro sommerso in parte incluso nelle statistiche della popolazione non attiva con la classificazione di 'altri' (Figura 3.7)), ma ciò comunque costituisce un indicatore eloquente delle difficoltà oggettive della realtà economica del sud. I settori economici che occupano la popolazione attiva dell'area sono così articolati: il settore primario, che comprende l'agricoltura e la pesca, occupa il 6,2% della popolazione attiva; il

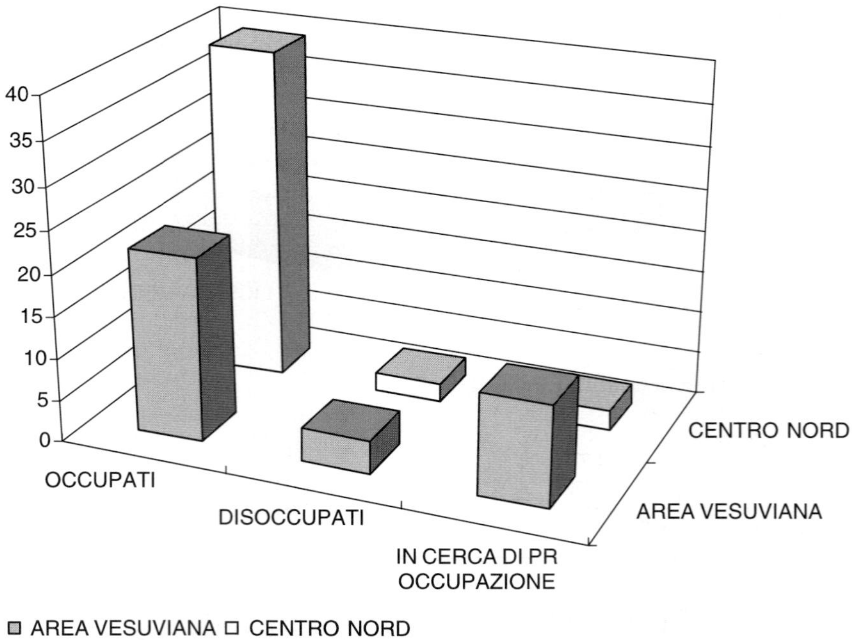

Figura 3.8. Confronto tra le popolazioni residenti attive dell'area vesuviana e del centro-nord d'Italia nel 1991.

settore secondario – quello delle industrie – comprende il 19,4% di addetti alle attività manifatturiere e il 9,4% di addetti alla produzione di energia ed alle costruzioni; quello predominante nell'area é il terziario che comprende il 27,5% di addetti ai servizi in cui riveste un ruolo importante il settore dei trasporti marittimi, il 16,3% di addetti al commercio, l'11,5% di addetti alla pubblica amministrazione, il 9,6% di addetti all'istruzione.

4. Discussione

Le cause principali che hanno portato alla diminuzione della popolazione della fascia costiera nell'ultimo decennio possono essere così sintetizzate:

- La fuga dalla costa ormai con un carico antropico insopportabile, un'urbanizzazione speculativa ed opprimente. Queste città sono congestionate e non più governabili, con i servizi divenuti insufficienti e non più fruibili. Si consideri, ad esempio, che il tempo medio per raggiungere il posto di lavoro nella provincia di Napoli, dopo Roma, è il più elevato fra tutte le province del paese. Il degrado e l'inquinamento ambientale hanno raggiunto livelli tali da poter considerare ormai rotto i rapporti costa-mare e costa-vulcano.
- L'emigrazione verso aree del paese con migliori occasioni occupazionali in seguito al depauperamento delle realtà economiche locali.
- La presenza considerevole della piccola e grande criminalità che condiziona sia la vita sociale che economica del territorio. Se non si riuscirà ad eliminare tale

cappa asfissiante, l'arretramento economico non sarà arginato e le forze capaci di creare attività imprenditoriali ed occupazionali saranno sempre più costrette ad emigrare.

- La paura di un'eruzione vulcanica che mette a repentaglio vite umane, abitazioni e beni, spesso frutto di un'intera esistenza di lavoro e sacrifici.
- Diminuzione del tasso di natalità che riguarda ora anche il Mezzogiorno – dopo aver interessato prevalentemente il Settentrione d'Italia – per motivi economici e sociali quali la trasformazione della società da rurale a industriale e poi prevalentemente terziarizzata.
- L'incremento, anche se ancora contenuto, dell'occupazionale femminile che limita la propensione alla maternità e all'accudimento della prole: la donna, infatti, sempre più spesso impegnata col suo lavoro alla formazione del reddito familiare, non riesce più a dedicarsi (perché ancora insufficienti e costosi i servizi sociali fondamentali) alla cura dei figli.

L'incremento della popolazione in alcuni comuni della fascia interna ha le seguenti cause determinanti:

- L'esistenza delle numerose aziende manifatturiere del vestiario, non di rado operanti nel sommerso, che richiamano mano d'opera anche straniera (in prevalenza cinese).
- Gli abitanti di tali comuni non percepiscono le eruzioni vesuviane in maniera così pericolosa come gli abitanti della fascia costiera. Tale diverso sentire ha un concreto fondamento: ciò che resta del cono vulcanico del preesistente Somma ha protetto e protegge i comuni di Nord-Est dalle colate laviche vesuviane. Occorre aggiungere che le popolazioni locali non hanno nemmeno più memoria della pioggia infuocata di ceneri e lapilli prodotti dalle eruzioni parossistiche del remoto passato e trasportati dai venti prevalenti che soffiano da Ovest e da Sud-Ovest.

Circa la strategia per la riduzione del carico antropico dell'area vesuviana e l'evacuazione in caso di allarme eruttivo è utile riportare il seguente passo: 'Una probabile logica di approccio è il trasferimento graduale di gran parte di popolazione oggi residente nell'area a rischio ... verso zone della stessa realtà territoriale, l'area metropolitana di Napoli, in modo da ridurre il rischio e da rendere fattibile un'evacuazione della popolazione residua durante l'eruzione con il trasferimento temporaneo in aree vicine, possibilmente sempre interne all'area napoletana o comunque in Campania e non in altre regioni italiane come indicato dalla Protezione Civile. Si salvaguarderebbe così, affidandosi ad una più intensa mobilità quotidiana, almeno il tessuto sociale, economico e antropologico.'[5] Il progetto VESUVIUS 2000 avanzò proposta simile nel 1995.[6]

Per alleggerire il rischio vulcanico, quindi, occorre favorire il trasferimento del maggior numero di abitanti dall'area verso zone più sicure. Nei dieci anni che intercorrono tra i due ultimi censimenti della popolazione i flussi di emigrazione dalla fascia costiera vesuviana si sono diretti verso i territori dei comuni a nord di Napoli (Tabella 3.5). La bassa densità di popolazione di alcune di tali aree di immigrazione (Acerra 845 abitanti/km^2, Giugliano 1040 abitanti/km^2) lascia supporre che in futuro altri flussi potranno essere orientati negli stessi territori o in quelli limitrofi se resi opportunamente ricettivi. Secondo il progetto

Tabella 3.5. Variazione della densità di popolazione in alcuni comuni a nord di Napoli.

Comune	Pop. Res.		Superficie (km^2)	Densità (abitanti/km^2)	
	1991	2001		1991	2001
Acerra	41311	45688	54,1	764	845
Afragola	60065	62319	18,0	3337	3462
Caivano	35855	36966	27,1	1323	1364
Casalnuovo	32134	47940	7,8	4120	6146
Casoria	79707	81888	12,0	6642	6824
Giugliano	60096	97999	94,2	638	1040
Marano	47961	57448	15,5	3094	3706
Qualiano	20054	24542	7,3	2747	3362
Quarto	30587	36543	14,2	2154	2574
Villaricca	22114	26175	6,9	3205	3794
Napoli	1067365	1008419	117,3	9100	8597

Elaborazione su dati ISTAT. Censimento Generale.

VESUVIUS 2000,[6] una volta individuate le aree, bisogna creare le condizioni per un loro sviluppo economico e sociale capace di alimentare il flusso emigratorio dalle zone a rischio.

Quelli che non sono vincolati al territorio del proprio comune di appartenenza per motivi di lavoro possono, più agevolmente degli altri, alimentare flussi migratori. Per il calcolo di questi ultimi si consideri che la popolazione dell'area vesuviana si sposta ogni giorno, prevalentemente per motivi di lavoro e di studio, sia all'interno del proprio comune che verso altro comune per poi fare ritorno alla propria abitazione. La valutazione del numero di quanti sono sottoposti a pendolarismo soltanto per cause di lavoro è utile per i piani di allontanamento non temporaneo di parte della popolazione, non esistendo un vincolo occupazionale che lega al territorio. Il pendolarismo, complessivamente, interessa per il 76% l'area costiera, cioè quella di sud-ovest che ha il 69% della popolazione totale di tutta l'area vesuviana; l'area interna di nord-est è interessata dal pendolarismo per il rimanente 24% ed ospita il 31% della popolazione dell'area vesuviana.[7] Evidentemente la forza di attrazione del capoluogo di Regione, verso cui si dirige la maggior parte del pendolarismo, è più forte con i comuni costieri ad esso più vicini. Napoli, essendo dotata di funzioni amministrative e direzionali e di servizi fondamentali sia comunali che provinciali e regionali, costituisce un importante bacino occupazionale per impiegati, dirigenti, commercianti e di addetti agli altri settori. Tale pendolarismo interessa individui non solo dell'area vesuviana ma anche di origine della stessa città di Napoli che trovarono conveniente acquistare casa nella zona costiera vesuviana principalmente negli anni '70–'80.

Il Cagliozzi[8] ha stimato per tutta l'area a rischio che il pendolarismo per lavoro fuori dal comune di residenza interessa circa il 31% degli occupati extra-agricoli. Ciò vuol dire che, grosso modo, la stessa percentuale di abitanti non è vincolata al proprio comune di residenza ma lo può lasciare per altre aree più sicure. Ad essi bisogna aggiungere un ulteriore 15% di addetti ai servizi connessi alla popolazione dei pendolari, fino ad arrivare in tal modo a circa il 45% di popolazione 'trasferibile' in un'area più sicura. Anche se il professor Cagliozzi sottolinea che il dato è ovviamente approssimativo, esso ha comunque valore orientativo del quale bisogna tenere conto.

Sull'economia dell'area in esame si sottolineano le considerazioni che seguono. Circa l'agricoltura del territorio occorre rilevare un'elevata polverizzazione della proprietà. La limitata estensione delle aziende comporta che la conduzione prevalente della terra è quella diretta del coltivatore coadiuvato dai familiari. Circa la metà dei terreni ha colture fruttifere, mentre l'altra metà è coperta prevalentemente da vite e da colture ortive. Le tendenze evidenziano un'ulteriore riduzione della superficie agricola e del numero delle aziende ma anche un accorpamento delle aziende medio-grandi ed un'ulteriore parcellizzazione delle piccole. L'attività agricola dell'area ha sempre dato buoni raccolti sfruttando sapientemente l'esperienza millenaria degli agricoltori, la fertilità e il buon drenaggio dei suoli vulcanici, le condizioni climatiche e morfologiche particolarmente favorevoli. Essa è oggi esposta a rischi elevati in quanto colpita dallo sfruttamento irrazionale ed intensivo dei suoli e dall'uso massiccio di sostanze chimiche, spesso indotto dalle case produttrici.

Il settore manifatturiero, ormai da molti anni in tutta la regione, registra un logoramento continuo; l'area maggiormente colpita dal fenomeno è quella costiera ed in particolare i comuni di Torre del Greco e di Torre Annunziata. Meglio va il settore delle costruzioni che però ha la caratteristica della durata breve, e quello del vestiario che spesso rientra nel sommerso. Il considerevole numero di addetti al terziario – per l'elevato numero dei dipendenti pubblici e di addetti al commercio – è da mettere in relazione da un lato alla risposta che nel recente passato è stata data alla pressione della forte domanda occupazionale – risposta spesso clientelare e soltanto portatrice di dannoso ingolfamento degli uffici pubblici – e dall'altro all'orientarsi di una parte dei disoccupati verso il piccolo commercio nella speranza che una piccola bottega potesse in qualche modo risolvere il problema fondamentale della sussistenza. Tale ripiego occupazionale ha provocato, anche in questo caso, un patologico ingolfamento del delicato settore. In altre parole può dirsi che il considerevole numero dei lavoratori nel settore dei servizi costituisce solo in parte un aumento fisiologico degli addetti al terziario in quanto supporto dei settori primario e secondario, ma anche una risposta alla pressante diffusa disoccupazione.

5 Conclusione

L'area vesuviana esaminata manifesta segnali di declino sia sociale che economico. Il territorio è stato sottoposto ad una pressione antropica insopportabile, ad uno sfruttamento dei suoli edificabili invasivo, al degrado ambientale e al ricatto malavitoso che soffoca le attività imprenditoriali e mortifica le nuove iniziative economiche. Negli ultimi anni la popolazione della fascia costiera vesuviana inizia a lasciare il territorio anche perché più esposto al rischio vulcanico. I flussi emigratori, che si sono diretti nei territori di alcuni comuni posti a nord di Napoli, hanno interessato prevalentemente famiglie di cittadini che lavorano nel vicino capoluogo e non legati quindi ai luoghi della residenza di origine.

Le Istituzioni ed i centri di ricerca (Regione, Provincia, Comuni, Protezione Civile, Università, Osservatorio Vesuviano) responsabili in vario modo della tutela della incolumità dei cittadini in un'area a rischio – considerando che è ancora molto ampia la fetta di popolazione vesuviana non vincolata al territorio – dovrebbero cooperare nella individuazione di un luogo sicuro e collaborare per crearvi le condizioni economiche favorevoli a ricevere i flussi migratori di parte della popolazione vesuviana, obiettivo principale indicato da VESUVIUS 2000. Un territorio con un carico antropico meno pesante può essere governato e gestito più agevolmente in caso di calamità: in caso di bisogno l'evacuazione degli abitanti sarà certamente più celere e sicura.

Note

1. Per studi del territorio vesuviano vedi Di Donna (1984, 1986, 1987, 1989, 1990, 1998) e Di Donna e Vallario (1994).
2. ISTAT, *Istituto Centrale di Statistica*, Roma, www.demo.istat.it. Il sito dell' ISTAT viene continuamente aggiornato sulle variazioni della popolazione distinta per sesso e per aree geografiche.
3. Stime al 2001 elaborate dal CELPE, Università degli Studi di Salerno.
4. La popolazione attiva, per la classificazione dell'ISTAT, comprende oltre agli occupati anche i disoccupati (quanti hanno perduto il lavoro) e quanti sono in cerca di prima occupazione.
5. Vedi De Luca et al. (2003). Il volume analizza in modo puntuale ed accurato lo stato dei sistemi di trasporto nelle aree del Napoletano e del Casertano e propone soluzioni migliorative. Il piano di evacuazione (Protezione Civile, 1995) prevede l'evacuazione di 600.000 persone ed il loro spostamento in varie regioni di Italia. Per una discussione critica del piano vedi Dobran (2006).
6. Il progetto VESUVIUS 2000 (1995) fu sottoposto per finanziamento alla Unione Europea ad aprile del 1995 (Dobran, 2006).
7. Marselli (1997) e Cagliozzi (1997).
8. Il Cagliozzi (1997) ha stimato il numero di persone residenti nell'area vesuviana che si recano a lavorare fuori del comune di residenza nel modo seguente: 'dagli attivi occupati è stato sottratto il numero di attivi in agricoltura, ottenendo il numero degli attivi nei settori extra-agricoli (tutti questi dati provengono dal Censimento della Popolazione); da questi ultimi è stato poi sottratto il numero degli addetti (dati provenienti dal Censimento dell'Industria e dei Servizi).'

Riferimenti

Cagliozzi, R., 1997. Gli aspetti produttivi e occupazionali. In: Rapporto della Commissione di Studio per il rischio Vesuvio. Università degli Studi di Napoli Federico II, Napoli.

CELPE, Centro di Economia del Lavoro e di Politica Economica, Università di Salerno, Salerno. Questo centro ha come finalità ha promozione e lo svolgimento di attività di studio e di ricerca, teorica ed applicata, sui temi dell'economia del lavoro, dell'economia locale e della politica economica. www.celpe.unisa.it.

De Luca, M., Nijkamp, P., De Luca, S., Ricci, R., Concilio, G. e Torrieri, F., 2003. Mobilità e sistema di trasporto. In: Il Rischio Vesuvio: Strategie di prevenzione e di intervento, a cura di M. De Luca, p. 116. Giannini, Napoli.

Di Donna, V., 1984. Leggiamo la città oltre il libro di testo. Centro Servizi, Culturali, Regione Campania. Stampa C.S.C., Torre del Greco.

Di Donna, V., 1986. Sui dati della fascia costiera. In: Quaderni del laboratorio ricerche e studi vesuviani, a cura di A. Vella, 5, pp. 6–11. Istituto Anselmi, Marigliano, Napoli.

Di Donna, V., 1987. Analisi delle realtà sociali ed economiche di S. Giorgio a Cremano e S. Sebastiano al Vesuvio. Consiglio Scolastico Distrettuale 34. Stampa C.S.T., San Giorgio a Cremano, Napoli.

Di Donna, V., 1989. Potenzialità inutilizzate e mortificate, Comune di Ercolano. Centro Stampa Ercolano, Ercolano.

Di Donna, V., 1990. Metodologia per l'analisi socioeconomica delle realtà territoriali. Loffredo Editore, Napoli.

Di Donna, V., 1998. Analisi socio-economica dell'area vesuviana. In: Educazione al Rischio Vesuvio, a cura di F. Dobran, pp. 39–48. GVES, Napoli.

Di Donna, V. e Vallario, A., 1994. Ambiente, risorse e rischi. Editore Liguori, Napoli.

Dobran, F., 2006. VESUVIUS 2000: Verso la Sicurezza e la Prosperità all'Ombra del Vesuvio. Questo volume (Capitolo 1).

Marselli, G.A., 1997. Gli aspetti socio-demografici. In: Rapporto della Commissione di Studio per il rischio Vesuvio. Università degli Studi di Napoli Federico II, Napoli.

Protezione Civile, 1995. Pianificazione Nazionale d'Emergenza dell'Area Vesuviana. Dipartimento della Protezione Civile, Roma.

VESUVIUS 2000, 1995. VESUVIUS 2000: Proposta all'Unione Europea, Ambiente e Clima 1994–1998. GVES, Roma.

Vesuvius
F. Dobran (Editor)

Chapter 4

Geophysical Precursors at Vesuvius From Historical and Archeological Sources

A. Marturano

ABSTRACT

The Vesuvius area has been inhabited for several millennia and during this time several large and well-documented eruptions have occurred, but little is known about the earthquakes associated with these eruptions and no satisfactory correlation between macroseismic and instrumental parameters has been produced. Earthquakes have often been felt only in few towns at the foot of Vesuvius, and in incomplete historical reports sometimes only Naples is mentioned, the most important city in the area and 10 km away from the volcano. From historical sources, little is known about the seismicity that preceded the eruption of 79 A.D. in spite of the earthquake of 62 A.D. which caused extensive damage in Pompeii and other towns around the volcano. This is evident from the ongoing excavations which show records of reconstruction and repair on walls, floors, plasters, mosaics and decorations. These excavations also show that before the eruption the water supply system in Pompeii was under repair and that the civic aqueduct was out of use and a new one being built. At that time, the *Castellum Aquae* water distribution system was not supplied by a regional aqueduct and water outlets were not connected with the civic piping network. This suggests that the town was experiencing difficulties from ground deformation for some time before the eruption, as attested by the historical record of seismic events.

The seismic crisis preceding the eruption of 1631 is also poorly defined and can be characterized by a comparatively high-energy activity that was limited to several hours before the eruption, and probably by a minor activity that had been occurring for several months before the catastrophic event. The greatest pre-eruptive event can be rated at $M \leqslant 4$. On 9 October 1999 an earthquake of significant magnitude ($M_L = 3.6$) shook the Vesuvius area and considerable data from instrumental and macroseismic studies have been collected for the purpose of ascertaining the volcanic structure and pre-eruptive phase of Vesuvius. It appears that the seismic events at Vesuvius have always been of moderate energy, except for the earthquake of 62 A.D. whose energy was significant ($M = 5$). The earthquakes from 1631 to 1944 do not appear to cross the threshold of $M = 4.5$, and the more recent seismicity has been maintained below $M = 4$.

RIASSUNTO

L'area vesuviana è stata continuamente abitata negli ultimi millenni durante i quali si sono verificate grandi e numerose eruzioni ben documentate. Al contrario, la sismicità correlata a questi eventi, è poco conosciuta ed è stata caratterizzata da incerte valutazioni e insoddisfacenti correlazioni fra parametri strumentali e macrosismici. Le notizie sull'attività sismica storica sono scarse e sporadiche. Spesso i terremoti sono stati avvertiti solo ai piedi del vulcano e, a volte, nelle incomplete e lacunose registrazioni degli eventi, è menzionata solo Napoli – da sempre il centro più grande ed attivo dell'area – distante oltre dieci chilometri dal vulcano. Poco conosciuta è la sismicità che precedette l'eruzione del 79 d.C., se si esclude il terremoto del 62 d.C. che causò notevoli danni a Pompei e alle cittadine intorno al vulcano. Significativi danneggiamenti alle strutture edilizie sono stati diffusamente segnalati a Pompei da indagini archeologiche e attribuiti al terremoto del 62 d.C., e, ricostruzioni e riparazioni di muri, pavimenti, intonaci, mosaici e decorazioni sono segnalate anche nelle città intorno al Vesuvio. Ancora indagini archeologiche hanno accertato che prima dell'eruzione a Pompei l'acquedotto civico era fuori uso; un nuovo acquedotto stava infatti sostituendo quello vecchio non più attivo. Il distributore idrico della città, il *Castellum Aquae*, non era rifornito dall'acquedotto regionale e non era connesso alla rete cittadina. Questo suggerisce che la città era da tempo in difficoltà a causa delle deformazioni del suolo che come la sismicità stavano interessando tutta l'area vesuviana.

Altrettanto poco definita è la sismicità che precedette l'eruzione del 1631 caratterizzata da un'attività di più alta energia, $M \leq 4$, ristretta a parecchie ore prima dell'evento catastrofico, e probabilmente, da un'attività minore presente da mesi. Il 9 ottobre 1999 un terremoto di magnitudo $M_L = 3.6$ fu avvertito in un'ampia area intorno al vulcano e numerosi studi, sia su dati strumentali che macrosismici, sono stati promossi con lo scopo di indagare la struttura e la fase pre-eruttiva del Vesuvio. Da essi è scaturito che gli eventi vesuviani sono stati sempre di moderata energia, se si esclude l'evento del 62 d.C. che ha raggiunto una magnitudo significativa ($M = 5$); che i terremoti dal 1631 al 1944 non sembrano superare la soglia di $M = 4.5$, e che la sismicità recente si è mantenuta sotto la soglia $M = 4$.

4.1. INTRODUCTION

Vesuvius is situated in the graben of the Campanian Plain (southern Italy) and outcrops as an isolated symmetrical cone-shaped massif reaching a height of 1281 m. Its cone has been built inside an older stratovolcano Monte Somma and since 1944 the volcano has been quiescent. It is uncertain when Vesuvius began its eruptive activity, but from the samples collected from the 1220-m-deep drill hole suggests that the oldest products date back to about 300 000 years and that the oldest outcrops are no older than 25 000 years (Santacroce and Sbrana, 2003).

The earliest eruptive history of Vesuvius has been reconstructed on the basis of stratigraphic and radiometric studies of volcanic products and paleosoils, whereas its later history, which begins with the eruption of 79 A.D., has been reconstructed from the descriptions of eruptive events as well. The volcano produced at least five large-scale plinian eruptions (18 300±180 years BP, 16 130±110 years BP, 8010±35 years BP, 3760±70 years BP, 79 A.D.) and many smaller-scale subplinian eruptions (Santacroce and Sbrana, 2003). The eruptions of Avellino (3760 years BP) and Pompei (79 A.D.) interacted heavily with local cultures (Pliny the Younger, 1963; Martial, 1976; Albore Livadie, 1999).

After the Bronze Age eruption of Avellino the volcano continued with subplinian and strombolian eruptions for some time (Rolandi et al., 1998; Santacroce and Sbrana, 2003) and then became quiescent for several hundred years until the eruption in 79 A.D. A memory of this activity was retained in the Augustan Age when both the volcanic nature of the mountain was recognized and the molten origin of the Pompeiian pumices hypothesized (Vitruvius, 1912, II.6). In fact, both Strabo (1877, V.4.8) and Diodorus (1888–1906, IV.21.6) placed special emphasis on the volcanic character of Vesuvius. For the Romans before 79 A.D., however, the mountain did not arouse any fear (Polara, 1997), since the surrounding territory was densely populated with people, farms, and wealthy estates (Pliny the Elder, 1982–1986, III.62; De Simone, 1997).

The Pompei eruption began in the early afternoon of 24 August with a high-rising plinian column which dispersed ash and pumice toward the east in the direction of Pompeii. Toward the end of the day the nature of the eruption changed, and by the morning of 25 August the volcano produced pyroclastic flows, surges, and lahars. During the 20 h of activity the volcano discharged about 4 km^3 of material and destroyed the surrounding towns of Pompeii and Herculaneum (Sigurdsson et al., 1985; Luongo et al., 2003b). Several thousand people perished and according to Martial (1976, IV.44.5) *nec superi vellent hoc licuisse sibi* (even the Gods would not have permitted such a destruction).

The activity of Vesuvius during the early centuries of the first millennium and Middle Ages is not known very well. After the subplinian eruption of 472 (Arnò et al., 1987; Mastrolorenzo et al., 2002; Rolandi et al., 2004), Vesuvius was active until the twelfth century. It then followed a long period during which no significant eruptive event took place until 1631 when the volcano resumed its activity with a subplinian eruption. This catastrophic event caused severe damage to the towns on the southern and northern slopes of the volcano and loss of many thousands of lives (Rolandi et al., 1993a; Rosi et al., 1993). From 1631 to 1944 the volcano produced 18 eruptive cycles of small- and medium-sized eruptions from both terminal and side vents of Gran Cone (Santacroce and Sbrana, 2003). Since 1944 Vesuvius has been quiescent. Chapter 1 (Note 3) and Chapter 2 (Note 48) (Dobran, 2006a, b) provide further details of Vesuvius' eruptions. In this chapter we discuss the geophysical evidence for the pre-eruptive phases of Vesuvius, based on assigning magnitudes to historical Vesuvian earthquakes and ground deformations with the intense seismicity preceding the eruption of 79 A.D.

4.2. PRECURSORS OF MAJOR HISTORICAL ERUPTIONS

The first great eruption that interacted with human activity around the volcano was that of Avellino. It destroyed many Bronze Age settlements and for many years crippled the local economy which was substantially dependent on agriculture (Rolandi et al. 1993b; Albore Livadie, 1999). Many people and domestic animals were apparently killed, but so far neither the archeological nor volcanological studies have been able to ascertain its precursors. This is also the case for subsequent eruptions until the famous Pompei eruption of 79 A.D. The apparent quiescence of the volcano in Roman times led to an underestimation of the risk, so much so that the two famous protagonists of the period, Seneca and Pliny the Elder, do not even hold it in any consideration.

4.2.1. Precursors of 79 A.D. eruption

The earliest seismic event in the Vesuvius area has been dated to 37 A.D. when Tiberius died and earthquake damaged *pharos* on Capri (Suetonius, 1961–1964, Tiberius.74.2). The two scholars Tacitus (1971, XV.22.2) and Seneca (1989, VI.1.2) recorded the earthquake which occurred on 5 February 62 A.D. and mentioned that this damaged Pompeii, Herculaneum, Nuceria, and Neapolis. According to Mercalli (1883) and Guidoboni (1994), the heaviest damage was inflicted in Pompeii and Herculaneum, and following Marturano and Rinaldis (1995) the epicentre was most likely located near Pompeii, and certainly in the Vesuvius area. Although we do not yet know the full extent of this damage, it is generally considered that this was high in the epicentral area. As many houses were damaged at Pompeii, this damage according to Mercalli–Cancani–Sieberg (MCS) macroseismic scale corresponds to IX Degree that is defined as 'Ruinous' (about half of the stone houses heavily destroyed and some collapsed, and a large part of the city uninhabitable). Indeed, the shock on 5 February can be considered as the most energetic of many events that occurred in the area around this time, with some causing further damage (Seneca, 1989, VI.1.1; Marturano and Rinaldis, 1995). The event represented on two marble reliefs found in the House of Caecilius Jucundus (Adam, 1989) is probably that of 62 A.D. and is without a doubt related to an earthquake. These reliefs show buildings and objects in unstable equilibrium and statues of *equites* that are attempting to keep balance during the earthquake.

In 64 A.D. an earthquake occurred during a performance in a theatre in Naples where Nero was present (Suetonius, 1961–1964, Nero.20.3; Tacitus, 1971, XV.34.1) and, according to Tacitus, the theatre was damaged and Nero escaped the danger. An inscription at Pompeii recorded the event, but recently some doubts have been raised as to whether this inscription really corresponds to this earthquake (Guidoboni, 1989, p. 150). It is noteworthy that the shock was recorded because of the presence of the Emperor, the real subject of the written record, similarly to the earthquakes on Tiberius' death. During the eruption in 79 A.D., as well as in the following years, the seismic activity was considerable (Diodorus, 1888–1906, 66.22.3; Pliny the Younger, 1963, VI.16, VI.20; Statius, 1990, 4.78), but we know little about the seismicity before the eruption since only the laconic sentence of Pliny the Younger (1963, VI.20.2) was handed down to us. He reports that the population in Campania was used to living with seismic events and hence that the people were not too frightened by the seismicity before the eruption.

Excavations of several houses in Pompeii and at other sites around Vesuvius suggest that the eruption was preceded by a number of earthquakes, in addition to those of 62 and 64 A.D. that are based on historical sources (AA. VV., 1995; Luongo et al., 2003a). The findings of furniture tidily set aside in one room, statues, some of which are broken, valuable manufactured goods stored in safe places, bricks of collapsed walls accurately lined up, and the presence of construction materials in rooms with incomplete decorations reveal general conditions of life due to the events which could not be associated to the earthquake of 62 A.D. just as they cannot be ascribed to the phase, immediately prior to the eruption of 79 A.D. The walls of the buildings in the archeological sites around Vesuvius support this hypothesis of a combined response to natural stresses and to private needs.

The great damage caused by the earthquake in 62 A.D. has been repeatedly recognized, since the concrete evidence of reconstruction and repairs are recorded on the walls, floors, plasters, mosaics, and decorations. The idea that the Pompeiian society was in decline from the widespread presence of renovation works due to the damage associated with this earthquake appears today to be unlikely. In many houses, the evidence suggests more than one phase of alteration and repair, as well as subsequent restorations of buildings that were decorated in the typical post-62 A.D. Fourth Style of fresco (AA. VV., 1995). It is unlikely that the city was devastated to the point that in 17 years after the earthquake the basic services of septic ditches, water supply, and most of private buildings were still not restored, for such an evidence of ongoing restoration can be more easily ascribed to a series of earthquakes. Other evidence of restorations in Stabiae, Terzigno, Herculaneum, and Scafati reveal the spatial extent of the phenomenon observed in Pompeii and suggests that the damage could have been caused by many moderately high-energy seismic events whose seismicity was distributed in time and strength. Only rare, albeit significant, evidence allows us to date the restorations, such as the imprint of a coin on a decoration, or an epigraph actually referring to an earthquake. The available evidence thus suggests that the seismicity in the period preceding the eruption of 79 A.D. is only partly understood and that future studies should be able to produce additional data. The contributions from historical sources are acceptable, but they are limited, and allow us to date the events that occurred in 37, 62, 64, and 79 A.D. (Fig. 4.1). Seneca uses the term 'tremor' to describe the perceptible ground motions, but it is impossible to ascertain whether for him this has the same meaning as a typical seismic phenomenon recorded in the Vesuvius area today, although it is noteworthy that he used the term to describe a particular, unusual seismicity.

From 64 to 79 A.D. Pliny the Younger provides historical records of earthquakes where the seismicity was present. The events responsible for the damage to the structures of buildings (as pointed out by archeological studies) probably date back to the years between 72 and 78 A.D. and are indicative of seismic periods

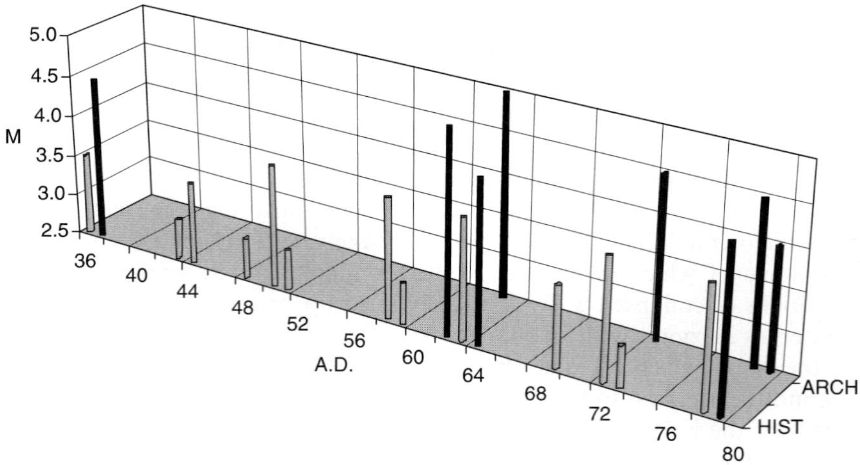

Fig. 4.1. Approximate energy levels of earthquakes preceding the eruption of 79 A.D. HIST: Dated earthquakes (black) from historical sources occurred in 37, 62, 64, and 79 A.D. Historical sources also recorded some undated earthquakes (gray). ARCH: Earthquakes from archeological sources are responsible for damages. M: Magnitude.

other than 62 and 79 A.D. (Fig. 4.1). In particular, the event dated 1 year before and subsequent events up to 24 August 79 A.D. would account for the generalized presence of work in progress in the area. The energy levels of earthquakes reported in Fig. 4.1 were determined according to attenuation curves reported in Fig. 4.5 for earthquakes occurring at Vesuvius by using the earthquake data of 9 October 1999. The earthquakes occurring during the eruption of 79 A.D. are shown in Fig. 4.1 as a single event. Some of these were felt 30 km away in Misenum (Pliny the Younger, 1963, VI.20.6) during the night of 24 and 25 August, both as single shocks and continuous tremors.

The general geophysical picture of the period preceding the eruption of 79 A.D. may be supplemented by a contribution already mentioned which merits a greater emphasis. Numerous finds in Pompeii show that at the time of the eruption, and probably a long time before, the civic aqueduct was out of service and that a new one was being built (Maiuri, 1931). Deep trenches ran along most of the streets for the purpose of laying out the new pipes. As the old surface pipes were removed, this produced a provisional piping network that could not even supply the fountains (*piscinae* and *thermae*, pools and baths) with water. Indeed, it has been ascertained that *Castellum Aquae* (the water distribution system in Pompeii) was not supplied by the regional aqueduct and that the water supply was not connected with the civic piping network (Ohlig, 2002; Marturano et al., 2004).

Water flowed to Pompeii through a regional aqueduct from the nearby Apennines by crossing the Campanian Plain from east to west, on the watershed between Sarno and Clanio basins, and then from northeast to southwest (Sgobbo, 1938; Ohlig, 2002; Marturano et al., 2004). An ancient aqueduct was probably working from about 80 B.C. by connecting Avella with Pompeii. The Serino aqueduct was built in the Augustan times and the two lines were probably connected at Torricella, between Sarno and Palma Campania. Indeed, two different chemical calcareous deposits in the Roman water main indicate two different water supply sources: One is 50 cm thick and has a chemical composition similar to Avella's water, whereas the other is 25 cm thick and leaning against the other and having a chemical composition similar to that of Piscina Mirabilis deposit of Serino aqueduct (Ohlig, 2002; Marturano et al., 2004). Since the Roman aqueducts were built with a recommended minimum mean slope of 20 cm/km (Pliny the Elder, 1982–1986, XXXI.31; Vitruvius, 1912, VIII.6) and Pompeii's aqueduct should have sloped toward Vesuvius and that the town, it is likely that this slope changed by even a moderate uplift of the area and that the town encountered difficulties long before the eruption. If as suggested that the provisional surface-piping network was laid out at the time of 62 A.D. earthquake and was being renovated before the eruption, some ground deformation could have begun before that time, in accordance with the recorded seismicity.

4.2.2. Precursors of 1631 eruption

From 79 A.D. until the eruption of 472 A.D., the historical sources record no earthquakes with their epicentres in the Vesuvius area, whereas a few large earthquakes occurred in the nearby Apennine Chain. Nevertheless, some damage observed at Nuceria was tentatively linked to the eruption of 472 (De' Spagnolis, 2000). During the Middle Ages, the earthquakes at Vesuvius were not explicitly recorded, even if the volcano produced effusive and/or explosive activity in 685, 787, 1036, and 1139 (Figliuolo and Marturano, 1997, 1998). The last eruptions was characterized by several strong explosions for several days and Vesuvius entered subsequently into a stage of weak, albeit persistent, activity which preceded dormancy that probably extended to as late as 1500 or even until the eruption of 1631. During this period, both small and large earthquakes were recorded in the nearby Apennine seismogenetic zone, and in December 1456 a large earthquake occurred in the area (Figliuolo, 1988).

At 1 p.m. on 15 December 1631 a shock produced by Vesuvius was felt in Naples and according to some authors (Braccini, 1632; Mercalli, 1883) several months of seismicity preceded this event. Such vague reports, however, come from later sources and their weak philological significance may be related to low energies of these events. The archbishop of Naples, Cardinal Francesco Boncompagni, was at that time under treatment in Torre del Greco, a coastal town at the foot of Vesuvius, and the information from the area near the volcano agrees with the testimony of this prelate (Marturano and Scaramella, 1997). After the earthquake at 10 p.m. on the same day, light shocks occurred until midnight, and at 2 a.m. on 16 December the cardinal was awaken by a particularly strong tremor. From 2:30 to 6 a.m. (Fig. 4.2) he counted 18 events and then left the area for Naples. The magnitudes of the earthquakes reported in this figure were determined according to the attenuation curves reported in Fig. 4.5. On the day before the eruption and until 3 p.m. on Tuesday, 16 December 1631, the visibility of Vesuvius from Naples was

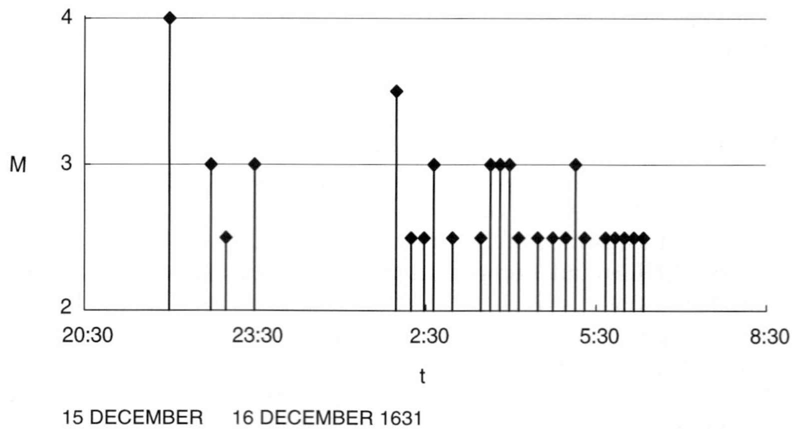

Fig. 4.2. Estimated energy levels of earthquakes preceding the eruption of 1631 from historical sources. M: magnitude.

excellent, and until about 8 p.m. on the same day the area surrounding the volcano was also clear.

At around 7 a.m. on Tuesday, 16 December 1631, a thick smoke began issuing from an eruptive vent on the western side at the base of Gran Cone, and during the following day many booklets and short reports of the event began circulating in the area – a true publishing success which remained unparalleled in the Neapolitan region throughout the seventeenth century. In fact, 6 months after the eruption about 60 works had been published on the catastrophic events (Riccio, 1889, lists 232 of them). Perhaps the large availability of printed sources prevented a serious probing into archival records for manuscripts supporting the printed accounts and providing a more accurate description of the eruption. According to an analysis of Marturano and Scaramella (1997, 1998), three different accounts reported the eruption: From Naples on the west, from Torre del Greco on the southwest, and from Sarno on the east. The observer from Naples reported 'fire could be discerned on Mt. Somma', which is an area quite distinct from Vesuvius and behind a wall of Mt. Somma itself. Viewed from Torre del Greco the report states that 'plenty of smoke rises from the plain sited between the two sides of the mountain (Atrium)', and viewed from Sarno a very thick smoke was seen rising 'on Mt. Somma from the lower horn'. The eruptive column initially spread toward Torre del Greco and the road to Naples, but half an hour later the ash fall in Sarno reduced the visibility to few meters. The main part of the cloud unquestionably drifted eastward, the eruption moved from the fracture at Gran Cone to the central vent, and with the passage of time the situation deteriorated with continuous tremors. From 10 a.m. onwards 'coarse sand and then lapilli and pumice stones' were added to the hot ash fallout and were supported by a plinian column that kept spreading these products until 8 p.m. (see archival records in Marturano and Scaramella, 1997, 1998). The isopachs of plinian products indicate a prevalent eastward deposition, whereas the pyroclastic flows and lavas reached the southern and northwestern sectors of the volcano (Rosi et al., 1993; Rolandi et al., 1993a, b; Gialanella et al., 1993).

4.3. EARTHQUAKE OF 9 OCTOBER 1999

From 1631 to 1944 the earthquakes at Vesuvius had been generally characterized as being of low energy; they were felt in the vicinity of the volcano and are closely related to eruptive events. The most violent of these earthquakes occurred on 15 June 1794, causing damage to buildings and shattering windowpanes in Naples. Since 1944 the seismicity has been marked by moderate energy events with a frequency of few hundred per year. This activity has been concentrated in the caldera and at depths not exceeding 6 km below the sea level (Zollo et al., 2002; De Natale et al., 2004; Del Pezzo et al., 2004). The most significant event recorded before 1970s pertains to the shallow earthquake of 11 May 1964, which occurred in the northeastern part of the crater floor (Imbò et al., 1964). The whole Vesuvius area felt this event, but the maximum effects occurred at the top of the volcanic structure and gradually decreased toward the bottom. Several periods of greater activity were recorded in 1989, 1990, and more recently in 1995 and 1996. The strongest event occurred on 25 April 1996 ($M = 3.4$) and was clearly felt all over the area surrounding the volcano, including Naples and some areas in the Phlegraean Fields and on the island of Capri.

In the early months of 1999 seismicity increased slightly, but in August the seismic sequence intensified and culminated with the most energetic event on 9 October. This occurred at about 3 km beneath the central cone ($M_L = 3.6$; Lat = 40°49.01′ N; Long = 14°25.67′ E). The earthquake was felt over a very wide area within about 25 km of the crater and caused fear and anxiety among the people. Following this event, questionnaires were distributed in intermediate schools of the Vesuvius area, Naples, and surrounding towns in the provinces of Caserta and Salerno in order to define the extent to which the earthquake had been felt. The questionnaires consisted of 18 yes–no questions and the percentage response to every question (positive responses to question in relation to the total) was defined as the *felt index*. This index related to Question 1 (Did you feel the earthquake?) was then used in data processing (Cubellis and Marturano, 2002).

Fig. 4.3 shows several intensity contours corresponding to this earthquake. These contours represent the *felt index* (Question 1) and illustrate that maximum intensities correspond to the volcanic edifice and that these decrease radially from the central cone of the volcano. The *felt index* relates to ground motion parameters and overcomes the problem of the limits involved in using integer values of intensities. By analysing the whole data set, Cubellis and Marturano (2002) were able to estimate typical macroseismic parameters, such as epicentral intensity, depth and attenuation coefficient, as well as the quality factor Q and magnitude, and relate these to the values obtained by instrumental records at *Osservatorio Vesuviano*. This shows that the epicentral intensities at Vesuvius are as much as one to two times greater than equivalent magnitude events occurring in the Italian tectonic regions (Fig. 4.4) and, moreover, that the source mechanism can be responsible for different

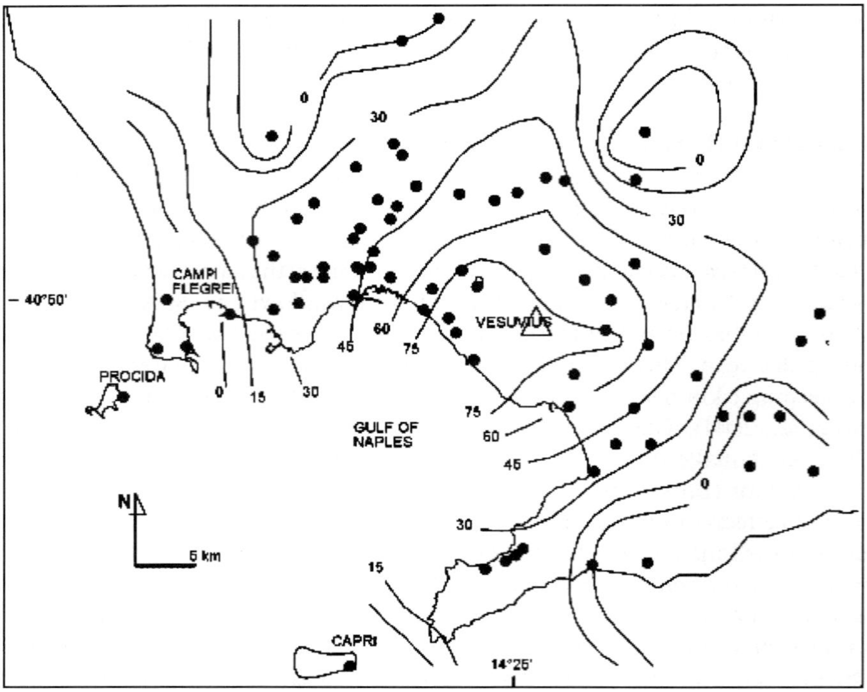

Fig. 4.3. Intensity (*felt index*) map corresponding to the earthquake of 9 October 1999. Modified by Cubellis and Marturano (2002).

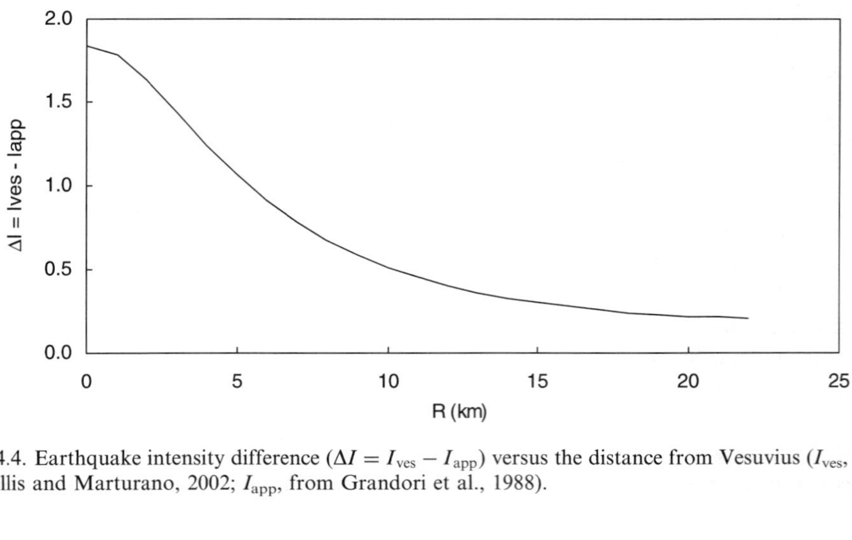

Fig. 4.4. Earthquake intensity difference ($\Delta I = I_{ves} - I_{app}$) versus the distance from Vesuvius (I_{ves}, from Cubellis and Marturano, 2002; I_{app}, from Grandori et al., 1988).

responses of the sites at the foot of the volcano. I_{ves} and I_{app} in Fig. 4.4 are the expected intensities for equal magnitude events occurring at Vesuvius and Italian tectonic regions, respectively, according to the attenuation laws proposed by Cubellis and Marturano (2002) and Grandori et al. (1988) with epicentral intensities evaluated according to the relation $Io = 1.7\,M - 1.6$ (CPTI, 1999).

This information can also be used to assess the energy levels of historical earthquakes in order to determine seismicity levels which can be associated with the volcanic structure and especially with the pre-eruptive phase of the volcano. Fig. 4.5 shows theoretical intensity curves for magnitudes between three and five, and demonstrates that the earthquakes with $M \leqslant 3$ are felt only at the foot of Vesuvius, while those with $M = 3.5$ and 4.0 are felt throughout the Bay of Naples and as far as the Phlegraean Fields. In addition, the earthquakes with $M = 4.5$ can cause slight damage in Naples (the triangle shows the distance of Naples from Vesuvius). By using this subdivision into magnitude zones we estimated the magnitudes of earthquakes preceding the eruptions of 79 and 1631 as reported in Figs. 4.1 and 4.2. The earthquakes from 1631 to 1944 do not appear to cross the threshold of $M = 4.5$. In particular, the seismic crisis preceding the eruption of 1631 is characterized by a comparatively more energetic activity that was temporally limited to several hours preceding the eruption and, probably, by a minor activity that had been occurring for a longer period of time. The greatest pre-eruptive event has, however been estimated to be of magnitude $M = 4$ – a value that corresponds to a recent activity of the volcano. Finally, Fig. 4.5 shows the expected intensity values of earthquakes for magnitude $M = 5$. For this magnitude, the maximum intensities

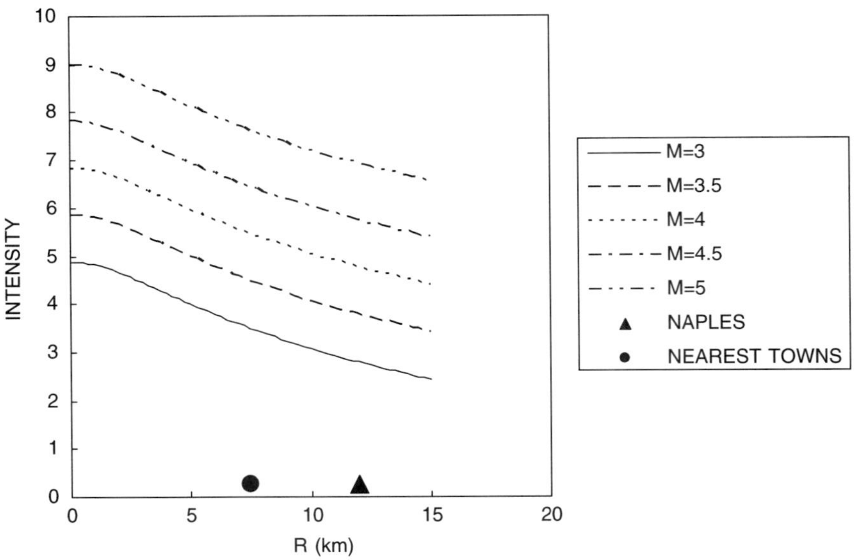

Fig. 4.5. Expected earthquake intensity for magnitudes between 3 and 5 as a function of epicentral distance (Cubellis and Marturano, 2002). The circle and the triangle represent the distances of towns at the foot of Vesuvius and Naples, respectively, from the crater of Vesuvius.

and their decreasing values with the distance from the crater are in accordance with the values experienced during the earthquake of 62 A.D. This is the largest earthquake recorded in the Vesuvius area and emphasizes the relation between moderate magnitude and large epicentral effects.

4.4. CONCLUSION

Following the earthquake of 9 October 1999, numerous instrumental as well as detailed macroseismic studies allowed typical seismological parameters to be determined by using completely independent data. The shallow depth quakes at Vesuvius have affected the near field and these are as much as two intensity levels greater than the equivalent magnitude events occurring in the Italian tectonic regions. This allowed an assessment of magnitudes of historical Vesuvian earthquakes in order to determine the seismicity levels that can be associated with the volcanic structure and, in particular, with the pre-eruptive phase. It appears that the Vesuvian events have always been of moderate energy, excluding the 62 A.D. earthquake ($M = 5$), and that the earthquakes from 1631 to 1944 have not crossed the threshold of $M = 4.5$. The seismic crisis associated with the eruption of 1631 is characterized by a comparatively high-energy activity which was limited to several hours preceding the eruption, and probably by a minor activity that had been occurring for a while before the catastrophic event. The greatest pre-eruptive event has been rated with magnitude M = 4, which is similar to the event of 1999.

The historical data pertaining to the eruption of 1631 and obtained by philological reconstruction and reorganization of sources from Church archives should be completed with further studies of state archives in order to recover documents from the lay public. For the 79 A.D. eruption, however, the classical sources appear to be all known, and future studies should aim at understanding the phenomenon and its dynamics and thus the precursors of the eruption through additional geoarcheological studies. The new stimulating geophysical studies proposed for the period preceding this eruption suggest that the towns surrounding the volcano encountered difficulties long before by earthquakes and ground deformations. This suggests that we should extend the research at Pompeii to other archeological sites around Vesuvius, because these results are useful for evaluating the seismic hazard in the Vesuvius area, or the expected damage associated with future eruptions of the volcano.

REFERENCES

AA. VV., 1995. Archäologie und Seismologie, La Regione Vesuviana dal 62 al 79 D.C. Problemi Archeologici e Sismologici, Colloquium, 26–27 November 1993, Boscotrecase. Deut. Arch. Inst. Rom, Sopr. Arch. Pompei. Biering & Brinkmann, Munchen.

Adam, J.P., 1989. Il terremoto rappresentato: i bassorilievi di Pompei. In: E. Guidoboni (Ed.), I terremoti prima del Mille in Italia e nell'area mediterranea. ING-SGA, Bologna, pp. 168–171.
Albore Livadie, C., 1999. L'eruzione vesuviana delle 'Pomici di Avellino' e la facies di Palma Campania (bronzo antico). Edipuglia, Bari.
Arnò, V., Principe, C., Rosi, M., Santacroce, R., Sbrana, A. and Sheridan, M.F., 1987. Eruptive history. In: R. Santacroce (Ed.), Somma–Vesuvius. CNR Quaderni 114, Rome, pp. 53–103.
Braccini, G.C., 1632. Dell'incendio fattosi sul Vesuvio a XVI di dicembre MDCXXXI e delle sue cause ed effetti, con la narrazione di quanto è seguito in esso per tutto marzo 1632 e con la storia di tutti gli altri incendi, nel medesimo monte avvenuti. Roncagliolo Secondino, Napoli.
CPTI Working Group (ING, GNDT, SGA, SSN), 1999. Catalogo Parametrico dei Terremoti Italiani. Editrice Compositori, Bologna.
Cubellis, E. and Marturano, A., 2002. Mt. Vesuvius: A macroseismic study of the earthquake of 9 October 1999. J. Volcanol. Geotherm. Res., 118: 339–351.
De Natale, G., Kuznetzov, I., Kronrod, T., Peresan, A., Saraò, A., Troise, C. and Panza, G.F., 2004. Three decades of seismic activity at Mt. Vesuvius: 1972–2000. Pure Appl. Geophys., 161: 123–144.
De Simone, A., 1997. La terra del Vesuvio: I dati archeologici e la cultura dell'Antico. In: G. Luongo (Ed.), Mons Vesuvius. Stagioni d'Italia, Napoli, pp. 27–42.
De' Spagnolis, M., 2000. La tomba del calzolaio. L' Erma di Bretschneider, Roma.
Del Pezzo, E., Bianco, F. and Saccorotti, G., 2004. Seismic source dynamics at Vesuvius volcano, Italy. J. Volcanol. Geotherm. Res., 133: 23–39.
Diodorus, S., 1888–1906. In: F. Vogel and C.T. Fischer (Eds), Bibliotheca Historica. Teubner, Liepzig.
Dobran, F., 2006a. VESUVIUS 2000. Toward Security and Prosperity Under the Shadow of Vesuvius. This volume (Chapter 1).
Dobran, F., 2006b. Education: Cognitive Tools and Teaching Vesuvius. This volume (Chapter 2).
Figliuolo, B., 1988. Il terremoto del 1456. Collana Storia e Scienze della Terra, Osservatorio Vesuviano. Ist. Italiano Studi Filosofici, Altavilla Silentina, Vol. 2.
Figliuolo, B. and Marturano, A., 1997. Catalogo delle eruzioni vesuviane in età medioevale (secoli VII–XV). In: G. Luongo (Ed.), Mons Vesuvius. Stagioni d'Italia, Napoli, pp. 77–90.
Figliuolo, B. and Marturano, A., 1998. The eruption of Vesuvius from 7th to the 12th centuries. In: N. Morello (Ed.), Volcanoes and History. Proceedings of the 20th INHIGEO Symposium, Brigati, Genova, pp. 133–156.
Gialanella, P., Incoronato, A., Russo, F. and Nigro, G., 1993. Magnetic stratigraphy of Vesuvius products: 1631 lavas. J. Volcanol. Geotherm. Res., 58: 211–216.
Grandori, G., Drei, A., Garavaglia, E. and Molina, C., 1988. A new attenuation law of macroseismic intensity. Proceedings of the Ninth World Conference of Earthquakes Engineering. WCEE, Tokyo, pp. A03–01.
Guidoboni, E., 1989. I terremoti prima del Mille in Italia e nell'area mediterranea. ING-SGA, Bologna.

Guidoboni, E., 1994. Catalogue of Ancient Earthquakes in the Mediterranean Area up to the 10th Century. ING, Rome.

Imbò, G., Casertano, L. and Bonasia, V., 1964. Attività vesuviana negli ultimi anni dell'attuale periodo di riposo. Annali dell'Osservatorio Vesuviano, VI: 189–204, Napoli.

Luongo, G., Jacobelli, L., Marturano, A. and Rinaldis, V., 2003a. Evidenze archeologiche ed ipotesi sulla sismicità a Pompei tra il 62 ed il 79. In: C.A. Livadie and F. Ortolani (Eds), Variazioni climatico-ambientali e impatto sull'uomo nell'area circum-mediterranea durante l'Olocene. Edipuglia, Bari, pp. 155–162.

Luongo, G., Perrotta, A., Scarpati, C., De Carolis, E., Patricelli, G. and Ciarallo, A., 2003b. Impact of the A.D. 79 explosive eruption on Pompeii, II. Causes of death of the inhabitants inferred by stratigraphic analysis and areal distribution of human casualties. J. Volcanol. Geotherm. Res., 126: 169–200.

Maiuri, A., 1931. Pozzi e condutture nell'antica città. Scoperta di un antico pozzo presso Porta Vesuvio. Ns 1931: 546–576, Table XVII. Sopr. Arch., Pompei.

Martial, V., 1976. In: W. Eraeus. (Ed.), Epigrammata. Borovskij, Liepzig; Martialis, V., 1975. In: M. Citroni (Ed.), Epigrammation Liber primas. La Nuova Italia, Firenze.

Marturano, A., Nappo, S.C. Varone, A., 2004. Trasformazioni territoriali legate all'eruzione del Vesuvio del 79 D.C. In: Archaeology, Volcanism and Remote Sensing, II International Conference, Sorrento (Italy), June 20th–22nd, 2001. ENEA, Rome. (in press)

Marturano, A. and Rinaldis, V., 1995. Il terremoto del 62 d. C.: un evento carico di responsabilità. In: AA. VV. (Ed.), Archaologie und Seismologie. Biering & Brinkmann, Munchen, pp. 131–135.

Marturano, A. and Scaramella, P., 1997. L'eruzione del 1631 dedotta dall'analisi delle relazioni sincrone. In: G. Luongo (Ed.), Mons Vesuvius. Stagioni d'Italia, Napoli, pp. 115–130.

Marturano, A. and Scaramella, P., 1998. The role of primary sources in reconstructing the history of volcanoes: The eruption of Vesuvius, in 1631. In: N. Morello (Ed.), Proceedings of the 20th INHIGEO Symposium (Napoli–Eolie–Catania, September 1995). Brigati, Genova, pp. 281–301.

Mastrolorenzo, G., Palladino, G.F., Vecchio, G. and Taddeucci, J., 2002. The 472 A. D. Pollena eruption of Somma–Vesuvius (Italy) and its environmental impact at the end of the Roman Empire. J. Volcanol. Geotherm. Res., 113: 19–36.

Mercalli, G. (1883). Vulcani e fenomeni vulcanici in Italia. Rist. Anast. Forni, Sala Bolognese, 1981, Milano.

Ohlig, C., 2002. De aquis Pompeiorum. Das Castellum Aquae in Pompeji: Herkunft, Zuleitung, Verteilung des Wassers. PhD Thesis, Nijmegen.

Pliny the Elder, 1982–1986. In: C. Mayhoff, (Ed.), Naturalis Historia. Teubner, Liepzig; Gaio Plinio Secondo, 1982–1986. In: G.B. Conte. (Ed.), Storia Naturale. Einaudi, Torino.

Pliny the Younger, 1963. In: R.A.B. Mynors. (Ed.), Epistula. Cambridge University Press, Oxford; B. Radice (Ed.), 1969. The Letters of the Younger Pliny. Penguin, New York; Gigante, M. 1989. Il fungo sul Vesuvio secondo Plinio il Giovane. Lucarini, Roma.

Polara, G., 1997. Il Vesuvio nella poesia latina. In: G. Luongo (Ed.), Mons Vesuvius. Stagioni d'Italia, Napoli, pp. 59–76.

Riccio, L., 1889. Nuovi documenti sull'incendio vesuviano dell'anno 1631 e bibliografia di quella eruzione. ASPN, XIV: 489–555. ASPN, Napoli.

Rolandi, G., Barrella, A.M. and Borrelli, A., 1993a. The 1631 eruption of Vesuvius. J. Volcanol. Geotherm. Res., 58: 183–201.

Rolandi, G., Mastrolorenzo, G., Barrella, A.M. and Borrelli, A., 1993b. The Avellino plinian eruption of Somma–Vesuvius (3760 y.B.P.): The progressive evolution from magmatic to hydromagmatic style. J. Volcanol. Geotherm. Res., 58: 67–88.

Rolandi, G., Munno, R. and Postiglione, I., 2004. The A.D. 472 eruption of Somma Volcano. J. Volcanol. Geotherm. Res., 129: 291–319.

Rolandi, G., Petrosino, P. and Mc Getchin, H., 1998. The interplinian activity at Somma–Vesuvius in the last 3500 years. J. Volcanol. Geotherm. Res., 82: 19–52.

Rosi, M., Principe, C. and Vecci, R., 1993. The 1631 eruption of Vesuvius. A reconstruction. J. Volcanol. Geotherm. Res., 58: 151–182.

Santacroce, R. and Sbrana, A., 2003. Geological map of Vesuvius. S.E.L.C.A., Firenze.

Seneca, L.A., 1989. In: D. Vottero. (Ed.), Naturalis Quaestiones. UTET, Torino; De Vivo A., 1992. Le parole della scienza: Sul trattato de terrae motu di Seneca. La Veglia, Salerno.

Sgobbo, I., 1938. Serino. L'acquedotto romano della Campania. Fontis Augustei Aquaeductus, NSc, 1938: 81–96. Sopr. Arch., Pompei.

Sigurdsson, H., Carey, S., Cornell, W. and Pescatore, T., 1985. The eruption of Vesuvius in A.D. 79. Nat. Geogr. Res., 1: 332–387.

Statius, P.P., 1990. In: E. Courtey. (Ed.), Silvae. Oxford; Stazio, P.P., 2002. In: S. Canale (Ed.), Selve. Locarno.

Strabo, 1877. In: A. Meineke. (Ed.), Geographica. Teubner, Leipzig; Strabo, 1917–1935. In: H.L. Jones and J.R.L. Sterret (Eds), Geographia. London; Strabone, 2001. Geografia L'Italia. Rizzoli, Milano.

Suetonius, C.T., 1961–1964. In: H. Ailloud (Ed.), De vita Caesarum. Paris; Caio Svetonio Tranquillo, 2004. Vite dei Cesari (Transl. F. Dessì). Rizzoli, Roma.

Tacitus, P.C., 1971. In: E. Koestermann (Ed.), Annales ab excessu divi Augusti. Teubner, Leipzig; Publio, C.T., 2004. Annali (Transl. B. Ceva). Rizzoli, Roma.

Vitruvius, M. P., 1912. In: F. Krohn (Ed.), De Architectura. Teubner, Liepzig; Vitruvio M.P., 2002. In: F. Bossalino (Ed.), De Architectura Libri X. Edizioni Kappa, Roma.

Zollo, A., Marzocchi, W., Capuano, P., Lomax, A. and Iannaccone, G., 2002. Bull. Seism. Soc. Am., 92: 625–640.

Vesuvius
F. Dobran (Editor)

Chapter 5

Ballistics Shower During Plinian Scenario at Vesuvius

V. De Novellis and G. Luongo

ABSTRACT

The distribution of pyroclasts from 79 A.D. eruption of Vesuvius is analysed to assess the ejection velocities of ballistic particles pertaining to the white and gray eruption phases. This distribution is related to the energy of the eruptive mixture and conditions of the atmosphere during the eruption. Ballistic debris is common in the deposits, and within the sampled area (3–14 km S–SE from the vent) the ejected blocks are scattered throughout the fine-grained pumice fall. We measured about 300 ballistic blocks with diameters between 0.07 and 1 m. Some fragments as large as 0.3 m are located at 9 km from the vent, which probably represents the ballistic limit of such fragments. By using a ballistic model for large blocks permitted an assessment of their initial velocities which range from 170 to 2300 m/s, and since some of these velocities exceed the maximum observed velocities of plinian eruptions we conclude that the ballistic model is deficient.

The trajectories of smaller blocks ($0.1 < d < 0.3$ m) are not truly ballistic, because these can be sustained in the eruptive column and dispersed by means of the finger-like projections from the jet thrust region of the column from where they fall or produce gravity currents on the slopes of the volcano. The gas expansion in the column reduces the drag force on particulates and aids in their vertical and lateral transport. In modeling an explosive scenario at Vesuvius it is thus necessary to account for a wide variety of particulate sizes in the presence of local and stratospheric wind conditions and changing characteristics of magma as it is being evacuated from the volcanic system.

RIASSUNTO

Un'analisi della distribuzione dei depositi piroclastici dell'eruzione del 79 A.D. al Vesuvio ha permesso di stimare la velocità di fuoriuscita dei clasti di natura balistica durante la fase di pomici bianche e grigie. La loro distribuzione è in relazione alla quantità di energia disponibile del sistema ed alle condizioni dell'atmosfera durante l'eruzione. Clasti balistici sono frequenti nei depositi nell'area in esame (da 3 a 14 km dal cratere) e ben osservabili nei depositi di pomice da caduta. Sono stati esaminati circa 300 clasti con diametro compreso tra 0.07 e 1 m. Alcuni frammenti sono più grandi di 0.3 m e presentano una gittata di 9 km che probabilmente rappresenta il limite balistico di questi clasti. L'applicazione delle equazioni della balistica ha permesso il calcolo delle velocità iniziali dei blocchi campionati che risultano variare da 170 a 2300 m/s. Alcuni di questi valori eccedono il valore massimo teorico stimato per le eruzioni di tipo pliniano, pertanto ne discende l'inadeguatezza di un modello balistico semplice.

I clasti più piccoli ($0.1 < d < 0.3$ m) non presenterebbero traiettorie balistiche pure in quanto sono dapprima sostenuti per convezione in regioni della colonna eruttiva ed in seguito lanciati nell'atmosfera attraverso digitazioni del flusso principale della colonna stessa, dalla quale possono cadere o essere trasportati, ulteriormente lungo i fianchi del vulcano, in correnti gravitative. La resistenza del mezzo agente sui clasti balistici sarebbe inibita dall'azione dovuta all'espansione dei gas della colonna che, pertanto, favorirebbe il loro trasporto verticale e laterale. Nella modellizzazione di uno scenario esplosivo al Vesuvio è necessario tener conto di tutta la popolazione dei clasti nei depositi esaminati in presenza di venti locali e stratosferici e del variare delle caratteristiche del magma del sistema vulcanico.

5.1. INTRODUCTION

Vesuvius is one of the most extensively studied volcanoes in the world because of its many historical eruptions. It entered into the history of volcanology with the eruption of 79 A.D. through Pliny the Younger's two letters to the Roman historian Tacitus and by burying the surrounding towns of Pompeii and Herculaneum whose systematic excavations started in the eighteenth century on the order of Charles III, King of the Two Sicilies. This event contributed to Vesuvius' fame and it became *the* volcano on which the new theories of volcanology were tested (Luongo, 1997). The 79 A.D. deposits of Vesuvius were produced by a plinian eruption and during the last century their stratigraphy (Lacroix, 1908; Rittmann, 1950; Di Girolamo, 1963, 1970; Lirer and Pescatore, 1968; Lirer et al., 1973) was interpreted with different eruptive models (Sheridan et al., 1981; Sigurdsson et al., 1982, 1985, 1990; Carey and Sigurdsson, 1987; Barberi et al., 1989; Cioni et al., 1992; Scandone and Giacomelli, 2001). In the two eruptive models proposed over the last 20 years (Sheridan et al., 1981; Sigurdsson et al., 1985), Pliny's letters suggest a timing of different events during the catastrophe, but the long time period that elapsed between the eruption and compilation of letters (18 years) could have produced an inaccuracy of this timing (Gigante, 1989). This suggests that the events reported in Pliny's letters should be analysed more carefully.

Although there are some discrepancies regarding the interpretations of stratigraphical sections and their significance, most authors agree on three main phases of the eruption: The phreatomagmatic opening phase, the plinian pumice fallout, and the emplacement of pyroclastic currents. In the model of Sheridan et al. (1981), the eruption lasted for about 30 h on 24 and 25 August in 79 A.D., whereas in the model of Sigurdsson et al. (1985) and Carey and Sigurdsson (1987) it lasted for about 19 h and 4 km^3 DRE (dry rock equivalent) of phonolitic magma was ejected. A change in magma composition during the eruption is marked by an abrupt transition from white pumices to more denser and less evolved gray pumices during which time the fallout was interrupted by several pyroclastic flows. Carey and Sparks (1986) developed a model of pumice fallout by reconstructing column height and wind speed from the distribution and grain-size characteristics of the deposits, and by using this model Carey and Sigurdsson (1987) assessed the temporal evolution of column height and magma discharge rate during the eruption of 79 A.D. During the ejection of white pumices, the column height rose from 14 to 26 km (Mass Eruption Rate, MER $\approx 5 \times 10^6$–7×10^7 kg/s), and shortly after the gray pumices began falling the column reached its maximum altitude of about 32 km (MER $\approx 1.5 \times 10^8$ kg/s). The eruption also ejected a wide range of particulate sizes, some of which could have followed ballistic trajectories.

In this chapter, we present additional insights into the explosiveness of the 79 A.D. plinian eruption of Vesuvius on the basis of an analysis of the explosion mechanism that includes the interaction of large clasts with the surrounding medium. In recent years, the knowledge of this mechanism has not only advanced through more careful examinations of pyroclastic deposits, but also through some complex modeling efforts of eruption dynamics (Dobran, 2001). All types of eruptions are powered by essentially the same process: The conversion of thermal into mechanical energy (Mastin, 1995), or by the amount of energy available and the efficiency of conversion of this energy into heat and mechanical work. This process characterizes the 'violence' of a volcanic eruption and thus affects the aerial distribution of pyroclastic products. Interpretations of physical processes within the columns of large eruptions contain many substantial simplifications, both due to the limited nature of experimental and observational data and lack of suitable physical models of eruption columns (Dobran and Ramos, 2006). If the ejection velocity of volcanic projectiles is an important parameter for estimating the magnitude of volcanic explosions (Minakami, 1942a,b), then the *inverse problem of external ballistics* applied to plinian eruptions may help to determine what factors are responsible for the processes that produce the observed depositional features. It is our opinion that an analysis of ballistic fall and more detailed knowledge of the processes that interact in transport and deposition mechanisms of pyroclastic products can produce additional knowledge for useful hazard assessments of active volcanic areas.

5.2. BALLISTICS

Several attempts have been made by various authors to relate the eruption velocity u_o of the ejected material to the distance from the vent R where this material had deposited (Minakami, 1942a,b; Gorshkov, 1959; Lorenz, 1970; Fudali and Melson, 1972; Self et al., 1980; Steinberg and Lorenz, 1983; Mastin, 1991; Yokoyama et al., 1992; Waitt et al., 1995; Robertson et al., 1998). The motion of a fragment moving along a ballistic trajectory in a vacuum is given by

$$R = (u_o^2 \sin 2\theta)/g \tag{5.1}$$

where θ is the initial ejection angle of the fragment and g is the gravitational acceleration. Thus

$$u_o = (Rg/\sin 2\theta)^{1/2} \tag{5.2}$$

For a given range, this equation generally furnishes only a minimum value for the ejection velocity because it neglects the interaction of the clast with the medium (Fudali and Melson, 1972; Blong, 1984). This vacuum range equation is thus applicable for very large blocks (McGetchin and Ullrich, 1973) for which the air drag has a negligible effect on the clast's trajectory (Sherwood, 1967; Self et al., 1974).

In the late 1950s the eruptive velocity of an ejected block was modeled by using an analytical solution of Minakami (1942a,b), which is derived from an approximation of differential equations that govern the forces of gravity and drag of the medium. The governing differential equations for ballistic trajectories are given by

$$F_x = m(\mathrm{d}u_x/\mathrm{d}t) \tag{5.3a}$$

$$F_z = mg + m(\mathrm{d}u_z/\mathrm{d}t) \tag{5.3b}$$

where m is the mass of the block, $u_x = \mathrm{d}x/\mathrm{d}t$ and $u_z = \mathrm{d}z/\mathrm{d}t$ are the horizontal and vertical velocity components, respectively, t is time, and F_x and F_z are the horizontal and vertical components of the drag force acting on the block due to the friction of the medium. According to an assumption made by Sherwood (1967) that the force components in Equation (5.3) do not depend on the trajectory angle, the drag forces are related to the properties of the projectile and the rheology of the medium by the following relations (Bird et al., 1960)

$$F_x = -1/2(\rho_a A C_D u_x^2) \tag{5.4a}$$

$$F_z = -1/2(\rho_a A C_D u_z^2) \tag{5.4b}$$

where ρ_a is the air density, A is the cross-sectional area of ballistic block, and C_D is the drag coefficient. Substituting the second of these expressions into Equation (5.3b), we obtain

$$m(\mathrm{d}^2z/\mathrm{d}t^2) = -mg \pm 1/2(\rho_a A C_D)(\mathrm{d}z/\mathrm{d}t)^2 \tag{5.5}$$

for a falling block and for a rising block in the vertical plane. In the horizontal plane and including for a tailwind velocity w downrange from the crater, Equations (5.3a) and (5.4a) yield

$$m(\mathrm{d}^2x/\mathrm{d}t^2) = 1/2(\rho_a A C_D)[(\mathrm{d}x/\mathrm{d}t) - w]^2 \tag{5.6}$$

For variable C_D and w, Equations (5.5) and (5.6) can be integrated by using the 4th order Runge–Kutta method as in Wilson (1972), whereas for constant values of these parameters they can be solved analytically for the range and time of flight, that is

$$R = 1/\mu \ln[\mu(u_o \cos\theta - w)t + 1] + wt \tag{5.7}$$

In this expression, θ is the initial trajectory angle from the horizontal and the parameter μ is defined as

$$\mu = (\rho_a A C_D)/2m \tag{5.8}$$

The above expression for the range can be made more versatile by incorporating the altitude difference ($\xi = z_1 - z_2$) between the launch (z_1) and landing (z_2) sites (Self et al., 1980; Mastin, 1991), that is

$$t = [1/(\mu g)^{1/2}]\{\cosh^{-1}[(1 + (\mu/g)u_o^2 \sin^2 \theta)^{1/2} e^{\xi\mu}] + \tan^{-1}[(\mu/g)^{1/2} u_o \sin \theta]\} \tag{5.9}$$

The largest projectiles attain significant fractions of their vacuum range because they are ejected at lower velocities and are affected relatively little by the drag and wind. The velocity field in volcanic explosions is not spherical because the ejection velocities of the clasts differ markedly in different directions (Sakharov et al., 1959, quoted in Steinberg and Lorenz, 1983). According to Steinberg and Lorenz (1983), the maximum ejection distance of ballistics with the same initial angle of ejection depends on the nature of the distribution of initial velocities and the size, shape, and density of the block, which can be taken into account by the ballistic coefficient of fragments

$$B = 3C_D/2\rho_b d \tag{5.10}$$

where ρ_b and d are the block density and its maximum diameter, respectively. The range of the block thus depends on the angle of ejection and its initial velocity (*internal ballistics*) and on the clast shape and medium characteristics (*external ballistics*) (Steinberg and Steinberg, 1975; Steinberg and Lorenz, 1983). As reported by Self et al. (1974), the trajectories of blocks with $B > 10^{-3}\,m^2/kg$ (i.e. $d < 0.4\,m$) depend on wind characteristics and the solutions become unstable for the ranges in excess of 4 km.

Similar studies on other volcanoes (Lorenz, 1970; Fudali and Melson, 1972; Self et al., 1980; Steinberg and Lorenz, 1983) suggest that the eruptive phases (explosive phases and sustained columns) are characterized by different ballistic distributions. The initial phases of extremely explosive eruptions have been known to produce deposits in which the average block size increases with the distance from the crater. This distribution is thought to be caused by the expulsion of a wide range of block sizes of identical velocities through the still air (Fagents and Wilson, 1993). Due to the reduced effect of air drag on large blocks, they travel farther than the smaller ones. More sustained eruptions or plinian columns have been known to produce deposits in which the average block size decreases with distance. In this case, it is assumed that the pyroclast block is supported by the gas stream and that after a time decouples from the column, depending on its terminal velocity and angle of ejection. The larger blocks drop out of the eruptive stream more quickly than the smaller ones and, therefore, attain shorter ranges. However, this distribution may have resulted from a combination of eruptive mechanisms and therefore from a dynamic column (Mastin, 1991).

Further errors in the estimation of maximum ejection velocity of a clast may arise from the assumption of the angle of ejection, since the exit angle may be influenced by the pressure and density of the ambient atmosphere (Wilson, 1972; McGetchin and Ullrich, 1973). The vacuum range equation illustrates that the most efficient ejection angle is 45°, which is applicable for blocks travelling through the vacuum and for large blocks (Sherwood, 1967; Self et al., 1980). The presence of a stratified atmosphere ensures that the optimum elevation angle is less than 45° (Fagents and Wilson, 1993). It is necessary to use this optimum angle for determining the minimum value of ejection velocity and keep in mind that this angle will vary with the aerodynamic properties of the blocks and with initial launch conditions. Another point of view regarding the angle of ejection was suggested by Self et al. (1980) who provide a possible classification of ballistic blocks according to their take-off angle from the eruptive column and not from the vent. From an unpublished work of McNabb and Self (quoted in Self et al., 1980), the optimum ejection angles for maximum range blocks that could be sustained in an eruptive column before landing are in the range between 47° and 50° for the larger blocks and in the range between 38° and 40° for the smaller ones. Ejection angles for maximum range of 'pure' ballistic blocks ($d > 1$ m) may approach 63–65° (Steinberg, 1976; Steinberg and Lorenz, 1983).

5.3. PHYSICAL PROPERTIES OF SAMPLES

Vesuvius ejected a wide range of ballistic blocks during the eruption of 79 A.D., with the projectiles flying S–SE, and we collected samples from a large quarry at Pozzelle and in archeological sites of Pompeii, Oplonti, Stabia, and Boscoreale on the southern side of the volcano (Fig. 5.1). The blocks at these locations cover an extensive area of continuous plinian fall (white and gray pumice beds), with the large blocks ($d > 0.4$ m) usually producing deep and asymmetric impact sags in the underlying beds at the end of ballistic trajectories. The fine-grained fall observed under the larger blocks is due to their impact and the bomb field extends to a distance of more than 9 km S–SE from the vent.

Previous works have attempted to develop methods for quantitative analysis of particles, but have often run into difficulties (Wilson and Huang, 1979). The shapes and densities of gravel-sized clasts reveal their history (Allen, 1985), and, in particular, the volcanic particles come in a wide variety of complex shapes that reflect the processes by which they formed (through fragmentation, transport, and subsequent deposition). We measured the maximum, intermediate, and minimum diameters of many clasts, but recorded only the intermediate size for most of them. In the pyroclastic deposits of the 79 A.D. eruption, 250 projectiles were collected at sites 3–14 km from the vent (Fig. 5.2), ranging between 0.07 and 1 m in diameter. The size of largest projectiles decreases with the distance from the vent as shown in Fig. 5.3. Most ballistic clasts have angular faces and are blocky (Fig. 5.4), and their densities vary from 600 to 2700 kg/m^3 (Fig. 5.5). In order to measure the densities of pumice projectiles, they were first weighed and then impregnated with hot paraffin wax to seal all vesicles. The pumices were then placed in a graduated cylinder and their volume determined by the displacement of water. The mean pumice density

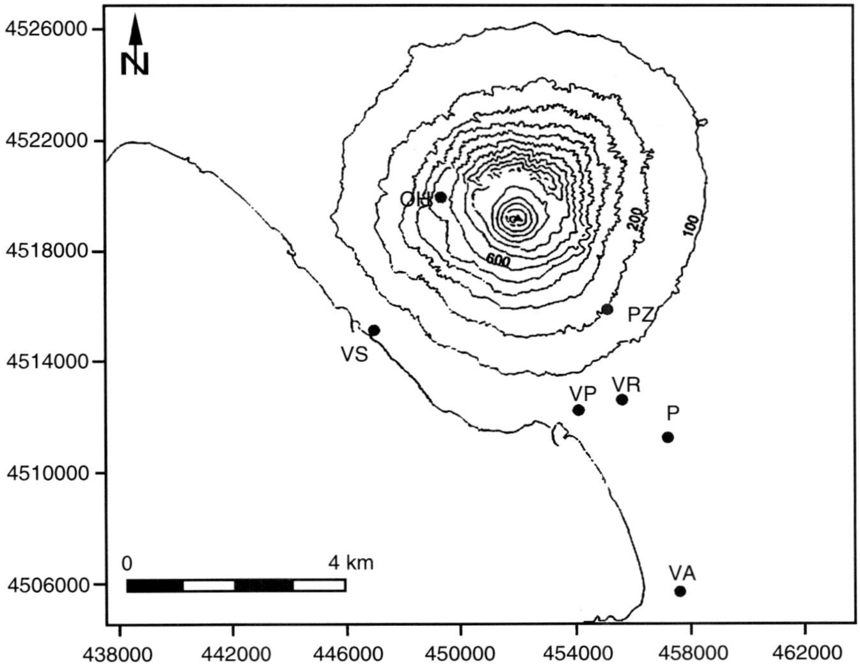

Fig. 5.1. Map showing the locations of ballistic-block samples from the eruption of Vesuvius in 79 A.D. OH: Observatory Hill; PZ: Pozzelle quarry; VS: Villa Sora (Torre del Greco); VR: Villa Regina (Boscoreale); VP: Villa Poppea (Oplontis); P: Pompeii; VA: Villa Arianna (Stabiae).

was then calculated on the basis of three samples with relative precision of 1%. Many clasts that are denser than $1800\,kg/m^3$ are poorly vesiculated and have angular edges and blocky shapes, whereas the clasts that are lighter than $1200\,kg/m^3$ are vesiculated (50–70%, as calculated by an equation of Houghton and Wilson, 1989; according to which % vesicularity $= (\rho_m - \rho_b)/\rho_m$, where ρ_m is the magma density) and have broken faces. The former clasts are lithics (lava and dolomite clasts), whereas the latter are juveniles, with both types being probably ejected concurrently because the wide range in density does not vary with the throw distance (Fig. 5.6).

The drag coefficient C_D has been determined experimentally for a variety of shapes (Bird et al., 1960) which influence the ranges of blocks. The experimental data indicate that C_D varies with the flow regime or Reynolds number ($Re = \rho u d/\eta$, where η is the air viscosity) and Mach number ($M = u/U$, where U is the fluid's sonic velocity). For the blocks ejected during volcanic eruptions, Re almost always falls in the range of 10^{-2}–10^{7} (Walker et al., 1971). The fall velocities were experimentally calculated by Walker et al. (1971) for volcanic clasts larger than 0.005 m in diameter and they found that if the volume and effective cross-sectional area corresponding to a sphere with the diameter equal to the arithmetic mean diameter of a particle are used, then the value of C_D corresponding to the cylindrical shape

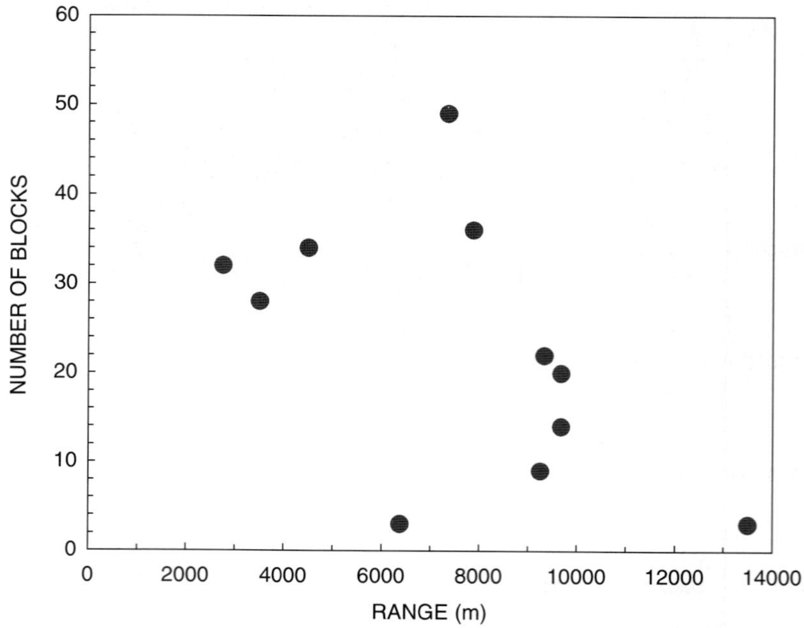

Fig. 5.2. Number of ballistic blocks (250 total) as a function of range from sites around Vesuvius.

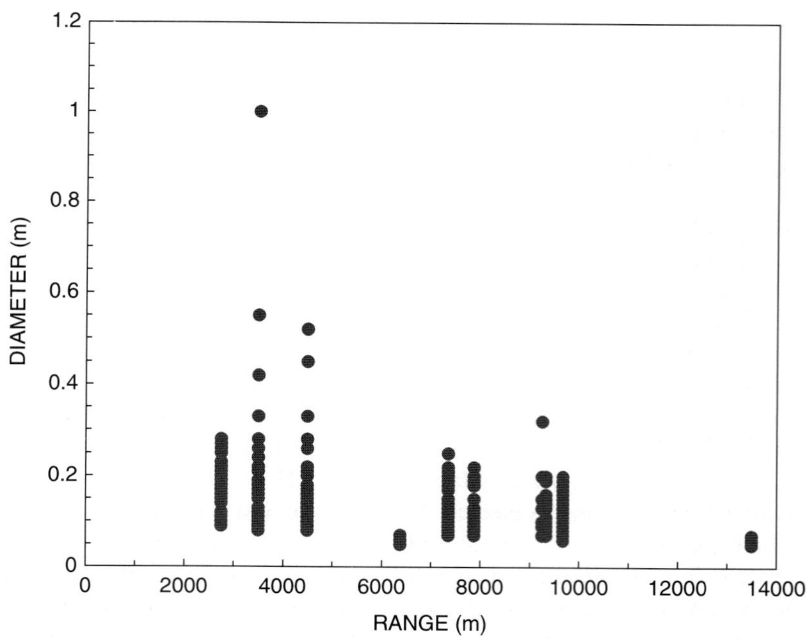

Fig. 5.3. Projectile sizes as a function of range from the pyroclastic deposits of the eruption.

Fig. 5.4. Left: Small ballistics from 79 A.D. eruption, with lithics (top) and pumices (bottom). Right: Large block found in the Pozzelle quarry in a bed of white pumices and ash from the impact.

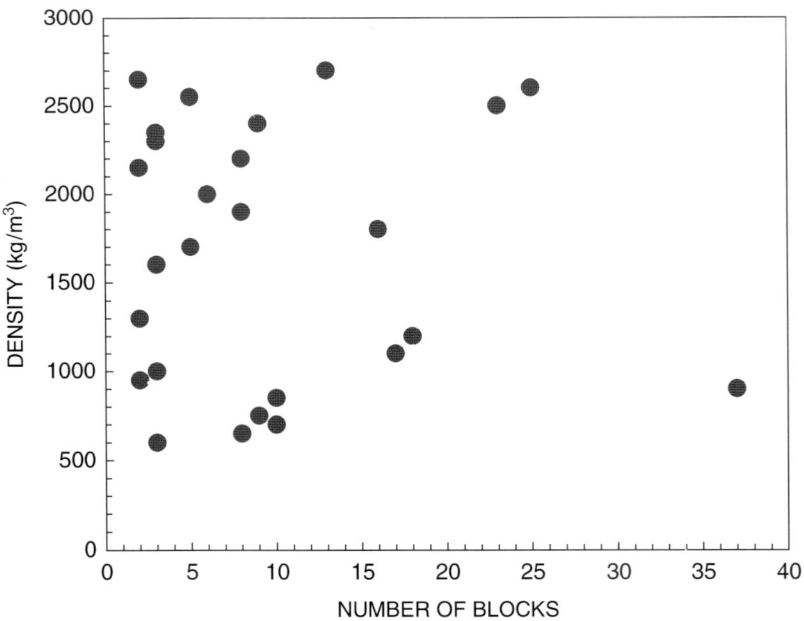

Fig. 5.5. Density of ballistic blocks as a function of their number (250 total).

gives a better fit to measured values of terminal velocities. The drag force acting on a falling particle also varies with its shape, orientation, roughness, effective cross-sectional area, and velocity (Hughes and Brighton, 1967). The variables A and m in Equation (5.8) depend on the shape and size of the block, but we assumed that the block is spherical with mass $m = 4/3\pi r^3 \rho_b$ and clast radius r equal to the intermediate block dimension. A is also a function of its maximum a, intermediate b, and

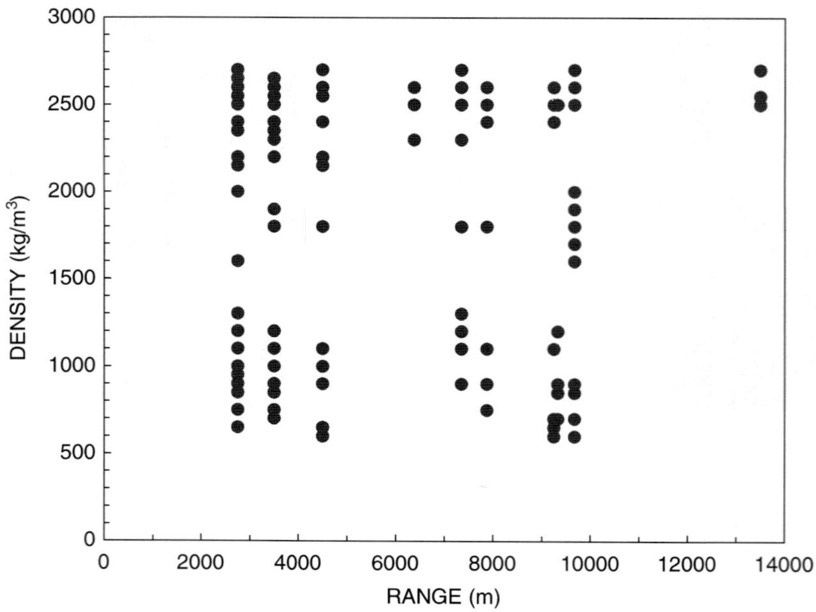

Fig. 5.6. Density of clasts as a function of their range.

small *c* dimensions, and in addition depends on the way in which the particle tumbles or rotates during settling. Based on these considerations, Wilson and Huang (1979) suggest that for particles with $d < 1$ mm

$$C_D = (24/\mathrm{Re})f^{-0.828} + 2(1.07 - f)^{1/2} \tag{5.11}$$

where f is the shape factor (Reyneck and Singh, 1980) that is defined by

$$f = (b + c)/2a \tag{5.12}$$

Suzuki (1983; quoted in Sparks et al., 1997) proposed a modification to this relation by including the data of Walker et al. (1971)

$$C_D = (24/\mathrm{Re})f^{-0.32} + 2(1.07 - f)^{1/2} \tag{5.13}$$

At least two parameters have to be used to specify the shape of a three-dimensional particle. Of the many possible classifiable systems, that of Zingg is the simplest (Allen, 1985), with each clast being plotted on the diagram in the area corresponding to its Zingg location. The lithics examined in this work have a very high proportion of flattened clasts (bladed–prolate), whereas the pumices have a wide spread of shapes, including many equant particles (Fig. 5.7).

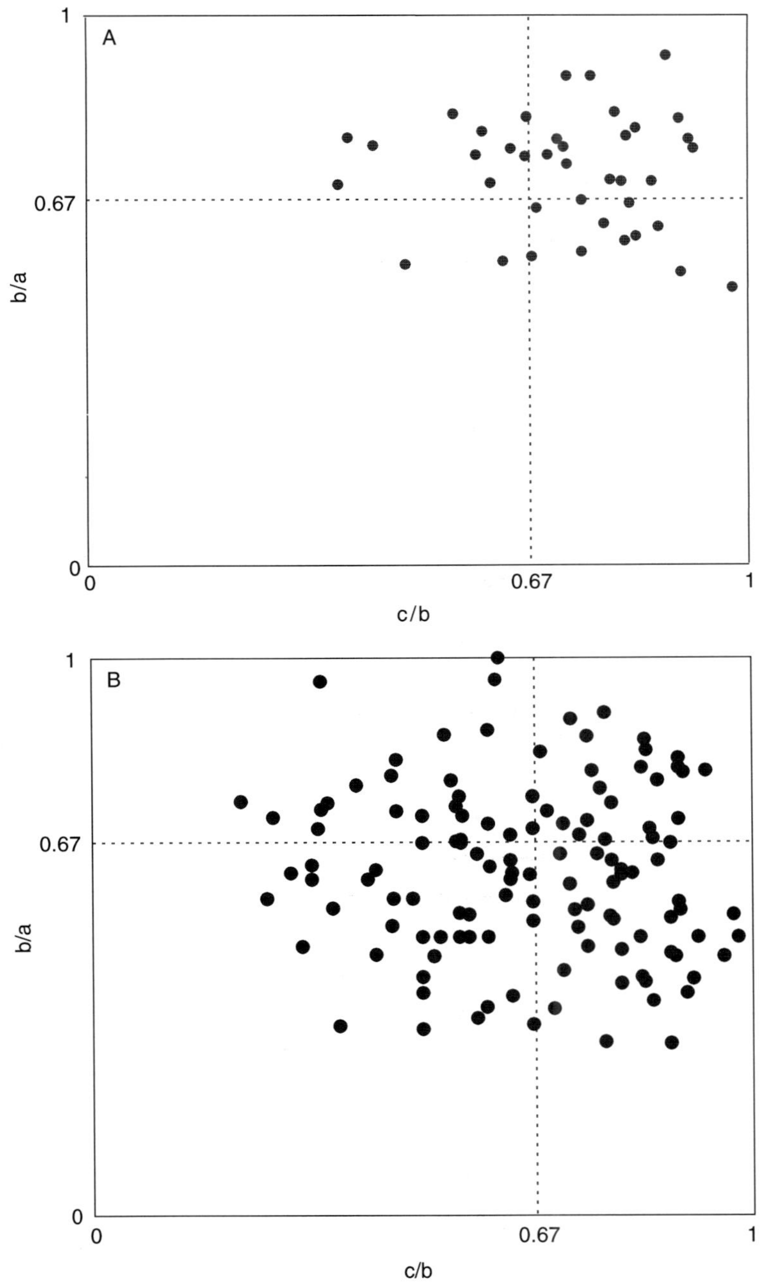

Fig. 5.7. Zingg plane for 79 A.D. ballistics: Pumices (top), lithics (bottom). a is the maximum, b is the intermediate, and c is the smallest dimension of the clast.

5.4. DISCUSSION

The clasts data collected in the field (within 3–14 km from the vent as illustrated in Fig. 5.1) show sizes from 0.07 to 1 m. As we have seen, there have been several studies of ballistic pyroclasts, but the distinction between the coarser ballistic and the finer fall is difficult and somewhat arbitrary, because there is no distinguishable minimum size limit of projectiles detectable in the field. A distinction can be made between purely ballistic pyroclasts that are so large that they are not affected by the motions in the eruption column and somewhat smaller ballistic pyroclasts that are influenced by the turbulent plume motion (Self et al., 1980). The momenta of former pyroclasts can carry them farther from the vent than the momenta of somewhat smaller blocks. The smaller pyroclasts will be carried higher into the atmosphere than the larger ones before leaving the column, and therefore a fallout pattern of decreasing ballistic size with the distance from the vent is expected for a sustained, powerful plume. Sparks (1986) modeled eruption columns whose particulate diameters typically increase upward in the shape of an inverted funnel, whereas Carey and Sparks (1986) analysed the fall of particles from such columns. According to Carey and Sigurdsson (1987), the maximum height of Vesuvius' 79 A.D. eruption column was 32 km, and Sparks's (1986) model of fall distribution predicts the outer limit of fall of 0.064 m lithic clasts at about 9 km from the vent. This model predicts erroneously that only those clasts which are smaller than 0.064 m should fall as tephra within the southern part of the volcano (Fig. 5.8).

For the 1992 eruption of the Crater Peak vent at Mt. Spurr (Alaska), Waitt et al. (1995) suggest that for the ballistics of 0.25 m landing at about 4 km from the vent,

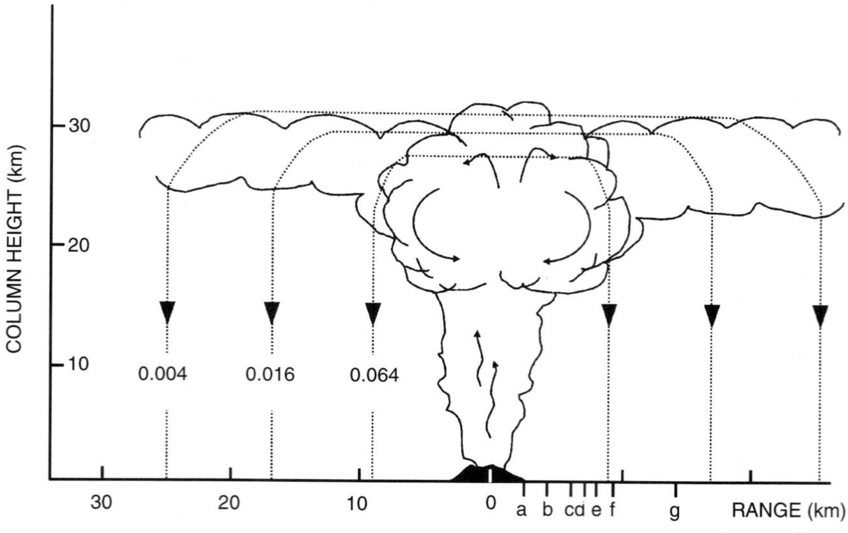

Fig. 5.8. Fall of lithic clasts from the modeled column of Carey and Sparks (1986). Arrows show the theoretical outer limit clasts with maximum dimensions of 0.064, 0.016, and 0.004 m. The locations of sites correspond to a: Observatory Hill; b: Pozzelle quarry; c: Villa Sora (Torre del Greco); d: Villa Regina (Boscoreale); e: Villa Poppea (Oplontis); f: Pompeii; g: Villa Arianna (Stabiae).

the drag coefficients varied between 0.06 and 1.5 for spheres and cubes, and that the vent velocities varied between 160 and 850 m/s. Smaller clasts produce vent velocities that are much higher (about 3400 m/s) and appear to have travelled on trajectories with very high Re (4×10^5–10^7), where the drag coefficient for smooth spheres can be as low as 0.06. Given that volcanic particles are not spherical in shape and many have angular and rough faces, C_D should be much higher than 0.06 as shown in Fig. 5.9.

The results of this work for ballistic blocks ejected from Vesuvius during the eruption of 79 A.D. are shown in the Table 5.1. If these ballistics are tested using the values of C_D characterizing blocks of different shapes as cubes, spheres, and ogives, their initial velocities would be higher than 170 m/s. Many clasts ($b<0.3$ m) that were classified as projectiles and that landed downrange 7–9 km from the vent, have initial velocities of 2200 m/s and higher (Fig. 5.10). These exceed the maximum theoretical velocities for plinian eruptions (about 600 m/s, according to Wilson, 1976; Wilson et al., 1980) and thus reflect a modeling deficiency.

From the field data of the eruption, a large number of small blocks ($b \approx 0.1$–0.2 m) appear to have reached distances of about 9 km during the plinian phase. This represents the ballistic limit (maximum range of ejected blocks) whose trajectories can be modeled with the simplifying assumption of Wilson (1972) that the clasts travelled in still air. For such relatively long ranges, there are many factors which influence the ballistic motion, and the processes immediately after ejection become critical. Wilson (1980) estimated maximum theoretical velocities in plinian eruptions by assuming an isentropically expanding mixture of solid particles in an ideal gas and obtained velocities that are lower than those presented in this article. The dispersal of fragments in a volcanic eruption is due mainly to the expansion of the gas phase (Steinberg and Lorenz, 1983; Turcotte et al., 1990; Fagents and Wilson, 1993) and as

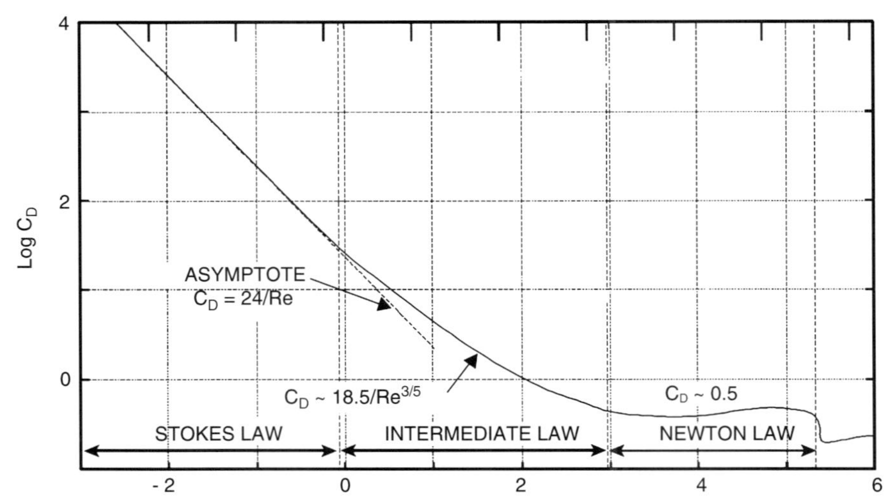

Fig. 5.9. Low drag coefficient for smooth spheres at high Reynolds numbers (Achenbach, 1972, quoted in Waitt et al., 1995).

Table 5.1. Physical properties of blocks and their initial velocities for 79 A.D. eruption of Vesuvius.

Location	R (m)	H (m)	ρ_P (kg/m^3)	d_{max} (m)	$u_{o\ 45°}$ [$C_D = 0$] (m/s)	$u_{o\ \#}$[$C_D = 1$] (m/s) cube (h)	$u_{o\ \#}$[$C_D = f$ (Re, M)] (m/s)			
							Sphere	Cube (h)	Cube (l)	Ogive
OH	2750	610	2600	0.2	164	833	174	∞	∞	182
PZ	3500	290	2550	1	185	227	172	240	268	174
PZ	4500	190	2550	0.45	210	559	222	1123	2300	221
VS	6370	20	2600	0.07	250	∞	∞	∞	∞	∞
VR	7350	20	2700	0.25	269	∞	∞	∞	∞	508
VP	7870	30	2600	0.18	278	∞	∞	∞	∞	∞
VP	7870	35	900	0.20	278	∞	∞	∞	∞	∞
P	9200	50	1100	0.32	300	∞	∞	∞	∞	∞
P	9670	20	2600	0.14	308	∞	∞	∞	∞	∞
VA	13500	70	2700	0.075	364	∞	∞	∞	∞	∞

R: block range; *H*: altitude; ρ_P: block density; *d*: intermediate diameter of the largest block in the fallout bed; u_o: initial velocity; C_D: drag coefficient; Re: Reynolds number; *M*: Mach number; #: take-off angle (39–45° for small blocks, 60–67° for large blocks; Self et al., 1980); OH: Observatory Hill; PZ: Pozzelle quarry; VS: Villa Sora (Torre del Greco); VR: Villa Regina (Boscoreale); VP: Villa Poppea (Oplontis); P: Pompeii; VA: Villa Arianna (Stabiae); *h*: high drag coefficient; *l*: low drag coefficient.

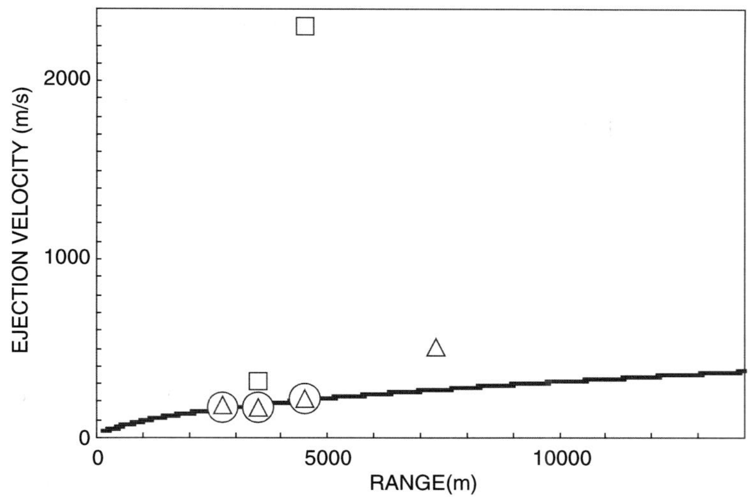

Fig. 5.10. Relationship between the ejection velocity and maximum range of ballistic blocks as calculated with Wilson's (1972) model by assuming that C_D is a function of Re and M. The curve represents the velocities calculated by the vacuum range equation, squares represent velocities calculated on the basis of cubic-shaped block shapes, circles represent spherical shapes, and triangles represent ogival shapes.

a result the pattern of the distribution of pyroclastic products around a volcano is more complex. The grain-size variation with the range is an evidence of particle–medium (atmosphere) interaction where the smaller particles are 'pushed' by the expanding gas.

Recent studies pertaining to the ballistic motions of volcanic blocks (Fagents and Wilson, 1993; Waitt et al., 1995) show that simple modeling of projectiles into still air can no longer be justified. Gas expansion, buoyancy, turbulence, and other processes of the surrounding medium can significantly influence particle motion and its range by reducing drag along the initial path of the trajectory and transporting material to large distances from the vent. To model these phenomena requires the development of more complete physical models of gas–particulate interaction processes and numerically solving a complex set of multi-dimensional partial differential equations (Dobran, 2001; Dobran and Ramos, 2006). The processes responsible for the ejection of blocks into the atmosphere influence the travel distances of small and large particles. These processes depend on the subsurface characteristics of the volcanic system and are poorly constrained (Dobran, 2001).

A model for vulcanian explosions was developed by Fagents and Wilson (1993) and applied to some recent and well-observed eruptions with known throw ranges and vent geometries (diameter and volume of the trapped, pressurized gas region prior to the explosion). This model, which is based on that of Wilson (1972) and taking into account the expansion of gas 25–150 m from the vent, reduces but does not eliminate the unreasonably high initial velocities calculated for smaller particles. The range of ballistics launched with several angles (i.e. several take-off points of the eruptive column) depends on the size of the gas region. Numerous images of explosions captured on film and photographs (Chouet et al., 1974; Blackburn et al., 1976; Blong, 1984) show finger-like projections of the column where in the wakes of large blocks trail clouds of smaller debris. These projectiles fall behind larger blocks or are ejected as aggregates with other blocks and are thus collectively subjected to the lower drag than imposed on each block separately. The degree to which this drag is reduced and the distance over which this process prevails are unknown.

Shock waves passing through the gas mixture above a volcanic vent (Turcotte et al., 1990; Dobran et al., 1993) can also affect the trajectories of ballistic blocks. These phenomena were first recognized by Perret (1924) during the explosive eruption of Vesuvius in 1906, and are supported by visual observations of shock waves accompanying several explosive eruptions (Steinberg and Steinberg, 1975; Nairn, 1976; Nairn and Self, 1978). According to Wilson (1980), such processes contribute to the flight of particles by reducing the air drag during the initial part of the trajectory and thus increasing their range. Fagents and Wilson (1993) included this effect in their ballistic analysis by considering that the blocks were ejected within an envelope of air whose velocity (initially the same as that of the blocks) decays exponentially with time at a lower rate.

Finger-like projections of the 79 A.D. eruption column could explain the presence of many small blocks within the 4 km range limit of large blocks ($b \approx 0.4$ m),

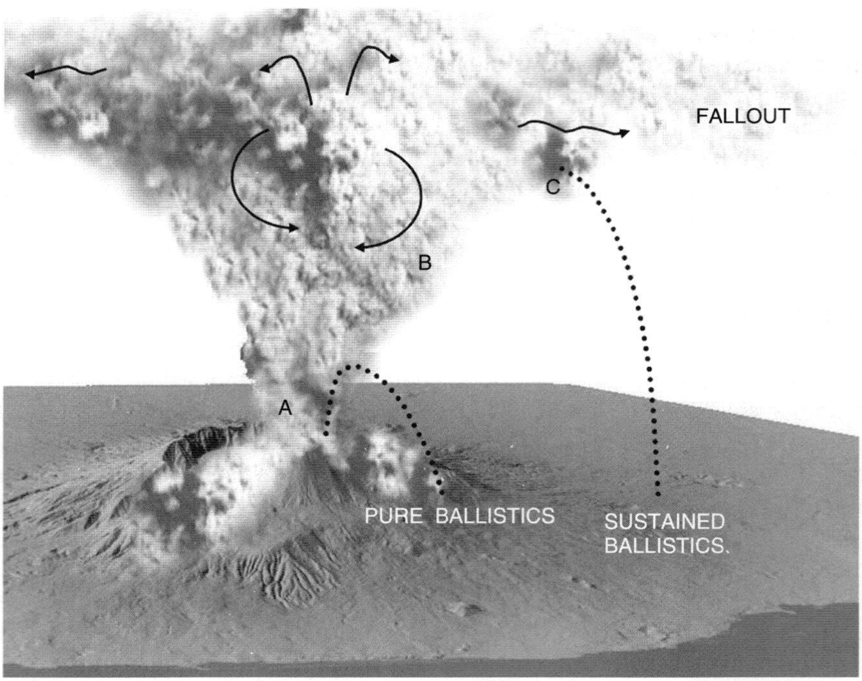

Fig. 5.11. Schematic representation of transport phenomena of ballistic clasts. A: Gas expansion region with small particulates, B: Take-off region of ballistic blocks, C: Finger-like projection of the eruptive column spreading into the surrounding medium and developing a gravity current.

whereas for major ranges (about 9 km) the convective uplift could explain the distribution of many small projectiles that lie on the outside of the fallout field of clasts that dropped from the eruption column as modeled by Carey and Sparks (1986). As the ballistic clasts rise through the eruption column, their motion is modified by the drag force from the main jet of the eruptive mixture and surrounding medium. Small dense clasts (about 0.2 m in diameter) which fall from the convective region of the column may decouple from the main flow as they pass through the shock wave and continue upward with high speeds with which they are ejected from the vent. These lithic clasts may be ejected from the column with speeds as high as 300–400 m/s or near the theoretically maximum speed limit. It is, therefore, reasonable to assume that this transport is not produced by the wind, but by another dynamic mechanism such as the lateral and vertical expansions of the eruption column.

As an eruptive mixture expands its bulk density decreases and the fine clasts ascend in the column, while the larger blocks follow ballistic trajectories and then settle on the ground farther away from the vent. In this case, the eruptive column develops an overhanging plume as suggested by Clarke et al. (2002) and predicted by earlier numerical simulations (Dobran et al., 1993). Our work suggests that during a plinian eruption the crater flow dynamics may lead to the dispersal of large clasts as pure ballistics and the transport of smaller ones (sustained ballistics) in a density current that spreads in the crosswind direction through the surrounding air (Fig. 5.11). Current analytical eruption models lack sufficient physics to explain the complexities of these phenomena, such as the effects of local wind shear at low altitudes and prevailing winds in the stratosphere, particle–particle collisions, breakup, and aggregation, and turbulent interactions between the dispersed and continuous phases. Such models are under development and will be employed for simulating the complete plinian eruption activity of Vesuvius (Dobran and Ramos, 2006).

5.5. CONCLUSION

Our study suggests a new explosive scenario for the eruption of Vesuvius in 79 A.D. and provides a more detailed description of the complex behavior of volcanic columns during plinian eruptions. The existence of blocks and lithic populations at the top of fall beds at distances exceeding 5 km from the vent can be associated with the finger-jet transport mechanism of particulates that operates within the eruptive column. This is different from the mechanism that is associated with a pure ballistic motion. During the eruption, many material fragments followed ballistic trajectories for many kilometres and landed in the form of a shower of different size particles.

The existing eruption models of explosive eruptions are incomplete since they do not describe the effects of local and stratospheric wind conditions on the distribution of pyroclasts. The ranges of smaller and less dense projectiles (i.e. those that are more vulnerable to gas motion) give only a rough idea of the complexity of the transport phenomena of the clasts. There is, therefore, a need to develop new eruption column models that describe the processes by which the motions of sustained small blocks become decoupled from the main flow. New physical and numerical models which include particle–particle and gas–particles interactions need to be developed for a more complete understanding of the dispersion and fall characteristics of volcanic products.

In addition to presenting new volcanological data pertaining to the ballistic motions of particles ejected from Vesuvius, we also call the attention to the volcanic hazard of such material and for a better definition of the risk that is associated with large particulate matter being ejected from the volcano.

REFERENCES

Allen, J.R.L., 1985. Principles of Physical Sedimentology. Allen & Unwin, London.

Barberi, F., Cioni, R., Rosi, M., Santacroce, R., Sbrana, A. and Vecci, R., 1989. Magmatic and phreatomagmatic phases in explosive eruptions of Vesuvius as deduced by grain-size and component analysis of the pyroclastic deposit. J. Volcanol. Geotherm. Res., 38: 287–307.

Bird, R.B., Stewart, W.E. and Lightfoot, E.N., 1960. Transport Phenomena. Wiley, New York.

Blackburn, E.A., Wilson, L. and Sparks, R.S.J., 1976. Mechanisms and dynamics of strombolian activity. J. Geol. Soc. Lond., 132: 429–440.

Blong, E.J., 1984. Volcanic Hazards. Academic Press, London.

Carey, S. and Sigurdsson, H., 1987. Temporal variations in column height and magma discharge rate during the 79 A.D. eruption of Vesuvius. Geol. Soc. Am. Bull., 99: 303–314.

Carey, S. and Sparks, R.S.J., 1986. Quantitative models of the fallout and dispersal of tephra from volcanic eruption columns. Bull. Volcanol., 48: 109–125.

Chouet, B., Hamisevicz, N. and McGetchin, T.R., 1974. Photoballistics of volcanic jet activity at Stromboli, Italy. J. Geophys. Res., 79: 4961–4976.

Cioni, R., Marianelli, P. and Sbrana, A., 1992. Dynamics of the A.D. 79 eruption: Stratigraphic, sedimentological and geochemical data on the successions from the Somma–Vesuvius southern and eastern sectors. Acta Vulcanol., 2: 109–123.

Clarke, A.B., Voight, B., Neri, A. and Macedonio, G., 2002. Transient dynamics of vulcanian explosions and column collapse. Nature, 415: 897–901.

Di Girolamo, P., 1963. La serie piroclastica dell'eruzione di Pompei, Ann. Osservatorio Vesuviano, V(Ser. IV): 1–69.

Di Girolamo, P., 1970. Rilevamento petrografico–stratigrafico lungo il margine SW del Vesuvio, Rend. Soc. It. Mineral. Petrol., Ser. XXVI: 77–108.

Dobran, F., 2001. Volcanic Processes: Mechanisms in Material Transport. Kluwer Academic/Plenum Publishers (Springer), New York.

Dobran, F., and Ramos, J.I., 2006. Global Volcanic Simulation: Physical Modeling, Numerics, and Computer Implementation. This volume (Chapter 7).

Dobran, F., Neri, A. and Macedonio, G., 1993. Numerical simulation of collapsing volcanic columns. J. Geophys. Res., 98: 4231–4259.
Fagents, S.A. and Wilson, L., 1993. Explosive volcanic eruptions - VII. The ranges of pyroclasts ejected in transient volcanic explosions. Geophys. J. R. Astr. Soc., 113: 359–370.
Fudali, R.F. and Melson, W.G., 1972. Ejecta velocities, magma chamber pressure and kinetic energy associated with the 1968 eruption of Arenal volcano. Bull. Volcanol., 35: 383–401.
Gigante, M., 1989. Il fungo sul Vesuvio secondo Plinio il Giovane. Luccarini, Roma.
Gorshkov, G.S., 1959. Gigantic eruption of the volcano Bezymianny. Bull. Volcanol., 20: 77–109.
Houghton, B.F. and Wilson, C.J.N., 1989. A vesicularity index for pyroclastic deposits. Bull. Volcanol., 51: 451–462.
Hughes, W.F. and Brighton, J.A., 1967. Fluid Dynamic. McGraw-Hill, New York.
Lacroix, A., 1908. Les derniers jours d'Herculaneum et de Pompei interprêtés à l'aide de quelques phénomenès récentes du volcanisme. La Géogr, 18: 282–296.
Lirer, L., and Pescatore, T., 1968. Studio sedimentologico delle piroclastici del Somma–Vesuvio, Rend. Acc. Sc. Fis. Mat. [Soc. Naz. Sci. Lettere ed Arti Napoli], 2VII(Ser. III): 139–187.
Lirer, L., Pescatore, T., Both, B. and Walker, G.P.L., 1973. Two plinian pumice-fall deposits from Somma–Vesuvius, Italy. Geol. Soc. Am. Bull., 84: 759–772.
Lorenz, V., 1970. Some aspects of the eruption mechanism of the Big Hole Maar, Central Oregon. Geol. Soc. Am. Bull., 81: 1823–1830.
Luongo, G., 1997. Mons Vesuvius. Stagioni d'Italia, Napoli.
Mastin, L.G., 1991. The roles of magma and groundwater in the phreatic eruptions at Inyo Craters, Long Valley Caldera, California. Bull. Volcanol., 53: 579–596.
Mastin, L.G., 1995. Thermodynamics of gas and steam-blast eruptions. Bull. Volcanol., 57: 85–98.
McGetchin, T.R. and Ullrich, G.W., 1973. Xenoliths in maars and diatremes with inferences for the Moon, Mars, and Venus. J. Geophys. Res., 78: 1833–1853.
Minakami, T., 1942a. On the distribution of volcanic ejecta (Part I). The distributions of volcanic bombs ejected by the recent explosions of Asama. Bull. Earthq. Res. Inst. Tokyo, 20: 65–91.
Minakami, T., 1942b. On the distribution of volcanic ejecta (Part II). The distributions of Mt. Asama pumice in 1783. Bull. Earthq. Res. Inst. Tokyo, 20: 92–106.
Nairn, I.A., 1976. Atmospheric shock waves and condensation clouds from Ngauruhoe explosive eruptions. Nature, 259: 190–192.
Nairn, I.A. and Self, S., 1978. Explosive eruptions and pyroclastic avalanches from Ngauruhoe in February 1975. J. Volcanol. Geotherm. Res., 3: 39–60.
Perret, F.A., 1924. The Vesuvius eruption of 1906: Study of a volcanic cycle. Carnegie Institute. Publ. 339, Washington, DC.

Reyneck, H.E. and Singh, I.B., 1980. Depositional Sedimentary Environments. Springer-Verlag (Springer), New York.

Rittmann, A., 1950. L'eruzione vesuviana del 79 D.C.: studio magmatologico e vulcanologico. Pompeiana, raccolta di studi per il II centenario degli scavi di Pompei, pp. 456–474.

Robertson, R., Cole, P., Sparks, R.S.J., Harford, C., Lejeune, A.M., McGuire, W.J., Murphy, M.D., Norton, G., Stevens, N.F. and Young, S.R., 1998. The esplosive eruption of Soufriere Hills Volcano, Montserrat, West Indies, 17 September, 1996. Geophys. Res. Lett., 25: 3429–3432.

Scandone, R. and Giacomelli, L., 2001. The low bowling of magma chambers and the dynamics of explosive eruptions. J. Volcanol. Geotherm. Res., 110: 121–136.

Self, S., Kienle, J. and Huot, J.P., 1980. Ukinrek Maars, Alaska, II. Deposits and formation of the 1977 Craters. J. Volcanol. Geotherm. Res., 7: 39–65.

Self, S., Sparks, R.S.J., Booth, B. and Walker, G.P.L., 1974. The 1973 Heimaey strombolian scoria deposit, Iceland. Geol. Mag., 114: 539–548.

Sheridan, M.F., Barberi, F., Rosi, M. and Santacroce, R., 1981. A model for Plinian eruption of Vesuvius. Nature, 289: 282–285.

Sherwood, A.E., 1967. Effect of air drag on particles ejected during explosive cratering. J. Geophys. Res., 72: 1783–1791.

Sigurdsson, H., Cashdollar, S. and Sparks, R.S.J., 1982. The eruption of Vesuvius in A.D. 79: Reconstruction from historical and volcanological evidence. Am. J. Archaeol., 86: 39–51.

Sigurdsson, H., Carey, S., Cornell, W. and Pescatore, T., 1985. The eruption of Vesuvius in A.D. 79. Nat. Geogr. Res., 1: 332–387.

Sigurdsson, H., Cornell, W. and Carey, S., 1990. Influence of magma withdrawal on compositional gradients during the A.D. 79 Vesuvius eruption. Nature, 345: 519–521.

Sparks, R.S.J., 1986. The dimensions and dynamics of volcanic eruption columns. Bull. Volcanol., 48: 3–15.

Sparks, R.S.J., Bursik, M.I., Carey, S.N., Gilbert, J.S., Glaze, L., Sigurdsson, H. and Woods, A.W., 1997. Volcanic Plumes. Wiley, New York.

Steinberg, G.S., 1976. On determination of the energy and depth of volcanic explosions. Bull. Volcanol., 40: 116–120.

Steinberg, G.S. and Lorenz, V., 1983. External ballistics of volcanic explosions. Bull. Volcanol., 46: 333–348.

Steinberg, G.S. and Steinberg, A.S., 1975. On possible causes of volcanic tremor. J. Geophys. Res., 80: 1600–1604.

Turcotte, D.L., Ockendon, H., Ockendon, J.R. and Cowley, S.J., 1990. A mathematical model of vulcanian eruptions. Geophys. J. Int., 103: 211–217.

Waitt, R.B., Mastin, L.G., Miller, T.P., 1995. Ballistic showers during Crater Peak eruptions of Mount Spurr Volcano, Summer 1992. In: T.E.C. Keith (Ed.), The 1992 Eruptions of Crater Peak Vent, Mount Spurr Volcano Alaska. US Geological Bulletin 2139, Washington, DC, pp. 89–106.

Walker, G.P.L., Wilson, L. and Bowell, E.L.G., 1971. Explosive volcanic eruptions - I. The Rate of fall of pyroclasts. Geophys. J. R. Astr. Soc., 22: 377–383.

Wilson, L., 1972. Explosive volcanic eruptions - II. The atmospheric trajectories of pyroclasts. Geophys. J. R. Astr. Soc., 30: 381–392.

Wilson, L., 1976. Explosive volcanic eruptions - III. Plinian eruption columns. Geophys. J. R. Astr. Soc., 45: 543–556.

Wilson, L., 1980. Relationship between pressure, volatile content and ejecta velocity in three types of volcanic explosions. J. Volcanol. Geotherm. Res., 8: 297–313.

Wilson, L. and Huang, T.C., 1979. The influence of shape on the atmospheric settling velocity of volcanic ash particles. Earth Planet. Sci. Lett., 44: 311–324.

Wilson, L., Sparks, R.S.J. and Walker, G.P.L., 1980. Explosive volcanic eruptions - IV. The control of magma properties and conduit geometry on eruption columns behaviour. Geophys. J. R. Astr. Soc., 63: 117–148.

Yokoyama, I., De La Cruz-Reyna, S. and Espindola, J.M., 1992. Energy partition in the 1982 eruption of El Chichon volcano, Chiapas Mexico. J. Volcanol. Geotherm. Res., 51: 1–21.

Vesuvius
F. Dobran (Editor)

Chapter 6

Shear-Wave Velocity Models and Seismic Sources in Campanian Volcanic Areas: Vesuvius and Phlegraean Fields

M. Guidarelli, A. Zille, A. Saraò, M. Natale, C. Nunziata and G.F. Panza

ABSTRACT

This chapter summarizes a comparative study of shear-wave velocity models and seismic sources in the Campanian volcanic areas of Vesuvius and Phlegraean Fields. These velocity models were obtained through the nonlinear inversion of surface-wave tomography data, using as *a priori* constraints the relevant information available in the literature. Local group velocity data were obtained by means of the frequency–time analysis for the time period between 0.3 and 2 s and were combined with the group velocity data for the time period between 10 and 35 s from the regional events located in the Italian peninsula and bordering areas and two station phase velocity data corresponding to the time period between 25 and 100 s. In order to invert Rayleigh wave dispersion curves, we applied the nonlinear inversion method called hedgehog and retrieved average models for the first 30–35 km of the lithosphere, with the lower part of the upper mantle being kept fixed on the basis of existing regional models.

A feature that is common to the two volcanic areas is a low shear velocity layer which is centered at the depth of about 10 km, while on the outside of the cone and along a path in the northeastern part of the Vesuvius area this layer is absent. This low velocity can be associated with the presence of partial melting and, therefore, may represent a quite diffused crustal magma reservoir which is fed by a deeper one that is regional in character and located in the uppermost mantle. The study of seismic source in terms of the moment tensor is suitable for an investigation of physical processes within a volcano; indeed, its components, double couple, compensated linear vector dipole, and volumetric, can be related to the movements of magma and fluids within the volcanic system. Although for many recent earthquake events the percentage of double couple component is high, our results also show the presence of significant non-double couple components in both volcanic areas.

RIASSUNTO

Questo capitolo riassume uno studio comparativo sui modelli di velocità delle onde di taglio e sulle sorgenti sismiche nelle aree vulcaniche Campane del Vesuvio e dei Campi Flegrei. I modelli di velocità sono stati ottenuti mediante inversione non lineare di dati da tomografia con onde di superficie, utilizzando informazioni disponibili in letteratura quali vincoli *a priori*. Le velocità di gruppo locali, nell'intervallo di periodo tra 0.3 e 2 s, sono state ottenute grazie alla *frequency–time analysis* e successivamente sono state associate a velocità di gruppo a periodi tra 10 e 35 s, ricavate da eventi regionali nella penisola italiana e nelle aree circostanti, e a velocità di fase da due stazioni relative a periodi tra 25 e 100 s. Per invertire le curve di dispersione delle onde di Rayleigh abbiamo applicato il metodo di inversione non lineare chiamato *hedgehog*, ottenendo così dei modelli medi per i primi 30–35 km della litosfera, in cui la parte inferiore del mantello superiore era stata fissata sulla base di modelli regionali già esistenti.

La caratteristica che accomuna le due aree vulcaniche è la presenza di uno strato a bassa velocità V_s centrato ad una profondità di circa 10 km, strato assente al di fuori del cono vulcanico e lungo un percorso nella parte nord-orientale dell'area vesuviana. Questo strato a bassa velocità può essere legato al verificarsi di fusione parziale e, pertanto, può costituire un serbatoio magmatico diffuso, alimentato da uno più profondo a carattere regionale e localizzato nel mantello superiore. Lo studio della sorgente sismica in termini di tensore momento è appropriato per lo studio dei processi fisici in atto nei vulcani; infatti, le sue componenti, doppia coppia, dipolo vettore lineare compensato, e volumetrica, possono essere correlate al movimento del magma e dei fluidi all'interno del sistema vulcanico. Sebbene per molti degli eventi recenti la percentuale della componente doppia coppia sia elevata, i nostri risultati mostrano la presenza componenti non-doppia coppia significative in entrambe le aree vulcaniche.

6.1. INTRODUCTION

The Campanian region is characterized by the presence of different volcanic areas; among these are the volcanoes Vesuvius and Phlegraean Fields (Fig. 6.1a). Mt. Vesuvius is an active volcano that is famous for its large plinian eruption which occurred in 79 A.D. It is one of the volcanoes with the highest risk from future eruptions, because of the intense urbanization around it and on its slopes. Mt. Vesuvius formed inside the older stratovolcano Somma with an age of about 400 ky (Brocchini et al., 2001) and is characterized by long periods of quiescence which are interrupted by plinian or subplinian eruptions and by the periods of strombolian activity that are frequently interrupted by violent explosive–effusive eruptions (Santacroce, 1987; Santacroce et al., 1994). After several centuries of quiescence, its recent period of persistent volcanism started after the subplinian eruption in 1631 and, with few interruptions, lasted until 1944 (Rolandi et al., 1993; Rosi et al., 1993). Since 1944, the volcano has been quiescent and producing only moderate seismicity and fumarolic emissions.

Recently, several studies have contributed to the understanding of the internal structure of Mt. Vesuvius. Its shallow structure corresponding to the depth

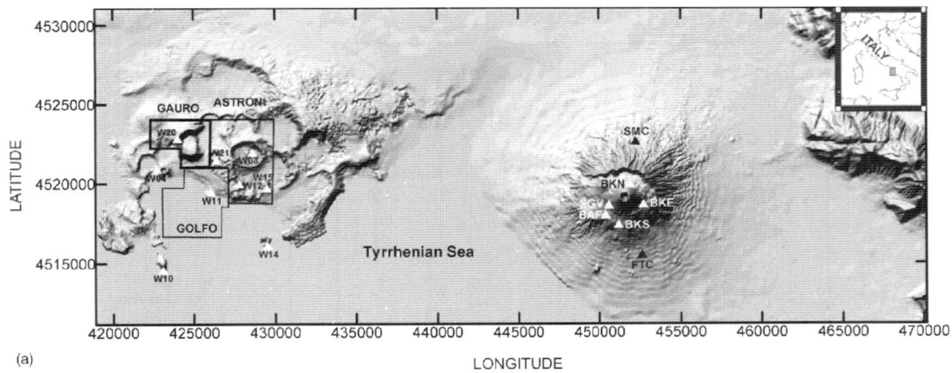

Fig. 6.1. (a) Map of Phlegraean Fields and Vesuvius volcanic areas (modified after Vilardo et al., 2001), with the location of seismic stations. (b) and (c) Models obtained after nonlinear inversion: The whole set of solutions (thin lines), the explored part of the parameter space (gray area), and the selected solution (thick line) are shown for Phlegraean Fields (b) and representative stations at Vesuvius (c). CONE is the average structural model for the stations on the cone, reported as white triangles (BKN, BAF, BKS, BKE, SGV).

of 3–4 km has been analysed in the framework of the project TOMOVES (Zollo et al., 1996; De Natale et al., 1998, 2004). First results from active experiments (Zollo et al., 1996; De Natale et al., 1998) identified a central, high seismic velocity, anomaly around the crater axis of the volcano at a shallow depth. In general, the shallow geological structure of Mt. Vesuvius is characterized by a strong velocity heterogeneity and several studies suggest the absence of a shallow magma chamber in the first 5 km below the sea level (De Natale et al., 1998; Scarpa et al., 2002). At the depths greater than 5 km, however, Civetta et al. (2004) suggest the presence of a magmatic reservoir at about 8 km and extending discontinuously down to 20 km. Using P-wave travel times, De Gori et al. (2001) found a low-velocity region beneath Vesuvius and related this velocity to the presence of a magmatic reservoir in the lower crust underneath the volcano.

The Phlegraean Fields' volcanic complex includes the volcanic islands of Ischia and Procida and some submarine vents in the northwestern Bay of Naples. This is a complex area which is located some 15 km to the west of Naples and dominated by a caldera whose origin is related to the eruption of the Campanian Ignimbrite some 37 000 years B.P. and to the eruption of the Neapolitan Yellow Tuff some 12 000 years B.P. (Orsi et al., 1996). The area has been affected by many episodes of a volcanism, seismicity, ground uplift, and subsidence (De Natale et al., 1991), and historically is well documented for the last 2000 years. Two episodes of bradyseism took place in 1970–1972 and 1984–1984, when the ground uplift in the central Pozzuoli area reached 70 and 185 cm, respectively. Since January 1985, the area has been slowly deflating (30 cm by the end of 1986) and the seismicity has remained at very low levels until July 2000.

Several studies have been carried out on the seismicity of Phlegraean Fields corresponding to the unrest period 1984–1986 (De Natale and Zollo, 1986), and several

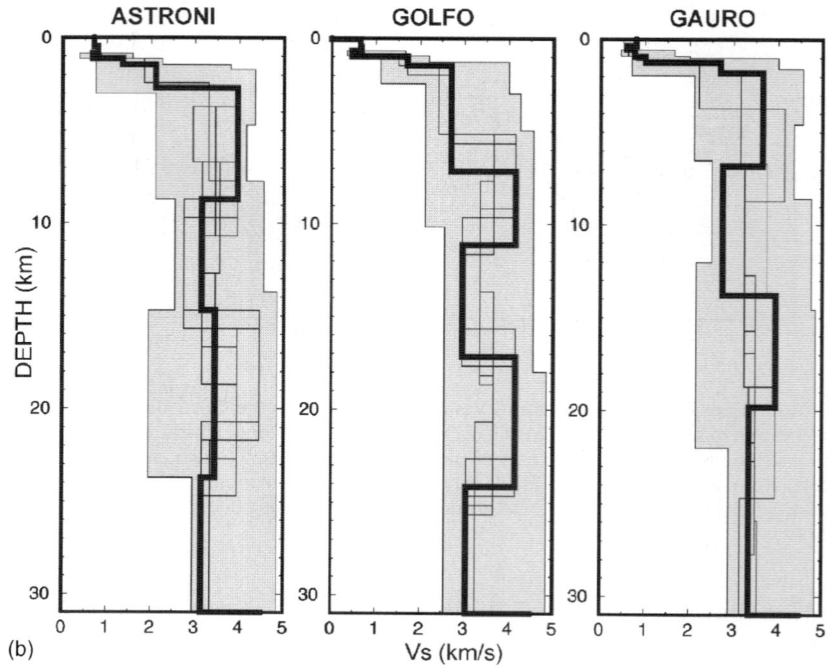

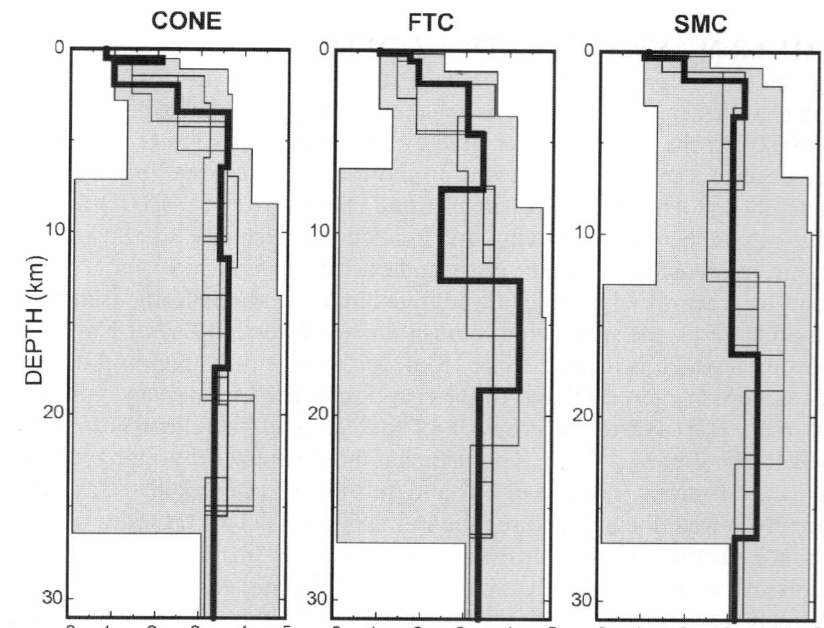

Fig.6.1. continued

models of the area have been proposed in the past decade. Ferrucci et al. (1989) investigated the crustal structure of the Campanian area from DSS experiment. They found a very rough topography of the crust–mantle interface across the Campanian area of quaternary volcanism and the least crustal thickness of about 25 km under Phlegraean Fields. Details about the shallow crust (4 km) in the Bays of Naples and Pozzuoli were obtained by Finetti and Morelli (1974) by means of a seismic reflection exploration and by Mirabile et al. (1989) with a multichannel reflection seismic survey. Aster and Meyer (1988, 1989) used P- and S-wave pick times and proposed a three-dimensional model for the velocity structure in the Phlegraean Fields caldera. This model has been widely adapted for several studies in the area. Recently, Zollo et al. (2003) found no evidence of magma bodies underneath the caldera down to the depths of 4–5 km.

The internal structure of a volcanic area together with the analysis of earthquake mechanisms are very important for improving our knowledge of the dynamics of a volcano and, therefore, instrumental for further studies that aim to improve the definition of pre-eruptive and eruptive scenarios. We present below new structural models for Phlegraean Fields up to the depths of about 30 km. The results from these models are then compared to the analogous models obtained for Mt. Vesuvius by Natale et al. (2005). The concluding part of our study is devoted to a comparison between the main features of earthquake sources obtained with the full seismic moment tensor inversion, both at Phlegraean Fields and Vesuvius.

6.2. SHEAR-WAVE VELOCITY MODELS

In the period between January 1983 and September 1984 more than 10 000 events were recorded at Phlegraean Fields as a consequence of the last bradyseism episode. A selection of these events, with local magnitudes between 0.1 and 4.2 (Del Pezzo et al., 1987), has been analysed by Guidarelli et al. (2002) to obtain Rayleigh wave group velocities and tomographical maps for the Phlegraean Fields area, using the surface-wave tomography method of Ditmar and Yanovskaya (1987) and Yanovskaya and Ditmar (1990). The regionalized dispersion curves obtained from tomography were inverted to retrieve shear-wave velocity models for the uppermost part of the crust.

On the regional scale, Panza et al. (2003) proposed new structural models for the lithosphere/asthenosphere system (elastic properties and thickness of the crust, lid, and asthenosphere) for $1^\circ \times 1^\circ$ cells in the Calabrian Arc and adjacent seas. They produced these models through the nonlinear inversion of cellular dispersion data which were obtained from surface-wave tomography by using as *a priori* and independent information the seismic constraints derived from previous studies. Each cell is characterized by average dispersion curves of group velocity in the period range 10–35 s and of phase velocity in the period range 25–100 s. The cellular dispersion relations which correspond to the Neapolitan volcanic area and used by Panza et al. (2003) to perform the nonlinear inversion with the hedgehog method (Valyus et al., 1969; Knopoff, 1972; Valyus, 1972; Panza, 1981) are reported in Table 6.1.

Table 6.1. Group (*U*) and phase (*C*) mean velocity data (km/s) with their single-point error and root mean square, for each of the three regions outlined in the Phlegraean Fields area (ASTRONI, GOLFO, GAURO).

Period (s)	ASTRONI				GOLFO				GAURO			
	U	ρ_g	C	ρ_{ph}	U	ρ_g	C	ρ_{ph}	U	ρ_g	C	ρ_{ph}
0.3	0.69	0.05			0.69	0.09			0.87	0.08		
1	0.83	0.07			0.92	0.07			0.98	0.08		
2	0.79	0.09			0.91	0.08			0.93	0.07		
10	2.36	0.20			2.36	0.20			2.36	0.12		
15	2.45	0.17			2.45	0.17			2.45	0.11		
20	2.63	0.15			2.63	0.15			2.63	0.09		
25	2.76	0.15	3.64	0.11	2.76	0.15	3.64	0.11	2.76	0.10	3.64	0.11
30	3.06	0.16	3.69	0.09	3.06	0.16	3.69	0.09	3.06	0.11	3.69	0.09
35	3.20	0.32	3.73	0.08	3.20	0.32	3.73	0.08	3.20	0.16	3.73	0.08
50			3.85	0.06			3.85	0.06			3.85	0.06
80			3.94	0.06			3.94	0.06			3.94	0.06
100			3.98	0.06			3.98	0.06			3.98	0.06
Root mean square		0.09		0.055		0.09		0.055		0.09		0.055

Gray area: Group (*U*) and phase (*C*) mean velocity data with their single-point error (ρ_g, ρ_{ph}) and root mean square for the Campanian region. From Panza et al. (2003).

In order to obtain a better insight into the uppermost crustal structure of the Phlegraean Fields area, we merged the group velocity data of short period as obtained by Guidarelli et al. (2002) with the cellular dispersion data for the whole Neapolitan volcanic region (Table 6.1). In this way, it is possible to extend the structural models for the three regions, as outlined by Guidarelli et al. (2002) for the Phlegraean Fields area (Fig. 6.1b), down to the depths of few tens of kilometres. We employed the surface-wave data reported in Table 6.1 to retrieve, through the non-linear inversion (Valyus et al., 1969; Knopoff, 1972; Valyus, 1972; Panza, 1981), the average structural models of the uppermost 30 km.

According to this procedure, the structure is modeled as a stack of N homogeneous isotropic layers, with each layer being defined by the compressional velocity V_p, shear velocity V_s, density, and thickness h. Each modeling parameter can be fixed (the parameter is held constant during the inversion according to independent geophysical evidences), independent (the parameter is variable and can be well resolved by the data), or dependent (the parameter has a fixed relationship with an independent parameter). The parameterization of the structure to be inverted was chosen by taking into account the resolving power of the data (Panza, 1981) and *a priori* available information from independent geophysical studies. Here we inverted for 12 parameters in each region, with the uppermost layers being fixed according to the results of Guidarelli et al. (2002) and the layers below 31 km being fixed according to the solution proposed by Panza et al. (2003). The parameterization used for each of the three regions is given in Table 6.2.

Table 6.2. Parameterization used in the nonlinear inversion of dispersion data.

ASTRONI			GOLFO			GAURO		
h (km)	V_s (km/s)	V_p (km/s)	h (km)	V_s (km/s)	V_p (km/s)	h (km)	V_s (km/s)	V_p (km/s)
			0.05	0.00	1.52			
0.46	0.71	1.27	0.41	0.64	1.18	0.34	0.79	1.36
0.37	0.80	1.43	0.21	0.67	1.24	0.22	0.57	0.98
0.30	P6	P6 × 1.785	0.27	P6	P6 × 1.85	0.35	P6	P6 × 1.72
P1	P7	P7 × 1.785	P1	P7	P7 × 1.85	P1	P7	P7 × 1.72
P2	P8	P8 × 1.785	P2	P8	P8 × 1.85	P2	P8	P8 × 1.72
P3	P9	P9 × 1.785	P3	P9	P9 × 1.85	P3	P9	P9 × 1.72
P4	P10	P10 × 1.785	P4	P10	P10 × 1.85	P4	P10	P10 × 1.72
P5	P11	P11 × 1.785	P5	P11	P11 × 1.85	P5	P11	P11 × 1.72
10	P12	P12 × 1.785	10	P12	P12 × 1.85	10	P12	P12 × 1.72
h (km)	Step (km)	Range (km)	h (km)	Step (km)	Range (km)	h (km)	Step (km)	Range (km)
P1	1	0.3–1.3	P1	0.5	0.3–1.5	P1	1	0.3–1.3
P2	2	0.3–5.3	P2	2	0.8–7.8	P2	2	0.5–4.6
P3	3	1–7	P3	2	2–8	P3	3	2–6
P4	3	4–10	P4	3	3–10	P4	3	4–10
P5	3	4–10	P5	3	4–10	P5	3	6–10
V_s (km/s)	Step (km/s)	Range (km/s)	V_s (km/s)	Step (km/s)	Range (km/s)	V_s (km/s)	Step (km/s)	Range (km/s
P6	0.20	0.40–1.50	P6	0.10	0.40–1.70	P6	0.15	0.50–1.70
P7	0.50	0.80–2.30	P7	0.20	1.00–2.20	P7	0.20	0.70–2.00
P8	0.60	2.10–3.80	P8	0.30	1.90–4.00	P8	0.50	2.10–4.00
P9	0.50	2.80–4.40	P9	0.50	2.80–4.20	P9	0.50	2.70–4.50
P10	0.40	2.00–4.20	P10	0.40	2.30–4.20	P10	0.50	2.20–4.20
P11	0.50	3.20–4.60	P11	0.50	3.20–4.60	P11	0.45	3.20–4.60
P12	0.20	3.00–4.80	P12	0.20	3.00–4.80	P12	0.20	3.00–4.80

Gray area: h (thickness), V_s and V_p of each layer. The variable parameters are Pi, with $i = 1, \ldots, 5$ for thickness, and $i = 6, \ldots, 12$ for V_s. *White area*: Step anc variability range for each parameter Pi. The inverted velocities have as a rule the second decimal value rounded to 0 or 5.

The resulting structural models are reported in Fig. 6.1b. In each frame the set of solutions (thin lines) for V_s versus depth, the explored part of the parameters space (gray area), and the chosen solution (thick line) are shown. To reduce the effects of the projection of possible systematic errors into the inverted model, the root mean square (r.m.s.) of the selected solution was chosen as close as possible to the average r.m.s. computed from all the solutions. In Table 6.3 we report the range of variability of the parameters *h* (thickness) and V_s for each layer of the chosen solution. The chosen solution for the region called ASTRONI shows that in the upper crust V_s is in the range 3.7–4.2 km/s down to 9 km depth, while a low-velocity layer (2.95–3.35 km/s) extends down to the depth of 15 km. An analogous feature characterizes the structural model in the GAURO region where a low-velocity layer ($2.50 \leqslant V_s \leqslant 3.00$ km/s) extends from 7–14 km depth. The top of this low-velocity layer ($2.75 \leqslant V_s \leqslant 3.15$ km/s) is deeper in the GOLFO region (11 km) and extends to the depth of 17 km. Below the low-velocity zone, V_s increases again and is above 4.0 km/s within GAURO and GOLFO regions, while this increase is less pronounced for ASTRONI. Our solutions show no evidence in the uppermost crust for magma bodies underneath the Phlegraean Fields caldera, in accordance with the results of Zollo et al. (2003). By comparing shear-wave velocities from this study at Phlegraean Fields with those of ultrasonic measurements on core samples from geothermal wells (Zamora et al., 1994) and P- and S-wave pick times inversion (Aster and Meyer, 1988, 1989; Fig. 6.2) shows that there is an agreement of these studies within the first 4–5 km depth, and especially in the depth range from 1.5–2.5 km.

Table 6.3. Range of variability of the parameters *h* and V_s for each layer of the chosen solution.

ASTRONI		GOLFO		GAURO	
h (km)	V_s (km/s)	*h* (km)	V_s (km/s)	*h* (km)	V_s (km/s)
		1.5	0.00		
0.46	0.71	0.41	0.64	0.34	0.79
0.37	0.80	0.21	0.67	0.22	0.57
0.30	0.6–0.8	0.27	0.4–0.5	0.35	0.70–0.85
0.3–0.8	1.1–1.6	0.3–0.8	1.6–1.8	0.3–0.4	0.9–1.1
0.3–2.7	2.1–2.4	4.7–6.7	2.55–2.85	0.6–1.6	2.45–2.95
4.5–7.0	3.7–4.2	3–5	3.9–4.25	4–6	3.4–3.9
4.5–7.5	2.95–3.35	4.5–7.5	2.75–3.15	5.5–8.5	2.5–3.0
7.5–10	3.25–3.7	6–8.5	3.9–4.4	6–7.5	3.7–4.1
*	3.05–3.25	*	3.05–3.15	*	3.25–3.45
105	4.50	105	4.50	105	4.50

In the table, the inverted quantities are rounded off to 0.05 km/s. The chosen solution does not necessarily fall in the center of the range that can be smaller than the step used in the inversion. The thickness marked by * is not a truly inverted parameter, but it satisfies the condition that the total thickness from the free surface to the top of the fixed upper mantle is equal to a predefined quantity *H*. In this study $H = 31$ km. The structure deeper than *H* is the same for all the three regions and it has been fixed according to Panza et al. (2003).

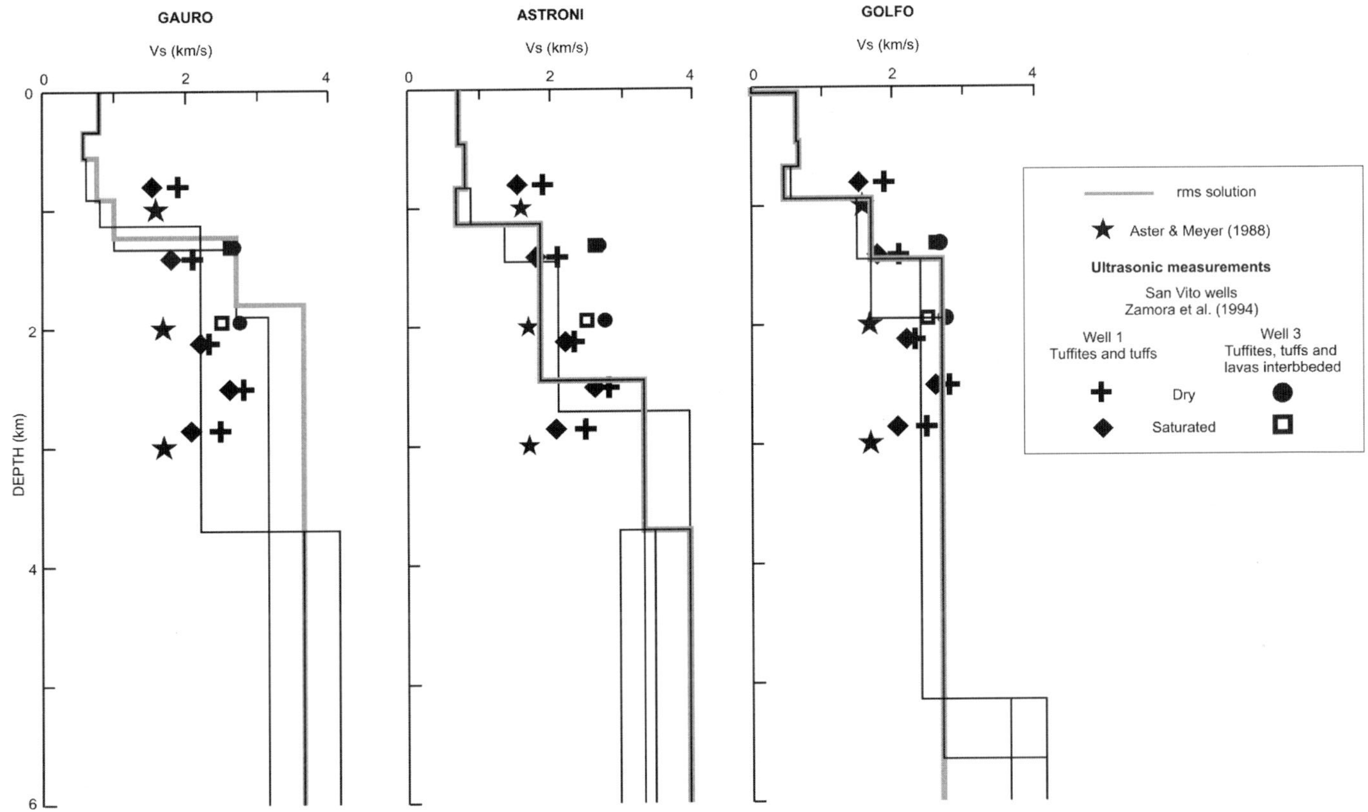

Fig. 6.2. Comparison between the structural models for Phlegraean Fields (this study) and ultrasonic measurements of V_s on core specimens from S. Vito geothermal wells (Zamora et al., 1994).

Since a similar inversion procedure was used by Natale et al. (2005) for Mt. Vesuvius, it is easy to compare the structural models obtained for the Phlegraean Fields with the same representative models obtained for the Vesuvius area (Fig. 6.1c). In particular, the CONE models are obtained from the inversion of the average of the dispersion curves extracted at all stations on the cone, BKS, BKN, BKE, BAF, and SGV (Fig. 6.1a). All structural models at Phlegraean Fields and Vesuvius show a low-velocity layer (2.75–3.35 km/s) which is located at the depth of about 10 km, and a second one which is located at the depths between 20 and 25 km (Fig. 6.1b, c).

6.3. SEISMIC SOURCE STUDIES IN THE CAMPANIAN VOLCANIC AREA

6.3.1. *Moment tensor waveform inversion*

A reliable estimation of the seismic source moment tensor in a volcanic area is difficult because of the presence of noise and local heterogeneities in the shallow part of the crust. This can produce significant distortions of signals issuing from the source. The method INPAR (INdirect PARameterization) that we employ has the capacity to determine the moment tensor from the coherent part of the signals and it is, therefore, suitable to be applied for source studies in complex areas. INPAR was developed by Šílený and Panza (1991), Šílený et al. (1992), and Šílený (1998), and it has been successfully applied to the study of seismicity in volcanic and tectonic environments. The limits and possibilities of this approach have been proved and discussed in several papers (Šílený et al., 1996; Panza and Saraò, 2000; Saraò et al., 2001) and its solutions have been found to be robust if the noise in the data is maintained below 20% of the maximum amplitude (Šílený et al., 1996). With this method, the main features of the source process are retrieved even with a rough knowledge of the structural model.

Synthetic tests (Kravanja et al., 1999) have proved how the modeling inconsistencies due to wave propagation effects or inadequate structural model can be turned into a large spurious compensated linear vector dipole (CLVD) component, and how by applying an error analysis it is possible to discriminate between spurious non-double couple (DC) and physically meaningful solutions (Panza and Saraò, 2000). The method works in the point source approximation and consists of two main steps. In the *first step* (linear), the six-moment rate functions (MTRFs) are obtained by deconvolution from the data of the base functions, which are computed by the modal summation technique (Panza, 1985; Florsch et al., 1991; Panza et al., 2000). With the retrieved MTRFs, the synthetic seismograms are computed and compared with the observed ones and the L_2 norm of their residuals is minimized by an iterative process that determines the minimum corresponding to the best MTRFs that can be considered as a solution of the first step. In the *second step* (nonlinear), the retrieved MTRFs, which describe a seismic source whose mechanism varies in time, are reduced by taking only their correlated part to a constant moment tensor and the corresponding source time function. This is the strong point of INPAR method, because by taking only the coherent part of MTRFs reduces the influence on the solutions of non-modeled structural heterogeneities and of scattering. The problem is nonlinear and is solved by the generic algorithm that imposes such constraints as positivity of the source time function and consistency with good quality polarities.

The moment tensor is decomposed into the volumetric (V) part representing volume changes, CLVD part that is related to lenticular crack activation accompanied by possible fluid motion, and DC part due to dislocation movements. The reliability of the components is checked through an error analysis that takes into account the variance due to the noise in the available records and to an improper modeling of Green's functions.

6.3.2. Vesuvius' intense seismicity episode (1999–2000)

In this section, we present the results of the full moment tensor inversions performed for 28 selected earthquakes corresponding to the 1999–2000 Vesuvian seismicity episode (Fig. 6.3). This episode is the most energetic that occurred during the

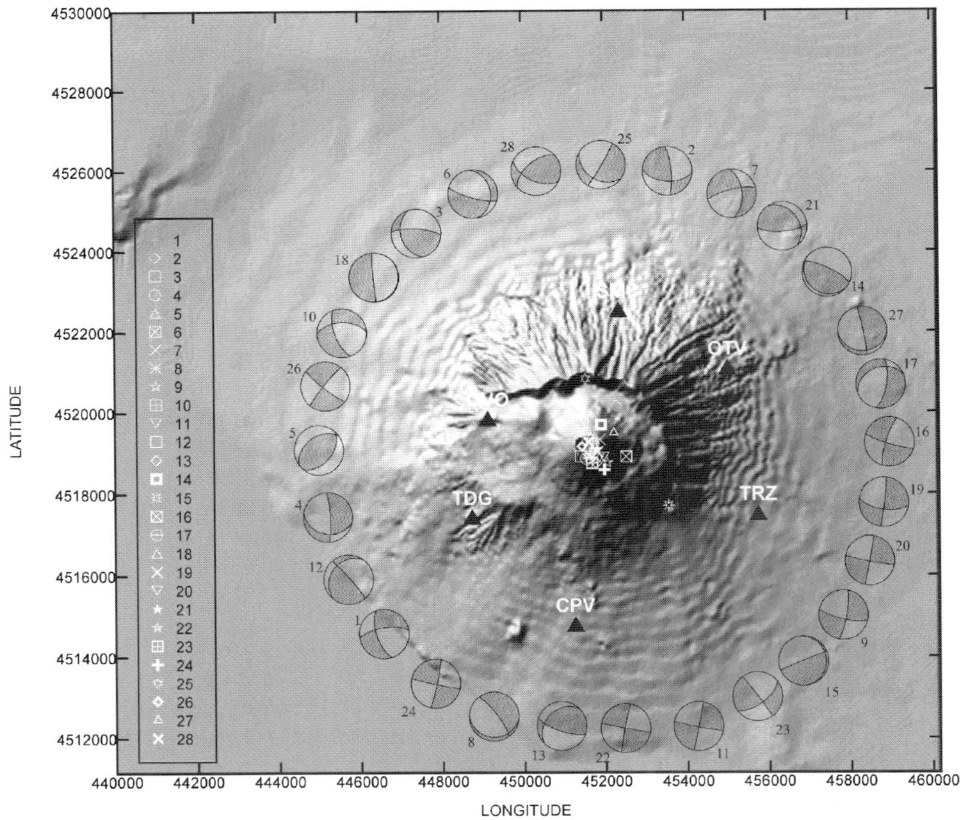

Fig. 6.3. Map with the focal mechanisms obtained in this study at Mt. Vesuvius (modified after Vilardo et al., 2001). The focal mechanisms are distributed on the map according to their location with respect to the crater axis.

past 25 years, with the most energetic event occurring on 9 October 1999 (duration magnitude, $M_d = 3.6$). The earthquake data were recorded by the permanent seismic network of *Osservatorio Vesuviano* and are fully described in Castellano et al. (2001).

Before proceeding to the analysis of the real data, we performed several synthetic tests in order to estimate possible artefacts in the solutions due to numerical noise or station configuration. Panza and Saraò (2000) outlined the importance of this pre-processing and showed that a spurious non-DC component can appear in the solution from improper station configuration or due to the numerical and ambient noise. Through synthetic tests we proved that for a given station configuration the amount of spurious components can be as large as 2.5% for V, while it is negligible for CLVD. To increase the stability of the solutions we reduced the number of unknowns, fixed the epicentre or the best-constrained parameter by HYPOELLIPSE software, and inverted for the hypocentral depth and six components of the moment tensor. From the seismicity from August 1999 to September 2000, we

Table 6.4. Focal parameters of the Vesuvian earthquakes selected for moment tensor studies.

Event number	Date	Origin time	Latitude	Longitude
1	23/08/99	00 35 15.47	40.8170	14.4170
2	09/10/99	07 41 05.78	40.8310	14.4340
3	11/10/99	04 35 05.29	40.8250	14.4260
4	03/11/99	05 07 26.21	40.8193	14.4251
5	05/11/99	05 55 21.19	40.8219	14.4261
6	05/11/99	07 01 20.47	40.8272	14.4242
7	07/11/99	13 05 27.33	40.8235	14.4293
8	09/11/99	08 28 18.32	40.8190	14.4274
9	10/11/99	20 14 28.61	40.8184	14.4315
10	12/11/99	01 12 54.98	40.8234	14.4256
11	12/11/99	08 11 26.77	40.8193	14.4289
12	21/11/99	11 59 27.92	40.8198	14.4236
13	24/11/99	09 08 19.97	40.8183	14.4283
14	24/11/99	10 58 53.84	40.8268	14.4296
15	24/11/99	11 03 25.80	40.8091	14.4492
16	29/11/99	22 58 02.96	40.8198	14.4369
17	02/12/99	21 55 39.54	40.8227	14.4274
18	07/12/99	15 11 21.10	40.8241	14.4267
19	08/12/99	21 52 34.12	40.8208	14.4286
20	08/12/99	23 21 48.77	40.8197	14.4304
21	11/12/99	09 32 48.52	40.8214	14.4284
22	19/12/99	16 07 23.22	40.8200	14.4254
23	19/12/99	21 58 26.90	40.8183	14.4270
24	22/12/99	11 54 42.91	40.8169	14.4306
25	22/12/99	03 34 57.51	40.8370	14.4250
26	10/07/00	01 05 44.66	40.8220	14.4240
27	06/08/00	23 32 39.53	40.8250	14.4333
28	27/09/00	07 01 36.66	40.8230	14.4260

Table 6.5. Results obtained by the waveform inversion of the events recorded at Vesuvius (Table 6.4).

Event number	Date	Depth	Mw	V (%)	CLVD (%)	DC (%)
1	23/08/99	2.3	2.7	27.2	25.5	47.3
2	09/10/99	1.5	3.2	5.6	34.8	59.6
3	11/10/99	1.3	2.9	4.2	59.4	36.4
4	03/11/99	3.3	2.8	0.6	60.1	39.3
5	05/11/99	1.3	2.4	0.1	44.5	55.4
6	05/11/99	3.2	2.6	1.1	29.8	69.1
7	07/11/99	0.9	2.2	60.0	14.2	25.8
8	09/11/99	2.8	2.6	0.1	58.0	41.9
9	10/11/99	2.2	2.5	2.7	35.9	61.4
10	12/11/99	2.5	2.5	20.8	37.5	41.7
11	12/11/99	2.4	2.6	0.0	59.6	40.4
12	21/11/99	3.1	2.8	0.2	55.6	44.2
13	24/11/99	1.9	2.8	6.5	65.1	28.4
14	24/11/99	6.5	2.8	0.0	55.9	44.1
15	24/11/99	5.4	2.6	0.0	63.8	36.2
16	29/11/99	3.6	2.6	0.0	61.1	38.9
17	02/12/99	1.8	2.2	15.3	31.1	53.6
18	07/12/99	4.2	2.7	0.0	38.3	61.7
19	08/12/99	3.2	2.7	8.8	0.6	90.6
20	08/12/99	1.5	2.3	0.0	51.2	48.8
21	11/12/99	1.4	2.5	0.3	57.5	42.2
22	19/12/99	2.3	2.6	0.0	49.5	50.5
23	19/12/99	2.0	2.1	22.1	39.0	38.9
24	22/12/99	0.7	2.4	0.3	47.2	52.5
25	22/12/99	4.8	2.7	1.8	13.2	85.0
26	10/07/00	2.3	2.6	4.0	34.1	61.9
27	06/08/00	7.4	2.6	0.0	31.5	68.5
28	27/09/00	3.3	2.6	5.5	19.9	74.6

The depth values are in kilometres and Mw is the moment magnitude.

selected only those events with $M_d \geqslant 2.5$ and among these only those records with a noise level less than 15% of the peak amplitude. The list of focal parameters for the earthquakes that were analysed and the results of the inversions are given in Tables 6.4 and 6.5, respectively. Fig. 6.4 illustrates the resulting source time functions and the focal mechanisms. As an example, we report in Fig. 6.5 the waveform fit for the most energetic event (2) and the least energetic one (23) as listed in Table 6.5.

Most of the inverted focal mechanisms have small error bands (Fig. 6.3) and show sub-vertical nodal planes with both right-lateral and left-lateral strike–slip mechanisms throughout the sequence. There are three events 5, 10, 11 with large error areas. For the first two of them (5, 10), the large error characterizes mainly the source time function while the source mechanism is better resolved. For the remaining event (11) there are large error areas for both the source time function and the fault plane solution, probably due to more noisy signals.

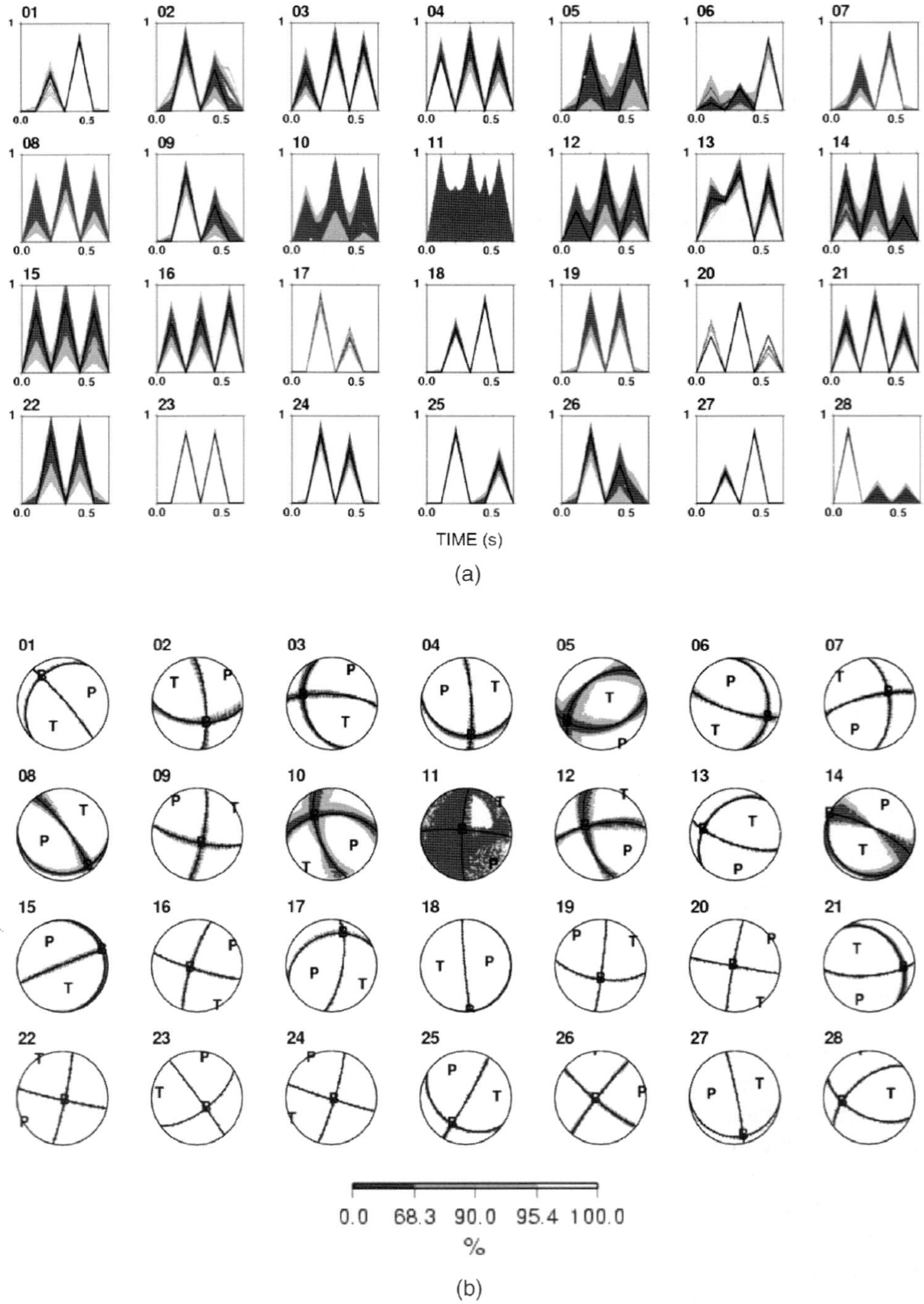

Fig. 6.4. Results of waveform inversions obtained in this study for 28 analysed events at Mt. Vesuvius. For each event: (a) source time function; (b) fault plane solution with confidence error areas.

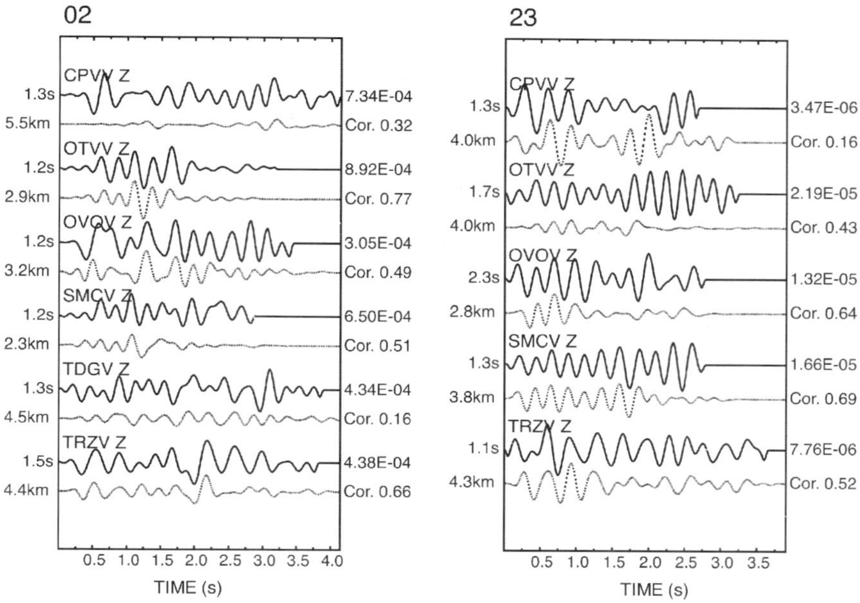

Fig. 6.5. Waveform fit of events number 2 and 23, the most and the least energetic ones, respectively, are shown as an example. On the left of each panel are reported: The beginning of the time window (s), selected from the whole seismogram for the inversion; the epicentral distance (km), the station name and component used. On the right we report the maximum amplitude and the correlation value (Cor.) between real (solid line) and inverted (dotted line) waveforms.

The orientation of nodal planes does not appear to be directly related to the two major faults documented in the area. These are the Mesozoic NW–SE-oriented fault and the Pleistocene Quaternary NE–SW-oriented fault (Del Pezzo et al., 2004), both of which intersect the crater axis where the seismic swarm is concentrated. Indeed, after computing the density of the poles to the nodal planes (Fig. 6.6) with the StereoNett 2.46 computer program (Johannes Duyster Institut für Geologie, Ruhr Universitat, Bochum), we observe that the two major poles are concentrated at N15/7 and at N280/4, and that these concentrations correspond to the two nodal planes which are oriented at N105/83 and N10/86, respectively. The orientations of these planes are not in agreement with the Mesozoic and Pleistocene fault orientations, however, but are related to the W–E and N–S fracture systems along which the volcanic activity of Vesuvius has developed and migrated in recent times (Di Maio et al., 1998).

When the percentages of DC, CLVD, and V components are plotted by using the triangular representation (Fig. 6.7a), the results show that most of the events are deviatoric, while there are only few events with a significant V component. According to Fig. 6.7b, the DC, CLVD, and V percentages show no temporal evolution for the time period analysed in this study. The events with significant V and CLVD are located within the uppermost 2–3 km of the crust, with the V component decreasing with increasing depth (Fig. 6.8). According to other studies, most of the

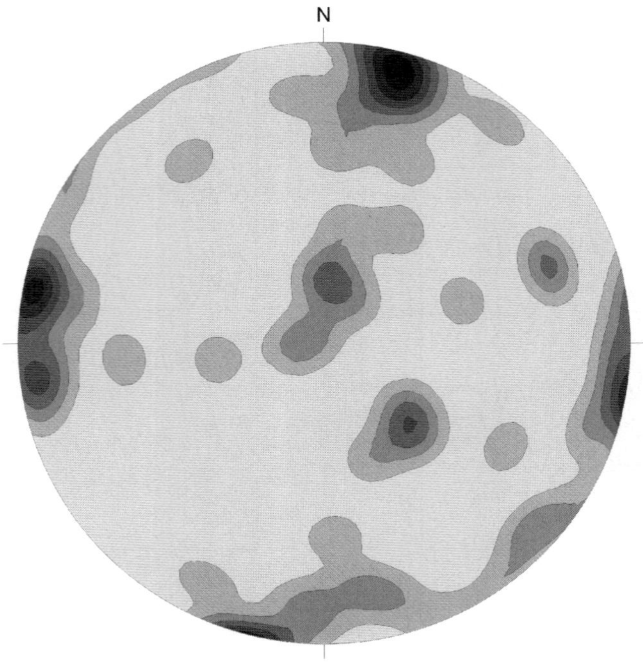

Fig. 6.6. Lower hemisphere equal area stereographical projection of the density plot of the poles to the nodal planes for Vesuvius (in terms of percentages of poles to the nodal planes).

events are clustered between 1.5 and 3 km depth; that is, more or less (Fig. 6.1) at the top of the carbonate basement that underlies the volcano (De Natale et al., 2000; Del Pezzo et al., 2004; Natale et al., 2005).

Del Pezzo et al. (2004) interpret the shallow Vesuvian seismicity above the carbonate basement as being produced by the variation of the pore pressure generated by the changes in the levels of aquifers that are located under the volcano at a depth of about 3 km (Saccorotti et al., 2002). The charge–discharge processes of the aquifers have been confirmed by gravity (Berrino et al., 1993) and hydrological (Celico et al., 1998) studies. These may activate the movement of fluids and produce pore pressure changes that trigger a release of the gravitational stress as suggested by De Natale et al. (2000). At greater depths, the deepest seismicity may be originated by a regional tectonic stress release in a pre-fractured carbonate basement, and our results are in agreement with such an interpretation. The shallow seismicity is characterized by significant non-DC components, although some events with relevant DC percentages are also present. The non-DC components can be related to pore pressure variations and fluid injection. It is possible that the fluids choose the two W–E- and N–S-oriented major fracture systems as preferable ways for flows and then produce seismicity with the activation of pre-existing microcracks and plane of weakness at the base of the volcano in a highly fractured media which is located just above he carbonate basement. The variability of space–time slip

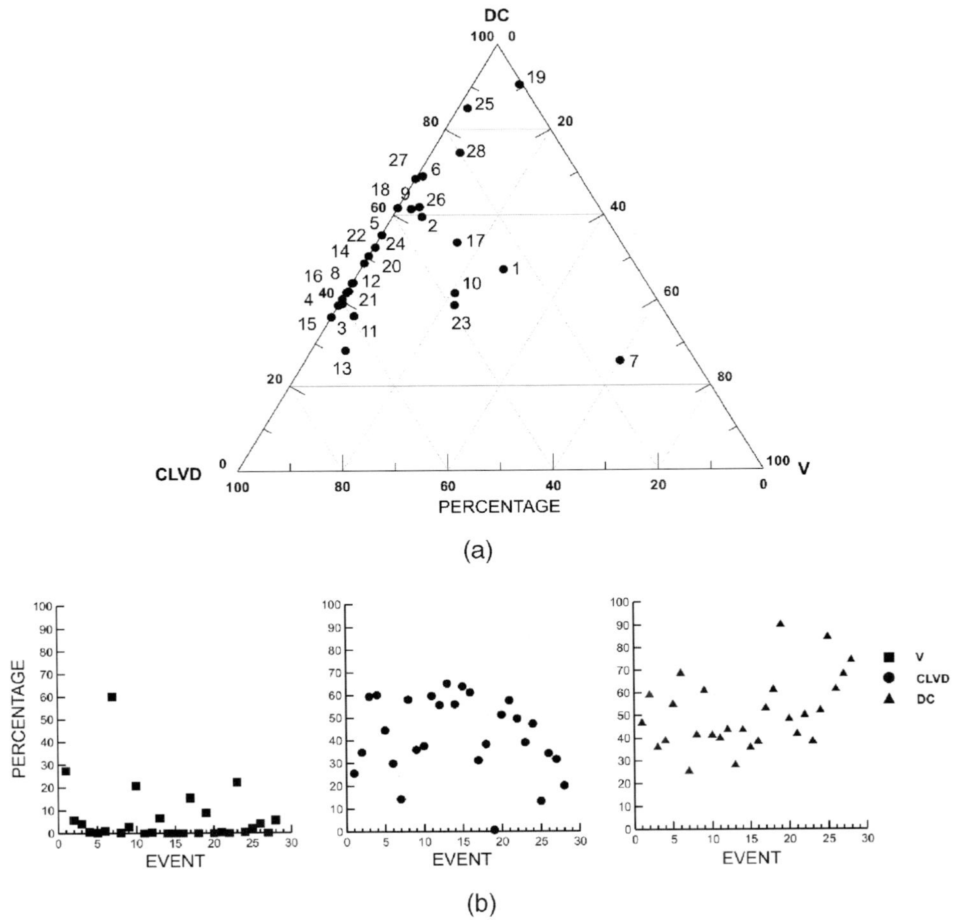

Fig. 6.7. (a) Triangular representation of the percentages of the moment tensor components at Vesuvius. (b) Percentages of V, CLVD, and DC components plotted versus time.

directions with both right-lateral and left-lateral mechanisms are consistent with this scenario and suggest that the source mechanisms are related to a nonuniform stress loading that is driven by the buoyant volcanic fluid injection through pre-existing discontinuities and structures, and not directly controlled by the direction of major planar discontinuity under shear. The predominance of DC mechanism for the deepest events is favorable to the tectonic stress release hypothesis of Del Pezzo et al. (2004).

6.3.3. Comparison of seismic sources at Vesuvius and Phlegraean Fields

A similar study of 1984 seismicity pertaining to Phlegraean Fields was published by Guidarelli et al. (2002). They analysed a set of 14 events for the time interval between 15 and 20 March. Fig. 6.9 reports their results for the focal mechanisms

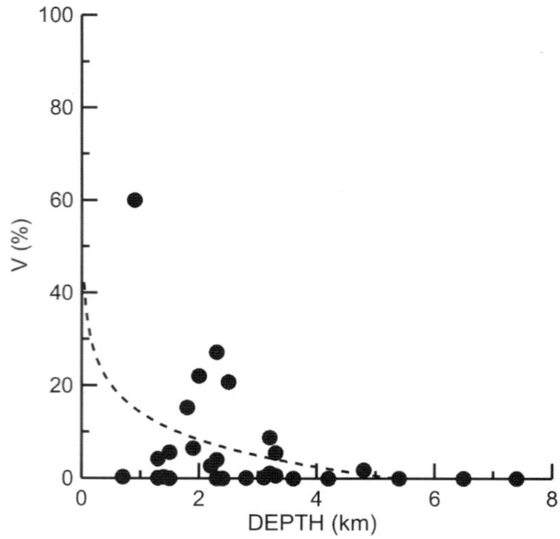

Fig. 6.8. Percentage of the V component of the studied Vesuvian events plotted versus depth. The dashed curve represents the logarithmic approximation of the data.

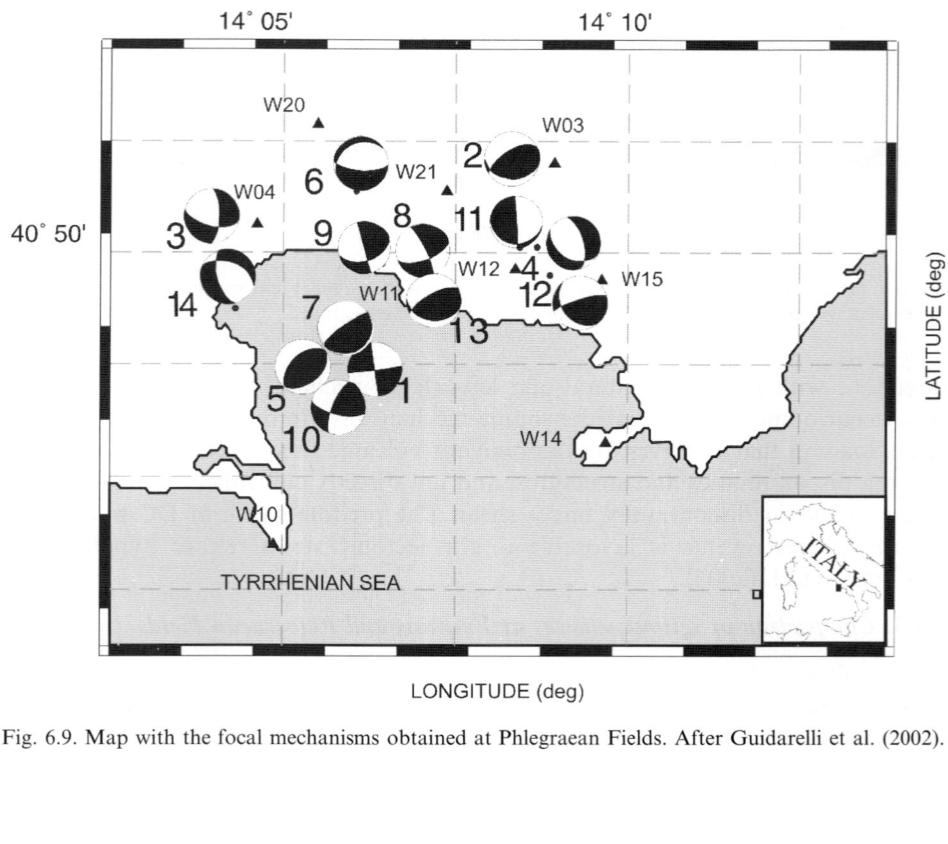

Fig. 6.9. Map with the focal mechanisms obtained at Phlegraean Fields. After Guidarelli et al. (2002).

obtained in the area. These authors also found focal mechanisms with the *P* and *T* axes oriented, in agreement with the stress field found in the area by other independent studies (De Natale et al., 1995). Guidarelli et al. (2002) show that the reliable percentages of DC, CLVD, and V components (Fig. 6.10) reveal most of the events as being deviatoric and that the observed increments of V and CLVD components occur in correspondence with the increase of seismic rate.

As we can see from Figs. 6.7 and 6.10, most of the events are deviatoric, both at Vesuvius and Phlegraean Fields. The dominant component is DC and this is followed by CLVD component. The large V components found at Phlegraean Fields are related to an increase of the seismicity rate (Guidarelli et al., 2002),

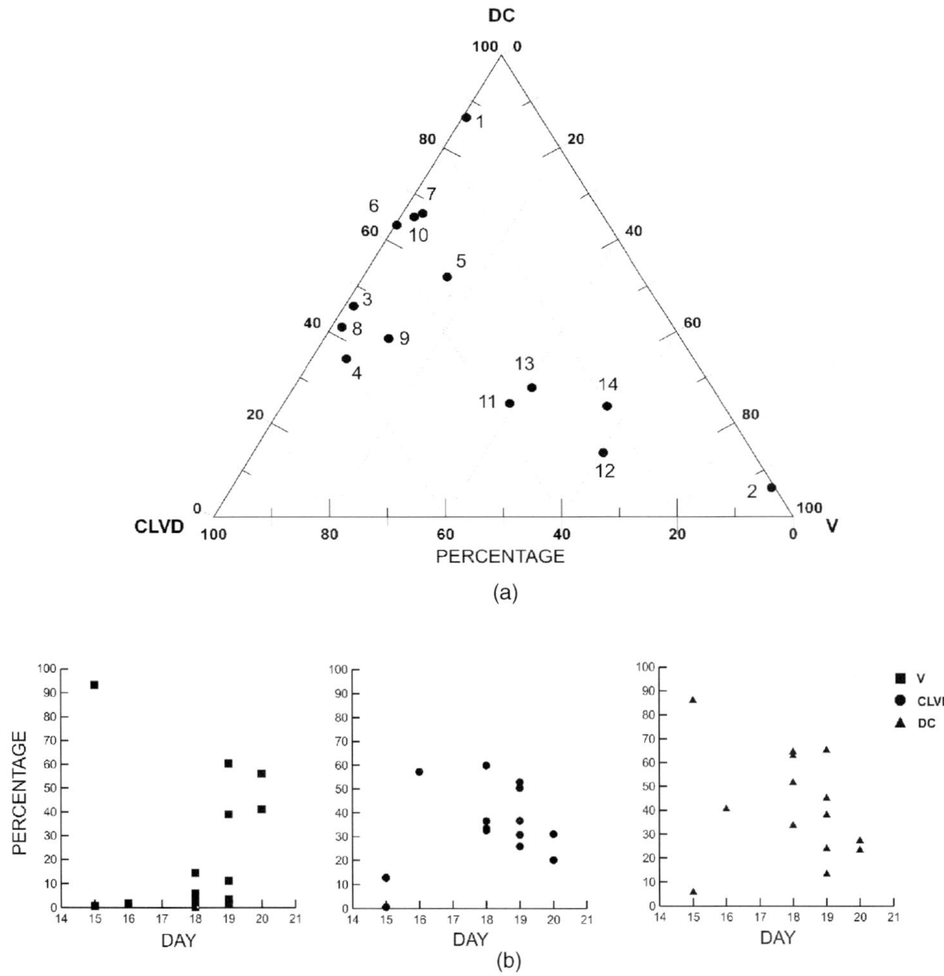

Fig. 6.10. (a) Triangular representation of the percentages of the moment tensor components obtained at Phlegraean Fields. (b) Percentages of V, CLVD, and DC components plotted versus time. After Guidarelli et al. (2002).

whereas for the Vesuvian seismicity we do not observe any correlation between V and change in seismicity rate. Guidarelli et al. (2002) have not ascertained any correlation of DC, CLVD, and V components with depth.

6.4. CONCLUSION

A common feature of two volcanic areas is a low shear velocity layer which is located at the depth of about 10 km. This low velocity can be associated with the presence of partial melting and, therefore, may represent a quite diffused crustal magma reservoir which is fed by a deeper one that is regional in character and located in the uppermost mantle. The source mechanisms at Mt. Vesuvius show that the seismicity is related mainly to the W–E- and N–S-oriented fracture systems and that this is not directly controlled by the two major local planar discontinuities under shear (Mesozoic NW–SE-oriented fault and Pleistocene Quaternary NE–SW-oriented fault). The seismicity appears to be driven by pore pressure variation or buoyant volcanic fluid injection. At depths greater than 3 km, the presence of DC events favors the hypothesis of tectonic stress release at these depths.

The seismic source study in the Campanian volcanic areas reveals that most of the analysed events have a dominant DC component, and that quite often non-DC components are present at both Vesuvius and Phlegraean Fields. At Mt. Vesuvius, the size of the isotropic component is, in general, inversely correlated with the depth and can be related to the pore pressure variation. At Phlegraean Fields, the isotropic component is associated with the change in the seismicity rate. This may also be associated to an overpressure that is produced by heated shallow aquifers which are claimed to be a cause for ground deformation.

REFERENCES

Aster, R.C. and Meyer, R.P., 1988. Three-dimensional velocity structure and hypocenter distribution in the Campi Flegrei caldera, Italy. Tectonophysics, 149: 195–218.

Aster, R.C. and Meyer, R.P., 1989. Determination of shear and compressional wave velocity variations and hypocentral locations in a rapidly inflating caldera: The Campi Flegrei. Phys. Earth. Planet Inter., 55: 313–325.

Berrino, G., Coppa, U., De Natale, G. and Pingue, F., 1993. Recent geophysical investigations at Somma Vesuvius volcanic complex. J. Volcanol. Geotherm. Res., 58: 239–262.

Brocchini, F., Principe, C., Castradori, D., Laurenzi, M.A. and Goria, L., 2001. Quaternary evolution of the southern sector of the Campanian Plain and early Somma–Vesuvius activity: Insights from the Trecase well. Mineral. Petrol., 73: 67–91.

Castellano, M., Buonocunto, C., Capello, M. and La Rocca, M., 2001. Seismic surveillance of active volcanoes: The Osservatorio Vesuviano Seismic Network (OVSN–Southern Italy). Seismol. Res. Lett., 73: 177–184.

Celico, P., Stanzione, D., Esposito, L., Ghiara, M., Piscopo, V., Caliro, S. and La Gioia, P., 1998. Caratterizzazione idrogeologica dell'area vesuviana. Boll. Soc. Geol. It., 117: 3–20.

Civetta, L., D'Antonia, M., De Lorenzo, S., Di Rienzo, V. and Gasparini, P., 2004. Thermal and geochemical constraints on the 'deep' magmatic structure of Mt. Vesuvius. J. Volcanol. Geotherm. Res., 133: 1–12.

De Gori, P., Cimini, G.B., Chiarabba, C., De Natale, G., Troise, C. and Dechamps, A., 2001. Teleseismic tomography of the Campanian volcanic area and surrounding Apenninic belt. J. Volcanol. Geotherm. Res., 109: 52–75.

De Natale, G., Capuano, P., Troise, C. and Zollo, A., 1998. A seismicity at Somma–Vesuvius and its implications for the 3-D tomography of volcano. J. Volcanol. Geotherm. Res., 82: 175–197.

De Natale, G., Petrazzuoli, S., Troise, C., Pingue, F. and Capuano, P., 2000. Internal stress field at Mt. Vesuvius: A model for background seismicity at central volcano. J. Geophys. Res., 105: 16207–16214.

De Natale, G., Pingue, F., Allard, P. and Zollo, A., 1991. Geophysical and geochemical modelling of the 1982–1984 unrest phenomena at Campi Flegrei caldera (southern Italy). J. Volcanol. Geotherm. Res., 74: 179–214.

De Natale, G., Troise, C., Trigila, R., Dolfi, D. and Chiarabba, C., 2004. Seismicity and 3-D substructure at Somma–Vesuvius volcano: Evidence for magma quenching. Earth Planet Sci. Lett., 221: 181–196.

De Natale, G. and Zollo, A., 1986. Statistical analysis and clustering features of the Phlegraean Fields earthquake sequence (May 1983–May 1984). Bull. Seismol. Soc. Am., 76: 801–814.

De Natale, G., Zollo, A., Ferraro, A. and Virieux, J., 1995. Accurate fault mechanism determinations for a 1984 earthquake swarm at Campi Flegrei caldera (Italy) during an unrest episode: Implications for volcanological research. J. Geophys. Res., 100: 24167–24185.

Del Pezzo, E., Bianco, F. and Saccorotti, G., 2004. Seismic source dynamics at Vesuvius volcano, Italy. J. Volcanol. Geotherm. Res., 133: 23–39.

Del Pezzo, E., De Natale, G., Martini, M. and Zollo, A., 1987. Source parameters of microearthquakes at Phlegraean Fields (southern Italy) volcanic area. Phys. Earth Planet. Int., 47: 25–42.

Di Maio, R., Mauriello, P., Patella, D., Petrillo, Z., Piscitelli, S. and Siniscalchi, A., 1998. Electric and electromagnetic outline of the Mount Somma–Vesuvius structural setting. J. Volcanol. Geotherm. Res., 82: 219–238.

Ditmar, P.G. and Yanovskaya, T.B., 1987. A generalization of the Backus–Gilbert method for estimation of lateral variations of surface wave velocity. Izv. Akad. Nauk SSSR, Fiz. Zemli, 6: 30–60.

Ferrucci, F., Gaudiosi, G., Pino, N.A., Hirn, A. and Mirabile, L., 1989. Seismic detection of a major Moho upheaval beneath the Campanian volcanic area (Naples, southern Italy). Geophys. Res. Lett., 16: 1317–1320.

Finetti, I. and Morelli, C., 1974. Esplorazione sismica a riflessione nei golfi di Napoli e Pozzuoli. Boll. Geofis. Teor. Appl., 16: 175–222.

Florsch, N., Fäh, D., Suhadolc, P. and Panza, G.F., 1991. Complete synthetic seismograms for high-frequency multimode SH-waves. Pure Appl. Geophys., 136: 529–560.

Guidarelli, M., Saraò, A. and Panza, G.F., 2002. Surface wave tomography and seismic source studies at Campi Flegrei (Italy). Phys. Earth Planet. Int., 134: 157–173.

Knopoff, L., 1972. Observations and inversion of surface wave dispersion. Tectonophysics, 13: 497–519.

Kravanja, S., Panza, G.F. and Síleny, J., 1999. Robust retrieval of seismic point source time function. Geophys. J. Int., 136: 385–394.

Mirabile, L., Nicolich, R., Piermattei, R. and Ranieri, G., 1989. Identificazione delle strutture tettonico vulcaniche dell'area Flegrea: sismica multicanale del Golfo di Pozzuoli. Atti VII Convegno GNGTS, 2: 829–838.

Natale, M., Nunziata, C. and Panza, G.F., 2005. Average shear wave velocity models of the crustal structure at Mt. Vesuvius. Phys. Earth Planet. Int., 152: 7–21.

Orsi, G., De Vita, S. and Di Vito, M., 1996. The restless, resurgent Campi Flegrei nested caldera (Italy): Constraints on its evolution and configuration. J. Volcanol. Geotherm. Res., 74: 179–214.

Panza, G.F., 1981. The resolving power of seismic surface waves with respect to the crust and upper mantle structural models. In: R. Cassinis (Ed.), The Solution of the Inverse Problem in Geophysical Interpretation. Plenum Publishing Corporation, New York, pp. 39–77.

Panza, G.F., 1985. Synthetic seismograms: The Rayleigh waves modal summation. J. Geophys., 58: 125–145.

Panza, G.F., Pontevivo, A., Chimera, G., Raykova, R. and Aoudia, A., 2003. The lithosphere–asthenosphere: Italy and surroundings. Episodes, 26: 169–174.

Panza, G.F., Romanelli, F. and Vaccari, F., 2000. Seismic wave propagation in laterally heterogeneous anelastic media: Theory and applications to seismic zonation. Adv. Geophys., 43: 1–95.

Panza, G.F. and Saraò, A., 2000. Monitoring volcanic and geothermal areas by full seismic moment tensor inversion: Are non-double couple components always artefacts of modelling?. Geophys. J. Int., 143: 353–364.

Rolandi, G., Barrella, A.M. and Borrelli, A., 1993. The 1631 eruption of Vesuvius. J. Volcanol. Geotherm. Res., 58: 183–201.

Rosi, M., Principe, C. and Vecci, R., 1993. The 1631 Vesuvius eruption. A reconstruction based on historical and stratigraphical data. J. Volcanol. Geotherm. Res., 58: 155–182.

Saccorotti, G., Ventura, G. and Vilardo, G., 2002. Seismic swarms related to diffusive processes: The case of Somma Vesuvius volcano, Italy. Geophysics, 67: 199–203.

Santacroce, R., 1987. Somma–Vesuvius. C.N.R. Quaderni della Ricerca Scientifica 114, Roma.

Santacroce, R., Cioni, R., Civetta, L., Marianelli, P. and Métrich, N., 1994. How Vesuvius works. Accademia Nazionale dei Lincei, 112: 185–196.

Saraò, A., Panza, G.F., Privitera, E. and Cocina, O., 2001. Non double couple mechanisms in the seismicity preceding 1991–1993 Etna volcano eruption. Geophys. J. Int., 145: 319–335.

Scarpa, R., Tronca, F., Bianco, F. and Del Pezzo, E., 2002. High resolutions velocity structure beneath Mount Vesuvius from seismic array data. Geophys. Res. Lett., 29: 2040–2044.

Šílený, J., 1998. Earthquake source parameters and their confidence regions by a genetic algorithm with a 'memory'. Geophys. J. Int., 134: 228–242.

Šílený, J., Campus, P. and Panza, G.F., 1996. Seismic moment tensor resolution by waveform inversion of a few local noisy records - I. Synthetic tests. Geophys. J. Int., 126: 605–619.

Šílený, J. and Panza, G.F., 1991. Inversion of seismograms to determine simultaneously the moment tensor components and source time function for a point source buried in a horizontally layered medium. Studia Geophysica et Geodaetica, 35: 166–183.

Šílený, J., Panza, G.F. and Campus, P., 1992. Waveform inversion for point source moment tensor retrieval with optimization of hypocentral depth and structural model. Geophys. J. Int., 108: 259–274.

Valyus, V.P., 1972. Determining seismic profiles from a set of observations. In: V.I. Keilis-Borok (Ed.), Computational Seismology. Consult. Bureau, New York.

Valyus, V.P., Keilis–Borok, V.I. and Levshin, A.L., 1969. Determination of velocity profile of the European upper mantle. Doklady Acad. Sci. USSR, 185: 1–6, 4–7 (Earth Sciences Section, English Translation by Amer. Geol. Inst.).

Vilardo, G., Terranova, C., Bronzino, G., Giordano, S., Ventura, G., Alessio, G., Gabriele, M., Mainolfi, R., Pagliuca, E. and Veneruso, M., 2001. SISCam: Sistema Informativo Sismotettonico della Regione Campania. http://ipf.ov.ingv.it/lgc/index_it.html

Yanovskaya, T.B. and Ditmar, P.G., 1990. Smoothness criteria in surface wave tomography. Geophys. J. Int., 102: 63–72.

Zamora, M., Sartoris, G. and Chelini, W., 1994. Laboratory measurements of ultrasonic wave velocities from the Campi Flegrei volcanic system and their relation to other field data. J. Geophys. Res., 99: 13553–13561.

Zollo, A., Gasparini, P., Virieux, J., Le Meur, H., De Natale, G., Biella, G., Boschi, E., Capuano, P., De Franco, R., Dell'Aversana, P., De Matteis, R., Guerra, I., Iannaccone, G., Mirabile, L. and Vilardo, G., 1996. Seismic evidence for a low-velocity zone in the upper crust beneath Mount Vesuvius. Science, 274: 592–594.

Zollo, A., Judenherc, S., Auger, E., D'Auria, L., Virieux, J., Capuano, P., Chiarabba, C., De Franco, R., Makris, J., Michelini, A. and Musacchio, G., 2003. Evidence for the buried rim of Campi Flegrei caldera from 3-d active seismic imaging. Geophys. Res. Lett., 30: 19, 2002, doi:10.1029/2003GL018173.

Vesuvius
F. Dobran (Editor)

Chapter 7

Global Volcanic Simulation: Physical Modeling, Numerics, and Computer Implementation

F. Dobran and J.I. Ramos

Considerate la vostra semenza: fatti non foste a viver come bruti, ma per seguir virtute e conoscenza.

— Dante, iXXVI

ABSTRACT

Physics-based, efficient and reliable simulations of the effects of volcanic eruptions on the surrounding territories are not feasible today. This is, in part, due to the difficulty of incorporating all relevant volcanic and atmospheric processes that occur in a volcanic eruption into an all-inclusive multiphase and multicomponent physical model. But, even if such a model were available, there would also be difficulties in solving the resulting mathematical equations accurately and efficiently, and with enough spatial and temporal resolution, on current computers. Global volcanic simulation requires incorporating different types of models into a simulation package or Global Volcanic Simulator. These models include those pertaining to magma chamber dynamics, opening of volcanic conduits, magma ascent, and atmospheric dispersion of pyroclasts. During the past decade, we have developed several such models which are described elsewhere. As these models have disparate time and length scales, each must be carefully verified and validated before it can be integrated into the global simulator. This chapter presents our work on a new pyroclastic dispersion model and its numerical and computer implementation on available computers.

The structural model of multiphase mixtures presented here includes mass, momentum, energy, and turbulence coupling between the gaseous and particulate phases, and its microphysics accounts for the effects of condensation and evaporation of volatiles, fragmentation and aggregation of particulates, formation of precipitation from heterogeneous condensation, and gas–particle–turbulence modulation. The resulting non-equilibrium multiphase and multicomponent flow model includes separate transport equations for each Eulerian and Lagrangian phase of the mixture and an additional set of transport equations that account for the mixture's structural characteristics. This allows for both the coupling between different scales and the exchange of energy between large and small eddies in the plume.

Before implementing a numerical solution methodology, we have carried out detailed studies on the simulation requirements, accuracy of different numerical solvers, and tradeoffs of different parallel computer paradigms. The adopted strategy involves domain decomposition at both the physical and algebraic levels, and second- and third-order accurate numerical discretization schemes for the advection terms, multiblock grids, and iterative Krylov subspaces methods that are suitable for implementation on multiprocessor environments. This strategy permits simulations of high rising and widely dispersing plinian columns as well as of those columns that collapse and produce pyroclastic flows and surges. Following the current verification stage, the resulting physico–mathematical–computer model will be validated with data from several well-known eruptions, including those from Vesuvius, before other models for the magma chamber dynamics, opening of volcanic conduits, and magma ascent are incorporated into a global simulation package for the prediction of volcanic eruptions. The resulting Global Volcanic Simulator will be employed for achieving some of the key objectives of the VESUVIUS 2000 project.

RIASSUNTO

Simulazioni, basate sui principi della fisica, efficienti ed attendibili, degli effetti delle eruzioni vulcaniche sul territorio circostante non sono attualmente possibili. Questo è in parte dovuto alla difficoltà di includere tutti i processi vulcanici ed atmosferici rilevanti, che si verificano durante una eruzione, in un unico modello fisico multifase e a molte componenti. Ma, anche se tali modelli fossero disponibili, ci sarebbero delle difficoltà nel risolvere, con i computer ora disponibili, in modo accurato ed efficiente e con sufficiente risoluzione spazio-temporale, le equazioni matematiche risultanti. La simulazione globale del vulcano richiede l'inserimento di diversi modelli in un pacchetto di simulazione ovvero in un Simulatore Vulcanico Globale. Questi modelli comprendono quelli relativi alla dinamica delle camere magmatiche, alla apertura dei condotti vulcanici, alla risalita del magma ed alla dispersione nell'atmosfera dei prodotti piroclastici. Negli ultimi dieci anni, sono stati sviluppati alcuni di questi modelli che sono descritti in altre pubblicazioni. Poiché questi modelli hanno scale spazio-temporali alquanto disparate, ciascuno di essi deve essere attentamente verificato e convalidato prima di poter essere incluso nel Simulatore Globale. Questo capitolo descrive lo sviluppo di un nuovo modello di dispersione piroclastica e la sua implementazione numerica sui calcolatori disponibili attualmente.

Il modello strutturale delle miscele multifase presentato in questa sede comprende l'accoppiamento di massa, momento, energia e turbolenza tra le fasi gassosa e particolata, e la relativa microfisica tiene conto degli effetti di condensazione ed evaporazione dei volatili, frammentazione ed aggregazione del particolato, formazione della precipitazione dovuta a condensazione eterogenea, e modulazione della turbolenza gas–particella. Il risultante modello di flusso multifase e multicomponente comprende equazioni di trasporto separate per ciascuna fase Euleriana e

Lagrangiana della miscela ed un ulteriore insieme di equazioni di trasporto, che tengono in conto le caratteristiche strutturali della miscela stessa. Ciò permette sia l'accoppiamento fra diverse scale sia lo scambio di energia fra vortici piccoli e grandi nel pennacchio.

Come passo preliminare alla implementazione di una metodologia basata su soluzioni numeriche, è stata realizzata una serie di studi dettagliati sui requisiti della simulazione, accuratezza dei diversi risolutori e compromessi tra i paradigmi di diversi calcolatori paralleli. La strategia adottata richiede la decomposizione del dominio sia a livello fisico che algebrico, e la costruzione di schemi accurati di discretizzazione al secondo ed al terzo ordine per i termini di advezione, griglie multiblocco, e metodi iterativi nei sottospazi di Krylov, che sono adatti per la realizzazione dei codici in ambiente a multiprocessore. Questa strategia permette la simulazione sia di colonne pliniane molto elevate e molto disperse che di quelle che collassano e producono flussi piroclastici e surges. Completato lo stadio di verifica, il modello fisico–matematico–numerico risultante sarà validato utilizzando dati di svariate eruzioni ben conosciute, comprese quelle del Vesuvio, prima che altri modelli per la dinamica delle camere magmatiche, l'apertura dei condotti vulcanici e la risalita del magma siano incorporate nel pacchetto per la simulazione globale per la previsione di eruzioni vulcaniche. Il Simulatore Vulcanico Globale sarà utilizzato per realizzare alcuni degli obiettivi chiave del progetto VESUVIUS 2000.

7.1. INTRODUCTION

Hundreds of thousands of people in Mexico, the Philippines, Japan, Indonesia, Italy, and other underdeveloped and developed countries live very close to some of the most dangerous volcanoes. For example, within a radius of 10 km of the Taal volcano in the Philippines live about 200 000 people and within 20 km, 500 000 people. Within 10 km of the Galeras volcano in Colombia live some 300 000 people, and within 20 km of Fuji in Japan and Popocatepetl in Mexico live 500 000 and 200 000 people, respectively. Within a radius of 10 km of Vesuvius live about 1 million people and within 20 km more than 2 million people. In the nearby Phlegraean Fields, the situation is similar, and a large-scale eruption at either of these places would affect, at least, 3 million people who reside on the Campanian plain. The main hazards from these Neapolitan volcanoes are the fall of ash and large blocks, pyroclastic flows, mudflows, and avalanches. Sakurajima in Japan, Mayon in the Philippines, Santa Maria in Guatemala, and Mt. Rainier in the United States pose analogous risks to densely populated areas, including the potential for producing catastrophes, massive human displacements, and losses of property in the event of large-scale eruptions.

People can live safely and in harmony with volcanoes only if their potential danger can be reliably assessed and measures taken to convince the public that it is safe to live at sufficient distances from the craters. Ash fall from an eruption can affect thousands of square kilometers, while the pyroclastic flows and mudflows can destroy everything on their paths in a matter of minutes unless adequate protection measures have been placed into effect. If inadequately protected, people's dwellings and city infrastructures can be wiped out and those who manage to escape are forced to start life all over.

What to do with about 1 million Vesuvians and an equal number of those living in the Phlegraean Fields is a problem of unprecedented proportions, and neither the people who are exposed to the danger nor their representatives at local and national governments are taking this problem very seriously. The volcanologists' solution to this problem (Protezione Civile, 1995) is too simplistic and grossly inadequate for this territory, for it envisages the possibility of evacuating hundreds of thousands of people on a short notice and in a probable state of panic albeit in the absence of reliable evacuation infrastructures. Such a policy tends to manage the catastrophe, protects the benefactors of evacuation plan architects, and promotes inaction on the part of people's representatives. VESUVIUS 2000 (Dobran, 2006) works instead in the direction of prevention. Its aim is to use modern technology to produce a new habitat for Vesuvians where they can live in safety and prosperity, and confront future eruptions with minimum socio-economic and cultural consequences. Such a habitat should be sufficiently far from the volcano and adequately protected to sustain the full fury of the volcano.

The key tool for determining the effects of future eruptions on the territory surrounding a volcano is Global Volcanic Simulator (Dobran, 1993, 1994a,b), or a physico–mathematical–computer model of the entire volcanic complex. Such a simulator incorporates physical and chemical models of all conceivable eruption processes within the volcano and in the atmosphere above it, and through a probabilistic analysis determines the likelihood of different eruption scenarios and their consequences on the territory surrounding the volcano (Dobran, 2006). Therefore, the predictions of a Global Volcanic Simulator could be used for urban planning the territories in densely populated areas around volcanoes, developing adequate infrastructure for protecting humans and animals in the event of volcanic eruptions, etc. Such a global volcanic model employs geological and geophysical data pertaining to the origin and composition of volcanic deposits, underground reservoirs of water, magma and lava flows, strength, elasticity and plasticity of magmas, lavas, and surrounding rocks and soils. In the atmosphere, the simulator accounts for mixing and chemical reactions of the material discharged from the volcano with the air constituents, and determines the dispersion of this material in the proximal and distal regions from the vent.

A useful Global Volcanic Simulator of Vesuvius should be able to resolve the effects of tephra fall and pyroclastic flows on different types of structures (such as houses and infrastructures) and track the dispersion of pyroclasts high into the stratosphere and for hundreds of kilometers in lateral directions under different atmospheric conditions for 50 h or more of intermittent and intense volcanic activity. These requirements are extremely demanding from both the physical and the computational perspectives and no current generation pyroclastic dispersion model is able to meet these requirements.

Previous models of pyroclastic dispersions are two-dimensional and contain rather simple physics. For example, the models of Valentine and Wohletz (1989) and Dobran et al. (1993) are two-dimensional velocity and temperature non-equilibrium two-phase and multiphase flow models, respectively. The latter model is based on a granular kinetic theory which includes a transport equation for the granular temperature and different pressures for the gaseous and solid phases. Both of these models include eddy diffusivity turbulence models for the gas phase, ignore two-way turbulence coupling between the solid and gaseous phases, and lack the necessary microphysics to account for condensation, evaporation, and chemical reactions of plume constituents. The model of Neri and Macedonio (1996) uses the same physics and computer code as the one of Dobran et al. (1993), except that the authors specify two instead of one particle classes in their simulations and do a poor job of verifying the numerical calculations. This granular flow model utilizes a staggered grid and a semi-implicit numerical procedure, and produces unacceptably large numerical diffusion errors for the grids used in the simulations. The model of Dartevelle (2004) is also a granular flow model that is based on the work of Syamlal (1998). It uses the same transport equations to those of Dobran and co-workers and a more complete set of constitutive equations which account for the description of particulate behavior at high particle concentrations. The results pertaining to numerical simulations based on this model and reported in Dartevelle et al. (2004) should, however, be viewed with caution, since the model does not account for condensation which normally occurs soon after the eruption. Oberhuber et al. (1998) and Herzog et al. (1998) adapted a velocity and temperature equilibrium model from meteorology to volcanic plumes. This model accounts for silicate particles through their settling velocities and includes the phase change of water vapor and the growth of cloud droplets, ice crystals, raindrops, and hail-size groupel particles. The interaction between water and silicate particles is ignored and the presence of volcanic gases in the plume is not taken into account. The model includes a transport equation for turbulent kinetic energy of the gas phase, but its limitations arise from the assumptions of mechanical and thermal equilibrium between the phases, the absence of interactions between ash particles and plume hydrometeors, and the neglect of the effects of volcanic gases (such as SO_2, H_2S, and HCl) on plume dynamics and thermodynamics. The model of Ongaro et al. (2004) attempts to extend the model of Dobran et al. (1993) to three-dimensional multiphase flows.

In the early 1990s, the Italian geological and geophysical communities did not continue supporting the development of an effective simulator for Vesuvius, in spite of an intense and productive initial effort (Dobran and Mulargia, 1991; Dobran et al., 1991, 1993, 1994; Dobran, 1992, 1993, 1994a,b, 1995; Dobran and Papale, 1993; Papale and Dobran, 1993, 1994; Giordano and Dobran, 1994; Macedonio et al., 1994; Coniglio and Dobran, 1995; Dobran and Luongo, 1995; Ramos, 1995, 1999; Dobran and Coniglio, 1996) which demonstrated the feasibility of this project. The development of this simulator continued elsewhere and some of its models are described in Dobran (2001) and in this work. The development of such a simulator includes models for the magma chamber dynamics, opening of the volcanic conduit, magma ascent in volcanic conduits, and pyroclastic dispersion.

The magma chamber dynamics model simulates the evolution of magma reservoirs for hundreds or thousands of years and forecasts a subplinian or plinian eruption of Vesuvius in the twenty-first century with a high probability. The opening of volcanic conduit model accounts for the conditions of magma in magma reservoir and yield stress characteristics of overlying rocks, and predicts a very rapid magma ascent once the instability sets in. Several magma ascent models simulate steady-state, and transient melting and solidification processes in volcanic conduits. These include the effects of gas exsolution, magma fragmentation, and erosion on conduit flow dynamics.

Further use of the pyroclastic dispersion model of Dobran et al. (1993) was abandoned because of its outdated semi-implicit and staggered grid numerical algorithms, which result in unacceptably long computation times and accumulation of numerical diffusion errors. In addition, this model lacks the necessary micro-physics associated with phase changes, chemical reactions, and two-way turbulence coupling between the gaseous and solid phases. Our former collaborators are, nevertheless, still using this code as well as other models that were developed in collaboration (Neri and Macedonio, 1996; Ongaro et al., 2002; Todesco et al., 2002; Zuccaro and Ianniello, 2004).

This chapter deals with some of the issues associated with the development of an effective pyroclastic dispersion model for the Global Volcanic Simulator. In Section 7.2, we summarize a multiphase and multicomponent physical model which is considerably different from existing ones. This thermohydrodynamic (velocity, pressure, and temperature) non-equilibrium model includes the effects of phase changes, chemical reactions, aggregation and fragmentation of liquid and solid particles, turbulence coupling between the gaseous phase and particulate matter, and the structural characteristics associated with phase inertia and dilatation and contraction effects. The solution of the resulting modeling equations employs state-of-the-art numerical procedures and domain decomposition (DD) methods for efficient and accurate simulations. The numerical solution procedures and choices for an effective solution of the resulting physico–mathematical model are discussed in Section 7.3. In Section 7.4, we address computer implementation issues for the purpose of producing accurate and effective simulations of plinian and collapsing volcanic columns.

Interactions between volcanic products and atmospheric constituents include different time and length scales which produce both physical and numerical modeling difficulties. Our physical model accounts for the coupling between these scales and our numerical solution strategy is presently being verified to insure that it correctly and efficiently solves the mathematical equations under a wide variety of conditions within an acceptable error tolerance. The subsequent task of validation requires that the mathematical solutions agree with observed physical and chemical processes of eruptions. Only after these two tasks have been carried out satisfactorily can the resulting pyroclastic dispersion model be integrated with the magma chamber and magma ascent models into a simulation package or Global Volcanic Simulator. Poor verification of computer code calculations can only produce damage to the community that lacks the knowledge to evaluate complex multiphase models and the accuracy of the corresponding numerical calculations. Too many technical papers and reports approach the issues of verification and validation in a haphazard and piecemeal manner (Roache, 1998a).

7.2. PHYSICAL MODELING

7.2.1. Products of volcanic eruptions

Volcanic eruptions produce different size particles and many volatile and gaseous species which are originally dissolved in the magma and bonded in different minerals. One can observe eruptions directly and sample the plume or measure the products on the ground during or after the eruption. The results from these two approaches can be different, however, because of the aggregation processes which tend to produce clusters of fine particulates and fragmentation processes that produce fine particulates from large particles. These clusters usually fall closer to the vent than the particulate matter from which the clusters are made or their dispersion depends of their size and processes within the plume. Explosive volcanic eruptions have extremely varied characteristics (Walker, 1981; Cas and Wright, 1993).

The pyroclastic deposits contain juvenile fragments from the breakup or fragmentation of magma, glasses and crystals from rapid cooling of magma in conduits and atmosphere, and lithic fragments from the erosion of rocks pertaining to the volcanic edifice itself. These products have different densities and shapes and thus contribute to particulate fractionation. Lithic fragments tend to be coarser than the associated juvenile products and, therefore, tend to fall out from the eruption column close to the vent. Due to the moisture, electrostatic forces in the atmosphere, and the large surface area/mass ratio of glass fragments, the fine ash (less than about 50 mμ) can aggregate into particles of several hundred microns and thus also fall close to the vent and hence contribute to the multimodal spectrum of ash particles that is observed in many field deposits (Carey and Sigurdsson, 1982; Brazier et al., 1983; Rose et al., 1983).

A wide variety of volcanic processes can produce these products. Inside volcanos, magmas with different chemical compositions fractionate and cool in the magma reservoirs or chambers before ascending toward the surface through different types of fissures, fractures and conduits that may or may not be surrounded by underground aquifers. Magma can interact with water in these aquifers and thus produce phreatomagmatic eruptions that release large quantities of water which can act as a binding agent for particle aggregation (Veitch and Woods, 2001; Textor and Ernst, 2004).

Poorly degassed silicic magmas (such as dacites and rhyolities) fragment in conduits and exsolve volatile species (including trace metals) as they ascend toward the surface. Many of these fragments subsequently break up into smaller ones through collisions and interactions among themselves and with conduit walls. Some volatile species condense as they ascend and are adsorbed on the particulates. Once discharged into the atmosphere, the fragmented and exsolved magmatic species interact among themselves and with the gaseous, solid, and liquid phases, and thus contribute to the dissolution of species into the aqueous phase, gas–particle reactions, aqueous phase reactions, fragmentation and agglomeration of solid and liquid particles, and so on. Reviews of some of these processes are available in Robock (2000), Dobran (2001), and Mather et al. (2003).

Volcanic processes also release large quantities of gases which are dominated by water vapor (H_2O), carbon dioxide (CO_2), and sulfur dioxide (SO_2). These are followed by smaller concentrations of hydrogen (H_2), hydrogen sulfide (H_2S), hydrochloric acid vapor (HCl), hydrogen fluoride (HF), carbon monoxide (CO), and many other elements and compounds which contribute to the aerosol budget of the volcanic plume (Symonds et al., 2001; Mather et al., 2003).

Once discharged into the atmosphere, the emissions are cooled, diluted, and oxidized by air. There, they trigger a complex set of reactions (Ammann and Burtscher, 1993) and produce aerosols of liquid and solid particles. The aerosols aggregate into cloud condensation nuclei on which rain droplets are formed (Wagner, 2000). Volcanic H_2O vapor, CO_2, and HF are stable, H_2 and CO oxidize to H_2O and CO_2, respectively, and the sulfur compounds react with water to produce sulfuric acid (H_2SO_4) aerosols (Laaksonen, 2000). These aerosols can then react with nitrogen oxides (NOx) to produce nitric acid (HNO_3) gas which lowers the critical supersaturation for droplets and thus increases the number of activated droplets (AGU, 1992; Brasseur and Granier, 1992; Charlson et al., 2001).

Submicron mineral dust particles ejected by volcanoes and other natural processes also act as condensation nuclei and are effective nuclei for ice formation and intense precipitation (Koop, 2000; Ramanathan et al., 2001; Graf, 2004). Electrostatic forces and the adsorption and condensation of gases onto ash particles produce aggregation of particulates into near-millimeter size clusters or into the so-called accretionary lapilli that readily fall out from the eruption column (Sheridan and Wohletz, 1983; Rose et al., 1995; Schumacher and Schmincke, 1995). Fig. 7.1 summarizes some possible volcanic plume pathway processes pertaining to gas–gas, particulate–particulate, and gas–particulate interactions.

The amounts of gases and volatiles ejected into the atmosphere depend on the total eruption rate and magma composition. El Chichón in Mexico in 1982 and Mount Pinatubo in the Philippines in 1991 each discharged several cubic kilometers of material and released large quantities of SO_2 and HCl into the atmosphere. Pinatubo, for example, released some 20 Mt of SO_2 and 4.5 Mt of HCl (Westrich and Gerlach, 1992, quoted in Tabazadeh and Turco, 1993).

Sulfur compounds react with water vapor and produce sulfate aerosols in the stratosphere, where they scatter light and may produce global scale weather changes (Luhr, 1991; Robock, 2000; Blake, 2003; Scaillet et al., 2003). Hydrogen halides HCl and HBr are highly soluble in liquid water and are, therefore, principally scavenged in the troposphere by the condensed water vapor (Tabazadeh and Turco, 1993), but, in eruptions with little water, significant quantities can reach the stratosphere where they can reduce the stratospheric ozone (Textor et al., 2003). SO_2 and H_2S are only slightly soluble in water and easily reach the stratosphere. Precipitation and wet ash particulates thus remove SO_2, HCl, HF, and other volcanic gases in one part of the atmosphere and may re-introduce these gases in another part where the water evaporates. The large sulfuric acid particles typically contain volcanic ash particles (Pueschel and Russell, 1994). Condensing water vapor releases the latent heat and causes the plume to ascend even higher (Glaze et al.,

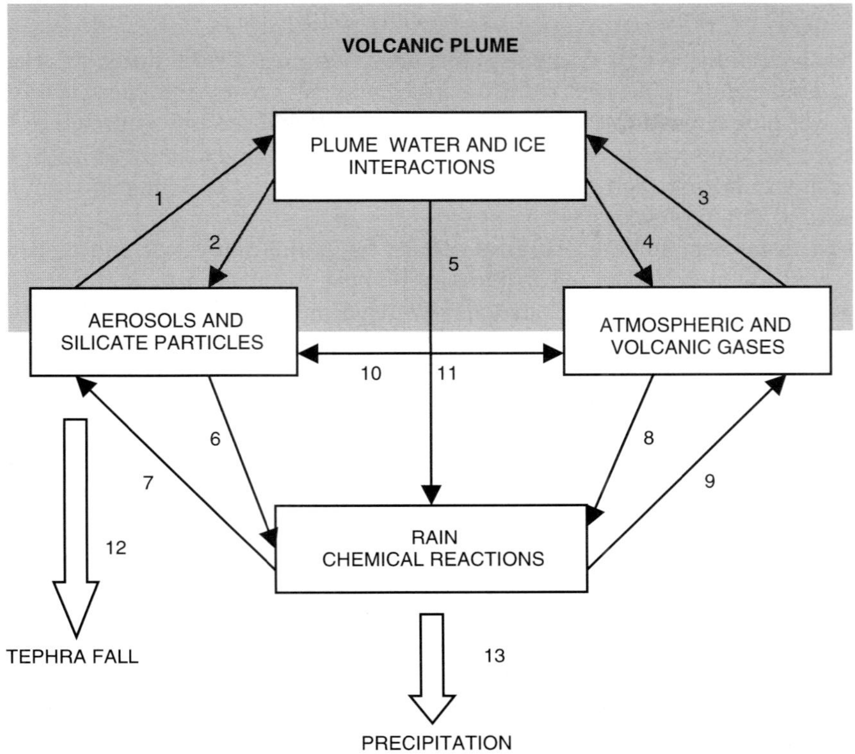

Fig. 7.1. Illustration of possible interaction pathways in a volcanic plume consisting of aerosols and silicate particles; water vapor, water droplets, and ice crystals; atmospheric and volcanic gases; and raindrops. 1: Aerosols/particulates–plume (nucleation scavenging); 2: Plume–aerosols/particulates (condensation/sublimation of water vapor); 3: Gases–plume (dissolution reactions); 4: Plume–gases (evaporation); 5: Plume–rain reactions, 6: Aerosols/particulates–rain (aggregation); 7: Rain–aerosols/particulates (evaporation); 8: Gases–rain (below plume scavenging); 9: Rain–gases (evaporation); 10: Gases–aerosols/particulates adsorption reactions, 11: Aerosols/particulates–gases reactions; 12: Tephra fall; and 13: Precipitation.

1997), while the evaporation of water and melting of ice cause the plume to loose energy. The energy in the plume is thus distributed between different layers of the atmosphere and this distribution changes during an eruption. Moreover, large size particles generally require longer times than small particles to transfer volatile compounds between the particulate and gaseous phases (Meng and Seinfeld, 1996).

Condensed forms of metallic and non-metallic elements and compounds, aqueous solution droplets, solid ash and ice particles, and mixed acid/ash particles contribute to the aerosol and particulate budgets of volcanic clouds, and together with volcanic (and air pollution) gaseous species interact to produce complex dispersion characteristics of explosive eruptions. Micron and submicron size particles can be particularly dangerous to human lungs, especially when combined with acids and other organic and inorganic species (Murphy, 2005).

7.2.2. Plume turbulence

The characteristics of a volcanic plume are determined by the thrusting effect of the material being discharged from the volcanic vent and by the buoyancy of the warm, wet plume ascending into an atmosphere that is drier and subjected to local weather conditions. As a result, the plume is highly heterogenous in terms of thermodynamics and microphysics, and this is reflected in the coupling of turbulence processes at different scales.

The entrainment–mixing processes reduce the plume buoyancy and contribute to the vertical and lateral redistributions of heat, water vapor, and particulate matter. Turbulence is produced from large-scale mean flow instabilities and dissipated at centimeter scales and below where it interacts with particles because of their inertia and causes particulate number or loading ratio fluctuations that affect aggregation, fragmentation, and condensation/evaporation processes.

Let us represent by u and v typical velocities associated with the largest and smallest eddies, respectively, and by ℓ and η the length scales of the largest (integral scale) and smallest eddy structures. From experiments, it is known that the eddies break up on a timescale associated with their turn-over time, and so, on the average, the energy produced by the largest eddies (u^3/ℓ) is dissipated by the smallest ones because of their high velocity gradients ($\varepsilon \sim \nu(v/\eta)^2$). We thus have

$$\varepsilon \sim \frac{u^3}{\ell} \sim \nu\left(\frac{v}{\eta}\right)^2 \tag{7.1}$$

where ν is the kinematic viscosity of the fluid and ε is the energy dissipation rate.

The large-scale mean flow is driven by inertia and buoyancy forces, and this flow continuously cascades energy down to the smallest eddies. This cascade is halted when the Reynolds number, based on small eddy size, is of order unity, that is $v\eta/\nu \sim 1$. Combining these expressions and defining

$$\mathrm{Re}_t = \frac{u\ell}{\nu} \tag{7.2}$$

as the large-scale eddy turbulent Reynolds number, we obtain the following expressions for Re_t and Kolmogorov microscales η and v

$$\mathrm{Re}_t \sim \frac{u^4}{\varepsilon\nu}, \quad \eta \sim \left(\frac{\nu^3}{\varepsilon}\right)^{1/4}, \quad v \sim (\nu\varepsilon)^{1/4} \tag{7.3}$$

For typical volcanic plumes, $u{\sim}10\,\mathrm{ms}^{-1}$, $\ell{\sim}10^2\,\mathrm{m}$, $\nu = 10^{-5}\,\mathrm{m}^2\mathrm{s}^{-1}$, and thus $\varepsilon{\sim}10^{-2}\,\mathrm{m}^2\mathrm{s}^{-3}$, $\eta{\sim}1\,\mathrm{mm}$, $v{\sim}1\,\mathrm{cm\ s}^{-1}$, and $\mathrm{Re}_t = 10^8$. This means that both atmospheric clouds and volcanic plumes have very large Reynolds numbers, which implies that much of the total turbulence-produced Reynolds stress lies in the small scales (Ferziger, 1993) where the energy is dissipated and coupled with local microphysical processes. The small-scale turbulence is thus inherently linked to the large-scale turbulent characteristics of the plume and this coupling produces anisotropy at small scales and fluctuations of passive scalars advected by this turbulence (Sreenivasan and Antonia, 1997; Warshaft, 2000). This intermittency, or probability of large–amplitude fluctuations, appears to be associated with the vortex stretching, which 'teases out the vorticity into finer and finer filaments' (Davidson, 2004, p. 378). Local plume temperature, humidity, particulate concentration, and other flow properties can thus fluctuate with significant amplitudes, and there is a growing consensus that both the collision rate and the collision efficiency of particles increase with turbulence–particle interactions at centimeter scales and below, including clustering of particles in regions of low vorticity or high strain rate owing to their finite inertia (Shaw, 2003). The microphysical processes in volcanic plumes thus depend on the properties of the turbulent flow in which the droplets and other particles reside; these processes, in turn, modify both the turbulent energy dissipation at small scales and the turbulence generation by inertia and buoyancy at integral scales. For particle volumetric fractions less than about 10^{-6}, the particles have a negligible effect on gas turbulence, but, at larger fractions, they begin to modulate the gas turbulence, so that large particles lead to turbulent energy production and small particles to turbulent energy dissipation. When the particle volumetric fraction exceeds about 10^{-3}, particle–particle collisions take place and a two-way coupling between the gas and particle turbulence is expected (Crowe, 1982).

The turbulent flow of particulates in a volcanic plume is governed by several forces which define the non-dissipative and dissipative characteristic response times of different processes. The *convective time* is defined by equating the non-steady inertia and convective inertia forces, the *settling time* by equating the non-steady inertia and buoyancy forces, the *thrusting time* by equating the convective inertia and pressure forces, and the *surface tension time* by equating the non-steady inertia and surface tension forces. We also have the characteristic times associated with particle rotation, collision, and dilatancy. In addition, we have the dissipative times associated with momentum, heat, and mass diffusion. These times have different values in different regions of the plume (near the vent, in the jet thrust region, in the convective region where buoyancy is important, in pyroclastic flows close to the ground) and thus no simple model or scaling of pyroclastic dispersions can be used for our modeling objectives.

Particles with very small Stokes number (ratio of non-steady inertia to momentum diffusion times) readily respond to turbulent fluctuations, while those with very high Stokes numbers tend to move quite independently of the surrounding fluid. In the intermediate range of Stokes numbers, the particles tend to produce *inertial clustering*, or move out of the regions of high vorticity and congregate into regions of high strain (Dobran and Hur, 1990; Eaton and Fessler, 1994; Reade and Collins, 2000; Wang et al., 2000).

Since the small eddies of volcanic plumes have millimeter-size structures, the prospects for direct numerical simulation (DNS) of such structures are not foreseeable in the near future, because such simulations should also resolve large eddies for tens and hundreds of kilometers around the volcanic vent. Despite of the present unwieldiness of DNS, we cannot ignore the smallest eddies in the flow because they dissipate the energy being produced by the large eddies and thus affect these structures. This implies that we must reliably model the effects of the small-scale flow without requiring the resolution of every detail of the tiniest eddy structures.

In Reynolds-averaged models, only the mean flow is computed and the *turbulence closure* is provided through eddy diffusivity or one or more transport equations that account for the generation and dissipation of turbulence. In large eddy simulation (LES) models, the smallest scales are averaged out while the large scales are computed directly. This essentially assumes that small eddies in a flow are more isotropic than large ones and that they can be universally modeled through some suitable scale invariance algebraic models (Smagorinsky, 1993; Meneveau and Katz, 2000; Wagner and Liu, 2000). The discretization for LES is, in general, much finer and more accurate and physically correct than that involved in Reynolds-averaged models.

Multiphase flow models based on ensemble or time averaging are too complicated and poorly constrained by the large number of modeling parameters (Elghobashi and Abou-Arab, 1983; Ahmadi and Ma, 1990), and have limited practical utility for more than two phases. The eddy viscosity gas phase turbulence models of Valentine and Wohletz (1989) and Dobran et al. (1993) (and subsequent variants of this model as in Dartevelle, 2004; Ongaro et al., 2004) suffer from the major flaw of not accounting properly for interphase turbulence coupling, and convection and diffusion of turbulence. The turbulent fluctuations at a point depend in part on the global structure of the flow, and on how these fluctuations are dissipated at small scales affects their generation at large scales. As noted above, there is a strong coupling between turbulence and particulates of different sizes, and any volcanic plume model that does a poor job of accounting for such a coupling should not be employed for predictive simulations of volcanic eruptions. Due to their physical and numerical modeling deficiencies, the current pyroclastic dispersion models are unsuitable for use in a Global Volcanic Simulator.

7.2.3. Particulate distributions

Walker (1981) classified explosive volcanic eruptions according to their dispersal and fragmentation indices. The *dispersal index* (D) measures the area over which the pyroclastic deposit is dispersed and is correlated in terms of the eruption column height, whereas the *fragmentation index* (F) measures the degree of fragmentation of the pyroclastic material and is correlated in terms of the rheology of the erupted material. High F's produce highly fragmented magmas and copious amounts of small particulates with grain sizes corresponding to fine ash (less than 63 μm or $\phi 4$, $\phi = -\log_2 d_{grain}$, with d_{grain} being in mm). Plinian eruptions produce 30 km high or even higher eruption columns where as much as 25% of the material emitted is fine ash and dust and 50% is of sub-millimeter size. Ultraplinian eruptions (such as Taupo, ca. 186, New Zealand) produce over 80% of particulates of sub-millimeter range and the eruption cloud rises high into the stratosphere (20–50 km above the surface of the Earth). Ignimbrite-forming eruptions produce pyroclastic flows and normally follow the initial plinian phase. Fine ash content of ignimbrites varies significantly, from 15% to 85%, and many ignimbrites appear to consist of sub-millimeter particles (Giordano and Dobran, 1994).

Both post-eruption fragmentation and co-ignimbritic ash settling mechanisms operate in producing such deposits. Phreatoplinian eruptions can also produce

30–40% of fine ash, and as much as 1–4% of ash that is finer than 4 μm. These ash clouds are especially prone to scavenging by water, and raining often takes place. Wet particulates tend to stick together and produce millimeter-size particles which together with rain droplets and coarse blocks (particles greater than 64 mm) fall early from the eruption column along ballistic or near-ballistic trajectories. The amounts of very fine particulates emitted from volcanoes are currently poorly constrained, because of the practical lower limit of dry sieving (which is about 4 μm or $\phi 8$) and lack of suitable instruments to resolve particles with different physical and chemical properties (NCAR, 2000).

The particulates in volcanic deposits tend to follow the log–normal distribution (Walker, 1981), with large explosive eruptions producing larger sizes than the waning stages of phreatomagmatic activity (Hobbs et al., 1982). The very fine atmospheric aerosols and particulates associated with nuclei (0.005–0.01 μm) and accumulation (0.1–2.5 μm) modes also appear to follow this distribution (Seinfeld and Pandis, 1998).

The nuclei mode aerosols form from the condensation of vapors and nucleation of atmospheric and volcanic species. They are lost primarily by coagulation with larger particles. The accumulation mode particles form from the aggregation of particles in the nuclei mode and condensation of vapors onto existing particles. These particles grow into cloud condensation nuclei and wash out from eruption clouds. Particles of diameters greater than 2.5 μm have sufficiently large sedimentation velocities and their temporal and spatial distributions in a volcanic plume depend on the heat, mass, and momentum characteristics of the gaseous environment.

The particulate distribution spectrum of a volcanic plume can be modeled by a multimodal particle distribution function which has the general shape illustrated in Fig. 7.2, with its detailed spectrum changing temporarily and spatially, depending on the microphysical processes in the plume and the changing character of the volcanic material emitted from the volcano. Gas–particulate interactions in the plume produce, at least, a dozen different processes which include particulate fragmentation and agglomeration, evaporation and condensation, and chemical reactions (Fig. 7.1). These processes depend, in turn, on the conditions of pyroclasts exiting from the vent and on the dynamic and thermal conditions of the atmosphere into which the volcanic products are being discharged. The conditions of pyroclasts at the vent depend, in turn, on the characteristics of the ascending magma and on the vent geometry, which change due to the conduit erosion processes. A useful pyroclastic dispersion model should, therefore, include or be coupled with other models that account for such processes.

As a first approximation, the particle distribution function in Fig. 7.2 can be patched by several log–normal or other suitable distributions, but such an approach is not very useful for our purposes. What needs to be done is to determine dynamically the temporal and spatial variation of particulate size as a result of condensation, evaporation, aggregation, fragmentation, and mass transfer processes, and thus ascertain the dispersion and fall-out characteristics of pyroclastic material during an eruption. If a particle is chosen at random from a volume containing many particles, $p(r)$ is the probability of choosing such a particle with the radius

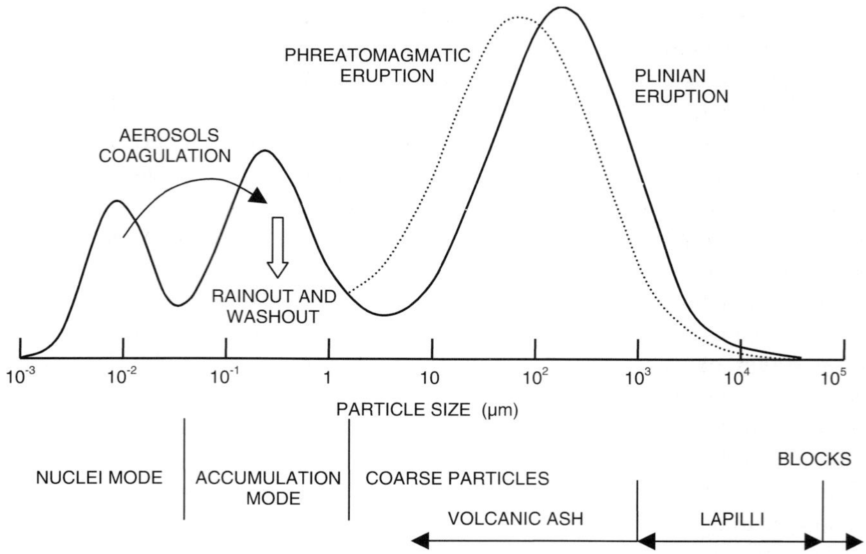

Fig. 7.2. Particulate distributions in nuclei mode, accumulation mode, and coarse particle mode. The coarse particle mode includes coarse ash, raindrops, lapilli, and blocks. The ultraplinian and phreatomagmatic eruptions shift the coarse particle distribution toward finer particles. Aerosols aggregate to form cloud condensation nuclei and together with fine ash can fall from the eruption column in the form of dry and/or wet particulate matter.

between r and $r + dr$. We thus have $\int_0^\infty p(r)dr = 1$, with $f(r) = np(r)$ being the number of particles of radius r per unit volume and n the number of particles of all sizes in this volume. f has both spatial and temporal dependence, and can assume a complicated form if we include the thermodynamic phase and chemical composition of particles into its description. If, in a first approximation, we ignore these complications and extend the dynamic equation for particle size distribution of Gelbard and Seinfeld (1979) to the situation where f depends explicitly on time, particle size, and position within the plume, we obtain

$$\frac{\partial f(r, \mathbf{x}, t)}{\partial t} + \frac{\partial \dot{r} f(r, \mathbf{x}, t)}{\partial r} + \frac{\partial v_{pj} f(r, \mathbf{x}, t)}{\partial x_j} = J + S - R$$
$$+ \frac{1}{2}\int_0^r \left(1 - \frac{r'^3}{r^3}\right)^{-2/3} \kappa((r^3 - r'^3)^{1/3}, r', \mathbf{x}) f((r^3 - r'^3)^{1/3}, \mathbf{x}, t)$$
$$\times f(r', \mathbf{x}, t)\, dr' + \int_0^\infty \kappa(r, r', \mathbf{x})(1 + \eta) f(r, \mathbf{x}, t) f(r', \mathbf{x}, t)\, dr' \qquad (7.4)$$

where we have included the effect of particle correlations in the collision integral.

In this Boltzmann-like transport equation, the first term on the left of the equation accounts for the increase in the number of particles and the second term for the growth from condensation and evaporation ($\dot{r}\, \partial f / \partial t$) and change in the distribution of f from these processes ($f \partial \dot{r} / \partial t$). The third term accounts for the change in f at different spatial locations. The fifth term on the right of the equation accounts for collisions and the fourth term for coalescence or aggregation of particles. J is the nucleation rate, S is the source rate, and R is the sink rate of particles. κ is the collision kernel and η is the pair correlation function. In atmospheric clouds, the particle growth is normally dominated by condensation in the earliest stages of cloud development when the droplets are small, and, as the droplets grow, this process is dominated by particle collisions and coalescence. Some collision and coalescence kernels are available in Pruppacher and Klett (1997) and Seinfeld and Pandis (1998), but these need to be modified for applications to volcanic plumes. Equation (7.4) must be coupled with mass, momentum, and energy transport equations to determine the evolution of particle distribution in space and time.

The particulate distribution in Fig. 7.2 can be divided into $m+n$ disperse phases, where all particles smaller than a certain size belong to the set m and the others belong to the set n. This division can be decided on the basis of the parameter $\mathscr{F}$, which is defined as follows

$$(1-\mathscr{F})\bar{d}_c \leqslant d_c \leqslant \bar{d}_c(1+\mathscr{F}), \quad c=1,\ldots,m+n \tag{7.5}$$

By this rule, the number of particle cluster groups c is dynamic, because no particle belonging to cluster c is allowed to exceed or fall below the mean particle size $\bar{d}_c$ of that cluster of particles by the fraction $\mathscr{F}$. This parameter is optimized through verification and validation procedures. The atmospheric and volcanic gases and vapors can be included into one phase consisting of several components, such as N_2, O_2, H_2O vapor, CO_2, CO, SO_2, and HCl. Water in liquid (droplets) and solid (ice) states can include the dissolved inorganic and organic compounds (Pilinis and Seinfeld, 1988; Dominé and Thibert, 1996) and belongs to the disperse phases. Coarse particles of raindrops, pumices, lapilli, and lithic blocks in the particulate spectrum of Fig. 7.2 belong to the set n.

An arbitrary macroscopic region of the atmosphere into which volcanic products are being emitted can thus be modeled with $m+n+1$ phases, where each phase may consist of one or more chemical components undergoing chemical reactions. The number of phases in such a region changes because of particulate nucleation, fragmentation and aggregation, evaporation and condensation of volatiles, and chemical reactions among the phase constituents.

For m clusters of fine particulates and gas phase, we can employ the Eulerian formulation framework of physical laws, whereas for the n coarse particulate clusters we can use the Lagrangian framework. This choice is particularly effective in our situation because of both the very large number of fine particulates which tend to follow the turbulent dispersion of the gas phase and the significant number of coarse particles which poorly interact with the gas medium and fine particulates and tend to follow near-ballistic trajectories.

7.2.4. Eulerian form of material transport laws

The physical laws governing the transport of mass, momentum, and energy of $m+1$ Eulerian phases can be established through formal averaging procedures involving the well-established single-phase macroscopic transport model of matter (Ishii, 1975; Dobran, 1991; Drew and Passman, 1999). The averaging procedure acts like a filter that eliminates detailed tracking of particles while allowing for their gross motions and interactions. From among these averaging procedures, the volume averaging is most useful, for it not only furnishes the desired mass, momentum, energy, and entropy transport laws for each phase of a multiphase mixture, but it also provides an additional set of transport equations which account for the structural properties of the mixture (Dobran, 1991, 1992). These averaged transport equations account for the size of the averaging region and thus recover some of the lost information involved in the averaging process.

A structural model of multiphase mixtures eliminates the complications associated with turbulence modeling based on the Reynolds-averaging procedures of single-phase flows and parallels that of LES where only the local turbulence scales are averaged while the large scales are computed.

Structural properties of multiphase mixture include particle inertia, rotation, and dilatancy (expansion–contraction effects), and can be directly associated with turbulence production and dissipation. The structural effects of multiphase mixtures are intimately tied with the microphysical processes at the centimeter and smaller scales where the turbulent energy is dissipated and thus contribute to the global plume dynamics where this energy is produced.

All current pyroclastic dispersion models do not account for a systematic coupling between different turbulence scales and, therefore, fail short in their predictive capabilities for modeling long-duration and high-rising volcanic plumes. As discussed above, turbulence is ubiquitous in volcanic plumes and no serious attention has been paid to date to the effects of large turbulence Reynolds numbers on energy dissipation, coupling between small and large scales of turbulence, effects of Stokes number or particle size, particle loading, volume fraction, particle settling parameter, and other ratios of viscous, inertia, and buoyancy forces.

In the structured model of multiphase mixtures developed by Dobran (1991, 2001), a macroscopic averaging volume U contains all phases of the mixture and the local thermodynamic properties F^α of phase α appear as *volume-averaged* variables

$$\langle F^\alpha \rangle = \frac{1}{U_\alpha} \int_{U_\alpha} F^\alpha \, dU \tag{7.6}$$

where U_α is the volume of phase α in U.

The *density-weighted average* F_α, *partial average* $\bar{F}_\alpha$, and *phase average* $\bar{\bar{F}}_\alpha$ are defined as

$$F_\alpha = \frac{\langle \rho^\alpha F^\alpha \rangle}{\langle \rho^\alpha \rangle} = \frac{1}{\bar{\rho}_\alpha} \frac{U_\alpha}{U} \langle \rho^\alpha F^\alpha \rangle \tag{7.7}$$

$$\bar{F}_\alpha = \frac{U_\alpha}{U} \langle F^\alpha \rangle, \quad \bar{\bar{F}}_\alpha = \langle F^\alpha \rangle \tag{7.8}$$

The *partial density of phase* α denotes the mass of phase α per unit volume of the mixture and is defined by

$$\bar{\rho}_\alpha = \frac{U_\alpha}{U}\langle\rho^\alpha\rangle = \phi_\alpha\bar{\bar{\rho}}_\alpha \tag{7.9}$$

where ϕ_α is the *volume fraction* (U_α/U) and $\bar{\bar{\rho}}_\alpha$ is the volume-averaged mass density of phase α in the averaging volume.

The *density of the multiphase mixture* is obtained by summing the partial densities over all the phases

$$\bar{\rho} = \sum_{\alpha=1}^{\gamma}\bar{\rho}_\alpha \tag{7.10}$$

whereas the *velocity of phase* α, $\mathbf{v}_\alpha$, and the *mixture velocity*, $\mathbf{v}$, are defined as

$$\mathbf{v}_\alpha = \frac{1}{\bar{\rho}_\alpha}\frac{U_\alpha}{U}\langle\rho^\alpha\mathbf{v}^\alpha\rangle, \quad \mathbf{v} = \frac{1}{\bar{\rho}}\sum_{\alpha=1}^{\gamma}\bar{\rho}_\alpha\mathbf{v}_\alpha \tag{7.11}$$

The *diffusion velocity* of phase α, $\mathbf{u}_\alpha$, is the velocity relative to the center of mass and satisfies

$$\mathbf{u}_\alpha = \mathbf{v}_\alpha - \mathbf{v}, \quad \sum_{\alpha=1}^{\gamma}\bar{\rho}_\alpha\mathbf{u}_\alpha = 0 \tag{7.12}$$

The backward prime affixed to a phase variable denotes the *material derivative* following that phase.

By employing the above definitions, the averaging procedure produces the following expression for the *balance of mass of phase* α

$$\grave{\bar{\rho}}_\alpha + \bar{\rho}_\alpha\nabla\cdot\mathbf{v}_\alpha = \hat{c}_\alpha \tag{7.13}$$

where the mass generation rate per unit volume of the mixture $\hat{c}_\alpha$ arises from the phase change processes

$$\hat{c}_\alpha = -\frac{1}{U}\int_{a^\wedge} m^\alpha\, da \tag{7.14}$$

where $a^\wedge$ denotes the interfacial area of phase α in U and m^α is the local mass transfer rate across the interface. $\hat{c}_\alpha$ is equal to zero if there is no mass transfer across the interfaces.

The conservation of mass for a multiphase mixture is obtained by summing from $\alpha = 1$ to $\alpha = \gamma$ in Equation (7.13). This produces

$$\frac{\partial\bar{\rho}}{\partial t} + \nabla\cdot\bar{\rho}\mathbf{v} = 0 \quad \text{or} \quad \dot{\bar{\rho}} + \bar{\rho}\nabla\cdot\mathbf{v} = 0 \tag{7.15}$$

where use was made of the mass conservation property of the mixture

$$\sum_{\alpha=1}^{\gamma}\hat{c}_\alpha = 0 \tag{7.16}$$

In Equation (7.15) the dot over the mixture density signifies the *material derivative* following the motion of the mixture as a whole.

The *linear momentum of phase* α is expressed by

$$\bar{\rho}_\alpha \dot{\mathbf{v}}_\alpha = \nabla \cdot \bar{\mathbf{T}}_\alpha + \bar{\rho}_\alpha \mathbf{b}_\alpha + \hat{\mathbf{p}}_\alpha \tag{7.17}$$

where $\bar{\mathbf{T}}_\alpha$ is the stress tensor and $\mathbf{b}_\alpha$ is the body force per unit mass. $\hat{\mathbf{p}}_\alpha$ is the momentum source per unit volume and arises from phase changes and structural effects of the mixture because of the finite size of the averaging volume U.

The *angular momentum of phase* α expresses the non-symmetry of the stress tensor

$$\mathbf{M}_\alpha = \bar{\mathbf{T}}_\alpha - \bar{\mathbf{T}}_\alpha^T \tag{7.18}$$

where the superscript T denotes transpose. This asymmetry can be produced by particle spins, couple stresses, and body moments.

The *conservation of energy of phase* α takes the following form

$$\bar{\rho}_\alpha \dot{\varepsilon}_\alpha = \mathrm{tr}(\bar{\mathbf{T}}_\alpha^T \cdot (\nabla \mathbf{v}_\alpha)) - \nabla \cdot \bar{\mathbf{q}}_\alpha + \bar{\rho}_\alpha r_\alpha + \hat{\varepsilon}_\alpha \tag{7.19}$$

where ε_α is the internal energy, tr denotes the trace operation, $\bar{\mathbf{q}}_\alpha$ is the heat flux vector, r_α is the energy generation rate per unit mass, and $\hat{\varepsilon}_\alpha$ accounts for both the energy transfer rate per unit volume between the phases and the structural properties of the mixture.

The *entropy inequality of phase* α satisfies

$$\bar{\rho}_\alpha \dot{s}_\alpha + \nabla \cdot \left(\frac{\bar{\mathbf{q}}_\alpha}{\bar{\bar{\theta}}_\alpha} \right) - \frac{\bar{\rho}_\alpha r_\alpha}{\bar{\bar{\theta}}_\alpha} + \hat{c}_\alpha s_\alpha + \hat{s}_\alpha \geqslant 0 \tag{7.20}$$

where s_α is the entropy, $\bar{\bar{\theta}}_\alpha$ is the *phase averaged temperature*, and $\hat{s}_\alpha$ is the *entropy source of phase* α that is not necessarily positive semi-definite.

The phasic conservation of mass, linear momentum, energy, and entropy Equations (7.13) (7.17–7.20) are similar to the corresponding equations of single-phase multicomponent mixtures and reduce to the latter if the interfacial effects of the mixture are negligible. Every physically consistent theory of multiphase mixtures should have such a *consistency property* in order to reproduce, at least, the most simple and known physical phenomena.

The motion of each phase relative to the center of mass is accounted for by taking moments of the phasic conservation of mass and momentum equations *relative to the center of mass*. These operations produce the *balance of equilibrated inertia*

$$\bar{\rho}_\alpha \dot{i}_\alpha = -\hat{c}_\alpha (i_\alpha - \hat{i}_\alpha) + 2\bar{\rho}_\alpha i_\alpha \frac{\dot{\phi}_\alpha}{\phi_\alpha} - \nabla \cdot \left(\mathbf{U}_\alpha \frac{\dot{\phi}_\alpha}{\phi_\alpha} \right) \tag{7.21}$$

and *balance of equilibrated moments*

$$\bar{\rho}_\alpha i_\alpha \overset{\grave{}}{\overline{\frac{\grave{\phi}_\alpha}{\phi_\alpha}}} = -\hat{c}_\alpha \frac{\grave{\phi}_\alpha}{\phi_\alpha}(i_\alpha - \hat{i}_\alpha) + \bar{S}_\alpha + \nabla \cdot \bar{\boldsymbol{\lambda}}_\alpha - \bar{\rho}_\alpha i_\alpha \frac{\grave{\phi}_\alpha}{\phi_\alpha} \nabla \cdot \mathbf{v}_\alpha$$
$$+ \bar{\rho}_\alpha i_\alpha \left(\frac{\grave{\phi}_\alpha}{\phi_\alpha}\right)^2 - \left(\frac{\grave{\phi}_\alpha}{\phi_\alpha}\right) \nabla \cdot \left(\mathbf{U}_\alpha \frac{\grave{\phi}_\alpha}{\phi_\alpha}\right) \tag{7.22}$$

where the *isotropic inertia of phase* α is defined as

$$i_\alpha = \frac{1}{\bar{\rho}_\alpha} \frac{1}{U} \int_{U_\alpha} \rho^\alpha \xi \cdot \xi \, dU \tag{7.23}$$

with ξ being the position vector relative to the center of mass. In the equilibrated inertia equation, $\hat{i}_\alpha$ represents the source of inertia due to phase change, whereas $\mathbf{U}_\alpha$ accounts for triple correlations of ξ which are associated with the nonuniformities within the averaging volume. The moment of surface forces acting on the surface of volume U_α in U is represented in the equilibrated moments equation by $\bar{S}_\alpha$, whereas $\bar{\boldsymbol{\lambda}}_\alpha$ in this expression represents the volume-averaged moment of the stress tensor $\bar{\mathbf{T}}_\alpha$.

The above multiphase field equations are the result of replacing continuous distribution of forces in the averaging volume by the resultant forces and couples acting on this volume. When the forces acting on the surface of U_α are averaged, the result is an average force which is represented by the surface traction force $\bar{\mathbf{T}}_\alpha \cdot \mathbf{n}_\alpha$ and a resultant couple represented by $\bar{\mathbf{S}}_\alpha$. Similarly, the average stress tensor $\bar{\mathbf{T}}_\alpha$ and intrinsic stress moment $\bar{\boldsymbol{\lambda}}_\alpha$ replace the local variation of stress tensor within U_α. These results are, therefore, consistent with particle mechanics where the forces acting on a collection of particles can be replaced by a resultant force and a resultant couple. The structural properties of the mixture are thus accounted for by i_α, $\mathbf{U}_\alpha$, $\bar{\mathbf{S}}_\alpha$, and $\bar{\boldsymbol{\lambda}}_\alpha$, and may also appear in the phasic variables $\bar{\mathbf{T}}_\alpha$, $\hat{\mathbf{p}}_\alpha$, $\bar{\mathbf{q}}_\alpha$, $\hat{i}_\alpha$, $\hat{\varepsilon}_\alpha$, and $\hat{c}_\alpha$. These variables are required to satisfy certain constitutive principles and the second law of thermodynamics as represented by Equation (7.20).

When some of the results of constitutive theory of mixtures of fluids (Dobran, 1991) are used in the above transport equations, these expressions, expressed in the tensor index notation with indices i, j, and k, reduce to the following forms:

Conservation of mass:

$$\frac{\partial \bar{\rho}_\alpha}{\partial t} + \frac{\partial \bar{\rho}_\alpha v_{\alpha j}}{\partial x_j} = \hat{c}_\alpha, \quad \bar{\rho}_\alpha = \phi_\alpha \bar{\bar{\rho}}_\alpha \tag{7.24}$$

$$\frac{\partial \bar{\bar{\rho}}_\alpha}{\partial t} + \frac{\partial \bar{\bar{\rho}}_\alpha v_{\alpha j}}{\partial x_j} = \frac{\hat{c}_\alpha}{\phi_\alpha} - \bar{\bar{\rho}}_\alpha \varphi_\alpha, \quad \varphi_\alpha = \frac{\grave{\phi}_\alpha}{\phi_\alpha} \tag{7.25}$$

Conservation of momentum:

$$\frac{\partial \bar{\rho}_\alpha v_{\alpha i}}{\partial t} + \frac{\partial \bar{\rho}_\alpha v_{\alpha i} v_{\alpha j}}{\partial x_j} = -\phi_\alpha p_{\alpha,i} - \frac{1}{2}\bar{\rho}_\alpha i_\alpha (\varphi_\alpha^2)_{,i} + (O_{\alpha\alpha}\phi_\alpha \varphi_\alpha)_{,i}$$
$$+ \hat{c}_\alpha v_{\alpha i} + [\lambda_{\alpha\alpha} D_{\alpha kk}\delta_{ij} + 2\mu_{\alpha\alpha} D_{\alpha ij} + 2\bar{\rho}_\alpha C_\alpha \phi_{\alpha,i}\phi_{\alpha,j}]_{,j}$$
$$- \sum_\beta^{\gamma-1} \xi_{\alpha\beta}(v_{\beta i} - v_{\gamma i}) - \sum_\beta^{\gamma} \gamma_{\alpha\beta}\bar{\bar{\theta}}_{\beta,i} - \sum_\beta^{\gamma} \Delta_{\alpha\beta}\bar{\bar{\rho}}_{\beta,i} + \bar{\rho}_\alpha b_{\alpha i} \quad (7.26)$$

where $D_{\alpha ij}$ is the deformation rate tensor and an index following a comma in a subscripted variable denotes the partial derivative with respect to that index; for example, $p_{\alpha,i} = \partial p_\alpha / \partial x_i$. In Equation (7.26), p_α is the thermodynamic pressure, $\lambda_{\alpha\alpha}$ and $\mu_{\alpha\alpha}$ are the bulk and shear viscosity coefficients, respectively, C_α and $O_{\alpha\alpha}$ are structural property coefficients, $\xi_{\alpha\beta}$ are viscous drag coefficients, $\gamma_{\alpha\beta}$ are Soret effect coefficients, and $\Delta_{\alpha\beta}$ are density gradient coefficients. The viscosity coefficients include both viscous and turbulent contributions and the latter can be modeled on the basis of the subgrid scale model of Smagorinsky (1993) or some other more refined approaches. The stress term with the parameter C_α accounts for Mohr–Coulomb yield-type criteria for plastic deformation when the volume fraction gradients become high and the flow begins to creep as in pyroclastic flows during material sedimentation. In this situation, the pressure gradient becomes balanced by the gravity and compaction characteristics of particulates. This stress term thus accounts for the yield stress of the material and is independent of the rate of strain. It produces energy dissipation (see Equation (7.28) below).

Conservation of total energy:

One can derive several useful forms for the energy equation. The one that we will need is the total energy equation which is obtained by adding the scalar product of velocity and momentum Equation (7.17) to the internal energy Equation (7.19). With the total energy being defined as the sum of internal, kinetic, and compaction energies

$$e_\alpha = \varepsilon_\alpha + \frac{1}{2} v_{\alpha i} v_{\alpha i} + C_\alpha \phi_{\alpha,i}\phi_{\alpha,i} \quad (7.27)$$

the result of these operations can be expressed as follows:

$$\frac{\partial \bar{\rho}_\alpha e_\alpha}{\partial t} + \frac{\partial \bar{\rho}_\alpha e_\alpha v_{\alpha j}}{\partial x_j} = -\bar{q}_{\alpha i,i} - \phi_\alpha (p_\alpha v_{\alpha i})_{,i} + (O_{\alpha\alpha}\phi_\alpha \varphi_\alpha v_{\alpha i})_{,i}$$
$$+ [(\lambda_{\alpha\alpha} D_{\alpha kk}\delta_{ij} + 2\mu_{\alpha\alpha} D_{\alpha ij} + 2\bar{\rho}_\alpha C_\alpha \phi_{\alpha,i}\phi_{\alpha,j}) v_{\alpha i}]_{,j}$$
$$- v_{\alpha i}\sum_\beta^{\gamma-1} \xi_{\alpha\beta}(v_{\beta i} - v_{\gamma i}) - v_{\alpha i}\sum_\beta^{\gamma} \gamma_{\alpha\beta}\bar{\bar{\theta}}_{\beta,i} - v_{\alpha i}\sum_\beta^{\gamma} \Delta_{\alpha\beta}\bar{\bar{\rho}}_{\beta,i}$$
$$+ \bar{\rho}_\alpha b_{\alpha i} v_{\alpha i} + \bar{\rho}_\alpha r_\alpha - \bar{q}_{s\alpha} + \hat{c}_\alpha \left(\hat{\hat{\varepsilon}}_\alpha + \frac{1}{2} v_{\alpha i} v_{\alpha i} + C_\alpha \phi_{\alpha,i}\phi_{\alpha,i}\right)$$
$$- \phi_\alpha \varphi_\alpha (p_\alpha - \beta_\alpha) - v_{\alpha i}\frac{1}{2}(\varphi_\alpha^2)_{,i}\bar{\rho}_\alpha i_\alpha \quad (7.28)$$

In this equation $\bar{q}_{s\alpha}$ is the interfacial heat transfer rate per unit volume, whereas the *configuration pressure* β_α (Goodman and Cowin, 1972; Passman et al., 1984) is computed from the Helmholtz potential

$$\beta_\alpha = \bar{\rho}_\alpha \frac{\partial \psi_\alpha}{\partial \phi_\alpha} \tag{7.29}$$

This pressure arises from the changes in the packing of phase α and thus reflects the strength of contact forces between this and other phases. A reasonable choice for this pressure is the packing stress of material grains.

The total energy Equation (7.28) shows how the energy of each phase is distributed between different processes. The convection of energy is balanced by heat transfer due to temperature gradients within the phases, temperature differences between the phases, phase changes releasing or requiring latent heat, viscous dissipation which produces heat from fluid friction within each phase and from the exchange of momenta between the phases, flow work associated with pressure and distribution of phases, energy generation from electromagnetic or other processes, and the work expended in distributing phase matter in different regions of vorticity. The larger the phase inertia and its volume fraction gradient, the more energy from large eddies must be expended or dissipated by the small eddies to maintain equilibrium. The strengths of contact forces between the phases and the phasic dilatation rates can both produce and dissipate energy within a mixture. The redistribution of particulate and non-particulate matter at small scales is thus governed by phase inertia, volume fraction (particle loading), and configuration pressure parameters.

Inertia transport equation:

$$\frac{\partial \bar{\rho}_\alpha i_\alpha}{\partial t} + \frac{\partial \bar{\rho}_\alpha i_\alpha v_{\alpha j}}{\partial x_j} = \hat{c}_\alpha \hat{i}_\alpha + 2\bar{\rho}_\alpha i_\alpha \varphi_\alpha - (\varphi_\alpha U_{\alpha m})_{,m} \tag{7.30}$$

Dilatation–contraction transport equation:

$$\frac{\partial \bar{\rho}_\alpha \varphi_\alpha}{\partial t} + \frac{\partial \bar{\rho}_\alpha \varphi_\alpha v_{\alpha j}}{\partial x_j} = \hat{c}_\alpha \varphi_\alpha - D_{\alpha kk}\left(\bar{\rho}_\alpha \varphi_\alpha + \frac{\phi_\alpha}{i_\alpha} O_{\alpha\alpha}\right) + \frac{1}{i_\alpha}\sum_\beta^\gamma (K_{\alpha\beta} i_\beta + H_{\alpha\beta}\phi_\beta \varphi_\beta) - \bar{\rho}_\alpha \varphi_\alpha^2 \tag{7.31}$$

The inertia and dilatation–contraction transport equations account for small-scale effects in the flow which have been averaged out through the averaging procedure of local mass, momentum, and energy transport laws. In our model, the microstructural effects survive through phase inertia, volume fraction, and configuration pressure, and provide a feedback to the mean flow. The phase inertia can be viewed as a measure of turbulent intensity and $U_{\alpha m}$ as proportional to the gradient of this intensity.

Since the phase inertia moderates both the production of turbulent kinetic energy and turbulent dissipation rate, the inertia transport Equation (7.30) can be split into two interacting parts that model this turbulence. Such a turbulence model would then be similar to the one of Darwish et al. (2001), although these authors do not justify the methods used to obtain their model. The size of the averaging volume can be, therefore, interpreted as the filter width, with the microstructural parameters defining its characteristics. The resulting structural model is thus analogous to LES models where the small scales are averaged out and modeled and the large ones are computed. It is also considerably simpler than the multiphase flow turbulence models based on the single-phase flow Reynolds–averaging with too many poorly constrained modeling parameters.

To close the above equations, we also need a constitutive equation for the heat flux rate, which in linearized form can be written as

$$\begin{aligned}\bar{q}_{\alpha i} = & -\sum_{\beta}^{\gamma} \kappa_{\alpha\beta}\bar{\bar{\theta}}_{\beta,i} - \sum_{\beta}^{\gamma} v_{\alpha\beta}\bar{\bar{\rho}}_{\beta,i} \\ & -\sum_{\beta}^{\gamma-1} \varsigma_{\alpha\beta}(v_{\beta i} - v_{\gamma i}) - \sum_{\beta}^{\gamma} \Gamma_{\alpha\beta}\phi_{\beta,i}\end{aligned} \tag{7.32}$$

where the first term on the right represents the Fourier effect (heat flow due to temperature gradients) and the second term is the Dufour effect (heat flow due to mass transfer). Except for the temperature gradient term in this equation, all other terms can, in general, be neglected. Equation (7.20) places restrictions on the phenomenological coefficients of constitutive equations and requires that the following conditions be satisfied

$$\begin{aligned}&\kappa_{\alpha\alpha} \geqslant 0; \quad H_{\alpha\alpha} \geqslant 0; \quad O_{\alpha\alpha} \leqslant 0; \quad \lambda_{\alpha\alpha} + \frac{2}{3}\mu_{\alpha\alpha} \geqslant 0; \\ &\xi_{\alpha\alpha} \geqslant 0; \quad \xi_{\alpha\beta} \leqslant 0, \quad \alpha \neq \beta \neq \gamma\end{aligned} \tag{7.33}$$

The interfacial heat transfer can be modeled as

$$\bar{q}_{s\alpha} = \bar{h}_{\alpha}(\bar{\bar{\theta}}_{\alpha} - \bar{\bar{\theta}}_{g}) \tag{7.34}$$

where $\bar{\bar{\theta}}_g$ is the temperature of the gas phase and $\bar{h}_\alpha$ is the heat transfer coefficient. The phase change energy flux $\hat{c}_\alpha\hat{\varepsilon}_\alpha$ is related to the mass supply $\hat{c}_\alpha$ and average energy of interfaces of phase α. Similarly, the source of inertia $\hat{c}_\alpha\hat{i}_\alpha$ is related to the mass supply and average inertia of interfaces of phase α. Modeling of $\hat{c}_\alpha$ depends on the composition and chemical reactions of the constituents of phase α, and, in order to account for these effects, we must extend the single-component multiphase flow theory to one involving many components. This extension is discussed in the following section.

7.2.5. *Multiphase–multicomponent flows*

While it is possible to assign unique properties to each chemical constituent or component in a mixture (Bowen, 1976), we will not follow this approach in order to keep the model as simple as possible. In our approximation, we only modify the conservation of mass equation of each phase to account for the diffusion of each constituent and retain the previously-derived phasic conservation equations for momentum, energy, inertia, and dilatation–contraction transport.

If $\omega_{a\alpha}$ is the mass fraction of constituent a in phase α, Equations (7.24) and (7.25) need to be replaced by

$$\frac{\partial \bar{\rho}_\alpha \omega_{a\alpha}}{\partial t} + \frac{\partial \bar{\rho}_\alpha \omega_{a\alpha} v_{\alpha j}}{\partial x_j} = \hat{c}_{a\alpha} - \frac{\partial J_{a\alpha j}}{\partial x_j}; \quad a = 1, \ldots, s \tag{7.35}$$

$$\frac{\partial \bar{\bar{\rho}}_\alpha \omega_{a\alpha}}{\partial t} + \frac{\partial \bar{\bar{\rho}}_\alpha \omega_{a\alpha} v_{\alpha j}}{\partial x_j} = \frac{\hat{c}_{a\alpha}}{\phi_\alpha} - \bar{\bar{\rho}}_\alpha \varphi_\alpha - \frac{1}{\phi_\alpha}\frac{\partial J_{a\alpha j}}{\partial x_j}; \quad a = 1, \ldots, s \tag{7.36}$$

where $\hat{c}_{a\alpha}$ is the net mass generation rate per unit volume and $\mathbf{J}_{a\alpha}$ is the *mass diffusion flux* of constituent a in phase α. $\hat{c}_{a\alpha}$ accounts for the combined effects of nucleation, condensation, evaporation, aggregation, fragmentation, and chemical reactions. The constituent mass generation rate is equal to zero if no constituent is produced or consumed, while its mass flux can be produced with or without chemical reactions. Conservation of mass of each chemical constituent then requires

$$\sum_{a=1}^{s} \omega_{a\alpha} = 1, \quad \alpha = 1, \ldots, \gamma; \quad \sum_{a=1}^{s} \hat{c}_{a\alpha} = \hat{c}_\alpha, \quad \sum_{\alpha=1}^{\gamma} \hat{c}_\alpha = 0 \tag{7.37}$$

The diffusion flux $\mathbf{J}_{a\alpha}$ accounts for the diffusion of component a relative to the mean flow of phase α and, according to the kinetic theory (Hirschfelder et al., 1954), it is proportional to the mass fraction gradient

$$\mathbf{J}_{a\alpha} = -\mathbf{K}_{a\alpha} \cdot \nabla \omega_{a\alpha} \tag{7.38}$$

where $\mathbf{K}_{a\alpha}$ is the *mass diffusion tensor* that accounts for the effects of turbulence.

The Eulerian formalism is useful for modeling the continuous gas phase and large number of fine particulate phases of the mixture because these strongly interact with each other through collisions and turbulence. The large particles, on the other hand, are affected much less by the gas and small particulate motions and tend to follow ballistic trajectories. Their motions are more easily described by kinetic equations.

7.2.6. Coarse–particle kinetic equations

Large particles can collide and fragment into smaller particles in a volcanic plume. Particles can aggregate into larger particles when they are wet, because of the condensation of plume volatiles and scavenging action of fine particulates. Large particles fall to the ground in the form of raindrops, pumices, accretionary lapilli, and blocks. Aggregation is particularly effective in phreatomagmatic eruptions because of the large releases of water vapor into the atmosphere. The deposits of Phlegraean Fields and Vesuvius supply ample evidence of the fallout of such particulate matter during the eruptions of these volcanoes (Cioni et al., 1992; Rosi, 1992). As discussed above, coarse particles can be grouped into clusters according to Equation (7.5), with m_c being the particle cluster mass, $\mathbf{v}_c$ the particle cluster velocity, and h_c the particle cluster enthalpy. Each cluster c consists of N_c particles and this number changes temporarily and spatially. The conservation of mass, momentum, and energy for each cluster can then be written as follows:

Conservation of mass:

$$\frac{dm_c}{dt} = \hat{\omega}_c, \quad c = 1, \ldots, n \tag{7.39}$$

where $\hat{\omega}_c$ is the mass generation rate for cluster c, and it includes mass change from volatilization, evaporation and condensation, chemical reactions, fragmentation, and aggregation.

Conservation of momentum:

$$\frac{dm_c\mathbf{v}_c}{dt} = \mathbf{F}_c + m_c\mathbf{g} + \hat{\omega}_c\mathbf{v}_c \tag{7.40}$$

In this equation, $\mathbf{F_c}$ is the resultant surface force and $\mathbf{g}$ the resultant body force per unit mass acting on the particles of cluster c. The resultant force is produced from the stress $\boldsymbol{\tau}_c$ acting on the particles of c

$$\mathbf{F}_c = \int_{A_c} \boldsymbol{\tau}_c \cdot \mathbf{n}\, dA \tag{7.41}$$

where A_c is the surface area of particles belonging to c and $\mathbf{n}$ is the unit normal vector to A.

Conservation of angular momentum:

$$\frac{d(\mathbf{I}_c \cdot \boldsymbol{\omega}_\mathbf{c})}{dt} = \int_{A_c} \mathbf{r}_c \times (\boldsymbol{\tau}_c \cdot \mathbf{n}) dA + \mathbf{N}_c \tag{7.42}$$

where $\mathbf{I}_c$ is the inertia tensor and $\boldsymbol{\omega}_c$ the angular velocity of cluster c. $\mathbf{r}_c$ is the position vector from the center of rotation to the center of mass of the cluster, and $\mathbf{N}_c$ is the resultant moment acting on c.

Conservation of energy:

$$\frac{dm_cH_c}{dt} = \dot{Q}_c + m_cr_c + \hat{\omega}_cH_c + \mathbf{F}_{\mathrm{ct}} \cdot \mathbf{v}_\mathrm{c} \tag{7.43}$$

where H_c is the total enthalpy which consists of cluster (specific) enthalpy h_c, cluster kinetic energy $\frac{1}{2}v_c^2$, and cluster potential energy gz, where z is the height above the surface of the volcano. $\dot{Q}_c$ is the rate of heat transfer to the cluster, r_c is the cluster heat generation rate, and $\mathbf{F}_{\mathrm{ct}}$ is the resultant tangential force acting on cluster particles.

Equations (7.39)–(7.43) must be solved together with the equations of Sections 7.2.4 and 7.2.5 and an appropriate set of constitutive equations which account for specific materials exchanging mass, momentum, and energy in the mixture.

7.2.7. Additional modeling considerations

The material transport model described above is sufficiently general to be able to model a wide variety of processes in volcanic eruption columns. These include particle–particle and particle–gas interactions, phase changes, and chemical reactions between the constituents of the mixture.

The mass transport Equations (7.35)–(7.39) include phase changes and chemical reactions, the momentum Equations (7.26) and (7.40) allow for the exchange of forces between the constituents of multiphase mixture, and the energy transport Equations (7.28) and (7.43) allow for the exchange of heat and work between the phases and chemical constituents of the mixture. The inertia and dilatancy transport Equations (7.30) and (7.31) include the effects of averaging over small scales of the flow and thus provide a feedback between the small and large scales of the flow. The coarse-particle angular momentum Equation (7.42) accounts for the effects of spins of large particles. The distribution of different size particles in the plume as given by Equation (7.4) is more restrictive than the mass conservation Equations (7.35) and (7.36), because the mass generation rate $\hat{c}_{a\alpha}$ in these expressions can include more general constitutive relations than those on the right side of Equation (7.4).

The Eulerian transport equations can be written in the following general form

$$\frac{\partial \Phi_\alpha}{\partial t} + \nabla \cdot \mathbf{v}_\alpha \Phi_\alpha + \nabla \cdot \mathbf{J}_\alpha = S_\alpha, \quad \alpha = 1, \ldots, m+1 \tag{7.44}$$

where Φ_α is a vector of dependent variables, $\mathbf{J}_\alpha$ are the fluxes, and S_α are the source terms of Eulerian phases. The coarse-particle kinetic equations can be expressed as follows

$$\frac{d\Phi_c}{dt} = S_c, \quad c = 1, \ldots, n \tag{7.45}$$

where Φ_c and S_c are the coarse-particle dependent variables and sources, respectively. The conservation law form of Equation (7.44) is suitable for numerical solution as further discussed in Section 7.3.

In order to investigate the mathematical structure of Equation (7.44), it is convenient to rewrite it in the form of primitive variables

$$\frac{\partial \Phi_\alpha}{\partial t} + \mathbf{A} \cdot \nabla \Phi_\alpha = \tilde{S}_\alpha \tag{7.46}$$

where the matrix $\mathbf{A}$ and source terms $\tilde{S}_\alpha$ do not contain any derivatives of dependent variables. The system given by Equation (7.44) is hyperbolic whenever all eigenvalues of the matrix $\mathbf{A}$ are real and distinct, and this implies that the eigenvectors corresponding to the eigenvalues of $\mathbf{A}$ are linearly independent. When some of the eigenvalues are complex, however, the problem becomes ill-posed and renders any numerical finite difference method prone to numerical instability. This may occur, for example, when some void fractions become equal to zero. Dobran et al. (1993) avoided this difficulty by switching to single-phase flow calculations whenever the void fractions fell below 10^{-15}.

7.3. NUMERICS

As indicated in previous sections, volcanic eruptions are characterized by a wide spectrum of both time and length scales. This together with the length scales that are to be solved in order that a Global Volcanic Simulator be a faithful prediction tool require that a great deal of attention be paid to the discretization of the governing equations. Previous numerical techniques used in the studies of volcanic plumes have, in most cases, dealt with two-dimensional flows and conventional upwind discretizations of the advection terms in the momentum and energy equations (Valentine and Wohletz, 1989; Dobran et al., 1993, and subsequent works using the same computer code). Higher-order upwinding schemes use flux-limiters techniques (Sweby, 1984; Leonard and Mokhtari, 1990) in order to avoid numerical instabilities. Some of these techniques also use an immersed boundary method to describe the volcano topography. This technique is based on the introduction of source terms into the continuity, linear momentum, and energy equations that mimic the presence of an immersed, no-slip boundary (Kim et al., 2001).

While first-order accurate upwind discretizations enhance the diagonal dominance of the coefficient matrices and avoid unphysical oscillations at mesh Reynolds numbers larger than 2, they produce a large amount of artificial viscosity that, in addition to being larger than the physical one, produces smearing. This effect is particularly important in the case of volcanic eruptions where shock waves may be present and the typical dimensions may be on the order of 50 km in height and 100 km in diameter. If, for such conditions and in the absence of crosswind, we assume a kinematic viscosity identical to that of the air at standard pressure and temperature, that is $\nu = 1.5\,\mathrm{m^2\,s^{-1}}$, and a characteristic velocity on the order of $50\,\mathrm{m\,s^{-1}}$, and a $100 \times 100 \times 100$ grid, so that the mesh size is on the order of 1 km, the mesh Reynolds number is much larger than 2 and an upwind discretization of the advection terms introduces an artificial (kinematic) viscosity on the order of $10^4\,\mathrm{m^2\,s^{-1}}$. This viscosity is much larger than the kinematic viscosity of air and produces a much more viscous flow than the one that we are trying to resolve. A similar comment applies to meteorological predictions based on first-order upwind discretizations of the advection terms in coarse grids. Note that our estimates are based on laminar flows and that these are overestimates, since volcanic eruptions involve turbulence which produces turbulent viscosities that are usually much larger than laminar ones, except near the ground.

Although the amount of artificial viscosity can be somewhat reduced by higher-order upwind discretizations of the advection terms, the resulting finite difference equations are less stable and robust, require more grid points, and, therefore, pose more difficulties in the imposition of boundary conditions than first-order upwind differences (Morton, 1966). In spite of being claimed that the use of locally one-dimensional methods based on the solution of linear advection–diffusion equations can yield less artificial diffusion than first-order upwind techniques, these claims are incorrect, for it can be easily shown that, at large mesh Reynolds numbers, these techniques become first-order accurate upwind methods.

In addition to the issue raised above, attention should also be paid to the 'irregularity' of the topography of the surroundings of a volcano as well as to the effects of crosswinds that deflect the pyroclastic plume (Oberhuber et al., 1998; Graf et al., 1999) and affect both its dynamics and thermodynamics in a different manner in the windward side than in the leeward one. The fact that the topography is irregular not only affects the flow near the ground, but also the discretization of the governing equations in a major manner and opens an interesting issue related to the employment of structured or unstructured grids (Ollivier-Gooch and Van Altena, 2002). Although unstructured grids are more versatile and can be adapted to irregular boundaries more easily than structured ones, they have the inconvenience that one must keep track of the vertices and sides of control volumes to either make the appropriate interpolations or approximate the fluxes at interfaces when either finite difference or finite volume methods are employed for the discretization of governing equations of Section 7.2.

An alternative to unstructured grids is the use of local grid generation techniques that map an irregular part of the flow domain into a regular one and thus allow for the concentration of grid points in the regions of high-flow gradients or boundary curvature. Although the smoothness of these grid generation methods can, to a large extent, be controlled by means of elliptic grid generator methods, one should note, for example, that, sufficiently high above the ground, standard structured grids are more convenient. The grid lines at the interfaces between these grids and those obtained by local grid generation may, however, not coincide or, if they do coincide, may exhibit cusp points. In addition to the above issues, attention should also be paid to the conservation characteristics of the discretization of governing equations, especially when shock waves are produced near the volcanic vent.

This section consists of several parts. In Section 7.3.1, a DD method at the physical level is presented. Then, in Section 7.3.2, the discretization of the governing Eulerian equations by means of a finite volume formulation in each domain is discussed and a brief description of the system of (discretized) algebraic equations is presented. Section 7.3.3 deals with the discretization of Lagrangian equations. A special attention to the verification of the accuracy of the numerical plume dispersion model is presented in Section 7.3.4. A description of the parallel computer implementation of the finite volume method in unstructured meshes is presented in Section 7.4.

7.3.1. Domain decomposition at the physical level

As indicated above, the spatio-temporal dynamics and thermodynamics of volcanic eruptions involve a large spectrum of length and time scales; that is, shock wave formation and propagation, air entrainment, coagulation, tephra fallout, etc., several phases, and an irregular 'topography'. In addition, the presence of crosswind affects the plume dynamics and thermodynamics.

Due to the large number of scales that characterize volcanic eruptions, the physical domain has been partitioned into several overlapping subdomains as indicated in Fig. 7.3. The domains can be classified into two main categories: Regular

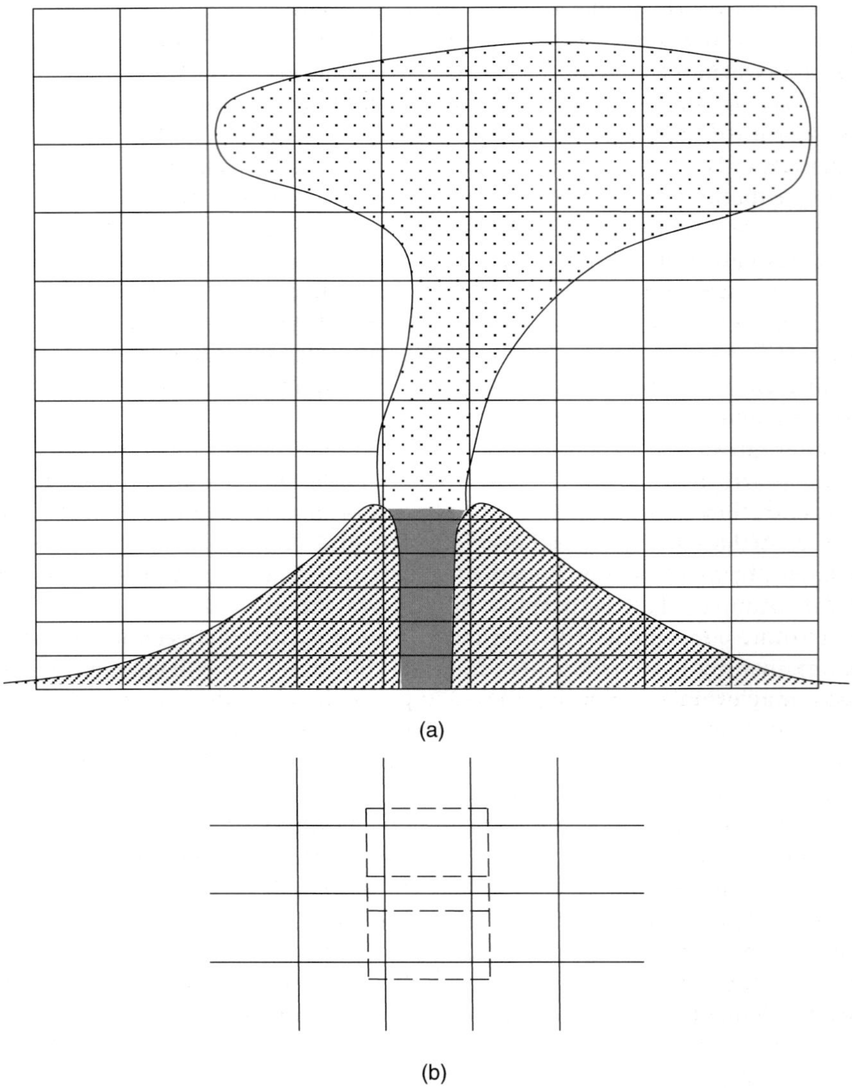

Fig. 7.3. Schematic illustration of a mesh around a volcano including the plume (a) and detail of overlapping subdomains/blocks (b).

and irregular domains. Irregular domains are those that are located near the ground and are adapted to the topography of the volcano surroundings. Roughly speaking, these domains can be defined as those between an imaginary plane perpendicular to the axis of and above the volcanic vent and the ground, and may be characterized by large aspect ratios. The regular domains, on the other hand, extend from this imaginary plane to the maximum height which is used as a boundary. This height may be located in the strastosphere or above, depending on the intensity of the eruption.

When crosswinds are present, the plume is deflected and the computational domain has to be extended in the leeward direction in order to follow this deflection. This may be accomplished by adding irregular and regular domains in such a manner that the plume is always located within the computational domain. In addition, some of the domains in the windward side can be eliminated. The addition and deletion of domains is performed in such a manner that the conservation of mass, momentum, and energy are ensured by using interpolation and global conservation principles. This has the advantage that the whole computational domain is being adapted to the crosswind and lateral motion of the plume in a quasi-static fashion. This quasi-static domain adaption technique is somewhat analogous to mesh refinement techniques where grid points are added/deleted as the solution evolves, such as, for example, in the *h*-version of the finite element method (Demkowicz et al., 1985). Such an adaption is based on the lateral deflection of the plume from the crosswind velocity, time step used in the simulations, and a safety factor in order to ascertain that the plume is always located within the computational domain. Since the grid is enlarged in the leeward side of the plume and may be decreased in the windward one, and, since the wind direction may vary with time, this adaption technique is a general one and may result in a large number of domains in the direction of the wind and a small number of domains in the transversal direction.

As indicated above, the addition and deletion of subdomains has to be performed in such a manner that the global conservation properties are not violated. This can be achieved by imposing the appropriate fluxes on the faces of the domains that are added and by modifying those near the ones removed. This does not pose any problems if the domains added in the leeward side or deleted in the windward side are sufficiently far from the plume.

The reason for using overlapping rather than non-overlapping domains is that at the interface of the latter the continuity and smoothness conditions of the flow variables have to be imposed, because the interface between two adjacent non-overlapping subdomains is a sharp one. Such conditions of continuity and smoothness do not necessarily ensure conservation of fluxes normal to these interfaces, and require the use of Dirichlet–Neumann, Dirichlet–Robin, or Neumann–Robin cycles in adjacent subdomains to achieve convergence in an iterative fashion. These iterative cycling techniques have been shown to converge for strictly elliptic problems in smooth domains, but their rate of convergence deteriorates drastically if the domains are non-smooth, that is if one of the domains exhibits sharp corners (Ramos and Soler, 2001).

7.3.1.1. Multiblock strategy

The basic idea of this strategy is to break up the domain into several smaller blocks (essentially an ultra coarse mesh) and then generate separate meshes in each individual block (Eriksson, 1982; Eiseman, 1985). Fig. 7.4 illustrates this idea by showing a schematic of a block decomposition for the region near the ground. This figure shows that a subdomain is geometrically much simpler than the full

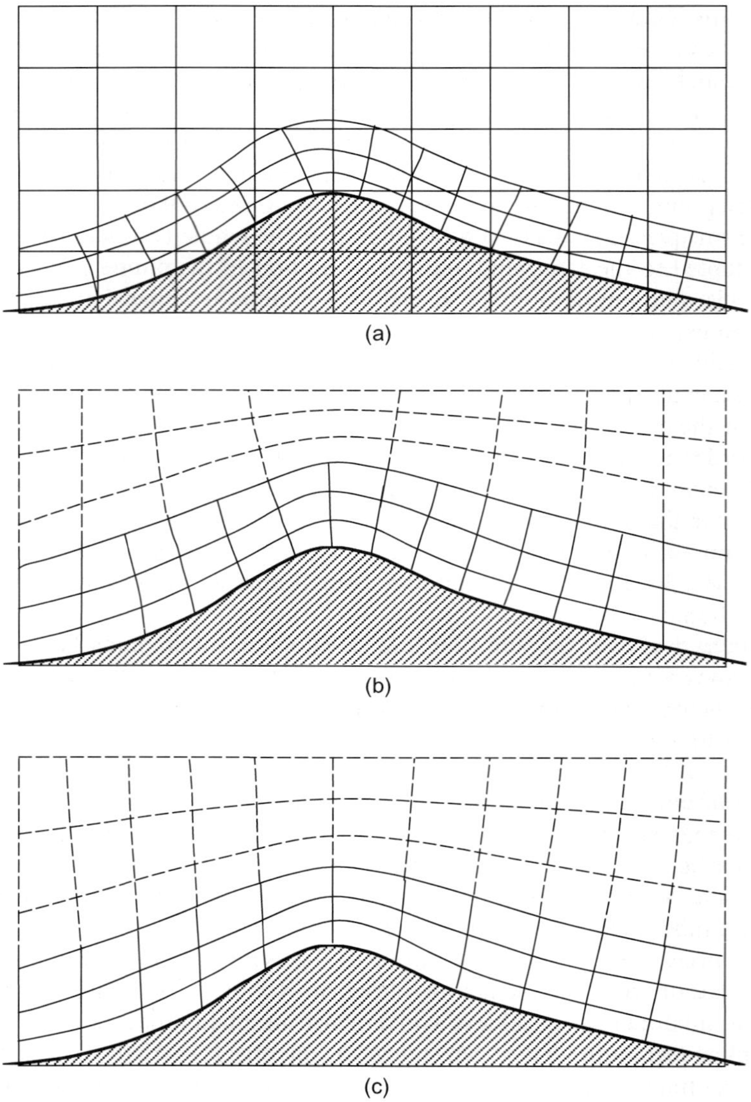

Fig. 7.4. Overset mesh combination (a), patched mesh combination (b), and composite mesh combination (c).

configuration and that, therefore, it can be easily meshed either by solving a partial differential equation or, alternatively, by using an algebraic method. It is, in fact, common practice nowadays to create the mesh in any particular block by an algebraic method such as transfinite interpolation and then smooth the mesh by some iterations of an elliptic solver (Eriksson, 1982; Eiseman, 1985).

There are several variants of the multiblock technique, depending on whether or not continuity of mesh lines is maintained across the block boundaries. Overset methods (Fig. 7.4a) represent one extreme situation where no attempt is made to match meshes from neighboring blocks or subdomains (Chesshire and Henshaw, 1990). The lack of any constraint at the subdomain boundaries means that mesh generation for the individual subdomains is much easier. In particular, there is no *a priori* need to create block interfaces and this advantage has facilitated an early application of the overset approach to complicated geometries. Another advantage of permitting such a loose connection between neighboring meshes is the possibility of treating moving body problems. Since the penalty for these advantages lies in the need to transfer information between neighboring meshes, this requires a means of determining an appropriate overlap region and the development of interpolation formulae to ensure accurate data transfer.

A patched multiblock mesh (Fig. 7.4b) has an *a priori* defined block structure with blocks that conform with their respective block boundaries, but without the need to maintain continuity of mesh lines between neighboring blocks. Interpolation at block boundaries is now less demanding than that required by an overset system. This approach has the advantage of allowing a highly refined mesh in specific regions without imposing unnecessary refinement elsewhere. A composite multiblock mesh (Fig. 7.4c) can be regarded as a special case of the patched approach in which the mesh lines are required to be continuous across block interfaces, that is, subdomains (Thompson, 1987). This has the drawback that the mesh refinement in one block, involving an increase in the number of mesh points on block boundaries, will induce a corresponding refinement in neighboring blocks and so on throughout the mesh. It does, however, ensure continuity of the mesh lines. Mesh smoothness is further enhanced by requiring slope continuity across block interfaces as well. Although a composite multiblock mesh is more difficult to create than an ordinary patched multiblock one, it has significant advantages (usually there is no need to interpolate the solution) that arise from the continuity of mesh lines. It is, therefore, not surprising that most of the commercial computational fluid dynamics (CFD) codes now offer structured mesh generators that exploit a composite multiblock approach (Thacker, 1980).

The requirement to define the position and mesh discretization of the block interfaces remains a largely manual task. A good graphics user interface (GUI) can ease the burden of creating the block structure, but it can still be a time-consuming process. More significantly, the difficulty of automating this process inhibits the use of composite block methods for solving time evolving problems, or other situations such as automatic design, where the boundary shape is changing. It may then be necessary to alter the block interface positions, or even the block arrangement and connectivity (block topology), leading to potentially insurmountable difficulties if automated blocking is not possible.

Multiblock and structured mesh generation techniques have improved steadily over the last 20 years and have reached a state of relative maturity. Commercial software is now available that provides the user with a GUI to create multiblock meshes around configurations of essentially arbitrary complexity. In practice, new meshes are often required for configurations whose overall shape is not too different from the one analyzed in a previous computer run. Aerodynamic design, for example, may require many runs to develop a new wing or to determine the optimum placement of a nacelle. Slight changes in wing shape or nacelle alignment do not affect the block topology which remains unchanged from one run to the next. It is, therefore, not surprising that topology libraries containing templates for the block decomposition of different aircraft configurations are now used extensively throughout the aircraft industry to ease the difficulties associated with the construction of a multiblock mesh.

The user is still forced to identify and construct the required bounding interfaces for each multiblock subdomain whenever a radically new configuration is considered, and thus the lack of an automated blocking capability remains a major weakness of all multiblock methods. Despite the development of several user-friendly utilities to assist in this task, generating new multiblock decompositions for structured meshes remains a time-consuming task involving an excessive amount of human interaction.

7.3.1.2. Cartesian methods

It is generally accepted in CFD that a boundary conforming mesh is desirable to achieve accurate solutions from any numerical solver. If one is willing to sacrifice this requirement, the mesh generation becomes a much simpler task. Difficulties arise at the boundary where the Cartesian mesh intersects the boundary surface. Although finite difference methods can be derived to interpolate the boundary conditions onto the nearest mesh points, it is difficult to ensure solution accuracy. If extra points are inserted where mesh lines intersect the surface, however, it is then possible to create a boundary conforming mesh. In this respect, boundary conforming Cartesian methods are seen to be closely related to Octree-based triangulation methods (Shephard and Georges, 1991; George and Borouchaki, 1998; Frey and George, 1999). In fact, the elements obtained from the Octree and their intersection with the boundaries are precisely the elements that make up the Cartesian mesh (Fig. 7.5). Conversely, any Cartesian mesh can be converted into an Octree type triangulation by splitting all elements into tetrahedra (triangles in two dimensions).

Most of the elements in a Cartesian mesh will be hexahedra, although the elements adjacent to the surface can be expected to assume a variety of polyhedral shapes, depending on the way in which an Octree hexahedron intersects any given region of the boundary surface. A Cartesian mesh is, therefore, well suited for use by a finite volume or finite element method that can accept arbitrarily shaped elements. Given the close affinity between Cartesian meshes and Octree-based triangulations, it is to be expected that they share the same advantages and limitations. In particular, the problems of correctly finding the intersection between the Cartesian/Octree mesh and the boundary surface, identifying the element shapes for the intersected Cartesian cells, and adequately refining the mesh near small boundary features are substantial. Cartesian mesh methods also suffer from the drawback that the surface discretization is not known beforehand and it is, therefore, often difficult to ensure a good surface mesh quality. On the positive side, the surface

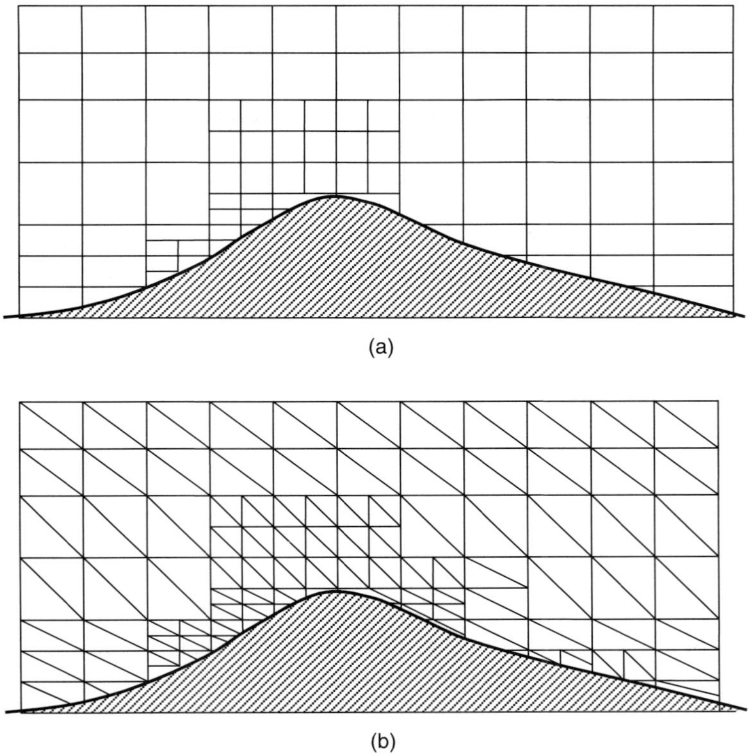

Fig. 7.5. An Octree decomposition near the ground (a) and conversion of the Octree decomposition into a triangulation (b).

discretization is a by-product of volume discretization and it is, therefore, possible to generate meshes around highly complex geometries without the need for carefully crafted surface meshes. In fact, the surface definition can be obtained directly from the CAD description, provided there is a utility to determine the intersection of a given line with the surface. Since Cartesian and Octree-based mesh generation methods circumvent the need for prior creation of a surface mesh, a significant advantage is achieved in the turnaround time from the design prototype to the flow solution.

7.3.1.3. Mesh near the ground

As stated above, volcanic eruption plumes are turbulent and turbulence is one of the unsolved problems of physics which is characterized by a very broad spectrum of time and length scales. This disparity in length scales produces a difficulty for appropriately resolving turbulence except for flows in simple geometries at low Reynolds numbers. This implies that turbulence modeling of volcanic plumes is necessary (Section 7.2) in order to account for small scales, and that this modeling will have a major impact on mesh generation, especially near the ground where there is a need to create highly stretched mesh elements inside boundary and shear layer regions.

There is a reasonable body of experience with structured meshes that justifies their use for Navier–Stokes computations. For unstructured meshes, there is less evidence to draw on and there is a general suspicion that highly stretched tetrahedra are not suitable mesh elements for the computation of viscous layers in high Reynolds number flows.

The generation of anisotropic, or highly stretched, elements poses a number of difficulties in the mesh generation process. In particular, it is necessary to maintain careful control over point placement and mesh connectivity to ensure adequate mesh quality; that is, the element interior angles should not be much larger than 90 degrees, high aspect ratio elements should be aligned with the boundary surface, etc. These problems have been addressed in various ways by means of:

1. Tetrahedral mesh-mapping techniques that apply an affine transformation to a triangulation so as to create an anisotropic layer of elements (Mavriplis, 1990, 1995; Peraire et al., 1992).
2. Tetrahedral mesh-advancing layers methods that introduce an advancing layers method to create anisotropic meshes wherever boundary layers can be expected by, for example, extruding tetrahedra (Pirzadeh, 1996).
3. Hybrid meshes (Kallinderis et al., 1996).

It is known that the truncation error of a finite volume discretization depends on the shape of the control volume. In particular, a trapezoidal approximation for a vertex-based method, though nominally second order, becomes first-order accurate unless the control volume possesses central symmetry. For a vertex-based discretization, the control volume associated with a given point typically corresponds to the boundary of the collection of elements incident at that point. For a cell-centered discretization, it is the element boundary that functions as the control volume. On a structured mesh of hexahedra, one can generally expect central symmetry at all mesh points unless there are extreme distortions in the mesh. A planar triangulation will have central symmetry if the triangles are all equilateral, resulting in hexagonal control volumes for vertex-based schemes. In an anisotropic layer of highly stretched triangles, the central symmetry can only be achieved if the mesh maintains a structured appearance (that is, advancing layers) and all the diagonal edges are oriented in the same direction. In a tetrahedral mesh, however, it appears impossible to achieve the central symmetry under any circumstances. If this is the case, it is then necessary to maintain this symmetry of control volumes in boundary layer regions.

If prism-shaped elements are used in the viscous layer, the central symmetry will be preserved, provided that there is good triangle quality in the lateral direction parallel to the boundary surface. By combining prismatic elements with a tetrahedral mesh, one might expect to achieve solutions of Navier–Stokes equations that match the accuracy of computations on structured hexahedral meshes. Since the prism layer is unstructured in the lateral direction, there is much more flexibility in handling complex geometries and a greater opportunity to achieve a high level of automation in the mesh generation process than would be the case with purely hexahedral elements. For these reasons, hybrid meshes of prisms and tetrahedra have considerable appeal as the best compromise to achieve accuracy in turbulent computations while permitting ease of mesh generation for complex configurations.

It must be pointed out, however, that there is little hard evidence to support the contention that using prisms in the boundary layer region is more accurate than using tetrahedra, or that hybrid meshes achieve the same accuracy as composite multiblock meshes made up of hexahedra. Structured multiblock methods achieve good accuracy, but are time consuming to apply. Tetrahedral meshes with anisotropic elements in boundary layer regions are easier to create, but their accuracy is suspect. Overset methods represent a compromise between ease of use and their purported solution accuracy for viscous flows.

It seems likely that the trade-off between accuracy and ease of use will shift, so that, perhaps, one of the meshing methods will stand out as clearly superior in meeting the dual requirements of solution accuracy and ease of application. In the best of all possible worlds, one might hope that all mesh generation methods would one day meet this goal. At the time of writing, it appears that composite multiblock meshes of hexahedra offer the best accuracy for turbulence computations, but the lack of an algorithm for automated block decomposition renders these meshes time consuming to create. At the other extreme, the Cartesian approach offers essentially fully automated mesh generation, but the poor quality of mesh elements near boundary surfaces severely limits the accuracy of these mesh types, particularly for turbulent computations. Overset meshes of hexahedra represent a compromise that lies between these two extremes; they are more complicated to set up than tetrahedral meshes and computations on overset meshes are arguably less accurate than comparable computations on composite multiblock hexahedral meshes. In fact, our recent experience suggests that the accuracy achieved on carefully constructed overset meshes may be on a par with the accuracy obtained by computations using composite multiblock meshes.

Accurate and fast simulations of volcanic eruptions depend on the rapid turnaround of many computer simulations involving several million mesh points. This requirement places a premium on computational efficiency and can often influence the choice of mesh type. Most vertex-based methods, for example, exploit an edge-based data structure so that the computational efficiency is directly related to the number of edges in a mesh. For a given number N of mesh points, the number of edges in a hexahedral mesh is approximately $3N$, the number of edges in a mesh made entirely of prisms is approximately $4N$, while a tetrahedral mesh contains roughly $7N$ edges. All other things being equal, prisms should be preferred over tetrahedra when running edge-based flow solvers. Likewise, hexahedra should be preferred over both prisms and tetrahedra. The construction of hybrid meshes, containing large regions meshed by hexahedra wherever this can be easily accomplished, is a common practice for both laminar and turbulent flow computations.

Whether automated blocking is possible for composite multiblock meshing has been an open question for the last 20 years and it is likely to remain so without radical new insights. In the absence of a satisfactory answer, it seems reasonable to look for ways that might lead to some degree of automation and thereby reduce the amount of human labor that is needed to create composite multiblock meshes around highly complicated configurations. One option might lie in exploiting the high degree of automation achieved by tetrahedral meshing methods. It is possible that this geometric structure could be used to guide the decomposition of the flowfield into large hexahedral blocks, leading to a partial resolution of the automated blocking problem.

Alternatively, one may ask whether the accuracy of flow computations run on tetrahedral meshes could be improved to match the accuracy attained on comparable composite multiblock hexahedral meshes. To achieve this goal, it will be necessary to reach a deeper understanding of the relation between element type and the accuracy of the discretization formulae that are used to approximate the flow equations, particularly on highly stretched meshes. This depends, of course, on the way in which the flow equations are discretized, since different flow solvers can be expected to exhibit varying degrees of sensitivity to different mesh types. As an example of the subtle interplay between mesh stretching and the flow solver algorithms, one notes how the least-squares approach for estimating flow gradients can be quite inaccurate in boundary layer regions. This often results in increased artificial dissipation in the boundary layer, leading to a less accurate flow solution and poorer estimates of flow friction. Much more work needs to be done to understand how mesh behavior influences the accuracy of discretization formulae and to what extent one can build flow solvers that are reasonably tolerant of mesh imperfections and idiosyncracies.

The success of tetrahedral mesh generation in achieving a high degree of automation has also moved attention to the more time-consuming aspects of mesh generation, namely surface mesh generation and the CAD interface. From the point of view of the user, an ideal black-box mesh generation system would consist of a seamless suite of software to clean up imperfections in the CAD description, automatically generate a surface mesh to meet a required mesh density, and then create a volume mesh. All this would, of course, be done at the push of two or three buttons to specify certain parameters, that is the accuracy to which the true surface is approximated, the height of the first element off the surface, the total number of mesh points, etc. As noted above, the Cartesian/Octree methods circumvent the need for surface mesh generation and can, in principle, be linked directly to a CAD interface.

Is it perhaps not too far fetched to imagine that different mesh generation methods might one day combine to achieve the goal of black-box mesh generation. For example, a Cartesian volume meshing method might be used to obtain an initial surface triangulation that could be adaptively improved to produce a good quality surface triangulation. A tetrahedral mesh generator could take this surface triangulation and reliably create a good quality volume mesh of tetrahedra. If, as suggested above, this tetrahedral mesh could be exploited to achieve a semi-automated block decomposition of the flow field, then a composite multiblock hexahedral mesh could be generated with little need for human intervention.

7.3.2. Finite volume discretization of the Eulerian equations

In each block/subdomain, the Eulerian equations presented in Section 7.2 are discretized by means of finite volumes in space. Both collocated and staggered grid arrangements can be used (Fig. 7.6). Due to the disparate time and length scales involved in volcanic eruption plumes, the governing equations are stiff. Therefore, if explicit methods were used to solve the discretized form of the governing equations, the time step would be controlled by the fastest decaying process and a large number of time steps would be required to perform a volcanic eruption simulation. This can be avoided by using an implicit discretization which requires an iterative procedure for the solution of the discretized equations in each subdomain and may

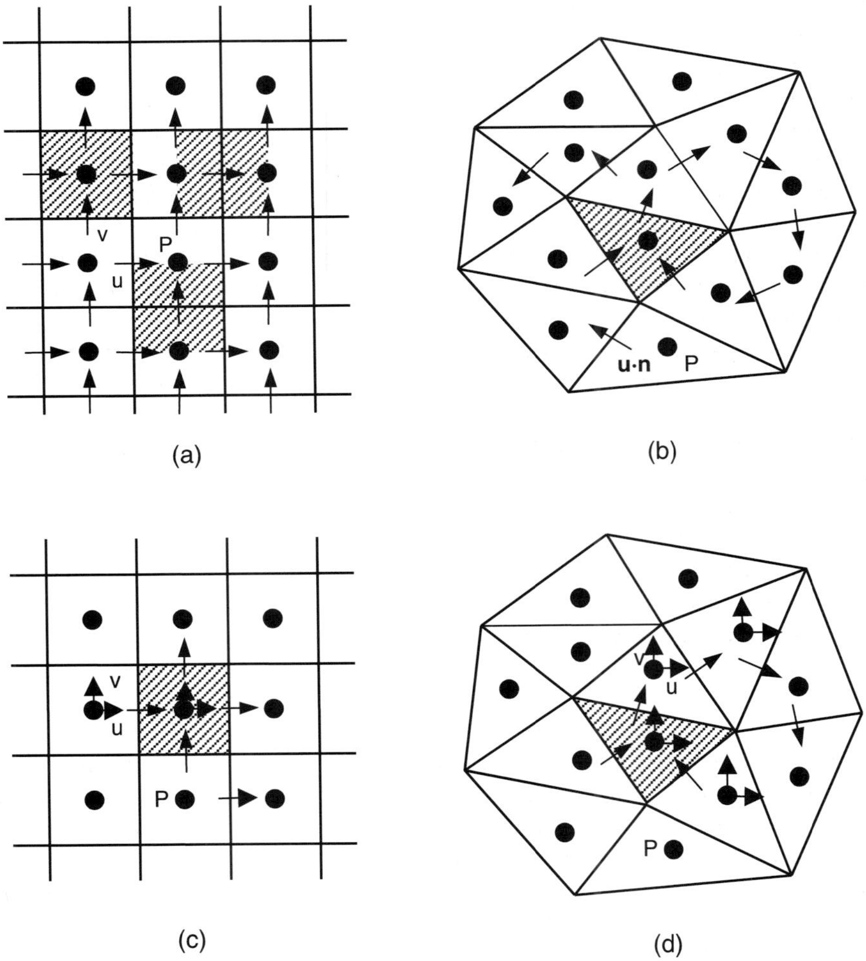

(a) (b)

(c) (d)

Fig. 7.6. Schematic of the staggered (a) and (b) and collocated (c) and (d) schemes for structured (a) and (c) and unstructured (b) and (d) meshes.

pose some communication problems amongst the different processors when parallelism is used to solve these equations.

The discretization of Eulerian equations is based on cell-centered grids, first- or second-order accurate time-linearization with respect to the previous time level, and second-order accurate spatial discretizations for the source and diffusion-like terms. The time-linearization results in linear partial differential equations in space at each time level.

The advective fluxes are discretized by means of a weighted essentially non-oscillatory (WENO) method (Jiang and Shu, 1996; Shu, 1996) that is second-order accurate in non-smooth regions and third-order accurate in smooth ones. This method is based on a Lagrange interpolation of the cell-centered quantities to determine the advective fluxes and includes smoothness indicators. These indicators measure the smoothness of a particular interpolation polynomial and are related to the L^2-norm of all the derivatives of the interpolation polynomial. Some advantages of this technique include its third-order accuracy in smooth regions, second-order accuracy in non-smooth regions such as shock waves, use on unequally spaced grids, and the elimination of the loss of accuracy associated with total-variation diminishing (TVD) and essentially non-oscillatory (ENO) techniques near discontinuities. In addition and due to the presence of smoothness indicators in WENO techniques, these methods can be easily employed for local grid adaptation. For example, one may evaluate the largest difference between different smoothness indicators in a single cell or control volume, and if this difference exceeds a user's specified value or the solution is not very smooth, the grid cells can be added by splitting the cell where this occurs into two new ones. In a similar fashion, one can merge two cells into one whenever the largest smoothness indicators drop below a user's specified lower threshold. The thresholds for cell splitting or merging are problem specific and have to be selected in a trial-and-error fashion. Moreover, in order to prevent loss of stability and accuracy when cell splitting is performed, the cell-centered values in the new grid should be determined in accord with WENO principles, that is, by integrating the interpolation polynomials over the new cells.

Using a time-linearization method for both Eulerian and Lagrangian (Section 7.3.3) phases, together with the discretization of spatial derivatives in each subdomain and the time-linearization of source terms, produces a linear system of algebraic equations of the form

$$\mathbf{A}\mathbf{x} = \mathbf{b} \tag{7.47}$$

where $\mathbf{A}$ is the coefficient matrix and $\mathbf{x}$ and $\mathbf{b}$ are the vectors of unknown and known quantities, respectively. The matrix $\mathbf{A}$ also includes the boundary conditions, which for the overlapping domains considered here are of the Dirichlet type and must be updated due to the coupling between adjacent subdomains.

As stated above, the spatial accuracy of the method considered here is second-order in non-smooth regions and third-order in smooth ones, whereas the time accuracy is either first- or second-order, depending on whether the time discretization is performed by means of a standard implicit or trapezoidal rule. First-order temporal accuracy may not be enough (because of large time steps that may have to be used in order to predict the evolution of volcanic eruptions in a reasonable time) due to the accumulation of temporal discretization errors, and, especially, when the time step is much larger than the largest characteristic time of volcanic processes within the plume. In this case, the time-linearization technique which corresponds to a single iteration of the Newton–Raphson method can be replaced by a predictor–corrector method, where the predictor is the time-linearization method just described and the corrector is based on a quasilinearization method where the linearization is performed with respect to the previous iteration. Due to the quasilinearization, linear algebraic equations result at each iteration, and iterations have to be carried out as many times as required until a user's specified convergence criterion is satisfied. This iterative technique is of special interest, especially if approximate factorization methods are employed to reduce the computation of three-dimensional flow fields in a three-dimensional subdomain to a sequence of solutions of either one- or two-dimensional problems, due to the factorization errors introduced by the approximate factorization.

7.3.3. Discretization of the Lagrangian equations

As described in Section 7.2, the clusters of large particles will be treated in a Lagrangian fashion by accounting for their mass, linear and angular momenta, and energy exchanges among both themselves and those phases belonging to the Eulerian group. These mass, momentum, and energy equations are governed by nonlinear ordinary differential equations which are solved by a second-order time-linearization method, whereby the nonlinear terms are linearized with respect to the previous time level. This method results in linear algebraic equations at each time level and can be interpreted as the first iteration of an iterative Newton–Raphson technique. It has the inconvenience that the linearization is performed with respect to the previous time level, which may produce substantial errors (despite of its A-stability) if the time step is sufficiently large. This is not only due to the leading-order (temporal) truncation errors, but also because the clusters may cross several computational cells in a single time step where the flow characteristics are quite different from those where the linearization was performed. This disadvantage may, however, be reduced by using a predictor–corrector method whereby the predictor step is based on the time-linearization technique described above and the corrector step uses a weighted source term that depends on the time spent in different cells during the time step (Fig. 7.7). This means that, in addition to the three spatial coordinates that identify the location of a cluster and its mass, velocity, and energy, one must also account for the fraction of time that each cluster spends in a computational cell per time step as shown schematically in Fig. 7.7.

The time discretization of Lagrangian phases equations can be written as a system of linear algebraic equations

$$\mathbf{By} = \mathbf{c} \tag{7.48}$$

which can be either appended to the linear system for the Eulerian phases or treated separately from it. Appending the discretized Lagrangian equations to the

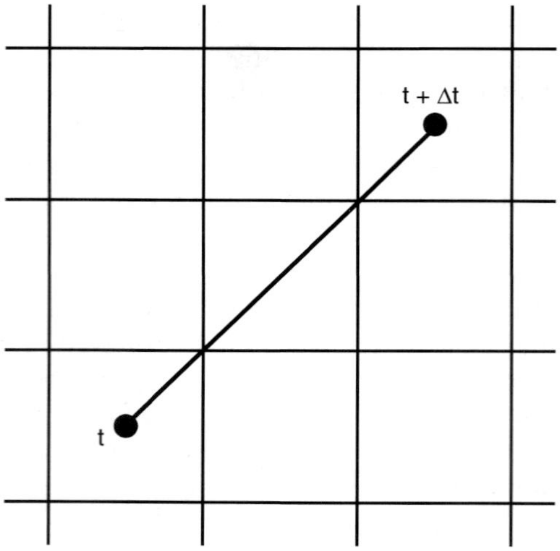

Fig. 7.7. Schematic illustration of the path of the Lagrangian cluster and the cells that it crosses in a time step. The fraction of time spent in each cell is used to determine the source terms of the Lagrangian phase.

discretized Eulerian ones in each subdomain is advisable, provided that the dimensions of the former are smaller than those of the latter and a large number of subdomains and grid points are used to solve the Eulerian phases. This is due to the fact that the Eulerian equations must be treated iteratively when overlapping DD is employed at either the physical level as described above or at the algebraic level as described below. On the other hand, if full time-linearization is employed for the Eulerian phases and grids on the order of $200 \times 200 \times 200$ grid points are used and DD at the physical level is not used, then the algebraic equations for the Lagrangian phases may be appended to those of the Eulerian phases, because the DD is only performed at the algebraic and hardware levels. Of course, a $200 \times 200 \times 200$ point mesh may be unsuitable to accurately predict the evolution of a volcanic plume, despite the fact that even coarser grids have been employed in previous multidimensional simulations of volcanic plumes and magma flow in volcanic conduits (Dobran et al., 1993; Ramos, 1999; Esposti Ongaro et al., 2002; Neri et al., 2003; Dartevelle, 2004).

7.3.4. Verification

CFD has advanced considerably in the last 20 years or so, and the approach adopted here represents an attempt to model volcanic plumes based on the modeling equations of Section 7.2. These equations and the numerical approach proposed above may undergo changes in the future, due to improvements in physical modeling, numerical algorithms, and computer hardware. In fact, as the computer hardware continues to improve and offer ever increasing amounts of memory and ever faster processors, it is inevitable that the application of improved CFD codes to very large and complex problems such as volcanic eruptions will become a task of greater interest.

However, one should keep in mind that there are several reasons for the shortcomings of current CFD technology. This includes limitations of the discretization formulae, grid generation and coupling, and deficiencies in turbulence models. Perhaps the most important and overriding concern is the size of the mesh and the dependence of the flow solution on element type. It is, therefore, of paramount importance to assess the accuracy of the volcanic eruption simulator proposed here and attempt to provide quantitative answers to the question of how the accuracy of numerical flow simulations depends on mesh size and on element type. The analysis presented below offers a means of assessing these effects without having to make a detailed investigation into the discretization scheme or turbulence model. In other words, the approach is general enough to permit comparisons across a broad class of CFD methods, while being specific enough to provide useful insights.

Several recent papers have addressed the problem of code verification and the assessment of solution error (Oberkampf and Blottner, 1998; Rizzi and Vos, 1998; Roache, 1998b). It is generally acknowledged that the need for effective criteria to evaluate different CFD codes and quantify the accuracy of numerical computations is compelling, but finding suitable criteria remains an elusive goal.

Roache (Roache, 1994, 1998b) proposed using the Richardson extrapolation (Richardson, 1910) to study the effect of mesh refinement and introduced the concept of a Grid Convergence Index (GCI) based on this approach. He presents strong arguments in favor of applying this technique for the assessment of solution accuracy as well as code validation. Questions remain, however, on when and where Richardson extrapolation may be used.

As originally formulated and as discussed in texts on numerical analysis (Isaacson and Keller, 1966; Cheney and Kincaid, 2004), the Richardson extrapolation is presented as a technique to improve the accuracy of a finite difference approximation given a set of discrete equi-spaced function values, but it is not known whether or not this approach is valid for a finite volume mesh whose elements vary widely in size and shape. It is also not known whether or not this approach is also valid for different mesh types, such as tetrahedra and prisms as well as hexahedra, and whether or not it can be applied to meshes that are uniform refinements of an initial mesh, such as the one that one might obtain by adding a mesh point at the mid-point of all edges and splitting each volume element into eight new elements. In addition, it is not known whether or not the outcome of applying this technique depends on whether one considers the number of mesh elements or the number of mesh points. A framework for answering these questions in a setting that is general enough to draw conclusions that are independent of mesh type is as follows.

Suppose that a set of partial differential equations to be solved on a domain D, is represented by a discrete approximation on a mesh that corresponds to a partition of D containing N elements whose volumes are given by V_j, $j = 1, 2, 3, \ldots, N$. If f is a dependent variable, or some quantity derived from the dependent variables, one can write the pointwise error of the discrete approximation to f on the jth element as $E_j(\mathbf{x})$. The error $E_j(\mathbf{x})$ will, in general, be a function of the position vector

$\mathbf{x} = (x, y, z)$. The *global error* for the approximation to f can then be written as

$$E = \frac{1}{V}\sum_{j=1}^{N} V_j E_j(\mathbf{x}), \quad V = \sum_{j=1}^{N} V_j \tag{7.49}$$

If the mesh is sufficiently fine so that the local error can be written as

$$E_j(\mathbf{x}) = K_j(\mathbf{x}, h_j)h_j^p, \quad K_j(\mathbf{x}, h_j) = k_j + O(h_j) \tag{7.50}$$

with $h_j^3 \equiv V_j$, h_j being the local mesh size, and k_j being a constant, for all $\mathbf{x}$ within some neighborhood that contains the jth element. The *local error* is then

$$E_j \sim k_j h_j^p \tag{7.51}$$

throughout the jth element, and the global error can be approximated as

$$E \sim \frac{1}{V}\sum_{j=1}^{N} k_j h_j^{3+p} \tag{7.52}$$

If the original grid is refined so that the new mesh size is $h_j' = rh_j$, it can be easily shown that the global error in the new mesh is

$$E' \sim r^p E \tag{7.53}$$

If we now define the average mesh size as

$$h = \left(\frac{V}{N}\right)^{\frac{1}{3}} \tag{7.54}$$

then

$$\frac{E'}{E} \sim r^p = \left(\frac{h'}{h}\right)^p \tag{7.55}$$

from which it can be concluded that the global errors are

$$E' \sim Ch'^p, \quad E \sim Ch^p \tag{7.56}$$

where C is a constant.

Under these conditions, it is possible to apply Richardson extrapolation to eliminate the leading error term and obtain a more accurate estimate of the global quantity f. Alternatively, if the solution has been computed on three different meshes with three different sizes, one can use Richardson extrapolation to determine both the leading error term and the exponent p that represents the order of accuracy. The above argument shows that, by using meshes fine enough for the computation to be in the asymptotic range, this is a sufficient, but not a necessary condition for Richardson extrapolation to be applicable.

The above simple analysis allows one to investigate the dependence of solution error on mesh size and thus provides a useful tool for error assessment and code verification. However, one should try to equidistribute the global errors throughout the subdomains and to determine how the effective exponent p is affected by mesh refinement. Error equidistribution can be dealt with by considering a fixed number N of subdomains and by minimizing the functional $G = E + \lambda V$ with respect to h_j, where λ is a Lagrange multiplier. For the conditions given above, this minimization yields

$$E_j = k_j h_j^p = -\frac{3\lambda V}{p+3} = E \tag{7.57}$$

The global error E is thus minimized if the pointwise error E_j is equi-distributed over the mesh. $E_j = E$ requires that the mesh size elements h_j associated with the jth element satisfy

$$h_j = \left(\frac{E}{k_j}\right)^{\frac{1}{p}} \tag{7.58}$$

Although not presented here, one can use a generalized Richardson extrapolation for determining the exponent p of error reduction, i.e. $E = F(h) + Ch^p + O(h^{p+1})$. This procedure involves a nonlinear equation to extract the error exponent p from computations of f on three different meshes. If the asymptotic range property does not hold, it is then possible that the generalized Richardson extrapolation will not admit a solution for the exponent p, or that the solution for p will be negative. In this case, one must conclude that either the meshes are insufficiently fine to be in the asymptotic range or that one or more of the computed approximations to f is defective, owing, perhaps, to a lack of convergence of the discretized computation.

7.4. COMPUTER IMPLEMENTATION

As discussed above, the time and space discretization of both the Eulerian and Lagrangian equations in each subdomain/block produce systems of linear algebraic equations at either each time level if time linearization is employed or at each iteration if the equations are solved in an iterative fashion. In either case, the use of overlapping domains/blocks does require the use of iterative techniques due to the coupling between adjacent domains. Moreover, the resulting system of linear algebraic equations may not produce a symmetric matrix, and this requires the use of a preconditioned Krylov subspace technique (Brown and Saad, 1990; Knoll and McHugh, 1995; Shadid, 1999) to obtain its solution. In addition, the length scales involved in volcanic plumes have a wide spectrum and, therefore, their accurate simulation demands the use of parallelism solution methodologies.

Although there have been many studies on the parallel implementation of the Krylov subspace technique and, especially, of the conjugate gradient method (Demmel et al., 1993; Barrett et al., 1994; Basserman, 1997; Dongarra et al., 1998), most of them have dealt with preconditioners based on incomplete factorization techniques. These techniques are very inefficient in a parallel computer environment (Dongarra et al., 1991) if a natural ordering of the matrix is employed. However, some works do show that a suitable reordering of the matrices can result in efficient parallel implementations of incomplete factorization techniques (Jones and

Plassmann, 1993). There have been other studies (Chronopoulos and Gear, 1989; Aykanat et al., 1990) which have been focused on the parallel implementation of the unpreconditioned conjugate gradient (CG) method. In this work, the most widely used Jacobi-like preconditioners have been implemented.

The parallelization of the Krylov subspace technique method is rather simple, since every vector operation of this algorithm can be parallelized separately; that is, each processor executes scalar operations on a subset or domain of the components of a vector and a block partition of the vectors suffices to obtain good performance. For problems derived from the finite discretization of partial differential equations on three-dimensional regular/structured grids, the block partition of the system matrix by rows and its corresponding aligned vectors are equivalent to a block partition of grid points in one of the spatial directions if a natural ordering of grid points is employed. In our approach, no partition has been used because of the use of unstructured grids.

7.4.1. Parallel Krylov subspace methods

In this section, we describe an iterative linear system solution methodology used for the parallel unstructured finite volume simulation of the strongly coupled fluid flow, heat transfer, and mass transfer that occur in volcanic eruption plumes. The nonlinear/linear iterative solution strategies are based on a fully coupled Newton solver with preconditioned Krylov subspace methods as the underlying linear iteration. Our discussion considers computational efficiency, robustness, and a number of practical implementation issues. The evaluated preconditioners are based on additive Schwarz DD methods which are applicable for totally unstructured meshes. A number of different aspects of Schwarz schemes are considered, including subdomain solves, use of overlap, and the introduction of a coarse grid solve (a two-level scheme). As we will show, the proper choice among DD options is often critical to the efficiency of the overall solution scheme.

As noted on several occasions, simulations of volcanic plumes require the solution of strongly coupled interacting physics in complex three-dimensional geometries with high-resolution unstructured meshes to capture all relevant length scales. After suitable spatial (finite volume) discretization and linearization, these simulations produce large linear systems of equations with a huge number of unknowns. As a result, efficient and robust parallel iterative solution methods are required to make such simulations possible. Preconditioned Krylov iterative methods are among the most robust and fastest iterative solvers over a wide variety of CFD applications.

In the last decade, there has been a significant amount of work on parallel Krylov methods, and a number of general purpose Krylov solver libraries have been developed. In general, these Krylov methods are relatively straightforward to implement, highly parallel, and are often 'optimal' in some sense. While the convergence characteristics of specific Krylov methods remains a topic of research interest, it is now clear that the key factor influencing the robustness and efficiency of these solution methods is preconditioning.

Since volcanic eruption clouds are characterized by both locally elliptic and nearly hyperbolic behavior, localized steep gradients, and often strongly coupled interactions between the gaseous and particulate phases, there is a strong coupling between the governing partial differential equations. The nonlinear algebraic equations that result from the discretization of these equations may be solved robustly and efficiently by means of preconditioned Krylov subspace methods. The preconditioners considered here fall into the family of Schwarz DD methods. These schemes partition the original domain into subdomains and approximately solve the discrete problems corresponding to the individual subdomains in parallel.

Among Schwarz schemes, there are a number of choices which can greatly affect the overall solution time and robustness. These choices include the subdomain size, the amount of overlap between subdomains, and the partitioning metric which can alter the shape and aspect ratios of subdomains. The choices also include the selection of subdomain solvers, such as an incomplete lower–upper (ILU) factorization (with further options for dropping nonzeros in the factorizations and ordering equations within a subdomain) and the introduction of a coarse grid solve. Among these issues, the proper choice among DD options is often critical to the efficiency of the overall solution scheme.

A finite-volume discretization of our partial differential equations gives rise to a system of coupled, nonlinear, nonsymmetric algebraic equations, the numerical solution of which is very challenging. These equations are linearized using an inexact form of Newton method, with the block matrix representation of these discrete linearized equations written as

$$\begin{pmatrix} A & -B^T \\ BR & K \end{pmatrix} \begin{pmatrix} \phi \\ p \end{pmatrix} = \begin{pmatrix} F_\phi \\ F_p \end{pmatrix} \tag{7.59}$$

where the block diagonal contribution has been highlighted by a specific ordering.

In this representation, the vector ϕ contains the Newton updates to all the dependent variables with the exception of pressures p. The block matrix A corresponds to the combined discrete convection, diffusion, and source operators for all the unknowns. The matrix B corresponds to the discrete divergence operator with its transpose the gradient operator. The diagonal matrix R results from the expansion of density and velocity, and the matrix K corresponds to the discrete 'pressure Laplacian' operator. This pressure operator corresponds to the discretization of Poisson equation that results from taking the divergence of the momentum equations presented in Section 7.2, while the vectors F_ϕ and F_p contain the right-hand side residuals for Newton method.

The existence of the well-conditioned nonzero matrix K allows the solution of the linear systems with a number of algebraic and DD type preconditioners. This is in contrast to other formulations, such as Galerkin finite element methods that use mixed interpolation and result in a zero block on the total mass continuity diagonal. The difficulty of producing robust and efficient preconditioners for the Galerkin finite element formulation has motivated the use of many different types of solution methodologies.

In the approach proposed here, the full coupling of partial differential equations in the nonlinear solver preserves the inherently strong coupling of the physics with the goal of producing a robust solution methodology. The preservation of this strong coupling places, however, a significant burden on the linear solution procedure to solve the fully coupled algebraic system, as we will show below.

The Newton–Krylov method is an implementation of Newton method in which a Krylov iterative solution technique is used to approximately solve the linear systems that are generated at each step of Newton method. Specifically, to solve the nonlinear system $F(x) = 0$, we seek a zero of $F \in \Re^n$, where $x \in \Re^n$ is a current approximate solution. The Krylov iterative solver is applied to determine an approximate solution of the Newton equation $J(x)s = -F(x)$, where $J(x)$ is the Jacobian matrix of F at x. The Newton–Krylov method is usually implemented as an inexact Newton method (Eisenstat and Walker, 1994; Shadid et al., 1997) for approximately solving $J(x)s = -F(x)$. One chooses a forcing term $\eta \in [0, 1)$ and then applies Krylov method until an iterate s_k satisfies the inexact Newton condition

$$||F(x) + J(x)s_k|| \leqslant \eta ||F(x)|| \tag{7.60}$$

One would assume that, in the initial stages of the Newton iteration, when the current approximation is far from the true solution, there would be no benefit from solving too accurately the Newton equations with the inaccurate Jacobian matrix $J(x_k)$ that is currently available. Normally, our inexact Newton method formulation uses an adaptive convergence criteria to reduce the amount of over-solving that occurs and to produce a more computationally efficient nonlinear solution procedure. To improve robustness, a back-tracking algorithm can be used. This globalization method selects an update vector s_k by scaling a Newton step as needed to ensure that the nonlinear residual has been reduced adequately before the step is accepted.

It is worth noting that there are two related issues in the solution of nonlinear equations that result from the finite volume discretization of partial differential equations. The first is associated with the nonlinear Newton methods and the second with the solution of the linear systems by preconditioned Krylov methods.

The linear subproblems generated from the inexact Newton method are solved by preconditioned Krylov methods which include the restarted generalized minimal residual GMRES(k) and transpose-free quasi-minimal residual techniques for nonsymmetric systems. All Krylov methods rely on a small, but well defined set of basic kernel routines that consist of parallel matrix–vector, vector–vector, vector inner–product, and preconditioning operations.

It is well known that the overall performance of Krylov methods can be substantially improved when one uses preconditioning (Saad and Schultz, 1986; Saad, 1989, 2003). The basic idea is that instead of solving the system $Ax = b$, the system $AM^{-1}y = b$ is solved instead, where M^{-1} is an approximation to A^{-1} that is easily computed. Since only matrix–vector products are needed, it is not necessary to form explicitly AM^{-1}; that is, only good software is needed to solve $Mv = y$. We note that the preconditioning described here corresponds to 'right' preconditioning, for it is also possible to precondition on the 'left', that is, $M^{-1}A$. Here, we only consider right preconditioning, because, when left preconditioning is used, the computed residual corresponds to a preconditioned residual. If convergence is thus based on the size of the residual, changing the preconditioner effectively changes the convergence criteria.

The preconditioners that are considered are based on algebraic additive Schwarz DD preconditioners with variable overlapping between subdomains, although other preconditioners such as Jacobi, block—Jacobi, and polynomial expansions can also be considered.

A formal description of the variable overlap additive Schwarz preconditioner can be described by considering the linear system $Ax = b$, where A is an $n \times n$ nonsymmetric matrix, with the matrix entry in the ith row and jth column given by a_{ij}. This matrix induces a directed graph which can be defined in the following way. Each row of A corresponds to a vertex and each $a_{ij} \neq 0$ corresponds to an edge incident from node i to j. We denote the set of graph vertices by $V(A)$ and similarly the set of edges by $E(A)$. Throughout the rest of this discussion, the argument A in $V(A)$ and $E(A)$ will be dropped to facilitate the presentation. The set of edges and vertices defines a matrix graph $G(V, E)$.

Domain decomposition methods rely on approximate solutions on subdomains. These subdomains are defined in terms of vertex subsets. To discuss vertex subsets we use the notation to denote by V_k^i the kth subdomain in an i-overlap method. Assume that $V_k{}^i$ is defined and corresponds to a subset of vertices. The following edge set can then be associated with the vertex subset

$$E_k^i = \{e_i = (x, y) \in E \mid x \in V_k^i, y \in V\} \tag{7.61}$$

where E_k^i includes all the edges emanating from V_k^i.

To complete the definition of the Schwarz method, we must now define the vertex subsets. Assume that the vertices have been partitioned into p disjoint sets V_i^0, such that $V = \bigcup_{i=1}^p V_i^0$ and $V_i^0 \cap V_j^0 = 0$ for $i \neq j$. This vertex partitioning corresponds to the distribution of the matrix over the processors and effectively defines the 0th overlap subdomains. To define the kth overlap subdomains, we use the edge sets associated with the $(k-1)$th overlap subdomains

$$V_k^i = \{x \in V \mid \exists y \in V, (x, y) \text{ or } (y, x) \in E_k^{i-1}\} \tag{7.62}$$

To define overlap in an ith overlap additive Schwarz method, we use the vertex sets V_k^i. Specifically, consider the restriction matrix I_k^i of size $m \times n$, where m is the number of nodes in V_k^i, n is the total number of nodes in V, and $I_k^i(l, 1) = 1$ if j is the lth node in V_k^i and $I_k^i(l, 1) = 0$ otherwise, for $1 \leqslant k \leqslant p$. The $I_k{}^i$ operators essentially map the entire space to the kth subdomain. The ith overlap additive Schwarz preconditioner is now given by

$$M^{-1} = \sum_{k=1}^{p} I_k^i \left((I_k^i)^T A I_k^i\right)^{-1} (I_k^i)^T \tag{7.63}$$

This method corresponds to projecting the equations onto a series of overlapping subdomains defined by the vertex sets and solving each subsystem. Since these subdomain solves are independent, they can be performed concurrently. In this manner, the overlapping can be viewed as a means to increase robustness by expanding individual subdomains to include finite volumes or nodes assigned to neighboring processors by allowing more coupling between subdomains (or processors). In a geometric sense, this overlap corresponds to increasing the size of the locally defined subdomain to include additional levels of finite volumes or nodes outside of the processors-assigned nodes. Thus, a single level of overlapping uses only the information from finite volumes that are connected by an edge in the connectivity graph that was cut by the original subdomain partition. Successive levels of overlap now use this method recursively by considering the previously overlapped points to be assigned nodes to the subdomain.

This method can be referred to as a one-level scheme. A two-level scheme uses not only the fine grid operator defined above, but also adds an additional projection of the original equations onto a coarser grid. This two-level DD method is given by

$$M^{-1} = \sum_{k=0}^{p} I_k^i((I_k^i)^T A I_k^i)^{-1}(I_k^i)^T \tag{7.64}$$

where I_0^i is an interpolation operator that maps solution vectors from the original mesh to an auxiliary coarser mesh that covers the same domain as the original one, but with significantly fewer grid points. Theoretically, the number of mesh points should be about the same size as the number of subdomains. When A is a symmetric positive definite discrete elliptic operator and a sufficient amount of overlap is used, the convergence of the iterative method using a DD preconditioner is independent of the number of unknowns in the matrix. In cases where a more modest overlap is used, the theoretical convergence depends mildly on the size of the subdomains. In the case where A is nonsymmetric, much less is known about the convergence of this technique for coupled systems of partial differential equations. It is important to notice that, with the addition of the coarse grid solve, the DD method is no longer completely algebraic.

While a direct factorization could be used on the subdomains, our experience indicates that this is rarely practical as the storage and time associated with this direct factorization is too high. Instead of solving the submatrix systems exactly, we use an incomplete factorization technique on each subdomain (or processor). Here, we employ two specific ILU factorizations: The standard ILU(0) method with no fill-in as well as the ILUT (fill-in, drop) incomplete factorization which allows specification of a user-specified fill-in parameter (fill-in 1.0) and a drop tolerance. In this nomenclature, a fill-in of 1.5 denotes an ILU factor with up to 1.5 times as many nonzeros as the original matrix.

It is important to remark that the partitioning of mesh into subdomains and that the subdomain-to-processor assignments are not trivial tasks, for both the partitions and the subdomain mappings have to be performed in order to achieve low communication volume, good load balance, few message start-ups, and only small amounts of network congestion.

7.4.2. Ordering of algebraic equations

Since the finite volume discretization of a system of n_e partial differential equations in each subdomain or block results in $n_e \times n_x \times n_y \times n_z$ nodal variables and algebraic equations, a main issue when solving systems of algebraic equations is the ordering of equations and variables. A natural ordering of grid points and blocking of nodal variables has been chosen here because of its better cache behavior.

As indicated above, in order to solve the system $\mathbf{Ax} = \mathbf{b}$ the Krylov subspace method (Saad, 2003) has been used (Barrett et al., 1994), although the BiCGStab technique could also be used. The Krylov subspace method is an iterative technique which converges to the exact solution in exact arithmetic, through a sequence of n vector approximations, where $n = n_e \times n_x \times n_y \times n_z$ is the dimension of both $\mathbf{x}$ and $\mathbf{b}$. From any vector approximation to the solution, a search direction which is conjugate to the previous ones is used to determine a new approximation. In practice, only few iterations are employed to obtain a good estimate of the solution. In the preconditioned version of the Krylov subspace method, both the condition number of $\mathbf{A}$ and the number of iterations may be reduced by pre-multiplying the system $\mathbf{Ax} = \mathbf{b}$ by a preconditioner, which is usually the inverse of an approximation to $\mathbf{A}$. It should be noted that some authors call preconditioner to the approximation itself.

Jacobi, block–Jacobi, incomplete Cholesky, and incomplete-block Cholesky preconditioners can be tested (Barrett et al., 1994). For block-based preconditioners, however, the N dependent variables per node can be used to form $N \times N$ blocks. Our experience indicates that the Jacobi preconditioner is the most efficient one for three-dimensional reaction–diffusion equations (Ortigosa et al., 2001, 2003).

7.4.3. Matrix– vector products

Each iteration of the preconditioned Krylov subspace method contains inner and sparse matrix vector products, and, therefore, requires at least three communication steps and their corresponding synchronizations. Note that the saxpy ($\alpha\mathbf{x} + \mathbf{y}$) operations do not require inter-processor communications. A reorganization of computations in the preconditioned Krylov subspace method can be implemented in order to hide the latency of communications. This overlap of communications with computations can be implemented by using asynchronous messages in the message-passing interface (MPI) model and prefetch directives on a shared-memory (SM) environment.

The parallelization of the product $\mathbf{q} = \mathbf{Ap}$ in the preconditioned Krylov subspace method for banded matrices can be performed with a nearly perfect overlap between the messages and computations in many cases (Romero and Zapata, 1995; Basserman, 1997). The required message with the halo data of $\mathbf{p}$ (the data corresponding to the grid points in the domain of one processor that are used to compute the data of $\mathbf{q}$ in a neighboring processor) is overlapped with computations of matrix rows corresponding to the inner part of the domain, where the inner part is the domain without its halos. For a block distribution along the vertical axis, overlapping is possible if the halos on both sides of the processor domain do not overlap. For general banded matrices, the overlap can be partially achieved if the number of rows assigned to a processor is, at least, twice the matrix bandwidth. The latency of the communication step in the inner product $\mathbf{p}^T \cdot \mathbf{q}$ can be hidden by delaying the update of $\mathbf{x_i}$ by one iteration. For the inner product $\mathbf{r}^\mathrm{T} \cdot \mathbf{z}$, a solution which hides the latency has been proposed by Demmel et al. (1993) where an incomplete factorization is employed as preconditioner.

As indicated above, our work adopts a parallelization strategy for the numerical simulations based on a geometric DD and the single program multiple data (SPMD) programming paradigm (Tai and Zhao, 2003). Here, the communication of data between domains is based on the message-passing interface (MPI) (Gropp et al., 1994).

Domain decomposition of a mesh into a set of sub-domains that may be allocated to a set of processors involves finding a partition of the mesh so that each processor utilizes an equal amount of computational time. The nodes and control volumes/elements that are allocated uniquely to a processor are referred to as core mesh components in this work, with each processor having the task of calculating the flow field variables and nodal gradients for these components. Note that in the overlapping DD described above, the overlapping domains can be considered as the union of non-overlapping domains and overlapping layers. Therefore, each overlapping sub-domain can be considered as a non-overlapping one that is enclosed with a layer of ghost nodes and overlapping elements, which overlap the sub-domains along the inter-processor boundaries. These ghost nodes store flow field variables and nodal gradients, which are transferred from neighboring sub-domains for the solution of variables within the sub-domain. Communication between these core and ghost nodes is based on MPI. The data flow direction is always from the core nodes to the ghost nodes.

7.4.4. Programming paradigms

Although we described the MPI, one can also consider other programming paradigms, such as the SM programming model (OpenMP, 1997) and two message-passing paradigms (MPI-1, 1994; MPI-2, 1997; and SHMEM, 1994). The synchronization points required for inner products can be implemented by using counters protected by lock variables. Additional flags can be included in order to grant permission for accessing halo data. As soon as a processor has computed the data on its borders, it enables the flag. If another processor requires these data, it waits for this flag to be enabled. Reset of counters and flags can be carefully implemented by means of odd and even sense-reversing flags to enhance performance and avoid data race conditions.

In the message-passing version, MPI-1 and SHMEM libraries can be considered because of their better efficiencies in many computer architectures. MPI-1 libraries have been widely adopted as the message-passing interface of choice for many years. In this implementation, the inter-processor communication is performed through a special routine *send* that sends a message and a matching routine *receive* that receives a message. When using MPI-1 libraries, the waits for the arrivals of messages imply a synchronization by themselves.

On the other hand, SHMEM libraries provide single-sided communication routines in which any processor can *put* a data package on a remote memory, or it could *get* data stored there. When using SHMEM libraries, *shmem_put* is to be preferred over *shmem_get* because it allows communication overlapping, although the cache miss rate increases. Additional messages with flags can be added as in the OpenMP implementation for synchronization purposes if the computer architectures used ensure that the arrivals of messages keep the same order as that of their departures.

In both shared-memory and message-passing paradigms, global barriers should be avoided because, when a global barrier is used, each processor must wait until the others finish their computations in order to continue with its own computations at the same point of the code. In addition, it is more efficient that a processor requiring data in a point of the code ('waiting point') uses the data generated by other processors at a previous point of the code ('permission point').

7.4.5. Computer architectures

Our experience has been centered so far on the following computer architectures:

- Cray T3E-900. A massively parallel processor (MPP) with 400 MHz DEC Alpha–EV5.6 processors. For this architecture, the vendor supplies the message-passing programming models MPI and SHMEM.
- Origin2000. A cache-coherent, non-uniform memory access architecture with 400 MHz MIPS–R12000 processors. For this architecture, the vendor supplies OpenMP, MPI, and SHMEM.
- Sun HPC6500. A uniform-memory access, symmetric multiprocessor system with 400 MHz UltraSPARC–II processors. For this architecture, the vendor supplies MPI and OpenMP.

The availability of cluster or distributed computing with OpenMP may offer advantages over the above computer architectures in terms of cost, availability, etc. For three-dimensional simulations of highly nonlinear reaction–diffusion equations exhibiting steep gradients and high temporal derivatives and two-dimensional simulations of compressible chemically reacting flows in both confined and unconfined geometries, our experience of efficient parallel implementation of the Krylov subspace method indicates that:

- Optimized BLAS libraries for each architecture should be employed because they are more efficient than the ones developed by the users. In particular, the SciLib, Sun Performance Library (sunperf), and sgimath libraries should be employed in the Cray, Sun, and Origin2000 computers, respectively.
- The choice of a programming model depends on the problem size and the computer architecture used.
- The overlap in the matrix–vector product and the delay update of the **x**-vector do not improve much the performance of message-passing models.
- Memory access overlap should be used, but without losing locality.
- The ordered versions of the code with overlap significantly improve the efficiency of OpenMP codes.

- The inclusion of cache prefetching directives which are available in most recent architectures allows for data access on the highest level of hierarchy of the local memory, while other computations are being performed.
- A reduction in the number of synchronization points does not improve the load imbalance.
- Locality should be increased to the highest possible level.
- Machine-specific libraries (such as saxpy) are preferred.
- The computation reordering penalizes the cache performance.

Based on this experience, a good scheduling of operations should maintain the computations in the same order as in the original algorithm; that is, every vector should be computed as near as possible to the operation where it is, required. In addition, a maximum exploitation of the locality of data and an overlap of halo messages with computations should be used, because they represent a large fraction of calculations.

7.5. CONCLUSION

In this chapter, we have summarized our research efforts on the physical modeling, numerical solution, and computer implementation methodologies for the effective, reliable and accurate simulations of volcanic eruption columns. Volcanic plumes involve complex interactions between the material emitted from the volcano and the atmosphere into which this material is discharged. The erupted material consists of both volcanic gases and volatiles, and different size pyroclasts that result in gas–gas, gas–particle, and particle–particle interactions in the atmosphere. Typical processes within a plume include condensation and evaporation of volatiles, fragmentation and aggregation of particulates, growth of aerosols and fine ash particulates into water droplets that produce precipitation, and chemical reactions between the volcanic and atmospheric constituents.

Global scale dynamics and thermodynamics of volcanic plumes cascades the turbulent energy down to small scales where this energy is dissipated through the interaction with local microphysical processes. This interaction, in turn, modifies the global scale processes within the plume. Turbulence is ubiquitous in volcanic plumes and presents modeling problems, because the small scales cannot be adequately resolved with today's technology and must be, therefore, properly modeled. Since existing pyroclastic dispersion models do not account accurately for the two-way coupling between the gaseous and particulate matter, we have developed a new model that does account for such a coupling in a more physically satisfactory manner.

This model is based on volume averaging of single-phase transport laws for the conservation of mass, momentum, and energy, and on taking moments of these equations with respect to the center of mass of the averaging volume. The averaged form of transport equations accounts for both the mean motion and properties of each phase in the averaging volume and the structural or local effects within this volume. These structural properties consist of phase inertia and contraction/expansion or dilatancy effects, and thus account for small scales which are commonly modeled through subgrid scale turbulence models. The small scale effects are modeled with an additional set of transport equations. The model also accounts for a yield-type behavior of the material when the particulate concentration gradients become high. We have also presented some closure or constitutive relations for an arbitrary number of phases undergoing mass, momentum, and energy exchanges, and additional mass transport equations for modeling multicomponent multiphase mixtures with phase change and chemical reactions. The modeling approach presented here uses both the Eulerian and Lagrangian frameworks, depending on the size of particles. The resulting modeling equations can be transformed into conservation-law form which is suitable for implementation with different numerical techniques.

The discretization of the Eulerian phases has been performed using a domain decomposition technique in a multiblock grid consisting of hexahedra and tetrahedra, a conservative finite volume formulation, and implicit, first- and second-order accurate discretizations of time derivatives. The multiblock technique allows to design grids that are adapted to the terrain topography and add and remove finite volumes in the leeward and windward sides, respectively, of the pyroclastic plume when there are crosswind effects. The discretization of the advective terms in the Eulerian phase equations is based on a weighted essentially non-oscillatory method that is second-order accurate in regions with steep gradients of flow variables, and third-order accurate in smooth regions.

Two different approaches have been followed in the time discretization of the Lagrangian phase equations. The first uses time linearization and results in linear algebraic equations at each time level that are solved by means of the biconjugate gradient-stabilized method for nonsymmetric matrices in each subdomain or block. This technique, however, does not provide acceptable results when either the time step or the duration of a volcanic eruption are large due to the accumulation of temporal truncation errors. For this reason, a second method for solving the nonlinear algebraic equations that result from the space and time discretizations of governing equations in each domain is proposed. This method uses an inexact Newton method and the resulting linear equations at each iteration are solved by means of a Krylov subspace method that uses algebraic domain decomposition and an incomplete lower-upper factorization preconditioner.

Due to the spatial and temporal characteristics of volcanic eruptions, an accurate simulation of the modeling equations is a rather demanding task. This requires the use of advanced parallel computer paradigms that take into consideration the computer architecture, the synchronization of messages, and the processors' latency and lag times. Our experience has so far been centered on massively parallel processors, cache-coherent, nonuniform access computer architectures, and symmetric multiprocessors with both OpenMP and MPI. This experience has shown that, amongst other considerations, the overlap in matrix–vector products does not improve much the performance of message-passing models, memory access overlap should be used without losing locality, locality should be increased to the highest possible level, ordered versions of the code with overlap significantly improve the efficiency of OpenMP codes, and inclusion of cache prefetching directives allows for data access on the highest level of hierarchy of the local memory while other computations are being performed.

Following an extensive verification stage involving the assessment of the accuracy and efficiency of different numerical solvers, number of phases, and phase interactions, we will begin validating the pyroclastic dispersion model. After that, we will ascertain that the predictions of the model reproduce the behavior of some key eruption columns, including those of Vesuvius. Once our verification and validation studies are completed, the pyroclastic flow model described in this chapter will be integrated with our magma chamber dynamics, opening of volcanic conduits, and magma ascent models into a simulation package or Global Volcanic Simulator. As discussed in Chapter 1, the objective of such a simulator is to assess the effects of different eruption scenarios on the territory surrounding Vesuvius, for the purpose of developing a more secure habitat for over one million people living in the close proximity of this volcano.

REFERENCES

AGU, 1992. Volcanism and Climate Change. American Geophysical Union, Washington, DC.

Ahmadi, G. and Ma, D., 1990. A thermodynamical formulation for dispersed multiphase turbulent flows I. Int. J. Multiphase Flow, 16: 323–340.

Ammann, M. and Burtscher, H., 1993. Aerosol dynamics and light-scattering properties of a volcanic plume. J. Geophys. Res., 98: 19705–19711.

Aykanat, C., Özgüner, F. and Scott, D.S., 1990. Vectorization and parallelization of the conjugate gradient algorithm on hypercube-connected vector processors. Microprocess. Microprog., 29: 67–82.

Barrett, R., Berry, M., Chan, T.F., Demmel, J., Donato, J., Dongarra, J., Eijkhout, V., Pozo, R., Romine, C. and Van de Vorst, H., 1994. Templates for the Solution of Linear Systems: Building Blocks for Iterative Methods. SIAM, Philadelphia.

Basserman, A., 1997. Parallel sparse matrix computations in iterative solvers on distributed memory machines. J. Parallel Distrib. Comput., 45: 46–52.

Blake, S., 2003. Correlation between eruption magnitude, SO_2 yield, and surface cooling. In: C. Oppenheimer, D.M. Pyle and J. Barclay (Eds), Volcanic Degassing. The Geological Society, London, pp. 371–380.

Bowen, R., 1976. Theory of mixtures. In: A.C. Eringen (Ed.), Continuum Physics III. Academic Press, New York, pp. 1–127.

Brasseur, G. and Granier, C., 1992. Mount Pinatubo aerosols, chlorofluorocarbons, and ozone depletion. Science, 257: 1239–1242.

Brazier, S., Sparks, R.S.J., Carey, S.N., Sigurdsson, H. and Westgate, J.A., 1983. Bimodal grain size distribution and secondary thickening in air-fall ash layers. Nature, 301: 115–119.

Brown, P.N. and Saad, Y., 1990. Hybrid Krylov methods for nonlinear systems of equations. SIAM J. Sci. Stat. Comput., 11: 450–481.

Carey, S.N. and Sigurdsson, H., 1982. Influence of particle aggregation on deposition of distal tephra from the May 18, 1980, eruption of Mount St. Helens volcano. J. Geophys. Res., 87: 7061–7072.

Cas, R.A.F. and Wright, J.V., 1993. Volcanic Successions. Unwin, London.

Charlson, R.J., Seinfeld, J.H., Nenes, A., Kulmala, M., Laaksonen, A. and Facchini, M.C., 2001. Reshaping the theory of cloud formation. Science, 292: 2025–2026.

Cheney, W. and Kincaid, D., 2004. Numerical Mathematics and Computing. Thompson/Brooks/Cole, New York.

Chesshire, G. and Henshaw, W.D., 1990. Composite overlapping meshes for the solution of partial differential equations. J. Comput. Phys., 90: 1–64.

Chronopoulos, A.T. and Gear, C.W., 1989. S-step iterative methods for symmetric linear systems. J. Comput. Appl. Math., 25: 153–168.

Cioni, R., Marianelli, P. and Sbrana, A., 1992. Dynamics of the A.D. 79 eruption: Stratigraphic, sedimentological and geochemical data on the successions from the Somma–Vesuvius southern and eastern sectors. Acta Vulcanol., 2: 109–123.

Coniglio, S. and Dobran, F., 1995. Simulations of magma ascent and pyroclast dispersal at Vulcano (Aeolian Islands, Italy). J. Volcanol. Geotherm. Res., 65: 297–317.

Crowe, C.T., 1982. Review – numerical models for dilute gas-particle flows. J. Fluid. Eng., 104: 297–303.

Dartevelle, S., 2004. Numerical modeling of geophysical granular flows: 1. A comprehensive approach to granular rheologies and geophysical multiphase flows. Geochem. Geophys. Geosyst., 5: 10.1029/2003GC000636, 1–28.

Dartevelle, S., Rose, W.I., Stix, J., Kelfoun, K. and Vallance, J.W., 2004. Numerical modeling of geophysical granular flows: 2. Computer simulations of plinian clouds and pyroclastic flows and surges. Geochem. Geophys. Geosyst., 5: 10.1029/2003GC000637, 1–36.

Darwish, M., Moukalled, F. and Sekar, B., 2001. A unified formulation of the segregated class of algorithms for multifluid flow at all speeds. Numer. Heat Transfer, Part B, 40: 99–137.

Davidson, P.A., 2004. Turbulence. Oxford University Press, Cambridge.

Demkowicz, L., Devloo, Ph. and Oden, J.T., 1985. On an h-type mesh-refinement strategy based on minimization of interpolation errors. Comput. Meth. Appl. Mech. Eng., 53: 67–89.

Demmel, J., Heath, M. and van der Vorst, H., 1993. Parallel linear algebra. Acta Numerica, 2: 111–197.

Dobran, F., 1991. Theory of Structured Multiphase Mixtures. Springer-Verlag (Springer), New York.

Dobran, F., 1992. Modeling of structured multiphase mixtures. Int. J. Eng. Sci., 30: 1497–1505.

Dobran, F., 1993. Global Volcanic Simulation of Vesuvius. Giardini, Pisa.

Dobran, F., 1994a. Prospects for the global volcanic simulation of Vesuvius. Accademia Nazionale dei Lincei, 112: 197–209.

Dobran, F., 1994b. Incontro con il Vesuvio, Sapere, November: 11–16

Dobran, F., 1994b. ETNA: Magma and Lava Flow Modeling and Volcanic System Definition Aimed at Hazard Assessment. GVES, Rome.

Dobran, F., 2001. Volcanic Processes: Mechanisms in Material Transport. Kluwer Academic/Plenum Publishers (Springer), New York.

Dobran, F., 2006. VESUVIUS 2000: Toward Security and Prosperity Under the Shadow of Vesuvius. This volume (Chapter 1).
Dobran, F. and Coniglio, S., 1996. Magma ascent simulations of Etna's eruptions aimed at internal system definition. J. Geophys. Res., 101: 713–731.
Dobran, F. and Hur, N., 1990. Turbulence modeling and distribution in phases in an annular two-phase flow. In: T.N. Veziroglu (Ed.), Multiphase Transport and Particulate Phenomena. Hemisphere Publishing Corporation, New York, pp. 25–61.
Dobran, F. and Luongo, G., 1995. VESUVIUS 2000: Project Summary and Field Work. GVES, Rome.
Dobran, F. and Mulargia, F., 1991. Prospects for the Simulation of Volcanic Eruptions. Giardini, Pisa.
Dobran, F. and Papale, P., 1993. Magma–water interaction in closed systems and application to lava tunnels and volcanic conduits. J. Geophys. Res., 98: 14041–14058.
Dobran, F., Barberi, F. and Casarosa, C., 1991. Modeling of Volcanic Eruptions. Giardini, Pisa.
Dobran, F., Neri, A. and Macedonio, G., 1993. Numerical simulation of collapsing volcanic columns. J. Geophys. Res., 98: 4231–4259.
Dobran, F., Neri, A. and Todesco, M., 1994. Assessing the pyroclastic flow hazard at Vesuvius. Nature, 367: 551–554.
Dominé, F. and Thibert, E., 1996. Mechanism of incorporation of trace gases in ice grown from the gas phase. Geophys. Res. Lett., 23: 3627–3630.
Dongarra, J., Duff, I., Sorensen, D. and van der Vorst, H., 1991. Solving Linear Systems on Vector and Shared Memory Computers. SIAM, Philadelphia.
Dongarra, J., Duff, I., Sorensen, D. and van der Vorst, H., 1998. Numerical Linear Algebra for High-Performance Computers. SIAM, Philadelphia.
Drew, D.A. and Passman, S.L., 1999. Theory of Multicomponent Fluids. Springer, New York.
Eaton, J.K. and Fessler, J.R., 1994. Preferential concentration of particles by turbulence. Int. J. Multiphase Flow, 20: 169–209.
Eiseman, P.R., 1985. Alternating direction adaptive grid generation. AIAA J., 23: 551–560.
Eisenstat, S.C. and Walker, H.F., 1994. Globally convergent inexact Newton methods. SIAM J. Optim., 4: 393–422.
Elghobashi, S.E. and Abou-Arab, T.W., 1983. A two-equation turbulence model for two-phase flows. Phys. Fluids, 26: 931–938.
Eriksson, L.E., 1982. Generation of boundary-conforming grids around wing-body configurations using transfinite interpolation. AIAA J., 20: 1313–1320.
Esposti Ongaro, T., Neri, A., Todesco, M. and Macedonio, G., 2002. A pyroclastic flow hazard at Vesuvius from numerical modeling: 2. Analysis of local flow variables. Bull. Volcanol., 64: 178–191.
Ferziger, J.H., 1993. Subgrid-scale modeling. In: B. Galperin and S.A. Orszag (Eds), Large Eddy Simulation of Complex Engineering and Geophysical Flows. Cambridge University Press, Cambridge, pp. 37–54.
Frey, P.J. and George, P.L., 1999. Maillages. Hermes, Paris.

Gelbard, F. and Seinfeld, J.H., 1979. The general dynamic equation for aerosols – theory and application to aerosol formation and growth. J. Colloid Interface Sci., 68: 363–382.

George, P.L. and Borouchaki, H., 1998. Delaunay Triangulation and Meshing. Hermes, Paris.

Giordano, G. and Dobran, F., 1994. Computer simulations of the Tuscolano Artemisio's second pyroclastic flow unit (Alban Hills, Latium, Italy). J. Volcanol. Geotherm. Res., 61: 69–94.

Glaze, L.S., Baloga, S.M. and Wilson, L., 1997. Transport of atmospheric water vapour by volcanic eruption columns. J. Geophys. Res., 102: 6099–6108.

Graf, H.F., 2004. The complex interaction of aerosols and clouds. Science, 303: 1309–1311.

Graf, H.F., Herzog, M., Oberhuber, J.M. and Textor, C., 1999. The effect of environmental conditions on volcanic plume rise. J. Geophys. Res., 104: 24309–24320.

Goodman, M.A. and Cowin, S.C., 1972. A continuum theory for granular materials. Arch. Rat. Mech. Anal., 44: 249–266.

Gropp, W., Lusk, E. and Skjellum, A., 1994. Using MPI: Portable Parallel Programming with the Message-Passing Interface. MIT Press, Cambridge.

Herzog, M., Graf, H.F., Textor, C. and Oberhuber, J.M., 1998. The effect of phase changes of water on the development of volcanic plumes. J. Volcanol. Geotherm. Res., 87: 55–74.

Hirschfelder, J.O., Curtiss, C.F. and Bird, R.B., 1954. Molecular Theory of Gases and Liquids. Wiley, New York.

Hobbs, P.V., Tuell, J.P., Hegg, D.A., Radke, L.F. and Eltgroth, M.W., 1982. Particles and gases in the emissions from the 1980–1981 volcanic eruptions of Mt. St. Helens. J. Geophys. Res., 87: 11062–11086.

Isaacson, E. and Keller, H.B., 1966. Analysis of Numerical Methods. Wiley, New York.

Ishii, M., 1975. Thermo-Fluid Dynamic Theory of Two Phase Flows. Eyrolles, Paris.

Jiang, G.-S. and Shu, C.-W., 1996. Efficient implementation of weighted ENO schemes. J. Comput. Phys., 126: 202–228.

Jones, M.T. and Plassmann, P.E., 1993. A parallel graph coloring heuristic. SIAM J. Sci. Stat. Comput., 14: 654–669.

Kallinderis, Y., Khawaja, A. and McMorris, H., 1996. Hybrid prismatic/tetrahedral grid generation for viscous flows around complex geometries. AIAA J., 34: 291–298.

Kim, J., Kim, D. and Choi, H., 2001. An immersed boundary finite-volume method for simulations of flow in complex geometries. J. Comput. Phys., 171: 132–150.

Knoll, D.A. and McHugh, P.R., 1995. Newton–Krylov methods applied to a system of convection–diffusion—reaction equations. Comput. Phys. Commun., 88: 141–160.

Koop, T., 2000. The formation of ice clouds from supercooled aqueous aerosols. In: B.N. Hale and M. Kulmala (Eds), Nucleation and Atmospheric Aerosols 2000. American Institute of Physics, Melville, pp. 549–560.

Laaksonen, A., 2000. Application of nucleation theories to atmospheric aerosol formation. In: B.N. Hale and M. Kulmala (Eds), Nucleation and Atmospheric Aerosols 2000. American Institute of Physics, Melville, pp. 711–723.

Leonard, B. and Mokhtari, S., 1990. Beyond first-order upwinding: The ultra sharp alternative for non-oscillatory steady-state simulation of convection. Int. J. Numer. Method. Eng., 30: 729–766.

Luhr, J.F., 1991. Volcanic shade causes cooling. Nature, 354: 104–105.

Macedonio, G., Dobran, F. and Neri, A., 1994. Erosion processes in volcanic conduits and application to the AD 79 eruption of Vesuvius. Earth Planet. Sci. Lett., 121: 137–152.

Mather, T.A., Pyle, D.M. and Oppenheimer, C., 2003. Tropospheric volcanic aerosol. In: A. Robock and C. Oppenheimer (Eds), Volcanism and the Earth's Atmosphere. American Geophysical Union, Washington, DC, pp. 189–212.

Mavriplis, D.J., 1990. Adaptive mesh generation for viscous flows using Delaunay triangulation. J. Comput. Phys., 90: 271–291.

Mavriplis, D.J., 1995. Three-dimensional multigrid Reynolds-averaged Navier–Stokes solver for unstructured meshes. AIAA J., 33: 445–453.

Meneveau, C. and Katz, J., 2000. Scale-invariance and turbulence models for large-eddy simulation. Annu. Rev. Fluid Mech., 32: 1–32.

Meng, Z. and Seinfeld, J.H., 1996. Time scales to achieve atmospheric gas–aerosol equilibrium for volatile species. Atmos. Environ., 30: 2889–2900.

Morton, K.W., 1966. Numerical Solution of Convection–Diffusion Equations. Chapman & Hall, New York.

MPI-1, 1994. MPI Forum: A Message-Passing Interface Standard. Technical Report, University of Tennessee, Knoxville.

MPI-2, 1997. MPI-2 Forum: Extension to Message Passing Interface. Technical Report. University of Tennessee, Knoxville.

Murphy, D.M., 2005. Something in the air. Science, 307: 1888–1890.

NCAR, 2000. Fine-Scale Turbulence and Microphysics: Experiments and Measurements. In: R.A. Shaw (Ed.). Workshop on 'Fine Scale Turbulence and Cloud Microphysics'. NCAR, Boulder.

Neri, A., Esposti Ongaro, T., Macedonio, G. and Gidaspow, D., 2003. Multiparticles simulation of collapsing volcanic columns and pyroclastic flows. J. Geophys. Res., 108: B042202.

Neri, A. and Macedonio, G., 1996. Numerical simulation of collapsing volcanic columns with particles of two sizes. J. Geophys. Res., 101: 8153–8174.

Oberhuber, J.M., Herzog, M., Graf, H.F. and Schwanke, K., 1998. Volcanic plume simulation on large scales. J. Volcanol. Geotherm. Res., 87: 29–53.

Oberkampf, W.L. and Blottner, F.G., 1998. Issues in computational fluid dynamics code verification and validation. AIAA J., 36: 687–695.

Ollivier-Gooch, C. and Van Altena, M., 2002. A high-order-accurate unstructured mesh finite-volume scheme for the advection–diffusion equation. J. Comput. Phys., 181: 729–752.

Ongaro, T.E., Neri, A., Cavazzoni, C. and Erbacci, G., 2004. A parallel numerical code for the simulation of the transient, three-dimensional, multiphase flow dynamics of volcanic columns and pyroclastic flows. Proceedings of the CAPI 2004, 8 Workshop sul Calcolo ad Alte Prestazioni in Italia, November 24–25, Milano.

Ongaro, T.E., Neri, A., Todesco, M. and Macedonio, G., 2002. Pyroclastic flow hazard assessment at Vesuvius (Italy) by using numerical modelling. II. Analysis of flow variables. Bull. Volcanol., 64: 178–191.

OpenMP, 1997. OpenMP Forum: Fortran Language Specification, version 1.0, OpenMP Architecture Review Board. Lawrence Livermore National Laboratory, Livermore.

Ortigosa, E.M., Romero, L.F. and Ramos, J.I., 2001. Parallel simulation of spiral waves in reacting and diffusing media. Acta Cybernetica, 15: 173–184.

Ortigosa, E.M., Romero, L.F. and Ramos, J.I., 2003. Parallel scheduling of the PCG method for banded matrices arising from FDM/FEM. J. Parallel Distrib. Comput., 12: 1243–1256.

Papale, P. and Dobran, F., 1993. Modeling of the ascent of magma during the plinian eruption of Vesuvius in AD 79. J. Volcanol. Geotherm. Res., 58: 101–132.

Papale, P. and Dobran, F., 1994. Magma flow along the volcanic conduit during the plinian and pyroclastic flow phases of the May 18, 1980 Mount St. Helens eruption. J. Geophys. Res., 99: 4355–4373.

Passman, S.L., Nunziato, J.W. and Walsh, E.K., 1984. A theory of multiphase mixtures. In: C. Truesdell (Ed.), Rational Thermodynamics. Springer-Verlag (Springer), New York, pp. 286–325.

Peraire, J., Peiró, J. and Morgan, K., 1992. Adaptive remeshing for three-dimensional compressible flow computations. J. Comput. Phys., 103: 269–285.

Pilinis, C. and Seinfeld, J.H., 1988. Development and evaluation of an Eulerian photochemical gas–aerosol model. Atmos. Environ., 22: 1985–2001.

Pirzadeh, S., 1996. Three-dimensional unstructured viscous grids by the advancing-layers method. AIAA J., 34: 43–49.

Protezione Civile, 1995. Pianificazione Nazionale d'Emergenza dell'Area Vesuviana. Dipartimento della Protezione Civile, Roma.

Pruppacher, H.R. and Klett, J.D., 1997. Microphysics of Clouds and Precipitation. Kluwer, Dordrecht.

Pueschel, R.F. and Russell, P.B., 1994. Physical and optical properties of the Pinatubo volcanic aerosol: Aircraft observations with impactors and a sun-tracking photometer. J. Geophys. Res., 99: 12915–12922.

Ramanathan, V., Crutzen, P.J., Kiehl, J.T. and Rosenfeld, D., 2001. Aerosols, climate, and the hydrological cycle. Science, 294: 2119–2124.

Ramos, J.I., 1995. One-dimensional, time-dependent, homogeneous, two-phase flow in volcanic conduits. Int. J. Numer. Method. Fluid., 21: 253–278.

Ramos, J.I., 1999. Two-dimensional simulations of magma ascent in volcanic conduits. Int. J. Numer. Method. Fluid., 29: 765–789.

Ramos, J.I. and Soler, E., 2001. Domain-decomposition techniques for reaction–diffusion equations in two-dimensional regions with re-entrant corners. Appl. Math. Comput., 118: 189–221.

Reade, W.C. and Collins, L.R., 2000. Effect of preferential concentration of turbulent collision rates. Phys. Fluid., 12: 2530–2540.

Richardson, L.F., 1910. The approximate arithmetical solution by finite differences of physical problems involving differential equations, with an application to the stresses in a masonary dam. Trans. Roy. Soc. London, Series A, 210: 307–357.

Rizzi, A. and Vos, J., 1998. Towards establishing credibility in computational fluid dynamics simulations. AIAA J., 36: 668–675.

Roache, P.J., 1994. Perspective: A method for uniform reporting of grid refinement studies. J. Fluid. Eng., 116: 405–413.

Roache, P.J., 1998a. Verification and Validation in Computational Science and Engineering. Hermosa Publishers, Albuquerque.

Roache, P.J., 1998b. Verification of codes and calculations. AIAA J., 36: 696–702.

Robock, A., 2000. Volcanic eruptions and climate. Rev. Geophys., 38: 191–219.

Romero, L.F. and Zapata, E.L., 1995. Data distributions for sparse matrix vector multiplication. J. Parallel Comput., 21: 583–605.

Rosi, M., 1992. A model for the formation of vesiculated tuff by the coalescence of accretionary lapilli. Bull. Volcanol., 54: 429–434.

Rose, W., Delene, D., Schneider, D., Bluth, G., Krueger, A., Sprod, I., McKee, C., Davies, H. and Ernst, G., 1995. Ice in the 1994 Rabaul eruption cloud: Implications for volcano hazard and atmospheric effects. Nature, 375: 477–479.

Rose, W.I., Wunderman, R.L., Hoffman, M.F. and Gale, L., 1983. A volcanologist's review of atmospheric hazards of volcanic activity: Fuego and Mount St. Helens. J. Volcanol. Geotherm. Res., 17: 133–157.

Saad, Y., 1989. Krylov subspace methods on supercomputers. SIAM J. Sci. Stat. Comput., 10: 1200–1232.

Saad, Y., 2003. Iterative Solution Methods for Sparse Linear Systems. SIAM, Philadelphia.

Saad, Y. and Schultz, M.H., 1986. GMRES: A generalized minimal residual algorithm for solving nonsymmetric linear systems. SIAM J. Sci. Stat. Comput., 7: 856–869.

Scaillet, B., Luhr, J.F. and Carroll, M.R., 2003. Petrological and volcanological constraints on volcanic sulfur emissions to the atmosphere. In: A. Robock and C. Oppenheimer (Eds), Volcanism and the Earth's Atmosphere. American Geophysical Union, Washington, DC, pp. 11–40.

Schumacher, R. and Schmincke, H.U., 1995. Models for the origin of accretionary lapilli. Bull. Volcanol., 56: 626–639.

Seinfeld, J.H. and Pandis, S.N., 1998. Atmospheric Chemistry and Physics. Wiley, New York.

Shadid, J.N., 1999. A fully coupled Newton–Krylov solution method for parallel unstructured finite element fluid flow, heat and mass transfer simulations. Int. J. CFD, 12: 199–211.

Shadid, J.N., Tuminaro, R.S. and Walker, H.F., 1997. An inexact Newton method for fully coupled solution of the Navier–Stokes equations with heat and mass transport. J. Comput. Phys., 137: 155–185.

Shaw, R.A., 2003. Particle-turbulence interactions in atmospheric clouds. Annu. Rev. Fluid Mech., 35: 183–227.

SHMEM 1994. SHMEM User's Guide. SN-2516 version 1.1, Technical Report. Cray Research Inc., Seattle.

Shephard, M.S. and Georges, M.K., 1991. Automatic three-dimensional mesh generation by the finite Octree technique. Int. J. Numer. Method. Eng., 32: 709–747.

Sheridan, M.F. and Wohletz, K.H., 1983. Origin of accretionary lapilli from the Pompeii and Avellino deposits. In: R. Gooley (Ed.), Microbeam Analysis, San Francisco, pp. 35–38.

Shu, C.-W., 1996. Essentially non-oscillatory and weighted essentially non-oscillatory schemes for hyperbolic conservation laws. In: B. Cockburn, C. Johnson and C.-W. Tadmore (Eds), Advanced Numerical Approximations of Nonlinear Hyperbolic Equations. Lecture Notes in Mathematics, Springer-Verlag, New York, vol. 1697, pp. 325–432.

Smagorinsky, J., 1993. Some historical remarks of the use of nonlinear viscosities. In: B. Galperin and S.A. Orszag (Eds), Large Eddy Simulation of Complex Engineering and Geophysical Flows. Cambridge University Press, Cambridge, pp. 3–36.

Sreenivasan, K. and Antonia, R.A., 1997. The phenomenology of small-scale turbulence. Annu. Rev. Fluid Mech., 29: 435–472.

Sweby, P.K., 1984. High resolution schemes using flux-limiters for hyperbolic conservation laws. SIAM J. Numer. Anal., 21: 995–1011.

Syamlal, M., 1998. MFIX Documentation Numerical Technique. Department of Energy Report DE-AC21-95MC31346-01, Morgantown.

Symonds, R.B., Gerlach, T.M. and Reed, M.H., 2001. Magmatic gas scrubbing: Implications for volcano monitoring. J. Volcanol. Geotherm. Res., 108: 303–341.

Tabazadeh, A. and Turco, R.P., 1993. Stratospheric chlorine injection by volcanic eruptions: HCl scavenging and implications for ozone. Science, 260: 1082–1086.

Tai, C.H. and Zhao, Y., 2003. Parallel unsteady incompressible viscous flow computations using an unstructured multigrid method. J. Comput. Phys., 192: 277–311.

Textor, C. and Ernst, G.G.J., 2004. Comment on 'Particle aggregation in volcanic eruption columns' by G. Veitch and A.W. Woods. J. Geophys. Res., 109: B05202.

Textor, C., Sachs, P.M., Graf, H.F., and Hansteen, T.H., 2003. In: C. Oppenheimer, D.M. Pyle and J. Barclay (Eds), Volcanic Degassing. The Geological Society, London, pp. 307–328.

Thacker, W.C., 1980. A brief review of techniques for generating irregular computational grids. Int. J. Numer. Method. Eng., 15: 1335–1341.

Thompson, J.F., 1987. A composite grid generation code for general 3-D regions. AIAA paper 87-0275, AIAA 25th Aerospace Sciences Meeting, Reno.

Todesco, M., Neri, A., Ongaro, T.E., Papale, P., Macedonio, G., Santacroce, R. and Longo, A., 2002. Pyroclastic flow hazard assessment at Vesuvius (Italy) by using numerical modeling: I. Large-scale dynamics. Bull. Volcanol., 64: 155–177.

Valentine, G.A. and Wohletz, K.H., 1989. Numerical models of plinian eruption columns and pyroclastic flows. J. Geophys. Res., 94: 1867–1887.

Veitch, G. and Woods, A.W., 2001. Particle aggregation in volcanic eruption columns. J. Geophys. Res., 106: 26425–26441.

Wagner, G.J. and Liu, W.K., 2000. Turbulence simulation and multiple scale subgrid models. Comp. Mech., 25: 117–136.

Wagner, P.E., 2000. What do we know about phase transition processes relevant to atmospheric aerosols?. In: B.N. Hale and M. Kulmala (Eds), Nucleation and Atmospheric Aerosols 2000. American Institute of Physics, Melville, pp. 561–564.

Walker, G.P., 1981. Generation and dispersal of fine ash and dust by volcanic eruptions. J. Volcanol. Geotherm. Res., 11: 81–92.

Wang, L.-P., Wexler, A.S. and Zhou, Y., 2000. Statistical mechanical description and modeling of turbulent collision of inertial particles. J. Fluid Mech., 415: 117–153.

Warshaft, Z., 2000. Passive scalars in turbulent flows. Annu. Rev. Fluid Mech., 32: 203–240.

Zuccaro, G. and Ianniello, D., 2004. Interaction of pyroclastic flows with building structures in an urban settlement: A fluid-dynamic simulation impact model. J. Volcanol. Geotherm. Res., 133: 345–352.

CONTRIBUTORS

Flavio Dobran
Hofstra University, NY, USA
GVES, P.zza Matteotti, CP418
80133 Naples, Italy

Valerio Di Donna
Istituto Universitario Suor
Orsola Benincasa
Via Nilo 17
80134 Naples, Italy

Mariangela Guidarelli
Dipartimento di
Scienze della Terra
Università di Trieste
Via Weiss 4
34127 Trieste, Italy

Giuseppe Luongo
Dipartimento di Geofisica e
Vulcanologia
Università degli Studi di Napoli
Federico II
Largo San Marcellino 10
80138 Naples,
Italy

Aldo Marturano
Osservatorio Vesuviano – INGV
Via Diocleziano 328
80124 Naples, Italy

Maddalena Natale
Dipartimento di Geofisica e
Vulcanologia
Università degli Studi di Napoli
Federico II
Largo San Marcellino 10
80138 Naples,
Italy

Vincenzo De Novellis
Dipartimento di Geofisica e Vulcanologia
Università degli Studi di Napoli
Federico II
Largo San Marcellino 10
80138 Naples, Italy

Concetina Nunziata
Dipartimento di Geofisica e Vulcanologia
Università degli Studi di Napoli
Federico II
Largo San Marcellino 10
80138 Naples, Italy

Giuliano F. Panza
Dipartimento di Scienze della Terra,
Università di Trieste
Via Weiss 4
34127 Trieste, Italy

The Abdus Salam International Centre
for Theoretical Physics
Strada Costiera, 11
34014 Trieste, Italy

Juan I. Ramos
E.T.S. Ingenieros Industriales
Universidad de Málaga
Plaza El Ejido, Room I-320D
29013 Malaga, Spain

Angela Saraò
Osservatorio Vesuviano – INGV
Via Diocleziano 328
80124 Naples, Italy

Andrea Zille
Dipartimento di Scienze della Terra
Università di Trieste
Via Weiss 4
34127 Trieste, Italy

Index